設計技術シリーズ

ディジタル
フィルタ
原理と設計法

［著］

東京電機大学
陶山 健仁

科学情報出版株式会社

目　　次

I. ディジタルフィルタの基礎

I－1　ディジタルフィルタの概要･････････････････････････････3
　　I－1－1　ディジタルフィルタ入門 ･･････････････････････3
　　I－1－2　本書の構成 ･･･････････････････････････5
I－2　ディジタル信号処理の基礎････････････････････････6
　　I－2－1　離散時間信号とサンプリング ･･･････････6
　　I－2－2　代表的な離散時間信号 ･････････････････7
　　I－2－3　離散時間信号に対するフーリエ解析 ･･････14
　　I－2－4　サンプリング定理･･････････････････25
　　I－2－5　正規化周波数 ･･････････････････････28

II. ディジタルフィルタの原理

II－1　線形時不変システム ･･･････････････････33
　　II－1－1　線形性 ･････････････････33
　　II－1－2　時不変性 ･････････････････35
　　II－1－3　線形時不変離散時間システム ･･････36
II－2　インパルス応答とたたみ込み演算 ････････37
　　II－2－1　インパルス応答 ･････････････37
　　II－2－2　たたみ込み演算 ･････････････38
　　II－2－3　安定性 ･･････････････43
　　II－2－4　因果性 ･･････････････45
II－3　周波数特性 ･･････････････47
　　II－3－1　複素正弦波入力に対する応答 ･･････47
　　II－3－2　周波数特性の例 ･･････････48
II－4　z変換 ･･････････53
　　II－4－1　z変換の定義････････53

目次

Ⅱ－4－2　z変換の例 ･･････････････････････････ 54

Ⅱ－4－3　z変換の性質 ･･･････････････････････ 57

Ⅱ－4－4　逆z変換 ･･････････････････････････ 58

Ⅱ－5　伝達関数と極・ゼロ ･･････････････････････ 60

Ⅱ－5－1　伝達関数 ･･････････････････････････ 60

Ⅱ－5－2　伝達関数と周波数特性 ･･････････････ 62

Ⅱ－5－3　伝達関数の極と零点 ･･･････････････ 63

Ⅱ－5－4　極・零点配置と周波数特性 ･･･････････ 66

Ⅱ－5－5　群遅延特性 ･･･････････････････････ 72

Ⅱ－5－6　最大極半径と因果性・安定性 ･･････････ 78

Ⅱ－6　ディジタルフィルタと理想低域通過フィルタ ･･･････ 81

Ⅱ－6－1　ディジタルフィルタの分類 ･････････････ 81

Ⅱ－6－2　ディジタルフィルタの構成素子 ･･････････ 85

Ⅱ－6－3　理想低域通過フィルタ ･･････････････ 86

Ⅱ－7　FIRフィルタ ･････････････････････････････ 91

Ⅱ－7－1　FIRフィルタの回路構成 ･･･････････････ 91

Ⅱ－7－2　直線位相フィルタ ･･････････････････ 93

Ⅱ－7－3　平均化フィルタ ･･･････････････････ 102

Ⅱ－7－4　くし型フィルタ ･･･････････････････ 108

Ⅱ－7－5　ヒルベルト変換器 ･･････････････････ 114

Ⅱ－8　IIRフィルタ ･･････････････････････････････ 121

Ⅱ－8－1　IIRフィルタの回路構成 ･･･････････････ 121

Ⅱ－8－2　全域通過フィルタ ･･････････････････ 126

Ⅱ－8－3　ノッチフィルタ ･･･････････････････ 133

III. FIRフィルタの設計

Ⅲ－1　FIRフィルタ設計法の概要 ‥‥‥‥‥‥‥‥‥‥‥‥‥143
　Ⅲ－1－1　FIR フィルタ設計問題 ‥‥‥‥‥‥‥‥‥‥‥‥143
　Ⅲ－1－2　FIR フィルタ設計の方針 ‥‥‥‥‥‥‥‥‥‥‥143
Ⅲ－2　フーリエ変換法 ‥‥‥‥‥‥‥‥‥‥‥‥‥‥‥‥‥146
　Ⅲ－2－1　フーリエ変換法の概要 ‥‥‥‥‥‥‥‥‥‥‥‥146
　Ⅲ－2－2　フーリエ変換法による FIR フィルタ設計 ‥‥‥‥‥146
　Ⅲ－2－3　フーリエ変換法による設計例 ‥‥‥‥‥‥‥‥‥149
Ⅲ－3　窓関数法 ‥‥‥‥‥‥‥‥‥‥‥‥‥‥‥‥‥‥‥‥155
　Ⅲ－3－1　窓関数法の概要 ‥‥‥‥‥‥‥‥‥‥‥‥‥‥‥155
　Ⅲ－3－2　窓関数法による FIR フィルタ設計 ‥‥‥‥‥‥‥155
　Ⅲ－3－3　窓関数法による設計例 ‥‥‥‥‥‥‥‥‥‥‥‥160
Ⅲ－4　最小2乗法 ‥‥‥‥‥‥‥‥‥‥‥‥‥‥‥‥‥‥‥173
　Ⅲ－4－1　最小2乗法の概要 ‥‥‥‥‥‥‥‥‥‥‥‥‥‥173
　Ⅲ－4－2　最小2乗法による直線位相 FIR フィルタの設計 ‥‥175
　Ⅲ－4－3　最小2乗法による直線位相 FIR フィルタの設計例 ‥‥181
　Ⅲ－4－4　最小2乗法による FIR フィルタの複素近似設計 ‥‥195
　Ⅲ－4－5　最小2乗法による FIR フィルタの複素近似設計例 ‥‥199
Ⅲ－5　等リプル近似設計 ‥‥‥‥‥‥‥‥‥‥‥‥‥‥‥‥214
　Ⅲ－5－1　等リプル近似設計の概要と交番定理 ‥‥‥‥‥‥214
　Ⅲ－5－2　Remez アルゴリズムによる等リプル近似設計 ‥‥‥‥220
　Ⅲ－5－3　Remez アルゴリズムによる設計例 ‥‥‥‥‥‥‥‥223
　Ⅲ－5－4　線形計画法による等リプル近似設計 ‥‥‥‥‥‥232
　Ⅲ－5－5　線形計画法による直線位相 FIR フィルタの設計例 ‥‥242
　Ⅲ－5－6　線形計画法による FIR フィルタの複素近似設計 ‥‥254
　Ⅲ－5－7　線形計画法による FIR フィルタの複素近似設計例 ‥‥258

Ⅳ．IIRフィルタの設計

Ⅳ－1　IIRフィルタ設計法の概要 ･････････････････････････273
　Ⅳ－1－1　IIR フィルタ設計問題 ････････････････････273
　Ⅳ－1－2　IIR フィルタ設計の方針 ･･････････････････273
　Ⅳ－1－3　アナログフィルタの基礎 ････････････････275
Ⅳ－2　インパルス不変変換法 ････････････････････････307
　Ⅳ－2－1　インパルス不変変換法の概要 ･･････････････307
　Ⅳ－2－2　インパルス不変変換法による IIR フィルタ設計 ･･････････307
　Ⅳ－2－3　インパルス不変変換法による設計例 ････････315
Ⅳ－3　双一次 z 変換法 ･････････････････････････341
　Ⅳ－3－1　双一次 z 変換法の概要 ･････････････････341
　Ⅳ－3－2　双一次 z 変換法による IIR フィルタ設計 ･････････344
　Ⅳ－3－3　双一次 z 変換法による設計例 ･････････････346
Ⅳ－4　線形計画法によるIIRフィルタの直接設計 ････････366
　Ⅳ－4－1　IIR フィルタの直接設計の概要 ･････････････366
　Ⅳ－4－2　IIR フィルタ設計問題の線形計画問題への定式化 ･･･････366
　Ⅳ－4－3　線形計画法による IIR フィルタ設計 ････････370
　Ⅳ－4－4　線形計画法による IIR フィルタの設計例 ･････････371
　Ⅳ－4－5　安定性を考慮した IIR フィルタ設計問題の定式化 ･･････416
　Ⅳ－4－6　線形計画法による安定な IIR フィルタの設計･･････････420
　Ⅳ－4－7　線形計画法による安定な IIR フィルタの設計例 ･･･････422

I.

ディジタルフィルタの基礎

I

Ⅰ－1　ディジタルフィルタの概要
Ⅰ－1－1　ディジタルフィルタ入門

　日常で出会う多くの物理現象は、センサを通じて時間や位置などの座標軸上で振動する電気信号に変換可能である。音声（空気圧の変動）ならばマイクロホン、画像（光の空間強度分布）ならばCCDカメラ、脳波（神経細胞が発する電気信号）ならば頭皮表面に取りつける電極がセンサに相当する。そのような信号に対して、雑音除去や必要な成分の抽出など、何らかの操作を行なう技術を信号処理（signal processing）という。

　多くのセンサでは、測定座標軸が連続時間であるため、得られる信号は連続時間信号である。連続時間信号に対する信号処理はアナログ信号処理と呼ばれ、その処理系はオペアンプなどのアナログ電子回路で構成されることが多い。一方、座標軸を離散化し、とびとびの時刻の信号に変換した後、信号処理を行なう技術をディジタル信号処理（digital signal processing）という。例えば音声の場合、座標軸は時間であるため、時間軸を離散化することになる。一方、CCDカメラで採取した画像の場合は、もともとCCDカメラのイメージセンサが空間上の離散点に配置されているため、最初から離散化された信号であるといえる。このような離散化された信号に対して、ディジタル信号処理を行なう回路が本書で扱うディジタルフィルタ（digital filter）である。

　図Ⅰ-1-1に示すように、通常センサ出力にはノイズが重畳していることが多い。ノイズの原因は測定回路の熱雑音や外来ノイズなどが考えられる。例えば、マイクロホンを用いた音響計測では、マイクロホン固有のノイズやアンプのノイズに加え、エアコンやパソコンのファン音などの外来ノイズが考えられる。ノイズが重畳した信号をディジタルフィルタに入力すると、ノイズ成分が除去され、図Ⅰ-1-1のようなフィルタ出力が得られる。

　ディジタル信号処理技術の利点については、すでに数多く出版されている良書を参照されたいが、最大の利点は、ディジタル信号処理は離散化された数値列が処理対象であるため、計算機を用いて実行できるという点である。すなわち、ディジタル信号処理とは数値列に対してソフトウェアもしくはディジタル回路で構成したハードウェアによって行なう処理である。したがって、ディジタルフィルタの実体は、ソフトウェアもしくはディジタル回路である。そのため、同じ処理を何度でも使用可

■ I.ディジタルフィルタの基礎

能であるとともに、動作が経年変化することもない。これは、素子値のばらつきや経年変化が伴うアナログ電子回路との大きな違いである。また、処理内容の変更もソフトウェアならプログラムの書き換え、ディジタル回路の場合でも、FPGA（Field Programmable Gate Array）のような書き換え可能なデバイスを用いれば容易に可能である。これは、ディジタル信号処理技術が大量生産向きであることを裏付けている。さらに、マイクロプロセッサや専用のLSIで実現できるため、結果的に装置の小型化が可能である。そういった理由で、現代の電子技術ではディジタル

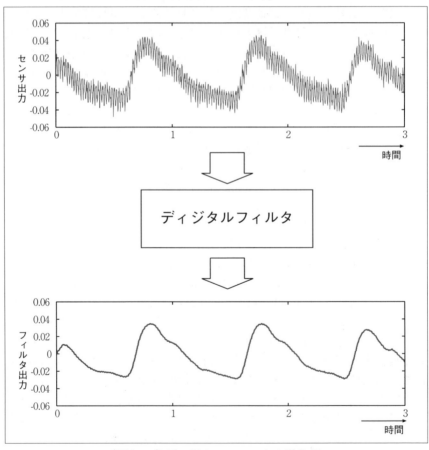

〔図 I-1-1〕ディジタルフィルタの動作例

信号処理技術が広く用いられている。

　ディジタルフィルタは、ディジタル信号処理の基本要素技術であり、半世紀以上にわたり研究が進められてきた。要素技術であるため、ロボットや医療技術などディジタル信号処理の応用範囲の拡大、デバイスや数理等の周辺技術の発達、インターネットに代表される情報インフラの整備、スマートフォンやタブレット端末の急速な普及などに伴い、ディジタルフィルタに対する要求も日々多様化し続けている。このような広範なニーズに柔軟に対応できる技術者には、ディジタルフィルタ動作の基本原理を十分に理解したうえで、要求水準を満たす特性の設計手法について習得していることが強く求められる。

Ⅰ－1－2　本書の構成

　本書は、ディジタルフィルタの動作原理と設計手法の習得を目的として、4章で構成している。

　第1章では、ディジタルフィルタを習得するうえで大前提となるディジタル信号処理の基礎的内容について述べる。

　第2章では、ディジタルフィルタの動作原理として、線形システム、周波数特性、z変換、伝達関数、ディジタルフィルタの分類、FIRフィルタとIIRフィルタの回路構成と特徴的なフィルタ特性について述べる。

　第3章では、FIRフィルタの設計手法として、窓関数法、最小2乗法、Remezアルゴリズムによる等リプル設計法、線形計画法による等リプル設計法、線形計画法による複素近似設計法について述べる。

　第4章では、IIRフィルタの設計手法として、間接設計法であるインパルス不変変換法、双一次z変換法、直接設計法である線形計画法による複素近似設計法について述べる。

I-2 ディジタル信号処理の基礎

本節では、ディジタルフィルタについて習得するうえで大前提となるディジタル信号処理の基礎的内容として、離散時間信号とサンプリング、離散時間信号に対するフーリエ解析、サンプリング定理について述べる。

I-2-1　離散時間信号とサンプリング

離散時間信号（discrete time signal）は、時間軸上の離散点でのみ値をとる信号である。一般に、センサから得られる信号は連続時間信号であるため、時間軸の離散化が必要である。これをサンプリング（sampling）という。

図 I-2-1 の点線で示すような連続時間信号 $x(t)$ を考えよう。サンプリングでは、時間軸を間隔 T_s で離散化する。ここで、T_s をサンプリング周期（sampling period）という。サンプリングによって得られる信号は、

$$x(nT_s),\ n = \cdots, -2, -1, 0, 1, 2, \cdots \quad \cdots\cdots (\text{I-2-1})$$

と表すことができる。T_s に対して

$$f_s = \frac{1}{T_s} \quad \cdots\cdots (\text{I-2-2})$$

を定義し、f_s をサンプリング周波数（sampling frequency）という。f_s は 1 秒間あたり採取する信号サンプルの個数に相当する。

図 I-2-2 に図 I-2-1 の f_s の 2 倍、図 I-2-3 に図 I-2-1 の f_s の 1/2 倍のとき

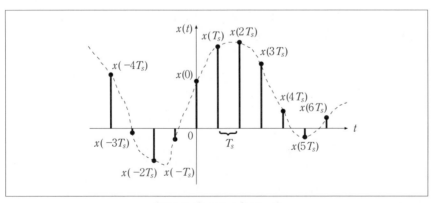

〔図 I-2-1〕サンプリング

の信号サンプルを示す。両者から明らかなように、f_s が大きいほど T_s は小さくなり、信号サンプルが $x(t)$ に近づくことがわかる。しかしながら、信号サンプルの個数が多くなるほど、処理対象のデータ数が増えるため、信号処理のための演算量が増加する。演算量の立場からは、サンプル数が少ないことが望ましいため、ディジタル信号処理にとって最低限必要なサンプル数の決定が重要なポイントとなる。これについては、I-2-4 節で述べる。

Ⅰ－２－２　代表的な離散時間信号

　本節では、ディジタル信号処理システムの解析などで用いられる代表的な信号を紹介する。なお、本節では簡単のため、$T_s=1$ として考える。

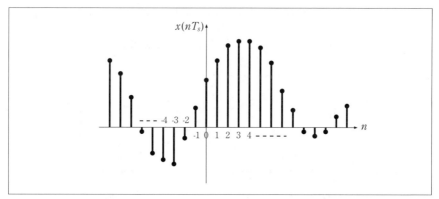

〔図 I-2-2〕図 I-2-1 の 2 倍のサンプリング周波数

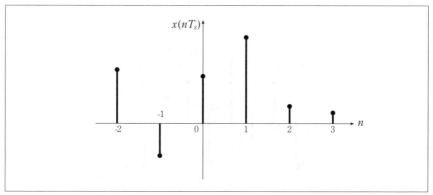

〔図 I-2-3〕図 I-2-1 の 1/2 のサンプリング周波数

Ⅰ-2-2-1　インパルス信号

インパルス信号 $\delta(n)$ は

$$\delta(n) = \begin{cases} 1 & n=0 \\ 0 & n \neq 0 \end{cases} \quad \cdots\cdots\cdots\cdots\cdots\cdots\cdots\cdots\cdots\cdots\cdots\cdots\cdots\cdots \text{(I-2-3)}$$

と定義される。図I-2-4 (a) に $\delta(n)$、図I-2-4 (b) に $\delta(n)$ を2サンプルだけ遅延した信号 $\delta(n-2)$ を示す。このように、$\delta(n)$ は変数が0のときのみ、1を出力する。

図I-2-5に、インパルス信号を用いた任意の離散時間信号の表現例を示す。時刻 k の離散時間信号値 $x(k)$ は、

$$x(k) = x(k)\delta(n-k) \quad \cdots\cdots\cdots\cdots\cdots\cdots\cdots\cdots\cdots\cdots\cdots\cdots\cdots \text{(I-2-4)}$$

と表すことができる。したがって、任意の信号 $x(n)$ は

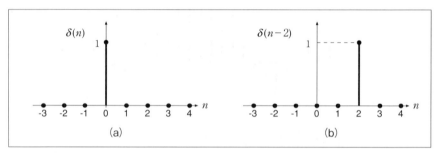

〔図I-2-4〕(a) インパルス信号、(b) 2サンプル遅延したインパルス信号

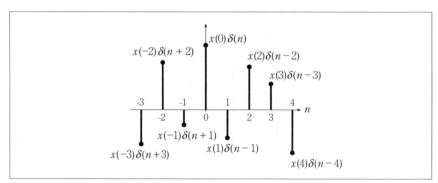

〔図I-2-5〕インパルス信号による任意の離散時間信号の表現

$$x(n) = \sum_{k=-\infty}^{\infty} x(k)\delta(n-k) \quad \cdots\cdots\cdots\cdots\cdots\cdots\cdots \text{(I-2-5)}$$

と表すことができる。(I-2-5) 式において、$x(k)$ はもはや定数扱いであり、n に依存するのは $\delta(n-k)$ のみである。したがって、ディジタルフィルタの解析とは、$\delta(n)$ に対する解析であると考えてよい。

I－2－2－2　ステップ信号

ステップ信号 $u(n)$ は、

$$u(n) = \begin{cases} 1 & n \geq 0 \\ 0 & n < 0 \end{cases} \quad \cdots\cdots\cdots\cdots\cdots\cdots\cdots \text{(I-2-6)}$$

と定義される。図 I-2-6 に $u(n)$ を示す。$u(n)$ は時刻 0 でスイッチを入れた場合の直流信号に相当する。

$u(n)$ は $\delta(n)$ を用いて、

$$u(n) = \sum_{k=0}^{\infty} \delta(n-k) \quad \cdots\cdots\cdots\cdots\cdots\cdots\cdots \text{(I-2-7)}$$

と表すことができる。また、図 I-2-7 に示すように、$u(n)$ と $u(n-1)$ を用いて

$$\delta(n) = u(n) - u(n-1) \quad \cdots\cdots\cdots\cdots\cdots\cdots\cdots \text{(I-2-8)}$$

を生成することもできる。

$u(n)$ は、信号が時刻 $n \geq 0$ でのみ信号値が存在するということを強調

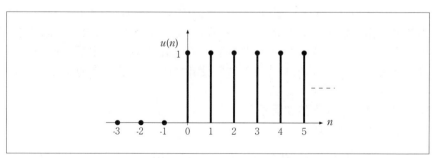

〔図 I-2-6〕ステップ信号

I. ディジタルフィルタの基礎

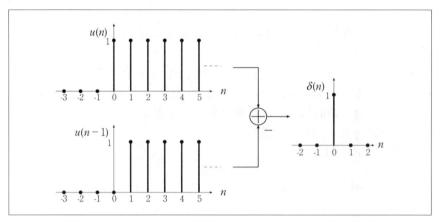

〔図 I-2-7〕2つのステップ信号によるインパルス信号の生成

するために、

$$x(n)u(n) \quad \cdots\cdots\cdots\cdots\cdots\cdots\cdots\cdots\cdots\cdots\cdots\cdots\cdots \quad \text{(I-2-9)}$$

という表現で用いられることが多い。

I−2−2−3　指数信号

指数信号 $r(n)$ は、一般に

$$r(n) = \alpha^n u(n) \quad \cdots\cdots\cdots\cdots\cdots\cdots\cdots\cdots\cdots \quad \text{(I-2-10)}$$

と定義される。図 I-2-8 に示すように、$|\alpha|<1$ のときは時刻とともに減衰する。一方、$|\alpha|>1$ のときは、時刻とともに大きさが増大し、$n \to \infty$ で発散する。$\alpha=1$ の場合は、$r(n)=u(n)$ となる。

ディジタルフィルタの動作では、出力信号の発散は望ましくない。出力信号が指数信号であるならば、それは $|\alpha|<1$ であることを要請する。そのため、ディジタルフィルタの解析では α の調査が重要な役割を担うとともに、ディジタルフィルタの設計では α の値を考慮することが必須条件となる。

I−2−2−4　正弦波信号

正弦波信号 $x(n)$ は、

$$x(n) = A\sin(\omega n + \theta) \quad \cdots\cdots\cdots\cdots\cdots\cdots\cdots \quad \text{(I-2-11)}$$

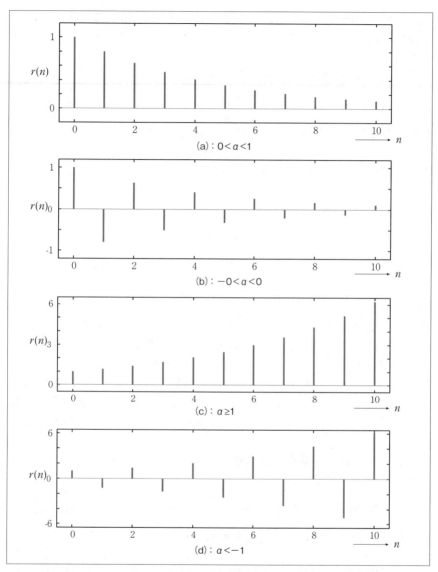

〔図 I-2-8〕指数信号

と定義される。ここで、A は振幅、ω は角周波数、θ は初期位相である。任意の信号はフーリエ解析を用いて周波数の異なる正弦波の和で表され

■ I. ディジタルフィルタの基礎

ることや、回路解析には正弦波信号を用いることが前提であるため、正
弦波信号がディジタルフィルタにとって重要な信号であることは言うま
でもない。

正弦波信号は連続時間信号の正弦波 $x(t)$

$$x(t) = A\sin(\omega t + \theta) \quad \cdots\cdots\cdots\cdots\cdots\cdots\cdots\cdots \text{(I-2-12)}$$

をサンプリングした離散時間信号である。$x(t)$ は周期が

$$T = \frac{\omega}{2\pi} \quad \cdots\cdots\cdots\cdots\cdots\cdots\cdots\cdots\cdots\cdots \text{(I-2-13)}$$

の周期信号である。連続時間信号における周期信号の定義は $x(t)$ が

$$x(t) = x(t + T) \quad \cdots\cdots\cdots\cdots\cdots\cdots\cdots\cdots \text{(I-2-14)}$$

を満たすことである。同様に、離散時間信号における周期信号も $x(n)$ が

$$x(n) = x(n+N) \quad \cdots\cdots\cdots\cdots\cdots\cdots\cdots\cdots \text{(I-2-15)}$$

を満たす整数 N が存在することである。ここで、N は周期である。図
I-2-9 (a) に示すように、連続時間信号の周期 T とサンプリング周期 T_s
が $T = NT_s$ の関係を満たすならば、$x(n)$ も周期信号となる。一方、図
I-2-9 (b) のように $T \neq NT_s$ の場合は周期関数とはならない。このように、
連続時間信号が周期信号であっても、サンプリングによって得られた離
散時間信号が周期信号であるとは限らない場合があることに注意が必要
である。

I-2-2-5　複素正弦波信号

オイラーの公式では、

$$e^{j\theta} = \cos\theta + j\sin\theta \quad \cdots\cdots\cdots\cdots\cdots\cdots\cdots \text{(I-2-16)}$$

の関係が定義されている。上式を変形すると、

$$\cos\theta = \frac{1}{2}(e^{j\theta} + e^{-j\theta}) \quad \cdots\cdots\cdots\cdots\cdots\cdots \text{(I-2-17)}$$

$$\sin\theta = \frac{1}{j2}(e^{j\theta} - e^{-j\theta}) \quad \cdots\cdots\cdots\cdots\cdots\cdots \text{(I-2-18)}$$

が得られる。したがって、$x(t) = \sin\omega t$ を考える代わりに $e^{j\omega t}$ を考えても

- 12 -

よい。$e^{j\omega t}$を複素正弦波信号という。図 I-2-10 に $e^{j\omega t}$ を示す。このように、$e^{j\omega t}$ は半径1の円が回転しながら時刻とともに進行する。

$e^{j\omega t}$をサンプリングして得られる離散時間信号 $e^{j\omega n}$ についても同様で、$x(n)=A\sin(\omega n+\theta)$ は

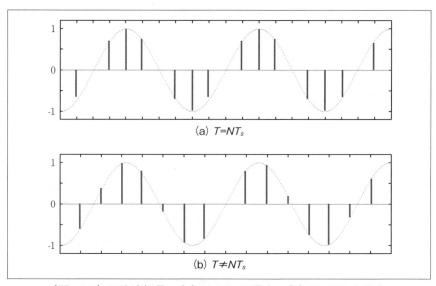

〔図 I-2-9〕正弦波信号：(a) $T=NT_s$ の場合、(b) $T \neq NT_s$ の場合

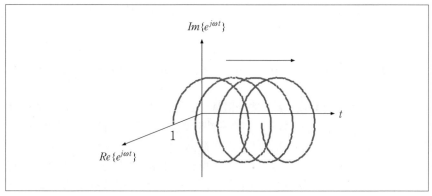

〔図 I-2-10〕複素正弦波信号

■ I. ディジタルフィルタの基礎

$$Ae^{j(\omega n+\theta)}=Ae^{j\omega n}e^{j\theta} \quad \cdots\cdots\cdots\cdots\cdots\cdots\cdots\cdots\cdots\cdots\cdots \text{(I-2-19)}$$

と表される。上式でディジタルフィルタ通過前後で変動するのは、A と θ のみであるため、$e^{j\omega n}$ を省略し、

$$Ae^{j\theta} \quad \cdots\cdots\cdots\cdots\cdots\cdots\cdots\cdots\cdots\cdots\cdots\cdots\cdots\cdots \text{(I-2-20)}$$

だけで、ディジタルフィルタの特性を規定することができる。これは、回路解析におけるフェザー表示と同様であり、ディジタルフィルタでも特性の解析や設計において同様の表示を用いる。

I−2−3　離散時間信号に対するフーリエ解析

　任意の信号はフーリエ解析を用いて、周波数の異なる正弦波の和で表現できる。連続時間信号では、周期信号に対してフーリエ級数、非周期信号に対してフーリエ変換を用いた。本節では、離散時間信号に対するフーリエ解析手法について解説する。

I−2−3−1　時間と周波数、信号の直交性

　時間 t と角周波数 ω について、再度考えてみよう。フーリエ解析では、正弦波信号 $\sin\omega t$ や複素正弦波信号 $e^{j\omega t}$ が変換関数（カーネル関数）として用いられる。t と ω は常に ωt と乗算の形で表されるため、t と ω の役割を入れ替えても同様の議論が成り立つ。つまり、時間領域と周波数領域の対応関係を求める場合、軸を変更しても全く同じ対応関係が維持されなければならない。これは、離散時間信号のフーリエ解析において役立つ性質であるため、注意されたい。

　連続時間信号 $x(t)$ のフーリエ解析では、変換関数を $g(t)$ とすると次式の計算を行なう。

$$\int_I x(t)\overline{g(t)}dt \quad \cdots\cdots\cdots\cdots\cdots\cdots\cdots\cdots\cdots\cdots \text{(I-2-21)}$$

ここで、$\overline{}$ は複素共役、I は積分区間で、周期信号の場合 $[0,T]$、非周期信号の場合 $[-\infty,\infty]$ である。連続時間信号は、図 I-2-11 に示すように、t を間隔 Δt の短冊に区切ったとき無限次元のベクトルとみなすことができる。(I-2-21) 式は、2 つのベクトル $x(t)$ と $g(t)$ の要素ごとの積和を算出しているため、内積計算に相当する。$g(t)$ の複素共役をとるのは、内積が距離を測る演算のためである。

− 14 −

$g(t)$ として $e^{jn\omega_0 t}$（n は整数）を選べば、(I-2-21) 式は図 I-2-12 に示すように無限次元空間中で $x(t)$ を $e^{jn\omega_0 t}$ に直交射影したときの長さを求めており、$x(t)$ に含まれる角周波数が $n\omega_0$ の複素正弦波の成分を求めている。

角周波数の異なる 2 つの複素正弦波 $e^{jn\omega_0 t}$ と $e^{jm\omega_0 t}$ ($n \neq m$) の内積は

$$\int_0^T e^{jn\omega_0 t} e^{-jm\omega_0 t} dt = \frac{1}{j(n-m)\omega_0} \left[e^{j(n-m)\omega_0 t} \right]_0^T \quad \cdots\cdots\cdots \quad (\text{I-2-22})$$

$$= \frac{1}{j(n-m)\omega_0} \{ e^{j(n-m)\omega_0 T} - 1 \} \quad \cdots\cdots\cdots \quad (\text{I-2-23})$$

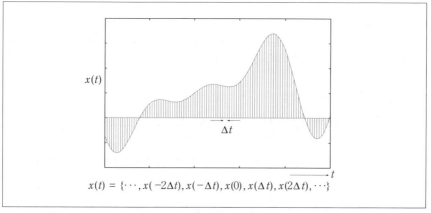

〔図 I-2-11〕連続時間信号とベクトル

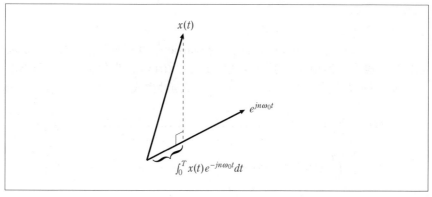

〔図 I-2-12〕内積演算

■ I.ディジタルフィルタの基礎

ここで、ω_0 を

$$\omega_0 = \frac{2\pi}{T} \quad \cdots\cdots\cdots\cdots\cdots\cdots\cdots\cdots\cdots\cdots\cdots\cdots\cdots \text{(I-2-24)}$$

とおくと、

$$\frac{1}{j(n-m)\omega_0}\{e^{j(n-m)\omega_0 T} - 1\} = \frac{1}{j(n-m)\omega_0}\{e^{j2\pi(n-m)} - 1\}$$
$$= \frac{1}{j(n-m)\omega_0}(1-1) \quad \text{(I-2-25)}$$
$$= 0$$

となり、$e^{jn\omega_0 t}$ と $e^{jm\omega_0 t}$ は互いに直交する。これは、ある周波数の複素正弦波を何倍しても別の周波数の複素正弦波にはなり得ないという当然の結果を示している。

一方、$n = m$ の場合は、

$$\int_0^T e^{jn\omega_0 t} e^{-jm\omega_0 t} dt = \int_0^T e^{j(n-m)\omega_0 t} dt \quad \cdots\cdots\cdots\cdots\cdots \text{(I-2-26)}$$

$$= \int_0^T 1 \cdot dt \quad \cdots\cdots\cdots\cdots\cdots \text{(I-2-27)}$$

$$= T \quad \cdots\cdots\cdots\cdots\cdots \text{(I-2-28)}$$

となり、$e^{j\omega_0 t}$ 自身のノルム（大きさ）が T であることを示している。フーリエ解析の際に、T もしくは1周期に対応する 2π で正規化するのはこのためである。

I－2－3－2　フーリエ級数

フーリエ級数展開（Fourier series expansion）は連続時間信号 $x(t)$ が周期信号の場合に適用する解析手法である。$x(t)$ の周期を T、基本角周波数を $\omega_0 = 2\pi/T$ とすると、フーリエ級数展開は次式で定義される。

$$x(t) = \sum_{n=-\infty}^{\infty} C_n e^{jn\omega_0 t} \quad \cdots\cdots\cdots\cdots\cdots\cdots\cdots\cdots\cdots\cdots \text{(I-2-29)}$$

$$c_n = \frac{1}{T}\int_0^T x(t) e^{-jn\omega_0 t} \quad \cdots\cdots\cdots\cdots\cdots\cdots\cdots\cdots\cdots\cdots \text{(I-2-30)}$$

ここで、$c_{-n} = \overline{c_n}$ である。$c_n = |c_n| e^{j\angle c_n}$ とおいて、（I-2-29）式の n 番目の周

波数と $-n$ 番目の周波数について考えると、

$$c_n e^{jn\omega_0 t} + c_{-n} e^{-jn\omega_0 t} = |c_n| e^{j\angle c_n} e^{jn\omega_0 t} + |c_n| e^{-j\angle c_n} e^{-jn\omega_0 t}$$
$$= |c_n| \{ e^{j(n\omega_0 t + \angle c_n)} + e^{-j(n\omega_0 t + \angle c_n)} \} \quad \cdots \quad \text{(I-2-31)}$$
$$= \frac{|c_n|}{2} \cos(n\omega_0 t + \angle c_n)$$

となり、正の周波数と負の周波数がペアとなって1つの実信号を表現していることがわかる。したがって、独立な周波数成分は正もしくは負のいずれか一方のみであり、信号解析では一方のみを考えればよい。

(I-2-30) 式より、c_n は基本角周波数 ω_0 の整数倍の角周波数のみで現れる。したがって、周期信号 $x(t)$ をフーリエ級数展開して周波数領域に変換すると、図I-2-13に示すように、周波数軸上で間隔 ω_0 の離散点のみで値が存在する。これを線スペクトル構造という。

ここで重要なポイントは、「時間領域で周期 T をもつ周期信号であれば、周波数領域では $\omega_0 = 2\pi/T$ 間隔で離散的になる」という事実である。

Ⅰ-2-3-3 フーリエ変換

フーリエ変換（Fourier transform）は連続時間信号 $x(t)$ が非周期信号の場合に適用する解析手法である。非周期信号は、無限大の周期をもつ周期信号であるとみなしうるため、フーリエ級数展開における基本角周波数を無限小の角周波数 $d\omega$ と表す。すなわち、

$$\left. \frac{1}{T} \right|_{T \to \infty} = \frac{d\omega}{2\pi} \quad \cdots\cdots\cdots\cdots\cdots\cdots\cdots\cdots\cdots\cdots\cdots\cdots\cdots \quad \text{(I-2-32)}$$

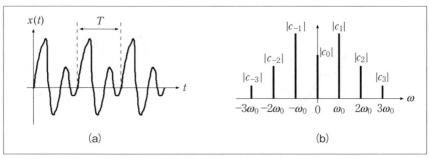

〔図I-2-13〕フーリエ級数展開 (a) 時間領域、(b) 周波数領域

と変更する。さらに、

$$n\omega_0 \to \omega \quad \text{(I-2-33)}$$
$$c_n \to X(\omega) \quad \text{(I-2-34)}$$

と置き換える。その結果、(I-2-29) 式と (I-2-30) 式をまとめて、

$$x(t) = \frac{1}{2\pi} \int_{-\infty}^{\infty} \left\{ \int_{-\infty}^{\infty} x(t) e^{-j\omega t} dt \right\} e^{j\omega t} d\omega \quad \text{(I-2-35)}$$

と書き換えることができる。上式のうち、

$$X(\omega) = \int_{-\infty}^{\infty} x(t) e^{-j\omega t} dt \quad \text{(I-2-36)}$$

を $x(t)$ のフーリエ変換という。また、

$$x(t) = \frac{1}{2\pi} \int_{-\infty}^{\infty} X(\omega) e^{j\omega t} d\omega \quad \text{(I-2-37)}$$

を $X(\omega)$ のフーリエ逆変換という。$X(\omega)$ は、フーリエ級数展開の角周波数間隔が $d\omega$ である場合のスペクトルであるため、ω 軸上で連続スペクトルとなる。実際には、$X(\omega)d\omega$ がスペクトル成分として意味をもつため、$X(\omega)$ は $d\omega$ あたりのスペクトル密度に相当する。

$X(\omega)$ は複素数であり、$|X(\omega)|$ を振幅スペクトル、$\angle X(\omega)$ を位相スペクトルという。また、$X(\omega) = \overline{X(-\omega)}$ が成り立つ。そのため、図 I-2-14 (b) に示すように、$|X(\omega)| = |X(-\omega)|$ が成立する。

$X(\omega)$ が $x(t)$ のフーリエ変換であることを

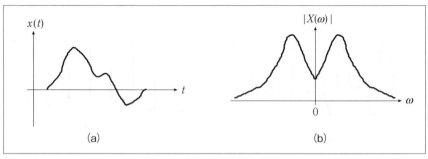

〔図 I-2-14〕フーリエ変換 (a) 時間領域、(b) 周波数領域

$$X(\omega) = F[x(t)] \quad \cdots\cdots\cdots\cdots\cdots\cdots\cdots\cdots \quad \text{(I-2-38)}$$

で表すことにする。$x(t)$ を時間シフトした信号 $x(t-\tau)$ のフーリエ変換は

$$F[x(t-\tau)] = \int_{-\infty}^{\infty} x(t-\tau) e^{-j\omega t} dt \quad \cdots\cdots\cdots\cdots \quad \text{(I-2-39)}$$

$$= e^{-j\omega\tau} \int_{-\infty}^{\infty} x(t) e^{-j\omega t} dt \quad \cdots\cdots\cdots\cdots\cdots \quad \text{(I-2-40)}$$

$$= e^{-j\omega\tau} X(\omega) \quad \cdots\cdots\cdots\cdots\cdots\cdots \quad \text{(I-2-41)}$$

となる。つぎに、$x(t)$ の信号長を定数 a だけ伸縮した信号 $x(at)$ のフーリエ変換を考えよう。$|a|>1$ のときは信号長を縮め、$|a|<1$ のときは伸ばすことになる。フーリエ変換は

$$F[x(at)] = \int_{-\infty}^{\infty} x(at) e^{-j\omega t} dt \quad \cdots\cdots\cdots\cdots\cdots \quad \text{(I-2-42)}$$

$$= \frac{1}{|a|} \int_{-\infty}^{\infty} x(t) e^{-j(\omega/a)t} dt \quad \cdots\cdots\cdots\cdots \quad \text{(I-2-43)}$$

$$= \frac{1}{|a|} X\left(\frac{\omega}{a}\right) \quad \cdots\cdots\cdots\cdots\cdots \quad \text{(I-2-44)}$$

となる。すなわち、時間軸上で信号を広げた場合は周波数軸上で信号スペクトルは縮まり、逆に時間軸上で縮めた場合は、周波数軸上で信号スペクトルは広がる。これは、信号解析の際に、時間軸上および周波数軸上で同時に解像度を上げられないという重要な事実を与えている。

Ⅰ－2－3－4　離散時間フーリエ変換

　離散時間フーリエ変換（discrete time Fourier transform）は離散時間信号 $x(n)$ が非周期信号の場合に適用する解析手法である。連続時間信号に対するフーリエ変換を離散時間化すればよいので、

$$x(\omega) = \sum_{n=-\infty}^{\infty} x(nT_s) e^{-j\omega nT_s} \quad \cdots\cdots\cdots\cdots\cdots\cdots \quad \text{(I-2-45)}$$

と定義される。ここで、I-2-3-1 節で述べた t と ω の対応関係と、I-2-3-2 節で述べた「時間領域で周期 T をもつ周期信号であれば、周波数領域では $\omega_0 = 2\pi/T$ 間隔で離散的になる」という事実を思い出そう。$x(n)$ は時間領域で間隔 T_s で離散的であり、時間と周波数を入れ替えた場合の対応関係が成立するためには、図 I-2-15 (b) のように周波数領域では $X(\omega)$

－ 19 －

が周期的な連続スペクトルでなければならない。そのとき、周波数領域の周期 Ω_s は、

$$\Omega_s = \frac{2\pi}{T_s} = 2\pi f_s \quad \cdots\cdots\cdots\cdots\cdots\cdots\cdots\cdots\cdots\cdots \text{(I-2-46)}$$

となり、Ω_s ごとに同じ $X(\omega)$ が繰り返し現れる。

$X(\omega)$ に対して $X(\Omega_s - \omega)$ を考えると、

$$X(\Omega_s - \omega) = \sum_{n=-\infty}^{\infty} x(nT_s) e^{-j(\Omega_s - \omega)nT_s} \quad \cdots\cdots\cdots \text{(I-2-47)}$$

$$= \sum_{n=-\infty}^{\infty} x(nT_s) e^{-j\Omega_s nT_s} e^{j\omega nT_s} \quad \cdots\cdots\cdots \text{(I-2-48)}$$

ここで、

$$e^{-j\Omega_s nT_s} = e^{-j\frac{2\pi}{T_s} \cdot nT_s} = e^{-j2\pi n} = 1 \quad \cdots\cdots\cdots\cdots \text{(I-2-49)}$$

であるため、

$$X(\Omega_s - \omega) = \sum_{n=-\infty}^{\infty} x(nT_s) e^{j\omega nT_s} \quad \cdots\cdots\cdots\cdots\cdots \text{(I-2-50)}$$

$$= \overline{X(\omega)} \quad \cdots\cdots\cdots\cdots\cdots\cdots\cdots\cdots\cdots\cdots\cdots\cdots \text{(I-2-51)}$$

となる。同様に、

$$X(-\omega) = \overline{X(\omega)} \quad \cdots\cdots\cdots\cdots\cdots\cdots\cdots\cdots\cdots\cdots\cdots\cdots \text{(I-2-52)}$$

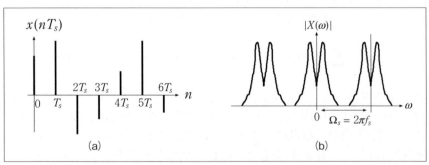

〔図 I-2-15〕離散時間フーリエ変換 (a) 時間領域、(b) 周波数領域

が成り立つ。したがって、振幅スペクトル $|X(\omega)|$ は偶関数、位相スペクトル $\angle X(\omega)$ は奇関数となる。そのため、$|X(\Omega_s - \omega)| = |X(\omega)|$ であり、$|X(\omega)|$ は $\Omega_s/2$ を中心に対称となる。周波数軸上では、サンプリング周波数 f_s ごとに同じスペクトルが繰り返し現れ、$f : [0, f_s/2]$ が独立な成分となる。

逆変換は Ω_s の範囲のみ考えればよいので、

$$x(nT_s) = \frac{1}{2\pi} \int_0^{\Omega_s} X(\omega) \, e^{j\omega n} d\omega \qquad\cdots\cdots\cdots\cdots\cdots\cdots\cdots\cdots\cdots \text{(I-2-53)}$$

となる。

例として、$f_s = 1000[Hz]$ のとき、$\{x(0), x(T_s), x(2T_s), x(3T_s)\} = \{1,1,1,1\}$ に対する離散時間フーリエ変換 $X(\omega)$ を求めよう。定義通り算出すると次式となる。

$$X(\omega) = \sum_{n=0}^3 x(nT_s) \, e^{-j\omega nT_s} \qquad\cdots\cdots\cdots\cdots \text{(I-2-54)}$$
$$= 1 + e^{-j\omega T_s} + e^{-j\omega 2T_s} + e^{-j\omega 3T_s}$$
$$= 1 + \cos(\omega T_s) + \cos(2\omega T_s) + \cos(3\omega T_s)$$
$$- j\{\sin(\omega T_s) + \sin(2\omega T_s) + \sin(3\omega T_s)\} \qquad\cdots\cdots\cdots \text{(I-2-55)}$$

ここで、

$$X_R(\omega) = 1 + \cos(\omega T_s) + \cos(2\omega T_s) + \cos(3\omega T_s) \qquad\cdots\cdots\cdots \text{(I-2-56)}$$
$$X_I(\omega) = \sin(\omega T_s) + \sin(2\omega T_s) + \sin(3\omega T_s) \qquad\cdots\cdots\cdots \text{(I-2-57)}$$

とおくと、振幅スペクトルは

$$|X(\omega)| = \sqrt{X_R^2(\omega) + X_I^2(\omega)} \qquad\cdots\cdots\cdots\cdots\cdots\cdots\cdots\cdots \text{(I-2-58)}$$

と求まる。図 I-2-16 に横軸が周波数の場合の振幅スペクトルを示す。このように、$f_s/2$ を中心に対称となることが確認できる。

I－2－3－5　離散フーリエ変換

離散フーリエ変換（Discrete Fourier Transform：DFT）は離散時間信号 $x(n)$ が周期 NT_s の周期信号の場合に適用する解析手法である。基本周波数 ω_0 は

$$\omega_0 = \frac{2\pi}{NT_s} \quad \cdots\cdots\cdots\cdots\cdots\cdots\cdots\cdots\cdots\cdots\cdots\cdots\cdots\cdots (\text{I-2-59})$$

である。(I-2-30) 式を離散化し、k 番目の角周波数 $k\omega_0$ の成分 $X(k)$ を求めると、

$$X(k) = \sum_{n=0}^{N-1} x(nT_s) e^{-jk\left(\frac{2\pi}{NT_s}\right)nT_s} \quad \cdots\cdots\cdots\cdots\cdots\cdots (\text{I-2-60})$$

$$= \sum_{n=0}^{N-1} x(nT_s) e^{-j\frac{2\pi kn}{N}} \quad \cdots\cdots\cdots\cdots\cdots\cdots\cdots (\text{I-2-61})$$

が得られる。逆変換は、

$$x(nT_s) = \frac{1}{N} \sum_{k=0}^{N-1} X(k) e^{j\frac{2\pi kn}{N}} \quad \cdots\cdots\cdots\cdots\cdots\cdots\cdots (\text{I-2-62})$$

となる。ここで、時間と周波数の対応関係と離散時間フーリエ変換の結果より、図 I-2-17 (b) に示すように $X(k)$ は周波数領域で間隔 ω_0 で離散的であり、かつ周期 $N\omega_0$ で周期的な線スペクトル構造となる。

$X(k)$ に対して、$X(N-k)$ を考えると、

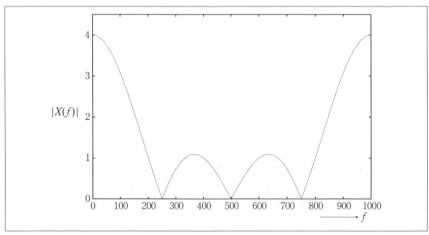

〔図 I-2-16〕離散時間フーリエ変換の例

$$X(N-k) = \sum_{n=0}^{N-1} x(nT_s) e^{-j\frac{2\pi(N-k)n}{N}} \quad \cdots\cdots\cdots\cdots\cdots \quad \text{(I-2-63)}$$

$$= \sum_{n=0}^{N-1} x(nT_s) e^{-j2\pi n} e^{j\frac{2\pi kn}{N}} \quad \cdots\cdots\cdots\cdots\cdots \quad \text{(I-2-64)}$$

$$= \sum_{n=0}^{N-1} x(nT_s) e^{j\frac{2\pi kn}{N}} \quad \cdots\cdots\cdots\cdots\cdots \quad \text{(I-2-65)}$$

$$= \overline{X(k)} \quad \cdots\cdots\cdots\cdots\cdots \quad \text{(I-2-66)}$$

となる。同様に

$$X(-k) = \overline{X(k)} \quad \cdots\cdots\cdots\cdots\cdots\cdots\cdots \quad \text{(I-2-67)}$$

である。したがって、$k=0,1,\cdots,N/2$ まで算出すれば、$X(k), k=N/2+1,\cdots,N-1$ は $X(k)$ の複素共役を求めればよい。

　離散時間フーリエ変換は、算出に無限個のサンプルを必要とするのに対し、離散フーリエ変換は有限個のサンプルで算出可能である。したがって、センサで採取した実データに対して適用可能な変換である。

　例として、$T_s=1$ のとき、$\{x(0), x(1), x(2), x(3), x(4), x(5), x(6), x(7)\} = \{2, 1, 2, 2, -1, -1, 1, -2\}$ のときの離散フーリエ変換 $X(k), k=0, 1, \cdots, 7$ を求めよう。まず、$N=8$ とおいて、変換関数（回転因子）$e^{-j2\pi k/N}$ を計算すると図 I-2-18 のようになる。

　これをもとに定義にしたがって、$X(k)$ は次のように求められる。

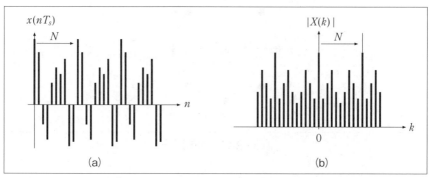

〔図 I-2-17〕離散フーリエ変換（a）時間領域、（b）周波数領域

■ I. ディジタルフィルタの基礎

$$X(0) = \sum_{n=0}^{7} x(n) e^{-j2\pi \times 0 \times n/8} \tag{I-2-68}$$

$$= 2+1+2+2-1-1+1-2 = 4 \tag{I-2-69}$$

$$X(1) = \sum_{n=0}^{7} x(n) e^{-j2\pi \times 1 \times n/8} \tag{I-2-70}$$

$$= 2 \times 1 + 1 \times \left(\frac{1}{\sqrt{2}} - j\frac{1}{\sqrt{2}}\right) + 2 \times (-j)$$

$$+ 2\left(-\frac{1}{\sqrt{2}} - j\frac{1}{\sqrt{2}}\right) - 1 \times (-1) - 1 \times \left(-\frac{1}{\sqrt{2}} + j\frac{1}{\sqrt{2}}\right)$$

$$+ 1 \times j - 2 \times \left(\frac{1}{\sqrt{2}} + j\frac{1}{\sqrt{2}}\right) \tag{I-2-71}$$

$$= 1.5858 - j5.2426 \tag{I-2-72}$$

$$X(2) = \sum_{n=0}^{7} x(n) e^{-j2\pi \times 2 \times n/8} \tag{I-2-73}$$

$$= 2 \times 1 + 1 \times (-j) + 2 \times (-1) + 2 \times j$$
$$- 1 \times 1 - 1 \times (-j) + 1 \times (-1) - 2 \times j \tag{I-2-74}$$
$$= -2 \tag{I-2-75}$$

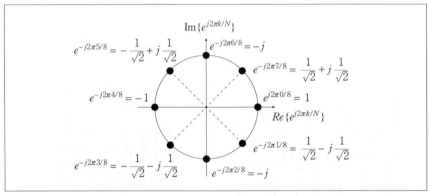

〔図 I-2-18〕回転因子

$$X(3) = \sum_{n=0}^{7} x(n) e^{-j2\pi \times 3 \times n/8} \qquad \text{(I-2-76)}$$

$$= 2 \times 1 + 1 \times \left(-\frac{1}{\sqrt{2}} - j\frac{1}{\sqrt{2}}\right) + 2 \times j$$

$$+ 2 \times \left(\frac{1}{\sqrt{2}} - j\frac{1}{\sqrt{2}}\right) - 1 \times (-1) - 1 \times \left(\frac{1}{\sqrt{2}} + j\frac{1}{\sqrt{2}}\right)$$

$$+ 1 \times (-j) - 2 \times \left(-\frac{1}{\sqrt{2}} + j\frac{1}{\sqrt{2}}\right) \qquad \text{(I-2-77)}$$

$$= 4.4142 - j3.2426 \qquad \text{(I-2-78)}$$

$$X(4) = \sum_{n=0}^{7} x(n) e^{-j2\pi \times 4 \times n/8} \qquad \cdots\cdots \text{(I-2-79)}$$

$$= 2 \times 1 + 1 \times (-1) + 2 \times 1 + 2 \times (-1) \qquad \cdots\cdots \text{(I-2-80)}$$
$$- 1 \times 1 - 1 \times (-1) + 1 \times 1 - 2 \times (-1)$$
$$= 4 \qquad \cdots\cdots \text{(I-2-81)}$$

$$X(5) = X(8-3) = \overline{X(3)} \qquad \cdots\cdots \text{(I-2-82)}$$
$$= 4.4142 + j3.2426 \qquad \cdots\cdots \text{(I-2-83)}$$

$$X(6) = X(8-2) = \overline{X(2)} \qquad \cdots\cdots \text{(I-2-84)}$$
$$= -2 \qquad \cdots\cdots \text{(I-2-85)}$$

$$X(7) = X(8-1) = \overline{X(1)} \qquad \cdots\cdots \text{(I-2-86)}$$
$$= 1.5858 + j5.2426 \qquad \cdots\cdots \text{(I-2-87)}$$

図 I-2-19 に振幅スペクトル $|X(k)|$ を示す。

I－2－4　サンプリング定理

　離散時間信号のフーリエ解析で述べた通り、離散時間信号のスペクトルは周波数軸上で周期的となる。図 I-2-20 に示すように、周波数軸上での周期は f_s である。また、スペクトルの対称性より、$X(f)$ は $f_s/2$ を中心に対称となる ($|X(f)|$ は偶対称、$\angle X(f)$ は奇対称)。

　離散時間信号 $x(nT_s)$ は連続時間信号 $x(t)$ をサンプリングして得られた離散的な時間のサンプル列である。そのため、信号を採取しないサンプル間の情報が欠損していると考えられる。しかしながら、$X(f)$ には $f_s/2$ までの情報はそのまま残っている。したがって、「$x(t)$ に含まれる周波数

成分の最高周波数が f_{max} であるとき、$f_{max} \leq f_s/2$ ならば、$x(nT_s)$ には $x(t)$ に関する全ての情報が保存されている」という重要な結論を導くことができる。そのため、信号がもつ情報を保存するために最低限必要なサンプリング周波数として、

$$f_s \geq 2f_{max} \quad \cdots\cdots\cdots\cdots\cdots\cdots\cdots\cdots\cdots\cdots\cdots\cdots\cdots\cdots\cdots\cdots \quad \text{(I-2-88)}$$

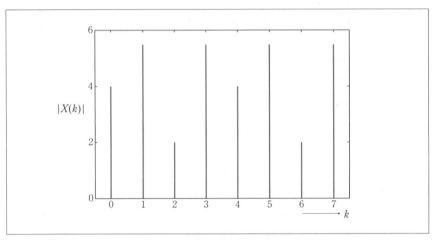

〔図 I-2-19〕振幅スペクトル

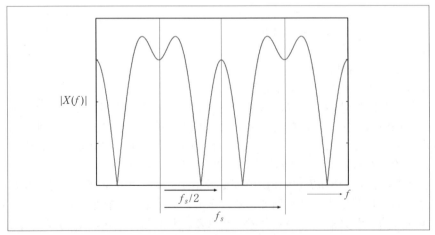

〔図 I-2-20〕振幅スペクトル

が得られる。これをサンプリング定理（sampling theorem）という。サンプリング定理は、図I-2-21に示すように1周期あたり正弦波をサンプリングする場合、最低2点サンプリングする必要があることを要求している。これは、同じ周波数の正弦波で図I-2-21に示す2点以外を通る正弦波は描けないという事実から理解できるだろう。

　f_sがサンプリング定理を満たさなければ、図I-2-22に示すようにスペクトルが重なり、スペクトル歪みが生じる。そのため、$x(t)$に含まれる

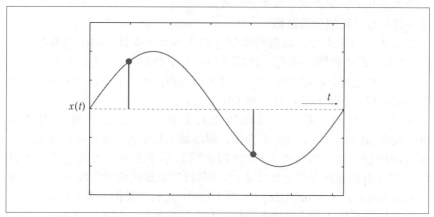

〔図I-2-21〕サンプリング定理の最低条件

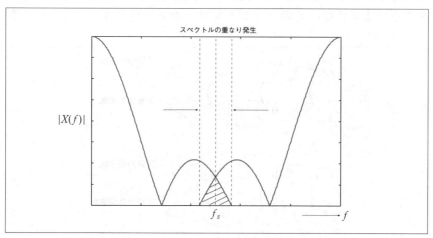

〔図I-2-22〕エイリアシングによるスペクトルの重畳

情報を保存することができない。スペクトルの重なりをエイリアシング (aliasing) という。

　一般に、連続時間信号は $f:[0,\infty]$ で周波数成分を有していると考えられる。したがって、$f_s \to \infty$ という当然の結果となるが、ディジタルフィルタの動作には興味のある帯域のみ保存されればよいため、アナログ低域通過フィルタを用いて事前に不要な高周波をカットしてサンプリングを行なえばよい。このようなサンプリング前段の低域通過フィルタをアンチエイリアシングフィルタという。

Ⅰ-2-5　正規化周波数

　ここまでの議論で、離散時間信号のスペクトルは、$f:[0,f_s]$ もしくは $f:[-f_s/2,f_s/2]$ の範囲のみ考えればよいことがわかった。f_s についてはサンプリング定理さえ満たしていればよいため、ディジタルフィルタの解析や設計に f_s が関わるのは、やや煩わしい。

　そこで、$f_s=1$ と考え、周波数を f_s で正規化した正規化周波数 (normalized frequency) f/f_s を今後、周波数として考えることにする。正規化周波数では、スペクトルは図 I-2-23 に示すように $f:[0,1]$ もしくは $f:[-1/2,1/2]$ の範囲を考えればよい。同様に、正規化角周波数 (normalized angular frequency) は $\omega:[0,2\pi]$ もしくは $\omega:[-\pi,\pi]$ の範囲を考えればよい。

　正規化周波数は周波数軸を伸縮しただけであり、ディジタルフィルタの特性そのものが変わるわけではないため、設計したディジタルフィルタもそのまま任意の f_s のディジタルフィルタに当てはめることができ

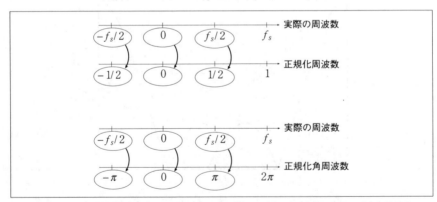

〔図 I-2-23〕実際の周波数と正規化周波数と正規化角周波数の対応関係

る。

　今後は、全て正規化周波数と正規化角周波数で扱う。そのため、サンプリング周期も $T_s=1/f_s=1$ と考える。

II.

ディジタルフィルタの原理

II

Ⅱ-1 線形時不変システム

ディジタルフィルタは離散時間信号 $x(n)$ を入力し、何らかの操作を行なって離散時間信号 $y(n)$ を出力するシステムである。システム S の離散時間信号に対する入出力関係について考えよう。入力信号 $x(n)$ と出力信号 $y(n)$ の関係を次式で表すことにする。

$$y(n) = S[x(n)] \quad\text{……………………………………}\text{(Ⅱ-1-1)}$$

ここで、$S[\cdot]$ という表記は "$\cdot$" に何らかの信号を入力したとき、それに何らかの操作を加えて変形し、出力することを意味する。

ディジタルフィルタを考える場合、$S[\cdot]$ に対して線形性と時不変性という2つの重要な性質が仮定される。線形性と時不変性を同時に満たすシステムを線形時不変システム（Linear Time Invariant System：LTI システム）という。本書では、線形であることを強調する意味で $L[\cdot]$ を用いて、入出力関係を

$$y(n) = L[x(n)] \quad\text{………………………………}\text{(Ⅱ-1-2)}$$

で表すこととする。

Ⅱ-1-1 線形性

$y(n)=L[x(n)]$ のとき、任意の定数 c に対して、L が次式の関係を満たす場合を考えよう。

$$L[cx(n)] = cL[x(n)] \quad\text{……………………………}\text{(Ⅱ-1-3)}$$
$$= cy(n) \quad\text{……………………………}\text{(Ⅱ-1-4)}$$

(Ⅱ-1-4) 式の性質を線形性と呼び、線形性を満たすシステム "L" を線形システム（linear system）と呼ぶ。簡単に言うと、入力を10倍したら出力も10倍になるシステムである。電気回路における電圧と電流の関係は線形性の代表例である。一方、ダイオードの電圧－電流特性のようなスイッチング動作は線形性が成り立たない例であり、非線形システムと呼ばれる。

$cx(n)$ は例えば、$2.5x(n)=1.1x(n)+1.4x(n)$ と分解できることを考慮すると、線形性は入力信号が複数存在する場合にも当てはめることができる。2つの離散時間信号 $x_1(n)$、$x_2(n)$ に対して、次式の入出力関係を仮定する。

$$\begin{cases} y_1(n) = L[x_1(n)] \\ y_2(n) = L[x_2(n)] \end{cases} \quad \cdots\cdots\cdots\text{(II-1-5)}$$

そのとき、任意の定数 a、b に対し、次式が成立する。

$$\begin{aligned} y(n) &= L[ax_1(n) + bx_2(n)] & \cdots\cdots\text{(II-1-6)} \\ &= L[ax_1(n)] + L[bx_2(n)] & \cdots\cdots\text{(II-1-7)} \\ &= aL[x_1(n)] + bL[x_2(n)] & \cdots\cdots\text{(II-1-8)} \\ &= ay_1(n) + by_2(n) & \cdots\cdots\text{(II-1-9)} \end{aligned}$$

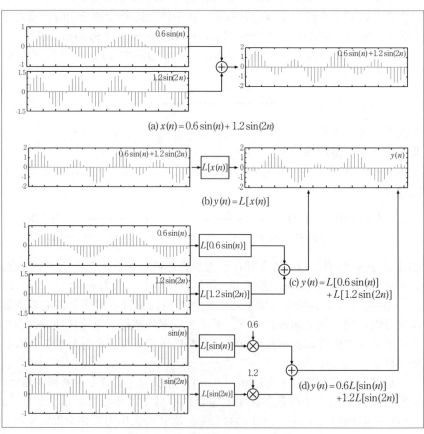

〔図 II-1-1〕線形システムの動作

線形システムでは複数の入力信号を定数倍して加算した信号を入力したときの出力信号が、個々の信号を同じシステムに入力したときの出力信号の定数倍の和に等しくなる。

　図 II-1-1 に（II-1-6）式から（II-1-9）式について例をあげて示す。図 II-1-1 (a) に示すように、任意の信号はフーリエ解析を用いて、複数の周波数の異なる正弦波の定数倍の和で表現できた。$x(n)$ を $L[\cdot]$ に入力すると、図 II-1-1 (b) に示すような出力信号 $y(n)$ が得られる。$x(n)$ は（II-1-7）式に示すように、周波数ごとに別々に $L[\cdot]$ に入力し、図 II-1-1 (c) に示すように最後に加算しても同じ出力信号が得られる。また、入力信号を定数倍した場合、定数倍は $L[\cdot]$ 通過後に行なってもよいため、図 II-1-1 (d) に示すように $L[\cdot]$ を通過した信号を定数倍した後、加算しても同じ出力信号が得られる。すなわち、複数の正弦波信号を最初に定数倍と加算を行なって線形システムに入力しても、個々の正弦波信号を別々に線形システムに入力した結果を定数倍して加算しても同じ出力信号が得られる。

　このように、線形システムでは周波数ごとの正弦波信号入力に対する線形システムの出力（応答）が重要な意味をもち、これが周波数特性を考える理由となる。

II－1－2　時不変性

　$y(n)=L[x(n)]$ のとき、任意の定数 τ に対して、L が次式の関係を満たす場合を考えよう。

$$y(n-\tau)=L[x(n-\tau)] \quad\cdots\cdots\cdots\cdots\cdots\cdots\cdots\cdots\cdots\cdots\cdots\cdots \text{(II-1-10)}$$

このとき、（II-1-10）式の性質を時不変性と呼び、時不変性を満たす L を時不変システム（time-invariant system）と呼ぶ。これは $x(n)$ が τ サンプルだけ遅れて入力された場合、出力も τ サンプルだけ遅れることを意味している。この性質は一見当然のように思えるが、そのシステムをいつ使用しても同じ結果が得られるという重要な事実を与えている。ここで、離散時間信号 $x(n)$ は単位インパルス信号 $\delta(n)$ を用いて、次式で表すことができることを再度思い出そう。

■ II. ディジタルフィルタの原理

$$x(n) = \cdots + x(-1)\delta(n+1) + x(0)\delta(n) +$$
$$x(1)\delta(n-1) + \cdots \qquad \text{(II-1-11)}$$

$$= \sum_{k=-\infty}^{\infty} x(k)\delta(n-k) \qquad \text{(II-1-12)}$$

このように、入力信号は整数サンプルだけシフトした単位インパルス信号の重み付け加算で表現できるため、時不変性が成立することはシステム解析の際に重要な意味をもつ。

Ⅱ－1－3　線形時不変離散時間システム

本書で扱うディジタルフィルタは LTI システムであり、その入出力関係を一般に次式で表すこととする。

$$y(n) = -\sum_{k=1}^{M} b_k y(n-k) + \sum_{k=0}^{N} a_k x(n-k) \qquad \text{(II-1-13)}$$

ここで、右辺第一項はフィードバック成分であり、第二項は入力信号に起因する成分である。すなわち、ディジタルフィルタでは一般に現在の出力が現時点を含む過去 $N+1$ サンプルの入力信号と直前までの過去 M サンプルの出力信号の重み付け加算で決定される。

－ 36 －

Ⅱ-2　インパルス応答とたたみ込み演算

　線形時不変システムでは（Ⅱ-1-6）式のように複数の入力信号の重み付け加算入力に対しては、出力信号も個々の信号を別々に入力した場合の出力信号の重み付け加算になった。さらに、離散時間信号自身も単位インパルス信号の重み付け加算で表された。この2つの事実から、"線形時不変システムに任意の入力信号を入力した場合の出力はシステムに単位インパルスを入力した場合の出力の重み付け和になるのではないか"と類推できる。本節では、インパルス応答とたたみ込み演算を紹介し、LTI システムの入出力関係を明らかにする。

Ⅱ-2-1　インパルス応答

　図 Ⅱ-2-1 に示すように、システム $L[\cdot]$ に単位インパルス信号 $\delta(n)$ を入力したときの出力信号 $h(n)$ をインパルス応答（impulse response）と呼び、次式で表す。

$$h(n) = L[\delta(n)] \quad \cdots\cdots\cdots\cdots\cdots\cdots\cdots\cdots\cdots\cdots\cdots (\text{Ⅱ-2-1})$$

$L[\cdot]$ は線形時不変システムであるため、

$$L[a\delta(n-\tau)] = aL[\delta(n-\tau)] \quad \cdots\cdots\cdots\cdots\cdots\cdots (\text{Ⅱ-2-2})$$
$$= ah(n-\tau) \quad \cdots\cdots\cdots\cdots\cdots\cdots\cdots\cdots (\text{Ⅱ-2-3})$$

が成り立つ。ここで、a は定数である。

　例として、出力信号 $y(n)$ が次式で表される LTI システムを考えよう。

$$y(n) = -0.5y(n-1) + x(n) \quad \cdots\cdots\cdots\cdots\cdots\cdots\cdots (\text{Ⅱ-2-4})$$

ここで、$y(n)=0, n<0$ とする。$x(n)=\delta(n)$ を代入し、$h(n)$ を求めると次のようになる。

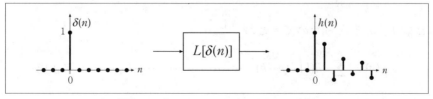

〔図 Ⅱ-2-1〕システムのインパルス応答

■ II. ディジタルフィルタの原理

$$h(0) = \delta(0) = 1 \quad \cdots\cdots\cdots\cdots\cdots\cdots\cdots\cdots\cdots \text{(II-2-5)}$$
$$h(1) = -0.5h(0) = -0.5 \quad \cdots\cdots\cdots\cdots\cdots\cdots\cdots \text{(II-2-6)}$$
$$h(2) = -0.5h(1) = (-0.5)^2 \quad \cdots\cdots\cdots\cdots\cdots\cdots \text{(II-2-7)}$$
$$h(3) = -0.5h(2) = (-0.5)^3 \quad \cdots\cdots\cdots\cdots\cdots\cdots \text{(II-2-8)}$$
$$\vdots$$

これより、このシステムのインパルス応答が

$$h(n) = (-0.5)^n u(n) \quad \cdots\cdots\cdots\cdots\cdots\cdots\cdots\cdots \text{(II-2-9)}$$

であることがわかる。

II－2－2　たたみ込み演算

LTI システムに (II-1-12) 式で表される $x(n)$ を入力した場合、出力信号 $y(n)$ は次のように計算できる。

$$y(n) = L\left[\sum_{n=-\infty}^{\infty} x(k)\,\delta(n-k) \right] \qquad \cdots \text{(II-2-10)}$$
$$= L[\cdots + x(-1)\delta(n+1) + x(0)\delta(n) + x(1)\delta(n-1) + \cdots]$$
$$= \cdots + x(-1)L[\delta(n+1)] + x(0)L[\delta(n)] + x(1)L[\delta(n-1)] + \cdots$$
$$= \cdots + x(-1)h(n+1) + x(0)h(n) + x(1)h(n-1) + \cdots$$
$$= \sum_{n=-\infty}^{\infty} x(k)h(n-k) \qquad \cdots \text{(II-2-11)}$$

これは、単位インパルス信号を個別に入力したときの出力の重み付け加算に他ならず、II-2 節導入の類推が妥当であることを示している。(II-2-11) 式の演算をたたみ込み (convolution) 演算という。

(II-2-11) 式で $m=n-k$ とおくと、

$$y(n) = \sum_{m=-\infty}^{\infty} h(m)x(n-m) \quad \cdots\cdots\cdots\cdots\cdots \text{(II-2-12)}$$

となり、m をあらためて k とおくと、

$$y(n) = \sum_{k=-\infty}^{\infty} h(k)x(n-k) \quad \cdots\cdots\cdots\cdots\cdots \text{(II-2-13)}$$

と書き直すことができる。(II-2-11) 式はインパルス応答が $h(n)$ のシステ

－ 38 －

ムに信号 $x(n)$ を入力したときの出力信号を計算しているが、(II-2-13) 式は両者の役割をそっくりそのまま入れ替えても同じ出力信号が得られることを示している。これは、後述する周波数領域におけるシステムの動作分析において、より明確に現れる。どちらの式を使っても同じであるが、ディジタルフィルタの回路構成に直結する表現として、今後は (II-2-13) 式を用いることにする。

図 II-2-2 に $h(n)=\{h(0),h(1)\}$ のシステムに、$x(n)=\{x(0),x(1),x(2)\}$ を入力した場合のたたみ込み演算による出力信号の算出例を示す。この場合、(II-2-13) 式は

$$y(n) = \sum_{k=0}^{1} h(k)\,x(n-k),\ n=0,1,2,3 \quad\cdots\cdots\cdots\cdots\cdots\cdots\quad \text{(II-2-14)}$$

となる。$n=0$ の入力信号は $x(0)\delta(0)$ であるため、線形性より $y(0)=L[x(0)\delta(0)]=h(0)x(0)$ が出力される。つまり、その瞬間の入力信号は $h(0)$ 倍されることになる。$n=1$ のとき、入力信号は $x(1)$ であるため、$x(1)$ が $h(0)$ 倍され、$h(0)x(1)$ だけ出力に現れる。しかし、時刻 0 で入力した $\delta(n)$ の応答が $n\geq0$ でも継続するため、1 サンプル前の入力 $x(0)$ の影響が残り、$h(1)x(0)$ だけ出力に現れる。最終的に、線形性（加法性）より、両者の加算である $y(1)=h(0)x(1)+h(1)x(0)$ が出力される。すなわち、図 II-2-3 に示すように、n に対して、$h(n)$ は時間を進めながら、$x(n)$ は時間を戻しながら乗算と加算を繰り返すことになる。

II－2－2－1　インパルス応答の例

入出力関係が次式で表される LTI システムのインパルス応答 $h(n),n=0,1,\cdots,5$ を求めよ。ただし、$x(n)=0,y(\text{n})=0,n<0$ とする。

$$y(n) = -0.1y(n-2)+0.5y(n-1)+0.8x(n)-0.6x(n-1) \quad \text{(II-2-15)}$$

■ Ⅱ. ディジタルフィルタの原理

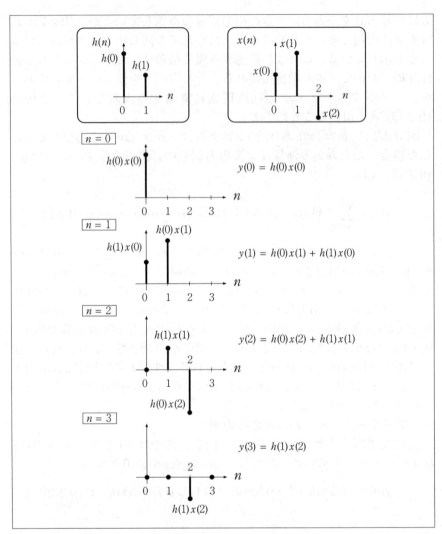

〔図 Ⅱ-2-2〕たたみ込み演算の例

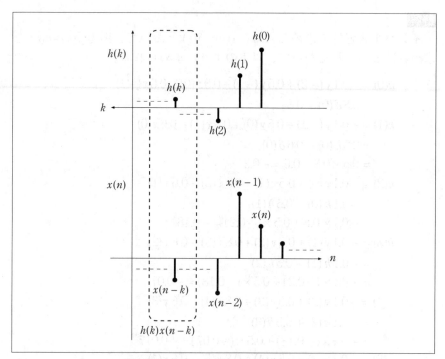

〔図 II-2-3〕たたみ込み演算のイメージ

■ II. ディジタルフィルタの原理

解答

インパルス応答を求めるには、$x(n)=\delta(n)$ とおいて、出力 $y(n)=h(n)$ を求めればよい。したがって、以下のように求められる。

$$h(0) = -0.1y(-2) + 0.5y(-1) + 0.8x(0) - 0.6x(-1)$$
$$= 0.8\delta(0) = 0.8$$
$$h(1) = -0.1y(-1) + 0.5y(0) + 0.8x(1) - 0.6x(0)$$
$$= 0.5h(0) - 0.6\delta(0)$$
$$= 0.5 \times 0.8 - 0.6 = -0.2$$
$$h(2) = -0.1y(0) + 0.5y(1) + 0.8x(2) - 0.6x(1)$$
$$= -0.1h(0) - 0.5h(1)$$
$$= -0.1 \times 0.8 + 0.5 \times (-0.2) = -0.18$$
$$h(3) = -0.1y(1) + 0.5y(2) + 0.8x(3) - 0.6x(2)$$
$$= -0.1h(1) - 0.5h(2)$$
$$= -0.1 \times (-0.2) + 0.5 \times (-0.18) = -0.07$$
$$h(4) = -0.1y(2) + 0.5y(3) + 0.8x(4) - 0.6x(3)$$
$$= -0.1h(2) + 0.5h(3)$$
$$= -0.1 \times (-0.18) + 0.5 \times (-0.07) = -0.017$$
$$h(5) = -0.1y(3) + 0.5y(4) + 0.8x(5) - 0.6x(4)$$
$$= -0.1h(3) + 0.5h(4)$$
$$= -0.1 \times (-0.07) + 0.5 \times (-0.017) = -0.0015$$

II−2−2−2　たたみ込み演算の例

インパルス応答が $h=\{0.6, 0.4, -0.3, -0.2, 0.1\}$ で表されるシステムに信号 $x=\{76, -42, -22, 45, -10, 58\}$ を入力したとき、出力信号 $y(n), n=0, 1, \cdots, 5$ を求めよ。ここで、$\{\cdot\}$ は、信号値を $n=0$ から並べた時系列を表しているとする。

解答

出力信号 $y(n)$ は

$$y(n) = \sum_{k=0}^{4} h(k)x(n-k) \quad\cdots\cdots\cdots\cdots\cdots\cdots\cdots\cdots \text{(II-2-16)}$$

を求めればよい。$y(n), n=0, 1, \cdots, 5$ は次式となる。

$$y(0) = h(0)\,x(0) = 0.6 \times 76 = 45.6$$
$$y(1) = h(0)\,x(1) + h(1)\,x(0) = 0.6 \times (-42) + 0.4 \times 76 = 5.2$$
$$y(2) = h(0)\,x(2) + h(1)\,x(1) + h(2)\,x(0)$$
$$= 0.6 \times (-22) + 0.4 \times (-42) - 0.3 \times 76$$
$$= -52.8$$
$$y(3) = h(0)\,x(3) + h(1)\,x(2) + h(2)\,x(1) + h(3)\,x(0)$$
$$= 0.6 \times 45 + 0.4 \times (-22) - 0.3 \times (-42) - 0.2 \times 76$$
$$= 15.6$$
$$y(4) = h(0)\,x(4) + h(1)\,x(3) + h(2)\,x(2) + h(3)\,x(1) + h(4)\,x(0)$$
$$= 0.6 \times (-10) + 0.4 \times 45 - 0.3 \times (-22) - 0.2 \times (-42) + 0.1 \times 76$$
$$= 34.6$$
$$y(5) = h(0)\,x(5) + h(1)\,x(4) + h(2)\,x(3) + h(3)\,x(2) + h(4)\,x(1)$$
$$= 0.6 \times 58 + 0.4 \times (-10) - 0.3 \times 45 - 0.2 \times (-22) + 0.1 \times (-42)$$
$$= 17.5$$

Ⅱ－2－3　安定性

　ディジタルフィルタに求められるシステムの大切な条件として、安定性（stability）があげられる。システムが安定であるとは簡単にいえば、出力が発散しないことを表す。安定性を考えるうえで、次式に示すように入力の大きさが有限であることが条件として課せられる。

$$\sum_{n=-\infty}^{\infty} |x(n)| < \infty \qquad \text{(Ⅱ-2-17)}$$

この条件の下で、出力の大きさを求めると次式となる。

■ II. ディジタルフィルタの原理

$$\left| \sum_{n=-\infty}^{\infty} y(n) \right| \leq \sum_{n=-\infty}^{\infty} |y(n)| \quad \cdots\cdots\cdots\cdots\cdots (\text{II-2-18})$$

$$= \sum_{n=-\infty}^{\infty} \left| \sum_{k=-\infty}^{\infty} h(k)x(n-k) \right| \quad \cdots\cdots\cdots\cdots\cdots (\text{II-2-19})$$

$$\leq \sum_{n=-\infty}^{\infty} \sum_{k=-\infty}^{\infty} |h(k)x(n-k)| \quad \cdots\cdots\cdots\cdots\cdots (\text{II-2-20})$$

$$\leq \sum_{n=-\infty}^{\infty} \sum_{k=-\infty}^{\infty} |h(k)| \cdot |x(n-k)| \quad \cdots\cdots\cdots\cdots\cdots (\text{II-2-21})$$

$$\leq \sum_{n=-\infty}^{\infty} |x(n)| \sum_{k=-\infty}^{\infty} |h(k)| \quad \cdots\cdots\cdots\cdots\cdots (\text{II-2-22})$$

安定なシステムでは、

$$\left| \sum_{n=-\infty}^{\infty} y(n) \right| < \infty \quad \cdots\cdots\cdots\cdots\cdots\cdots\cdots\cdots\cdots\cdots (\text{II-2-23})$$

が求められる。(II-2-22) 式に (II-2-17) 式の条件をあてはめると、安定なシステムの条件として、次式が導ける。

$$\sum_{n=-\infty}^{\infty} |h(n)| < \infty \quad \cdots\cdots\cdots\cdots\cdots\cdots\cdots\cdots\cdots\cdots (\text{II-2-24})$$

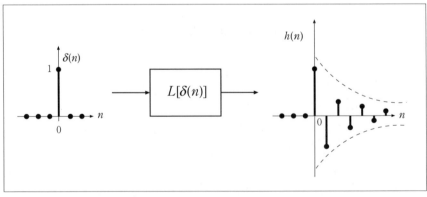

〔図 II-2-4〕安定なシステムのインパルス応答

この条件は、図 II-2-4 に示すようにインパルス応答が n の増加とともに、だんだんゼロに近づくことを要求している。例として、インパルス応答が (II-2-9) 式と同様に次式で与えられるシステムを考えよう。

$$h(n) = (-0.5)^n u(n) \quad \cdots\cdots\cdots\cdots\cdots\cdots\cdots\cdots\cdots\cdots (\text{II-2-25})$$

$n \to \infty$ で $h(n) \to 0$ となることは明白ではあるが、あえて (II-2-24) 式の条件を試算すると、次式のようになる。

$$\sum_{n=-\infty}^{\infty} |h(n)| = \sum_{n=0}^{\infty} |(-0.5)^n| \quad \cdots\cdots\cdots\cdots\cdots (\text{II-2-26})$$

$$= 1 + 0.5 + 0.5^2 + \cdots \quad \cdots\cdots\cdots\cdots (\text{II-2-27})$$

$$= \frac{1}{1-0.5} \quad \cdots\cdots\cdots\cdots\cdots (\text{II-2-28})$$

$$= 2 < \infty \quad \cdots\cdots\cdots\cdots\cdots (\text{II-2-29})$$

この結果より、このシステムが安定であることが確認できる。

II－2－4 因果性

ディジタルフィルタに求められるシステムのもう一つの大切な条件として、因果性（causality）があげられる。因果性を満たすシステムとは、読んで字の如く「原"因"」と「結"果"」が伴っているシステムである。平たく言うと、システムに信号が入力されてはじめて出力信号が生成されるということである。逆に、因果性を満たさないシステムは、入力信号がないにも関わらず出力信号が生成されるシステム（未来が見えるシステム）のことであり、時間軸上で動作するシステムとしては非現実的なシステムである。なお、画像処理システムのように座標系が空間座標である場合は、因果性を満たす必要はない。

インパルス応答は、単位インパルス信号 $\delta(n)$ 入力時の応答であり、$n<0$ では入力信号は存在しない。したがって、システムが因果性を満たしているならば、$n<0$ では出力が存在しないこととなる。したがって、因果性を満たすシステムの条件は

$$h(n) = 0, n < 0 \quad \cdots\cdots\cdots\cdots\cdots\cdots\cdots\cdots (\text{II-2-30})$$

となる。後述するように、理想的な遮断特性をもつ理想低域通過フィルタは因果性を満たさないため、ディジタルフィルタの設計問題は、因果

■ Ⅱ. ディジタルフィルタの原理

性を満たしつつ理想的な特性に近づける近似問題となる。

Ⅱ－3　周波数特性

　LTI システムの動作はインパルス応答で完全に決定されるが、ディジタルフィルタに求められる動作は特定の周波数成分のみ通過し、それ以外の周波数成分は除去するというように周波数軸上で定められることが多い。そこで、周波数軸上でのシステム表現について考えよう。

Ⅱ－3－1　複素正弦波入力に対する応答

　任意の周波数の正弦波入力に対する応答を計算する場合、電気回路では複素正弦波が用いられる。これは線形な電気回路では正弦波入力に対して、出力の周波数は不変であり、振幅（大きさ）と位相（角度）のみ変動するため、振幅と位相を一度に扱える複素数が便利という理由である。角周波数を ω とすると複素正弦波 $x(n)$ は次式で表すことができる。

$$x(n) = e^{j\omega n} \quad\cdots\cdots\cdots\cdots\cdots\cdots\cdots\cdots\cdots\text{(Ⅱ-3-1)}$$

我々が測定できる信号は実信号であるが、オイラーの公式より

$$\sin \omega n = \frac{1}{j2}(e^{j\omega n} - e^{-j\omega n}) \quad\cdots\cdots\cdots\cdots\cdots\cdots\cdots\cdots\text{(Ⅱ-3-2)}$$

となり、$e^{j\omega n}$ に対する出力がわかれば、その複素共役信号とあわせて実信号に対する出力も計算できる。フーリエ変換の負の周波数成分はこれに相当する。

　複素正弦波に対する LTI システムの出力 $y(n)$ を計算してみよう。(Ⅱ-2-13) 式の $x(n)$ に複素正弦波を代入すると、次式となる。

$$y(n) = \sum_{k=-\infty}^{\infty} h(k)\, e^{j\omega(n-k)} \quad\cdots\cdots\cdots\cdots\cdots\cdots\text{(Ⅱ-3-3)}$$

$$= \left(\sum_{k=-\infty}^{\infty} h(k)\, e^{-j\omega k} \right) e^{j\omega n} \quad\cdots\cdots\cdots\cdots\text{(Ⅱ-3-4)}$$

$$= H(\omega)\, e^{j\omega n} \quad\cdots\cdots\cdots\cdots\cdots\cdots\cdots\cdots\text{(Ⅱ-3-5)}$$

ここで、

$$H(\omega) = \sum_{k=-\infty}^{\infty} h(k)\, e^{-j\omega k} \quad\cdots\cdots\cdots\cdots\cdots\cdots\text{(Ⅱ-3-6)}$$

を周波数特性（frequency characteristic）と呼び、$h(n)$ の離散時間フーリエ

変換に相当する。$H(\omega)$ は複素数であり、その大きさ $|H(\omega)|$ を振幅特性（magnitude characteristic）、角度 $\angle H(\omega)$ を位相特性（phase characteristic）という。

（II-3-5）式より、出力信号は $e^{j\omega n}$ を $H(\omega)$ 倍したものとなる。複素数同士の乗算であるため、$|y(n)|$ と $\angle y(n)$ は次式となる。

$$|y(n)| = |H(\omega)| \times |e^{j\omega n}| = |H(\omega)| \quad \cdots\cdots\cdots\cdots\cdots\cdots \text{(II-3-7)}$$

$$\angle y(n) = \angle H(\omega) + \angle e^{j\omega n} = \angle H(\omega) \quad \cdots\cdots\cdots\cdots\cdots \text{(II-3-8)}$$

Ⅰ章で述べた通り、ディジタルフィルタでは実際の周波数をサンプリング周波数 f_s で正規化した正規化周波数で考える。正規化周波数では周波数帯域 $[-f_s/2, f_s/2]$ は、$[-1/2, 1/2]$ に対応する。したがって、（正規化）角周波数は $[-\pi, \pi]$ であり、独立した帯域としては $\omega:[0, \pi]$ を考えればよい。ディジタルフィルタの解析・設計では $f:[0, 1/2]$ もしくは $\omega:[0, \pi]$ の範囲で考える。

Ⅱ－3－2　周波数特性の例
Ⅱ－3－2－1　フィードバックシステム

システムの入出力関係が

$$y(n) = 0.5y(n-1) + x(n) \quad \cdots\cdots\cdots\cdots\cdots\cdots\cdots\cdots \text{(II-3-9)}$$

で表されるフィードバックシステムを考えよう。このシステムのインパルス応答は次式となる。

$$h(n) = (0.5)^n u(n) \quad \cdots\cdots\cdots\cdots\cdots\cdots\cdots\cdots \text{(II-3-10)}$$

$H(\omega)$ を求めるため、定義にあてはめると次式となる。

$$H(\omega) = \sum_{k=0}^{\infty} (0.5)^k e^{-j\omega k} \quad \cdots\cdots\cdots\cdots \text{(II-3-11)}$$

$$= 1 + 0.5 e^{-j\omega} + 0.5^2 e^{-j2\omega} + 0.5^3 e^{-j3\omega} + \cdots \quad \cdots\cdots\cdots \text{(II-3-12)}$$

これは、初項 1、公比 $0.5e^{-j\omega}$（$|0.5e^{-j\omega}| = 0.5|e^{-j\omega}| = 0.5 < 1$）の無限等比級数であるから、級数和が存在し、

$$H(\omega) = \frac{1}{1 - 0.5 e^{-j\omega}} \quad \cdots\cdots\cdots\cdots\cdots\cdots\cdots \text{(II-3-13)}$$

と求めることができる。オイラーの公式より

$$H(\omega) = \frac{1}{1 - 0.5\cos\omega + j0.5\sin\omega} \quad \cdots\cdots\cdots\cdots (\text{II-3-14})$$

であり、振幅特性 $|H(\omega)|$ は次式となる。

$$|H(\omega)| = \frac{1}{\sqrt{(1 - 0.5\cos\omega)^2 + (0.5\sin\omega)^2}} \quad \cdots\cdots\cdots (\text{II-3-15})$$

$$= \frac{1}{\sqrt{1.25 - \cos\omega}} \quad \cdots\cdots\cdots (\text{II-3-16})$$

一方、位相特性 $\angle H(\omega)$ は分子の角度（0°）と分母の角度の差となるため、

$$\angle H(\omega) = -\tan^{-1}\frac{0.5\sin\omega}{1 - 0.5\cos\omega} \quad \cdots\cdots\cdots\cdots (\text{II-3-17})$$

と求められる。図 II-3-1 に $|H(\omega)|$、図 II-3-2 に $\angle H(\omega)$ を示す。

II－3－2－2　フィードフォワードシステム

システムの入出力関係が

$$y(n) = x(n) - x(n-1) + x(n-2) \quad \cdots\cdots\cdots\cdots (\text{II-3-18})$$

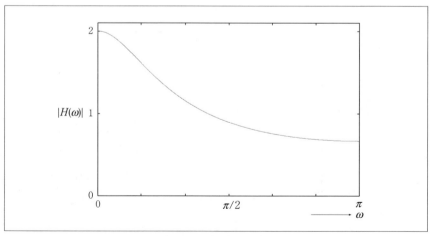

〔図 II-3-1〕振幅特性

で表されるフィードフォワードシステムを考えよう。このシステムのインパルス応答は $x(n)=\delta(n)$ を入力して、

$$h(0) = 1 \quad \cdots\cdots\cdots\cdots\cdots\cdots\cdots\cdots\cdots\cdots\cdots\cdots\cdots\cdots \text{(II-3-19)}$$
$$h(1) = -1 \quad \cdots\cdots\cdots\cdots\cdots\cdots\cdots\cdots\cdots\cdots\cdots\cdots\cdots \text{(II-3-20)}$$
$$h(2) = 1 \quad \cdots\cdots\cdots\cdots\cdots\cdots\cdots\cdots\cdots\cdots\cdots\cdots\cdots\cdots \text{(II-3-21)}$$
$$h(n) = 0, n > 2 \quad \cdots\cdots\cdots\cdots\cdots\cdots\cdots\cdots\cdots\cdots\cdots \text{(II-3-22)}$$

が得られる。$H(\omega)$ を求めるために、定義にあてはめると次式となる。

$$\begin{aligned} H(\omega) &= \sum_{k=0}^{2} h(k)\, e^{-jk\omega} & \cdots\cdots\cdots\cdots\cdots\cdots \text{(II-3-23)} \\ &= 1 - e^{-j\omega} + e^{-j2\omega} & \cdots\cdots\cdots\cdots\cdots\cdots \text{(II-3-24)} \\ &= 1 - \cos\omega + \cos 2\omega & \cdots\cdots\cdots\cdots\cdots\cdots \text{(II-3-25)} \\ &\quad + j(\sin\omega - \sin 2\omega) & \cdots\cdots\cdots\cdots\cdots\cdots \text{(II-3-26)} \end{aligned}$$

ここで、

$$X_R(\omega) = 1 - \cos\omega + \cos 2\omega \quad \cdots\cdots\cdots\cdots\cdots\cdots \text{(II-3-27)}$$
$$X_I(\omega) = \sin\omega - \sin 2\omega \quad \cdots\cdots\cdots\cdots\cdots\cdots\cdots \text{(II-3-28)}$$

とおくと、$|H(\omega)|$ と $\angle H(\omega)$ はそれぞれ、

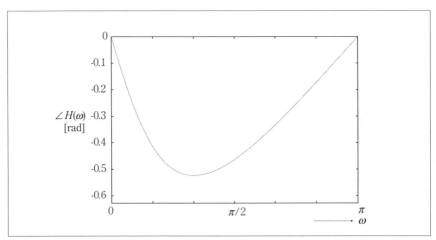

〔図 II-3-2〕位相特性

$$|H(\omega)| = \sqrt{X_R^2(\omega) + X_I^2(\omega)} \qquad \cdots\cdots\cdots\cdots\cdots\cdots\cdots \text{(II-3-27)}$$

$$\angle H(\omega) = \tan^{-1}\frac{\sin\omega - \sin 2\omega}{1 - \cos\omega + \cos 2\omega} \qquad \cdots\cdots\cdots\cdots\cdots\cdots\cdots \text{(II-3-28)}$$

となる。図 II-3-3 に $|H(\omega)|$、図 II-3-4 に $\angle H(\omega)$ を示す。図 II-3-3 に示すように、フィードフォワードシステムでは、$|H(\omega)|=0$ となる ω を設定できる。また、図 II-3-4 に示すように、$\angle H(\omega)$ が直線となる場合がある。これは直線位相特性と呼ばれ、フィードフォワードシステム固有の性質である。直線位相特性については、II-7-2 節で詳細に述べる。

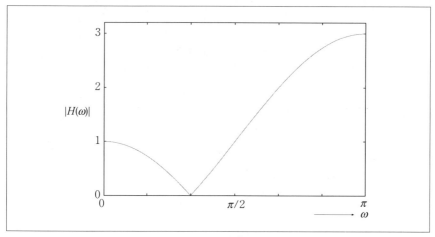

〔図 II-3-3〕振幅特性

■ Ⅱ. ディジタルフィルタの原理

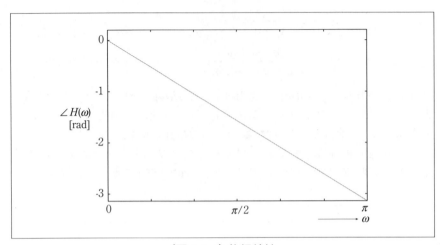

〔図 Ⅱ-3-4〕位相特性

Ⅱ－4　z変換

　連続時間システムでは、通常ラプラス変換を用いてシステム解析・設計を行なう。連続時間信号 $x(t)$ のラプラス変換 $X(s)$ は次式で定義される。

$$X(s) = \int_0^\infty x(t)\,e^{-st}dt \quad\cdots\cdots\cdots\cdots\cdots\cdots\cdots\cdots\cdots\cdots (\text{II-4-1})$$

ここで、$s = \sigma + j\omega$ は一般化周波数である。ラプラス変換の考え方はいたって単純で、スイッチを ON にした瞬間からシステムは動作し始めるため、スイッチ ON の時刻を 0 と考えて積分範囲を $[0, \infty]$ とし、さらに無限に動き続けるシステムなど考えられないため $t \to \infty$ では出力は 0 になると考え、$e^{-\sigma t}$ の減衰項を乗じている。離散時間システムでもラプラス変換の離散時間バージョンである z 変換（z-transform）を用いる。

Ⅱ－4－1　z変換の定義

　z 変換はラプラス変換の離散時間版である。$z = e^s$ とおき $x(n)$ の z 変換を $X(z)$ と書くことにすると、次式で定義される。

$$X(z) = \sum_{n=0}^\infty x(n)z^{-n} \quad\cdots\cdots\cdots\cdots\cdots\cdots\cdots\cdots\cdots (\text{II-4-2})$$

ここで、(II-4-2) 式は (II-4-1) 式をダイレクトに離散化したため $n=0$ からスタートしており、特に片側 z 変換と呼ばれる。一方、z 変換の性質などを考える場合は、$z = -\infty$ からスタートしたほうが扱いやすいため、次式を両側 z 変換として定義して用いる場合がある。

$$X(z) = \sum_{n=-\infty}^\infty x(n)z^{-n} \quad\cdots\cdots\cdots\cdots\cdots\cdots\cdots\cdots (\text{II-4-3})$$

この場合でも、$x(n)=0, n<0$ を仮定すれば、(II-4-2) 式と本質的には変わらないため、今後は (II-4-3) 式を z 変換として用いることにする。ここで、

$$z = e^s = e^{\sigma+j\omega} = e^\sigma \times e^{j\omega} \quad\cdots\cdots\cdots\cdots\cdots\cdots\cdots (\text{II-4-4})$$

であり、大きさ e^σ で角度が ω の複素数である。(II-4-3) 式より、$X(z)$ は z のべき級数となるため、z の値によっては発散する場合がある。そのため、複素平面上で $X(z)$ が収束する領域（ROC:Region-Of-Convergence）を示す必要がある。z 変換では、複素平面を特に z 平面と呼ぶ。

－ 53 －

Ⅱ-4-2 z変換の例

いくつかの代表的な信号について、z変換を求めてみよう。

Ⅱ-4-2-1 単位インパルス信号

単位インパルス信号 $x(n)=\delta(n)$ の z 変換を求めよう。定義式より、次式が求められる。

$$X(z) = \sum_{n=-\infty}^{\infty} \delta(n) z^{-n} = 1 \quad \cdots\cdots\cdots\cdots\cdots\cdots\cdots (\text{Ⅱ-4-5})$$

$X(z)$ は z の値に関わらず、常に 1 であるため、ROC は図 Ⅱ-4-1 に示すように z 平面全体である。

Ⅱ-4-2-2 単位ステップ信号

単位ステップ信号 $x(n)=u(n)$ の z 変換を求めよう。定義式より、次式が求められる。

$$X(z) = \sum_{n=-\infty}^{\infty} u(n) z^{-n} \quad \cdots\cdots\cdots\cdots\cdots\cdots\cdots (\text{Ⅱ-4-6})$$

$$= 1 + z^{-1} + z^{-2} + \cdots \quad \cdots\cdots\cdots\cdots\cdots\cdots\cdots (\text{Ⅱ-4-7})$$

$$= \frac{1}{1-z^{-1}} \quad \cdots\cdots\cdots\cdots\cdots\cdots\cdots (\text{Ⅱ-4-8})$$

ここで、$X(z)$ は初項 1、公比 z^{-1} の無限等比級数であるため、$|z^{-1}|<1$ のときのみ級数和を上式の通り求めることができる。したがって、ROC

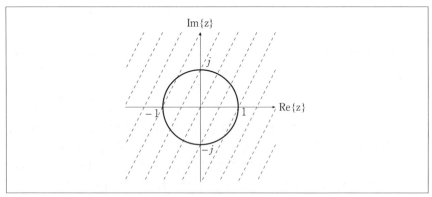

〔図Ⅱ-4-1〕単位インパルス信号の z 変換の収束領域

は $|z|>1$ となり、図 II-4-2 に示すように、z 平面上で単位円外の領域となる。ここで、$u(n)$ は $n \to \infty$ でも値が存在する信号であるが、その場合、z 平面上では収束領域に単位円を含まないことに注意されたい。単位円と収束の関係についてはシステムの安定性に深く関わっており、後述する。

II-4-2-3　指数信号

指数信号 $x(n)=\alpha^n u(n)$ の z 変換を求めよう。ここで α は定数である。定義式より、次式が求められる。

$$x(z) = \sum_{n=-\infty}^{\infty} \alpha^n u(n) z^{-n} \qquad \cdots\cdots\cdots\cdots\cdots (\text{II-4-9})$$

$$= 1 + \alpha z^{-1} + \alpha[2] z^{-2} + \cdots \qquad \cdots\cdots\cdots\cdots\cdots (\text{II-4-10})$$

$$= \frac{1}{1-\alpha z^{-1}} \qquad \cdots\cdots\cdots\cdots\cdots (\text{II-4-11})$$

ここで、$X(z)$ は初項 1、公比 αz^{-1} の無限等比級数であるため、$|\alpha z^{-1}|<1$ のときのみ収束する。したがって、ROC は $|z|>|\alpha|$ となり、図 II-4-3 に示すような領域となる。ここで、$|\alpha|<1$ の場合は $n \to \infty$ で $x(n) \to 0$ となるが、その場合、z 平面上では収束領域に単位円を含んでいる。一方、$|\alpha|>1$ の場合は $n \to \infty$ で $x(n) \to \infty$ となるが、その場合、z 平面上では収束領域に単位円を含まないことに注意されたい。なお、$|\alpha|=1$ は単位ステップ信号そのものである。

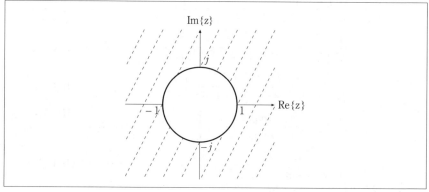

〔図 II-4-2〕単位ステップ信号の z 変換の収束領域

■ Ⅱ.ディジタルフィルタの原理

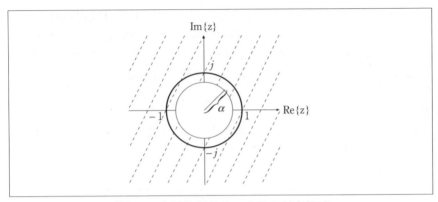

〔図 Ⅱ-4-3〕指数信号の z 変換の収束領域

Ⅱ-4-2-4 正弦波信号

正弦波信号 $x(n)=(\sin\omega_0 n)u(n)$ の z 変換を求めよう。ここで ω_0 は角周波数である。z 変換を求める前に、$x(n)$ をオイラーの公式を用いて次式のように書き換えよう。

$$x(n)=\frac{1}{j2}(e^{j\omega_0 n}-e^{-j\omega_0 n}) \quad\cdots\cdots\cdots\cdots\cdots\cdots\text{(Ⅱ-4-12)}$$

この表現は指数信号の形であるため、指数信号の z 変換を用いて $X(z)$ を次式の通り求めることができる。

$$X(z)=\frac{1}{j2}\left(\frac{1}{1-e^{j\omega_0}z^{-1}}-\frac{1}{1-e^{-j\omega_0}z^{-1}}\right) \quad\cdots\cdots\cdots\cdots\text{(Ⅱ-4-13)}$$

$$=\frac{1}{j2}\left\{\frac{1-e^{-j\omega_0}z^{-1}-1+e^{j\omega_0}z^{-1}}{(1-e^{j\omega_0}z^{-1})(1-e^{-j\omega_0}z^{-1})}\right\} \quad\cdots\cdots\cdots\cdots\text{(Ⅱ-4-14)}$$

$$=\frac{1}{j2}\left\{\frac{(e^{j\omega_0}-e^{-j\omega_0})z^{-1}}{1-(e^{j\omega_0}+e^{-j\omega_0})z^{-1}+z^{-2}}\right\} \quad\cdots\cdots\cdots\cdots\text{(Ⅱ-4-15)}$$

$$=\frac{1}{j2}\left\{\frac{j2(\sin\omega_0)z^{-1}}{1-2(\cos\omega_0)z^{-1}+z^{-2}}\right\} \quad\cdots\cdots\cdots\cdots\text{(Ⅱ-4-16)}$$

$$=\frac{(\sin\omega_0)z^{-1}}{1-2(\cos\omega_0)z^{-1}+z^{-2}} \quad\cdots\cdots\cdots\cdots\text{(Ⅱ-4-17)}$$

ROC は、$|z|>|e^{\pm j\omega_0}|=1$ であり、z 平面上で単位円外となる。正弦波信号

も $n \to \infty$ で値が存在するため、z 平面上では収束領域に単位円を含まない。

Ⅱ－4－3　z 変換の性質

z 変換の重要な性質として、線形性、時間推移、たたみ込みがあげられる。本節では、線形性と時間推移について述べ、たたみ込みについては次節で述べる。なお、$X(z)$ が $x(n)$ の z 変換であることを

$$X(z) = Z[x(n)] \quad\text{(Ⅱ-4-18)}$$

と表すこととする。

Ⅱ－4－3－1　線形性

$X_1(z)=Z[x_1(n)]$、$X_2(z)=Z[x_2(n)]$、a、b を定数とすると、

$$Z[ax_1(n)+bx_2(n)] = \sum_{n=-\infty}^{\infty} \{ax_1(n)+bx_2(n)\}z^{-n} \quad\text{(Ⅱ-4-19)}$$

$$= \sum_{n=-\infty}^{\infty} ax_1(n)z^{-n}$$

$$+ \sum_{n=-\infty}^{\infty} bx_2(n)z^{-n} \quad\text{(Ⅱ-4-20)}$$

$$= a \sum_{n=-\infty}^{\infty} x_1(n)z^{-n}$$

$$+ b \sum_{n=-\infty}^{\infty} x_2(n)z^{-n} \quad\text{(Ⅱ-4-21)}$$

$$= aX_1(z)+bX_2(z) \quad\text{(Ⅱ-4-22)}$$

となり、線形性が成立する。

Ⅱ－4－3－2　時間推移

$X(z)=Z[x(n)]$ のとき、$x(n)$ の時間シフト信号 $x(n-k)$ を z 変換してみよう。

$$Z[x(n-k)] = \sum_{n=-\infty}^{\infty} x(n-k)z^{-n} \quad\text{(Ⅱ-4-23)}$$

ここで、$m=n-k$ とおくと、

■ II. ディジタルフィルタの原理

$$\sum_{n=-\infty}^{\infty} x(n-k)z^{-n} = \sum_{m=-\infty}^{\infty} x(m)z^{-(m+k)} \quad \cdots\cdots\cdots\cdots\cdots \text{(II-4-24)}$$

$$= z^{-k} \sum_{m=-\infty}^{\infty} x(m)z^{-m} \quad \cdots\cdots\cdots\cdots\cdots \text{(II-4-25)}$$

$$= z^{-k} X(z) \quad \cdots\cdots\cdots\cdots\cdots \text{(II-4-26)}$$

となり、時間シフトはz^{-k}を乗ずることとなる。ディジタルフィルタでは、1サンプル遅延$x(n-1)$が重要となり、そのz変換は

$$Z[x(n-1)] = z^{-1} X(z) \quad \cdots\cdots\cdots\cdots\cdots\cdots\cdots\cdots\cdots \text{(II-4-27)}$$

となる。ディジタルフィルタの回路図では、1サンプル遅延器（メモリ）としてz^{-1}という表記が用いられる。

II－4－4　逆z変換

逆z変換は、次式で定義される。

$$x(n) = \frac{1}{j2\pi} \oint_C X(z)z^{n-1} dz \quad \cdots\cdots\cdots\cdots\cdots\cdots\cdots\cdots \text{(II-4-28)}$$

これは複素積分であり、積分路Cは$X(z)$の特異点（$X(z) \to \infty$となるz）を全て含む閉路をとる。しかし、(II-4-28) 式の複素積分を実際に行なうことは稀で、実際にはII-4-2節で紹介した変換例とII-4-3節で述べた性質を用いて、変換表を参照しながら逆z変換を求めることが多い。

例えば、z変換$X(z)$が次式で表される場合を考えよう。

$$X(z) = \frac{1}{1 - 0.2z^{-1} - 0.24z^{-2}} \quad \cdots\cdots\cdots\cdots\cdots \text{(II-4-29)}$$

$X(z)$を因数分解すると、

$$X(z) = \frac{1}{(1 - 0.6z^{-1})(1 + 0.4z^{-1})} \quad \cdots\cdots\cdots\cdots\cdots \text{(II-4-30)}$$

となる。指数信号のz変換対の関係を当てはめるために、$X(z)$を次式の通り、部分分数展開する。

$$X(z) = \frac{1}{(1 - 0.6z^{-1})(1 + 0.4z^{-1})} = \frac{A}{1 - 0.6z^{-1}} + \frac{B}{1 + 0.4z^{-1}} \quad \text{(II-4-31)}$$

－ 58 －

ここで、

$$A = (1 - 0.6z^{-1})X(z)\Big|_{z^{-1}=1/0.6} \qquad \cdots\cdots\cdots\cdots\cdots\cdots\cdots\cdots \text{(II-4-32)}$$

$$= \frac{1}{1 + 0.4z^{-1}}\Big|_{z^{-1}=1/0.6} \qquad \cdots\cdots\cdots\cdots\cdots\cdots\cdots\cdots \text{(II-4-33)}$$

$$= \frac{3}{5} \qquad \cdots\cdots\cdots\cdots\cdots\cdots\cdots\cdots \text{(II-4-34)}$$

$$B = (1 + 0.4z^{-1})X(z)\Big|_{z^{-1}=-1/0.4} \qquad \cdots\cdots\cdots\cdots\cdots\cdots\cdots\cdots \text{(II-4-35)}$$

$$= \frac{1}{1 - 0.6z^{-1}}\Big|_{z^{-1}=-1/0.4} \qquad \cdots\cdots\cdots\cdots\cdots\cdots\cdots\cdots \text{(II-4-36)}$$

$$= \frac{2}{5} \qquad \cdots\cdots\cdots\cdots\cdots\cdots\cdots\cdots \text{(II-4-37)}$$

である。A、Bを代入すると、

$$X(z) = \frac{3}{5} \cdot \frac{1}{1 - 0.6z^{-1}} + \frac{2}{5} \cdot \frac{1}{1 + 0.4z^{-1}} \qquad \cdots\cdots\cdots\cdots\cdots \text{(II-4-38)}$$

となり、指数関数のz変換対の関係を用いると、$x(n)$ は

$$x(n) = \frac{3}{5}(0.6)^n u(n) + \frac{2}{5}(-0.4)^n u(n) \qquad \cdots\cdots\cdots\cdots\cdots \text{(II-4-39)}$$

と求められる。

— 59 —

■ Ⅱ. ディジタルフィルタの原理

Ⅱ−5　伝達関数と極・ゼロ

　時間領域でのディジタルフィルタの動作はインパルス応答で完全に記述されるが、連続時間システムでインパルス応答をラプラス変換したのと同様に、離散時間システムでもインパルス応答を z 変換した伝達関数が重要な役割を担う。伝達関数は z の多項式で表され、その根である極やゼロが周波数領域でのディジタルフィルタの動作を完全に規定する。

Ⅱ−5−1　伝達関数

　LTI システムの入力信号 $x(n)$ と出力信号 $y(n)$ の関係は次式のたたみ込み演算で表現できた。

$$y(n) = \sum_{k=-\infty}^{\infty} h(k)\, x(n-k) \quad \cdots\cdots\cdots\cdots\cdots\cdots\cdots (\text{Ⅱ-5-1})$$

$X(z)=Z[x(n)]$、$Y(z)=Z[Y(n)]$ とおいて、上式の両辺を定義通り z 変換すると次式となる。

$$Y(z) = \sum_{n=-\infty}^{\infty} \left\{ \sum_{k=-\infty}^{\infty} h(k)\, x(n-k) \right\} z^{-n} \quad \cdots\cdots\cdots\cdots\cdots (\text{Ⅱ-5-2})$$

ここで、$m=n-k$ とおくと、

$$Y(z) = \sum_{m=-\infty}^{\infty} \left\{ \sum_{k=-\infty}^{\infty} h(k)\, x(m) \right\} z^{-(m+k)} \quad \cdots\cdots\cdots\cdots (\text{Ⅱ-5-3})$$

$$= \left(\sum_{k=-\infty}^{\infty} h(k)\, z^{-k} \right) \left(\sum_{m=-\infty}^{\infty} h(m)\, z^{-m} \right) \quad \cdots\cdots\cdots\cdots (\text{Ⅱ-5-4})$$

$$= H(z)\, X(z) \quad \cdots\cdots\cdots\cdots\cdots\cdots (\text{Ⅱ-5-5})$$

となる。ここで、$H(z)=Z[h(n)]$ である。このように、時間領域のたたみ込み演算は、z 領域では乗算となる。上式を変形すると、

$$H(z) = \frac{Y(z)}{X(z)} \quad \cdots\cdots\cdots\cdots\cdots\cdots\cdots\cdots (\text{Ⅱ-5-6})$$

が得られる。これは、入力と出力の比を表しており、入力から出力への伝達量に相当し、伝達関数（transfer function）という。（Ⅱ-5-6）式より、$H(z)$ は入力を 1 とみなしたときの出力であると考えることができるが、$Z[\delta(n)]=1$ という事実を思い出してもらうと、$H(z)=Z[h(n)]$ であることに

－ 60 －

合点がいくだろう。

　一般にシステムの入出力関係のみが与えられた状況でインパルス応答を求めようとすると、$x(n)=\delta(n)$ を代入し、$h(n)$ を n ごとに求める必要がある。一方、伝達関数を利用すると、$h(n)$ の一般式を比較的容易に導出することができる。例として、入出力関係が次式で表されるディジタルフィルタを考えよう。

$$y(n) = y(n-1) - 0.24\,y(n-2) + 0.2\,x(n-1) \quad \cdots\cdots\cdots\cdots (\text{II-5-7})$$

両辺を z 変換すると次式となる。

$$Y(z) = z^{-1}Y(z) - 0.24\,z^{-2}Y(z) + 0.2\,z^{-1}X(z) \quad \cdots\cdots\cdots\cdots (\text{II-5-8})$$

これより、

$$(1 - z^{-1} + 0.24\,z^{-2})Y(z) = 0.2\,z^{-1}X(z) \quad \cdots\cdots\cdots\cdots\cdots (\text{II-5-9})$$

となるため、$H(z)=Y(z)/X(z)$ を求めると、

$$H(z) = \frac{0.2\,z^{-1}}{1 - z^{-1} + 0.24\,z^{-2}} \quad \cdots\cdots\cdots\cdots\cdots\cdots (\text{II-5-10})$$

となる。このままでは分かりづらいので、分母多項式を因数分解すると次式となる。

$$H(z) = \frac{0.2\,z^{-1}}{(1 - 0.6\,z^{-1})(1 - 0.4\,z^{-1})} \quad \cdots\cdots\cdots\cdots\cdots (\text{II-5-11})$$

これを次式のように部分分数展開する。

$$H(z) = \frac{A}{1 - 0.6\,z^{-1}} + \frac{B}{1 - 0.4\,z^{-1}} \quad \cdots\cdots\cdots\cdots\cdots (\text{II-5-12})$$

係数 A、B は次のように求められる。

$$A = \lim_{z^{-1} \to 1/0.6} (1 - 0.6\,z^{-1})H(z) = 1 \quad \cdots\cdots\cdots\cdots (\text{II-5-13})$$

$$B = \lim_{z^{-1} \to 1/0.4} (1 - 0.4\,z^{-1})H(z) = -1 \quad \cdots\cdots\cdots\cdots (\text{II-5-14})$$

これより、

■ II. ディジタルフィルタの原理

$$H(z) = \frac{1}{1 - 0.6\,z^{-1}} - \frac{1}{1 - 0.4\,z^{-1}} \quad \cdots\cdots\cdots\cdots\cdots\cdots\cdots \text{(II-5-15)}$$

となり、$H(z)$ を逆 z 変換すると

$$h(n) = \{(0.6)^n - (0.4)^n\}u(n) \quad \cdots\cdots\cdots\cdots\cdots\cdots \text{(II-5-16)}$$

が得られる。このように、比較的単純な手続きでインパルス応答の一般式を導出することができる。

II-5-2 伝達関数と周波数特性

LTI システムの周波数特性は $h(n)$ の離散時間フーリエ変換 $H(\omega)$ そのものであり、

$$H(\omega) = \sum_{n=-\infty}^{\infty} h(n)\,e^{-j\omega n} \quad \cdots\cdots\cdots\cdots\cdots\cdots\cdots \text{(II-5-17)}$$

と定義した。z 変換では、$z = e^s = e^{\sigma+j\omega}$ と定義したが、正弦波信号入力時は $\sigma = 0$ を考えればよい。これを $H(z)$ に代入すると、

$$H(e^{j\omega}) = \sum_{n=-\infty}^{\infty} h(n)\,e^{-j\omega n} \quad \cdots\cdots\cdots\cdots\cdots\cdots \text{(II-5-18)}$$

となり、周波数特性そのものとなる。つまり、

$$H(\omega) = H(z)\Big|_{z = e^{j\omega}} \quad \cdots\cdots\cdots\cdots\cdots\cdots\cdots \text{(II-5-19)}$$

の関係が導ける。これは、連続時間システムの周波数特性が伝達関数 $H(s)$ に対して $s = j\omega$ とおいたものに等しいことと等価である。

例として、(II-2-9) 式と同様にインパルス応答が次式で表されるシステムを考えよう。

$$h(n) = (0.5)^n u(n) \quad \cdots\cdots\cdots\cdots\cdots\cdots\cdots\cdots \text{(II-5-20)}$$

これは指数信号であるから、z 変換 $H(z)$ は次式となる。

$$H(z) = \frac{1}{1 - 0.5\,z^{-1}} \quad \cdots\cdots\cdots\cdots\cdots\cdots\cdots\cdots \text{(II-5-21)}$$

$z=e^{j\omega}$ を代入すると、

$$H(\omega) = \frac{1}{1 - 0.5e^{-j\omega}} \quad\cdots\cdots\cdots\cdots\cdots\cdots\cdots\cdots\cdots \text{(II-5-22)}$$

となり、(II-3-13) 式と一致する。

　ところで、周波数特性を考える場合、$\omega{:}[-\pi, \pi]$ の範囲を考えればよかった。これを $z=e^{j\omega}$ にあてはめると、z 平面上で単位円（半径 1 の円）を一周することに相当する。独立な周波数帯域としては $\omega{:}[0, \pi]$ を考えればよいので、単位円の上半分、すなわち第一象限と第三象限のみを考えればよい。

Ⅱ－5－3　伝達関数の極と零点

　II-1-3 節で線形時不変離散時間システムの入出力関係の一般形を

$$y(n) = -\sum_{k=1}^{M} b_k y(n-k) + \sum_{k=0}^{N} a_k x(n-k) \quad\cdots\cdots\cdots\cdots \text{(II-5-23)}$$

と与えた。上式の両辺を z 変換すると、

$$Y(z) = -\sum_{k=1}^{M} b_k z^{-k} Y(z) + \sum_{k=0}^{N} a_k z^{-k} X(z) \quad\cdots\cdots\cdots\cdots \text{(II-5-24)}$$

となる。これを変形し、伝達関数 $H(z)$ を求めると、

$$H(z) = \frac{Y(z)}{X(z)} \quad\cdots\cdots\cdots\cdots\cdots\cdots\cdots\cdots\cdots\cdots \text{(II-5-25)}$$

$$= \frac{\displaystyle\sum_{k=0}^{N} a_k z^{-k}}{1 + \displaystyle\sum_{k=1}^{M} b_k z^{-k}} \quad\cdots\cdots\cdots\cdots\cdots\cdots\cdots \text{(II-5-26)}$$

が得られる。(II-5-26) 式は線形時不変離散時間システムの伝達関数の一般形を表している。

　(II-5-26) 式の分子、分母ともに z の多項式であるため、次式のように書くことにする。

$$H(z) = \frac{C(z)}{D(z)} \quad\cdots\cdots\cdots\cdots\cdots\cdots\cdots\cdots\cdots\cdots \text{(II-5-27)}$$

■ Ⅱ.ディジタルフィルタの原理

ここで、$C(z)$ は分子多項式、$D(z)$ は分母多項式であり、次式の通りである。

$$C(z) = a_0 + a_1 z^{-1} + a_2 z^{-2} + \cdots a_N z^{-N} \quad\cdots\cdots\cdots\cdots\cdots\text{(Ⅱ-5-28)}$$

$$D(z) = 1 + b_1 z^{-1} + b_2 z^{-2} + \cdots + b_M z^{-N} \quad\cdots\cdots\cdots\cdots\cdots\text{(Ⅱ-5-29)}$$

$C(z)$ を因数分解し、次式のように表そう。

$$C(z) = (1 - c_1 z^{-1})(1 - c_2 z^{-2}) \cdots (1 - c_N z^{-1}) \quad\cdots\cdots\cdots\cdots\text{(Ⅱ-5-30)}$$

ここで、$c_k, k = 1, 2, \cdots, N$ は $C(z) = 0$ の解である。$z = c_k$ のとき、$H(z) = 0$ となり、入力によらず出力がゼロとなり、システムは何も伝達しない状態になる。そういった意味で、c_k を零点（zero）という。

$D(z)$ を因数分解し、次式のように表そう。

$$D(z) = (1 - d_1 z^{-1})(1 - d_2 z^{-2}) \cdots (1 - d_M z^{-1}) \quad\cdots\cdots\cdots\cdots\text{(Ⅱ-5-31)}$$

ここで、$d_k, k = 1, 2, \cdots, M$ は $D(z) = 0$ の解である。$z = d_k$ のとき、$H(z) \to \infty$ となるが、安定なシステムでは有限値の信号が出力されているため、入力がゼロであることに相当する。すなわち、$z = d_k$ のとき、システムは入力がゼロであるにも関わらず、システム固有の出力を発生している状態になる。d_k を極（pole）という。例えば、アナログ回路の発振回路では見掛け上入力を与えていないにも関わらず、一定の値の信号を出力する。出力信号の振幅や周波数は、発振回路自体の回路定数のみで決定されるため、発振状態はシステム固有の状態であるといえる。極はそういった状態に相当する。

　一般に、LTI システムへの入力信号 $x(n)$ は実数であるため、(Ⅱ-1-13) 式の a_k, b_k も実数であることが自然である。したがって、c_k もしくは d_k は実数、もしくは複素共役となる。

Ⅱ－5－3－1　極・零点配置：1次システム

$H(z)$ が

$$H(z) = \frac{1 + 1.5 z^{-1}}{1 - 0.8 z^{-1}} \quad\cdots\cdots\cdots\cdots\cdots\cdots\cdots\cdots\cdots\text{(Ⅱ-5-32)}$$

のシステムを考えよう。分子多項式、分母多項式ともに z^{-1} の 1 次多項式であるため、極、零点ともに 1 つずつである。極 d_1 と零点 c_1 は、

－ 64 －

$$d_1 = 0.8 \quad \cdots\cdots\cdots\cdots\cdots\cdots\cdots\cdots\cdots\cdots\cdots\cdots \quad \text{(II-5-33)}$$
$$c_1 = -1.5 \quad \cdots\cdots\cdots\cdots\cdots\cdots\cdots\cdots\cdots\cdots\cdots \quad \text{(II-5-34)}$$

となる。このように、多項式の係数が実数の1次多項式の根は必ず実数となり、図 II-5-1 に示すように z 平面上の実軸上に配置される。

II－5－3－2　極・零点配置：2次システム

$H(z)$ が

$$H(z) = \frac{1 - 0.4z^{-1} - 0.96z^{-2}}{1 - 0.7z^{-1} + 0.49z^{-2}} \quad \cdots\cdots\cdots\cdots\cdots\cdots \quad \text{(II-5-35)}$$

のシステムを考えよう。分子多項式、分母多項式ともに2次多項式であるため、極、零点ともに2つずつである。零点 c_1, c_2 は

$$c_1, c_2 = \frac{0.4 \pm \sqrt{(-0.4)^2 - 4 \times (-0.96)}}{2} \quad \cdots\cdots \quad \text{(II-5-36)}$$
$$= 1.2, -0.8 \quad \cdots\cdots\cdots\cdots \quad \text{(II-5-37)}$$

となる。極 d_1, d_2 は

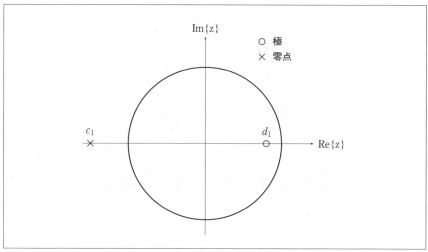

〔図 II-5-1〕1次システムの極・零点配置例

$$d_1, d_2 = \frac{0.7 \pm \sqrt{(-0.7)^2 - 4 \times 0.49}}{2} \quad \cdots\cdots\cdots\cdots\cdots \text{(II-5-38)}$$

$$= 0.7\left(\frac{1}{2} \pm j\frac{\sqrt{3}}{2}\right) = 0.7 e^{\pm j\pi/3} \quad \cdots\cdots\cdots\cdots\cdots \text{(II-5-39)}$$

と求められる。このように、実係数2次多項式の根は実数か、もしくは複素共役となり、z平面上で図 II-5-2 に示すように配置される。

II-5-4 極・零点配置と周波数特性

極と零点を用いて、伝達関数 $H(z)$ は次式のように書くことができた。

$$H(z) = \frac{(1-c_1 z^{-1})(1-c_2 z^{-2})\cdots(1-c_N z^{-1})}{(1-d_1 z^{-1})(1-d_2 z^{-2})\cdots(1-d_M z^{-1})} \quad \cdots\cdots\cdots\cdots \text{(II-5-40)}$$

II-5-2 節で述べたように、周波数特性 $H(\omega)$ は伝達関数 $H(z)$ に $z=e^{j\omega}$ を代入したものである。(II-5-40) 式に $z=e^{j\omega}$ を代入すると、次式となる。

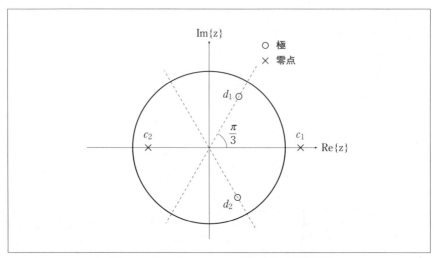

〔図 II-5-2〕2次システムの極・零点配置例

$$H(\omega) = H(z)\bigg|_{z=e^{j\omega}} \qquad \cdots\cdots (\text{II-5-41})$$

$$= \frac{(1-c_1 e^{-j\omega})(1-c_2 e^{-j\omega})\cdots(1-c_N e^{-j\omega})}{(1-d_1 e^{-j\omega})(1-d_2 e^{-j\omega})\cdots(1-d_M e^{-j\omega})} \qquad \cdots\cdots (\text{II-5-42})$$

$$= e^{-j\omega(N-M)}\frac{(e^{j\omega}-c_1)(e^{j\omega}-c_2)\cdots(e^{j\omega}-c_N)}{(e^{j\omega}-d_1)(e^{j\omega}-d_2)\cdots(e^{j\omega}-d_M)} \qquad \cdots\cdots (\text{II-5-43})$$

$|e^{-j\omega(N-M)}|=1$ を考慮して、$H(\omega)$ の振幅特性 $|H(\omega)|$ と位相特性 $\angle H(\omega)$ を求めると、次式となる。

$$|H(\omega)| = \frac{|e^{j\omega}-c_1|\cdot|e^{j\omega}-c_2|\cdots|e^{j\omega}-c_N|}{|e^{j\omega}-d_1|\cdot|e^{j\omega}-d_2|\cdots|e^{j\omega}-d_M|} \qquad \cdots\cdots\cdots (\text{II-5-44})$$

$$\begin{aligned}\angle H(\omega) = &-\omega(N-M)\\ &+\angle(e^{j\omega}-c_1)+\cdots+\angle(e^{j\omega}-c_N)\\ &-\angle(e^{j\omega}-d_1)-\cdots-\angle(e^{j\omega}-d_M)\end{aligned} \qquad \cdots\cdots\cdots (\text{II-5-45})$$

$|H(\omega)|$ と $\angle H(\omega)$ の意味について考えよう。c_n や d_n は z は実数もしくは複素数である。そのため、z 平面上ではベクトルと同様に考えることができる。一方、$e^{j\omega}$ も z 平面上の単位円を表すため、ベクトルとみなすことができる。したがって、図 II-5-3 に示すように、$e^{j\omega}-c_n$ は2つのベクトルの差であると考えることができる。このように、$|e^{j\omega}-c_n|$ は c_n から $e^{j\omega}$ までの距離、$\angle(e^{j\omega}-c_n)$ は $e^{j\omega}-c_n$ と実軸とがなす角に相当する。

$|H(\omega)|$ について考えよう。図 II-5-4 に極・零点配置と振幅の対応関係について示す。$H(\omega)$ を求めるには ω を 0 からスタートして π まで単位円上を動かせばよい。その際、(1) のように c_n との距離が最小となるような ω では、$|e^{j\omega}-c_n|$ が最小となるため、$|H(\omega)|$ が小さくなる。特に、(3) のように c_n が単位円上にある場合は、$|H(\omega)|=0$ となり、その周波数では入力信号を完全に遮断する。

一方、(2) のように d_m との距離が最小となるような ω では、$|e^{j\omega}-d_m|$ が最小となるため、$|H(\omega)|$ が大きくなる。もし、d_m が単位円上にある場合は、$|H(\omega)|\to\infty$ となり、発振状態を表す。

例として、入出力関係が次式で表されるシステムを考えよう。

$$y(n) = 0.8\sqrt{2}\,y(n-1) - 0.64\,y(n-2) + x(n) + x(n-1) + x(n-2)$$
　　　　　　　　　　　　　　　　　　　　　　　　⋯ (II-5-46)

両辺を z 変換し、伝達関数 $H(z)$ を求めると次式となる。

$$H(z) = \frac{1 + z^{-1} + z^{-2}}{1 - 0.8\sqrt{2}\,z^{-1} + 0.64\,z^{-2}} \quad \cdots\cdots\cdots\cdots\cdots\cdots (\text{II-5-47})$$

$H(z)$ の零点 c_1, c_2 は

$$c_1, c_2 = -\frac{1}{2} \pm j\frac{\sqrt{3}}{2} = e^{\pm j 2\pi/3} \quad \cdots\cdots\cdots\cdots\cdots (\text{II-5-48})$$

極 d_1, d_2 は

$$d_1, d_2 = 0.8\left(\frac{1}{\sqrt{2}} \pm j\frac{1}{\sqrt{2}}\right) = 0.8 e^{\pm j\pi/4} \quad \cdots\cdots\cdots\cdots (\text{II-5-49})$$

と求まる。図 II-5-5 に $H(z)$ の極・零点配置、図 II-5-6 に振幅特性を示す。

　図 II-5-6 より、ω が d_1 に近づく $\pi/4$ 付近で振幅特性がピークを形成し、c_1 が存在する $2\pi/3$ で $|H(\omega)|=0$ であることが確認できる。この振幅特

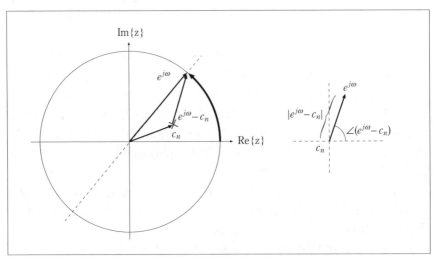

〔図 II-5-3〕z 平面上の $e^{j\omega} - c_n$

性は、$H(z)$ が低周波信号は 7,8 倍程度のゲインで通過し、高周波信号は減衰する低域通過特性であることを示している。このように極と零点の配置から、システムのおおよその特性を見積もることができる。これは、極と零点を与えれば、厳密ではないが、おおむね実現したい特性を得ることができることを示している。

例として、(II-5-46) 式のシステムの極と零点になる ω を入れ替えて、

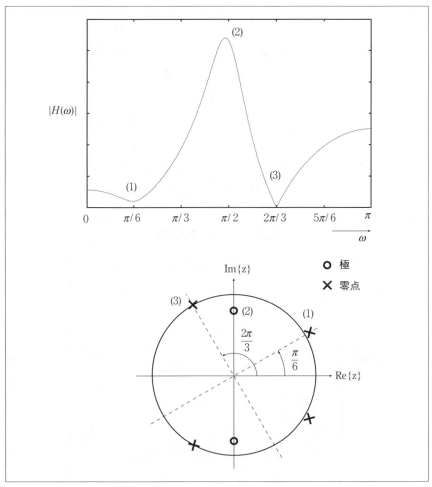

〔図 II-5-4〕極・零点配置と振幅特性

高域通過特性を実現することを考えよう。すなわち、零点を

$$c_1, c_2 = e^{\pm j\pi/4} \quad \cdots\cdots\cdots\cdots\cdots\cdots\cdots\cdots\cdots\cdots\cdots\cdots \text{(II-5-50)}$$

極を

$$d_1, d_2 = 0.8 e^{\pm j2\pi/3} \quad \cdots\cdots\cdots\cdots\cdots\cdots\cdots\cdots\cdots\cdots \text{(II-5-51)}$$

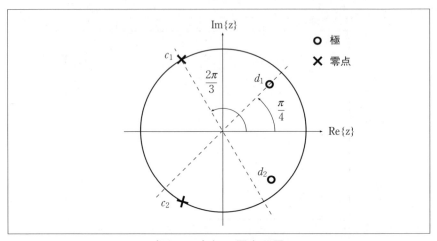

〔図 II-5-5〕極・零点配置

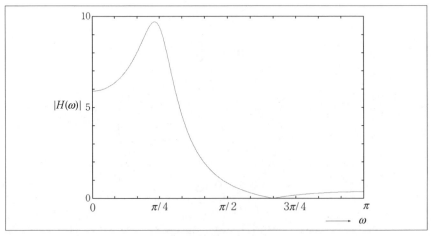

〔図 II-5-6〕振幅特性

と設定する。そのとき、分子多項式 $C(z)$ は

$$C(z) = (1-c_1 z^{-1})(1-c_2 z^{-1}) \quad \cdots\cdots\cdots\cdots\cdots \text{(II-5-52)}$$
$$= (1-e^{j\pi/4}z^{-1})(1-e^{-j\pi/4}z^{-1}) \quad \cdots\cdots\cdots\cdots \text{(II-5-53)}$$
$$= 1-(e^{j\pi/4}+e^{-j\pi/4})z^{-1}+z^{-2} \quad \cdots\cdots\cdots\cdots \text{(II-5-54)}$$
$$= 1-2\cos\frac{\pi}{4}z^{-1}+z^{-2} \quad \cdots\cdots\cdots\cdots \text{(II-5-55)}$$
$$= 1-\sqrt{2}z^{-1}+z^{-2} \quad \cdots\cdots\cdots\cdots \text{(II-5-56)}$$

となり、分母多項式 $D(z)$ は

$$D(z) = (1-d_1 z^{-1})(1-d_2 z^{-1}) \quad \cdots\cdots\cdots\cdots \text{(II-5-57)}$$
$$= (1-0.8e^{j2\pi/3}z^{-1})(1-0.8e^{-j2\pi/3}z^{-1}) \quad \cdots\cdots\cdots \text{(II-5-58)}$$
$$= 1-0.8(e^{j2\pi/3}+e^{-j2\pi/3})z^{-1}+0.64z^{-2} \quad \cdots\cdots\cdots \text{(II-5-59)}$$
$$= 1-0.8\times 2\cos\frac{2\pi}{3}+0.64z^{-2} \quad \cdots\cdots\cdots \text{(II-5-60)}$$
$$= 1+0.8z^{-1}+0.64z^{-2} \quad \cdots\cdots\cdots \text{(II-5-61)}$$

と求められる。図 II-5-7 に極・零点配置、図 II-5-8 に振幅特性を示す。このように、極・零点配置を与えるだけで、おおよその特性を実現することができる。

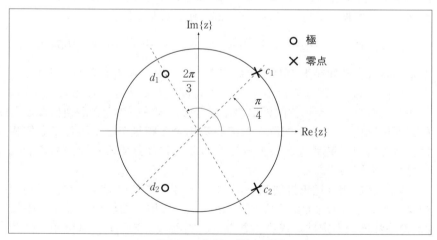

〔図 II-5-7〕極・零点配置

■ II. ディジタルフィルタの原理

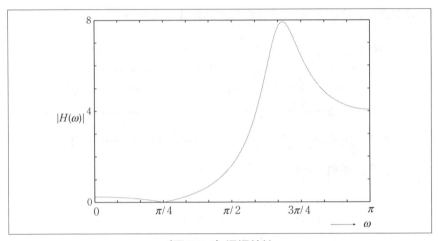

〔図 II-5-8〕振幅特性

II−5−5　群遅延特性

$\angle H(\omega)$ について考えてみよう。図 II-5-9 に、c_n の位置による $\angle H(\omega)$ の違いを示す。

図 II-5-9 (a) のように、c_n が単位円から離れている場合と図 II-5-9 (b) のように、c_n が単位円に近い場合を比べると、c_n が単位円に近づくほど ω の変動量 $\Delta\omega$ に対する $\Delta\angle H(\omega)$ が大きいことがわかる。位相のもつ意味について振り替えってみよう。$\sin\omega t$ に対して位相角 θ は

$$\sin(\omega t - \theta) \quad\quad\quad\quad\quad\quad\quad\quad\quad\quad\quad\quad\quad\quad (\text{II-5-62})$$

と定義され、時間軸上の遅れに対応する。これと照らし合わせると、c_n が単位円に近いほど、LTI システムの時間遅れが大きくなるといえる。しかしながら、c_n が単位円外にある場合は、$e^{j\omega} - c_n$ の向きが逆になるため、単位円内部に c_n が配置されている場合と距離が全く同じでも位相は大きくなり、時間遅れも大きくなることに注意する必要がある。d_m に対しても同様である。

一般に、位相は逆正接関数 $\tan^{-1}(\cdot)$ を用いて算出できるが、三角関数は主値が $[-\pi, \pi]$ であるため、$\tan^{-1}(\cdot)$ を用いた場合、計算結果に 2π の整数倍の不定性が残る。さらに、実際のシステムでは位相より時間遅れが重要である。そこで、微小角周波数範囲 $d\omega$ の位相の変動量

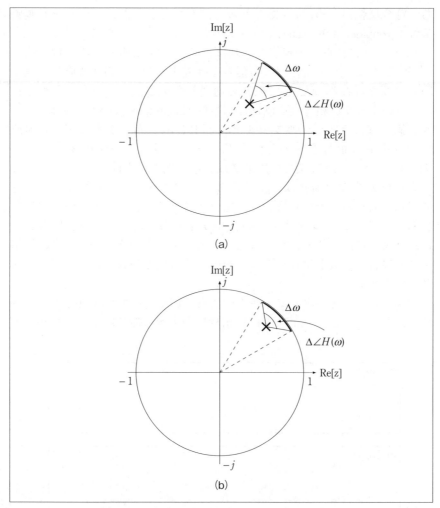

〔図 II-5-9〕C_n の位置による位相特性の違い

$d\angle H(\omega)$ を1次近似し、その傾き $\tau(\omega)$

$$\tau(\omega) = -\frac{d\angle H(\omega)}{d\omega} \quad \cdots\cdots\cdots\cdots\cdots\cdots\cdots\cdots\cdots\cdots\cdots\cdots\cdots \text{(II-5-63)}$$

を考えよう。位相＝角周波数×時間の関係より、$\tau(\omega)$ は時間の次元をも

ち、符合反転のため、$d\omega$ あたりの時間遅れを意味する。$\tau(\omega)$ を群遅延特性 (group delay characteristic) という。

$\tau(\omega)$ が ω に依らず一定値であれば、$H(\omega)$ の時間遅れは周波数に依らず一定となる。そのとき、入力信号を構成する全ての周波数成分が全く同じ時間だけ遅れるため、$H(\omega)$ を通過した後も信号の波形が保存される。このような位相特性を直線位相特性 (linear phase characteristic) という。例えば、ディジタルフィルタに図 II-5-10 に示すような 3 つの周波数成分をもつ信号を入力したとしよう。直線位相特性の場合は、図 II-5-11 に示すように、全ての周波数成分の時間遅れが同じである。一方、非直線位相特性の場合は、図 II-5-12 に示すように、周波数によって時間遅れが異なる。そのため、非直線位相特性では、これら 3 つの周波数においてディジタルフィルタの振幅が 1 であったとしても、図 II-5-13 に示すように出力信号波形が入力信号と大きく異なる。一方、直線位相特性の場合は、波形は保存され、そのまま各周波数成分の時間遅れと同じだけ遅れる。

本書で扱うディジタルフィルタのうち、FIR フィルタは $h(n)$ がある条件を満たしたとき、完全な直線位相特性が実現可能である。これは、デ

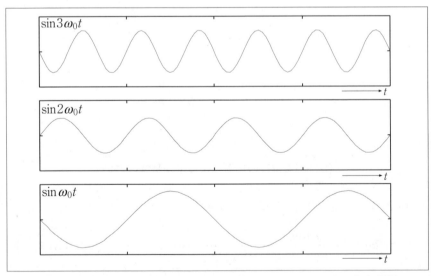

〔図 II-5-10〕3 つの周波数成分をもつディジタルフィルタの入力信号

ィジタルフィルタ固有の特性である。

LTIシステムの群遅延特性を求めよう。$H(\omega)$ は (II-5-26) 式に $z=e^{j\omega}$ を

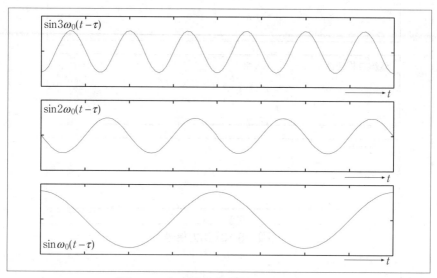

〔図II-5-11〕直線位相特性システムの例

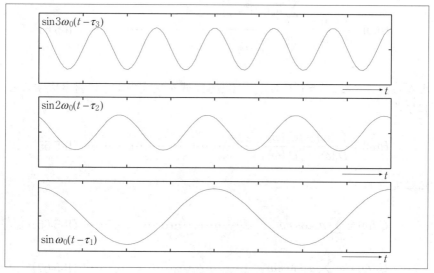

〔図II-5-12〕非直線位相特性システムの例

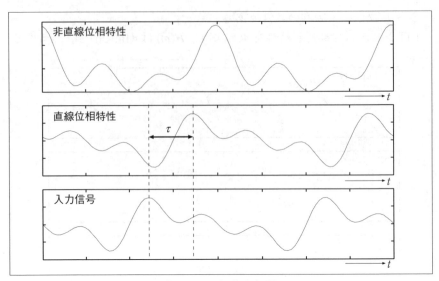

〔図 II-5-13〕出力信号

代入して、

$$H(\omega) = \frac{C(\omega)}{D(\omega)} = \frac{\sum_{n=0}^{N} a_n e^{-jn\omega}}{\sum_{m=0}^{M} b_m e^{-jm\omega}} \quad \cdots\cdots \text{(II-5-64)}$$

となる。ここで、$b_0=1$ である。(II-5-64) 式を次式のように書き直すことにする。

$$H(\omega) = \frac{C_r(\omega) + jC_i(\omega)}{D_r(\omega) + jD_i(\omega)} \quad \cdots\cdots \text{(II-5-65)}$$

ここで、

$$C_r(\omega) = \sum_{n=0}^{N} a_n \cos n\omega \quad \cdots\cdots \text{(II-5-66)}$$

$$C_i(\omega) = -\sum_{n=1}^{N} a_n \sin n\omega \quad \cdots\cdots \text{(II-5-67)}$$

$$D_r(\omega) = \sum_{m=0}^{M} b_m \cos m\omega \quad \dots\dots\dots\dots\dots\dots\dots\dots \text{(II-5-68)}$$

$$D_i(\omega) = -\sum_{m=1}^{M} b_m \sin m\omega \quad \dots\dots\dots\dots\dots\dots\dots\dots \text{(II-5-69)}$$

とおいた。そのとき、$\angle H(\omega)$ は

$$\angle H(\omega) = \tan^{-1}\frac{C_i(\omega)}{C_r(\omega)} - \tan^{-1}\frac{D_i(\omega)}{D_r(\omega)} \quad \dots\dots\dots\dots\dots \text{(II-5-70)}$$

となる。ここで、

$$\frac{d}{dx}\tan^{-1}x = \frac{1}{1+x^2} \quad \dots\dots\dots\dots\dots\dots\dots\dots \text{(II-5-71)}$$

の関係を用いて、群遅延特性 $\tau(\omega)$ を求めると次式のように求まる。

$$\tau(\omega) = -\frac{d}{d\omega}\left\{\tan^{-1}\frac{C_i(\omega)}{C_r(\omega)} - \tan^{-1}\frac{D_i(\omega)}{D_r(\omega)}\right\} \qquad \text{(II-5-72)}$$

$$= -\frac{1}{1+\left\{\dfrac{C_i(\omega)}{C_r(\omega)}\right\}^2} \cdot \frac{d}{d\omega}\left\{\frac{C_i(\omega)}{C_r(\omega)}\right\}$$

$$+ \frac{1}{1+\left\{\dfrac{D_i(\omega)}{D_r(\omega)}\right\}^2} \cdot \frac{d}{d\omega}\left\{\frac{D_i(\omega)}{D_r(\omega)}\right\}$$

$$= -\frac{C_r^2(\omega)}{C_r^2(\omega)+C_i^2(\omega)} \cdot \frac{C_i'(\omega)\,C_r(\omega) - C_i(\omega)\,C_r'(\omega)}{C_r^2(\omega)}$$

$$+ \frac{D_r^2(\omega)}{D_r^2(\omega)+D_i^2(\omega)} \cdot \frac{D_i'(\omega)\,D_r(\omega) - D_i(\omega)\,D_r'(\omega)}{D_r^2(\omega)}$$

$$= -\frac{C_i'(\omega)\,C_r(\omega) - C_i(\omega)\,C_r'(\omega)}{|C(\omega)|^2}$$

$$+ \frac{D_i'(\omega)\,D_r(\omega) - D_i(\omega)\,D_r'(\omega)}{|D(\omega)|^2} \qquad \text{(II-5-73)}$$

ここで、

■ Ⅱ. ディジタルフィルタの原理

$$C_r'(\omega) = -\sum_{n=1}^{N} n a_n \sin n\omega \qquad \cdots\cdots\cdots\cdots\cdots\cdots\cdots\cdots \text{(Ⅱ-5-74)}$$

$$C_i'(\omega) = -\sum_{n=1}^{N} n a_n \cos n\omega \qquad \cdots\cdots\cdots\cdots\cdots\cdots\cdots\cdots \text{(Ⅱ-5-75)}$$

$$D_r'(\omega) = -\sum_{m=1}^{M} m b_m \sin m\omega \qquad \cdots\cdots\cdots\cdots\cdots\cdots\cdots\cdots \text{(Ⅱ-5-76)}$$

$$D_i'(\omega) = -\sum_{m=1}^{M} m b_m \cos m\omega \qquad \cdots\cdots\cdots\cdots\cdots\cdots\cdots\cdots \text{(Ⅱ-5-77)}$$

である。システムがフィードバックをもたない場合、(Ⅱ-5-73) 式は第 1 項のみとなる。

例として、入出力関係が (Ⅱ-5-46) 式で表されるシステムの群遅延特性を考えよう。このシステムの零点 c_1, c_2 は

$$c_1, c_2 = e^{\pm j2\pi/3} \qquad \cdots\cdots\cdots\cdots\cdots\cdots\cdots\cdots \text{(Ⅱ-5-78)}$$

極 d_1, d_2 は

$$d_1, d_2 = 0.8 e^{\pm j\pi/4} \qquad \cdots\cdots\cdots\cdots\cdots\cdots\cdots\cdots \text{(Ⅱ-5-79)}$$

であった。図 Ⅱ-5-14 に (Ⅱ-5-73) 式にしたがって求めた群遅延特性 $\tau(\omega)$ を示す。ここで、(Ⅱ-5-46) 式のシステムは低域通過特性であるため、信号が通過する低周波のみに関心があることに加え、$z = c_1$ では分子多項式が 0 となり、(Ⅱ-5-73) 式第 1 項が発散するため、$\omega:[0, \pi/3]$ の範囲のみを表示している。

図 Ⅱ-5-14 から、分母・分子多項式ともに 2 次程度のシステムでは遅延がどの周波数でも 2 サンプル程度であることがわかる。ただし、ω が d_1 に近い $\pi/4$ 付近では位相の変動が大きくなるため、それに応じて $\tau(\omega)$ も大きくなることが確認できる。

Ⅱ－5－6　最大極半径と因果性・安定性

一般に、$h(n)$ の z 変換 $H(z)$ は次式のように z の多項式として表現される。

$$H(z) = \cdots + h(-2)z^2 + h(-1)z + h(0) + h(1)z^{-1} + h(2)z^{-2} + \cdots$$

$$\cdots \text{(Ⅱ-5-80)}$$

− 78 −

因果性を満たすシステムでは、

$$h(n) = 0, n < 0 \quad \cdots\cdots\cdots\cdots\cdots\cdots\cdots\cdots\cdots \text{(II-5-81)}$$

であるため、

$$H(z) = h(0) + h(1)z^{-1} + h(2)z^{-2} + \cdots \quad \cdots\cdots\cdots\cdots \text{(II-5-82)}$$

となる。上式の z の多項式の無限和が存在するには、定数 $r>0$ に対して、収束領域が

$$|z| > r \quad \cdots\cdots\cdots\cdots\cdots\cdots\cdots\cdots\cdots\cdots\cdots \text{(II-5-83)}$$

である必要があることを思い出そう。一方、安定性を満たすシステムは、

$$\sum_{n=0}^{\infty} |h(n)| < \infty \quad \cdots\cdots\cdots\cdots\cdots\cdots\cdots\cdots\cdots \text{(II-5-84)}$$

であるが、

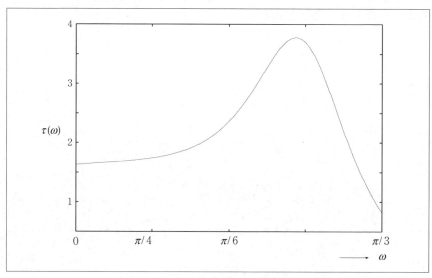

〔図 II-5-14〕群遅延特性の例

■ II. ディジタルフィルタの原理

$$\sum_{n=0}^{\infty} |h(n)z^{-n}| = \sum_{n=0}^{\infty} |h(n)| \cdot |z^{-n}| \quad \cdots\cdots\cdots\cdots\cdots\cdots\cdots\cdots\cdots \text{(II-5-85)}$$

の関係を用いると、（II-5-84）式の条件を満たすためには、$H(z)$ は収束領域に $|z|=1$、すなわち単位円を含まなければならない。

$H(z)$ に対して極 $z=d_m$ を代入すると、$H(z) \to \infty$ となるため、d_m は収束領域に含まれない。したがって、$d_m, m=1,2,\cdots,M$ のなかで大きさ $|d_m|$ が最大の極の長さを $d_{\max}<1$ とするとき、因果性・安定性を満たすシステムの $H(z)$ は、収束領域に単位円を含み、

$$|z| > d_{\max} \quad \cdots\cdots\cdots\cdots\cdots\cdots\cdots\cdots\cdots\cdots\cdots\cdots \text{(II-5-86)}$$

であることが要求される。換言すれば、因果性・安定性を満たすシステムの極は全て z 平面上の単位円内部に存在しなければならない。アナログシステムの場合、s 平面上で全ての極が左半平面に存在することが要請されるが、これは $s=\sigma+j\omega$ において、$\sigma<0$ であることを意味している。そのとき、$|z|=|e^s|=|e^{\sigma+j\omega}|=|e^{\sigma}| \cdot |e^{j\omega}|=|e^{\sigma}|<1$ となり、ディジタルシステムと全く同じ条件である。$d_{\max}$ を最大極半径（maximum pole radius）という。フィードバックを含むシステムでは、最大極半径が 1 未満になるように設計する必要がある。

Ⅱ－6　ディジタルフィルタと理想低域通過フィルタ

本節では、ディジタルフィルタの分類と、設計目標である理想低域通過フィルタについて述べる。前節まではディジタル信号処理ならびに線形時不変システムに関する一般的な内容を扱っていたため、一般的な信号処理の書籍と歩調を合わせ時系列信号を $x(n)$ と表記していた。本節以降はディジタルフィルタに特化した内容に移行し、前節までの内容と切り分けるため時系列信号を "x_n" と表記し、時刻 n を下付き文字で表すことにする。

Ⅱ－6－1　ディジタルフィルタの分類

ディジタルフィルタは離散時間信号処理回路であり、前節まで議論したLTIシステムそのものである。したがって、その入出力関係は (II-1-13) 式と同様に次式で表される。

$$y_n = -\sum_{k=1}^{M} b_k y_{n-k} + \sum_{k=0}^{N} a_k x_{n-k} \quad\cdots\cdots\cdots\cdots\cdots\cdots\cdots (\text{II-6-1})$$

a_k、b_k を特にフィルタ係数（filter coefficient）と呼び、全て実数とする。LTIシステムと同様に、ディジタルフィルタの動作ならびに性質はインパルス応答で完全に記述できる。ディジタルフィルタはインパルス応答の時間的な長さで2種類に分類される。

Ⅱ－6－1－1　FIRフィルタ

インパルス応答長が有限のフィルタを FIR（Finite Impulse Response）フィルタという。インパルス応答を $h_n, n=0,1,2,\cdots,N$ とすると、FIR フィルタの入出力関係は、

$$y_n = \sum_{k=0}^{N} h_k x_{n-k} \quad\cdots\cdots\cdots\cdots\cdots\cdots\cdots\cdots\cdots (\text{II-6-2})$$

と表すことができる。これは、(II-6-1) 式の右辺第1項を 0 とおいたものに等しい。(II-6-1) 式右辺第1項はフィードバックであるため、一般に FIR フィルタにはフィードバック回路は存在しない。しかしながら、零点と極が相殺するような伝達関数を構成すれば、インパルス応答長が有限ながらフィードバック回路を有するような構造も可能である。

(II-6-2) 式の両辺を z 変換し、伝達関数 $H(z)$ を求めると次式となる。

■ II. ディジタルフィルタの原理

$$H(z) = \sum_{k=0}^{N} h_k z^{-k} \quad \cdots\cdots\cdots\cdots\cdots\cdots\cdots\cdots\cdots\cdots\cdots\cdots\cdots (\text{II-6-3})$$

$H(z)$ を展開すると、

$$H(z) = h_0 + h_1 z^{-1} + h_2 z^{-2} + \cdots + h_N z^{-N} \quad \cdots\cdots\cdots\cdots\cdots (\text{II-6-4})$$

$$= \frac{1}{z^N}(h_0 z^N + h_1 z^{N-1} + h_2 z^{N-2} + \cdots + h_N) \quad \cdots\cdots\cdots\cdots (\text{II-6-5})$$

となる。$H(z)$ の極は $z=0$（N 重根）である。このように、FIR フィルタは、全ての極が z 平面上の原点に集積されているため、常に安定性が保証される絶対安定（absolute stable）な回路である。

（II-6-3）式は z の N 次多項式であるため、N をフィルタ次数（filter order）という。また、N 次の FIR フィルタでは、インパルス応答長が $N+1$ であるため、$N+1$ をフィルタ長（filter length）という。

II－6－1－2　IIRフィルタ

インパルス応答長が無限のフィルタを IIR（Infinite Impulse Response）フィルタという。インパルス応答長が無限であるため、回路には必ずフィードバック回路が必要である。そのため、入出力関係は（II-6-1）式と同様となる。（II-6-1）式の両辺を z 変換して伝達関数 $H(z)$ を求めると、

$$H(z) = \frac{\displaystyle\sum_{k=0}^{N} a_k z^{-k}}{1 + \displaystyle\sum_{k=1}^{M} b_k z^{-k}} \quad \cdots\cdots\cdots\cdots\cdots\cdots\cdots\cdots\cdots\cdots\cdots (\text{II-6-6})$$

となる。安定性保証のためには、$H(z)$ の全ての極が z 平面上の単位円内部に存在する必要がある。

極による安定判別とは別に、フィルタ係数による判別法について考えよう。まず、$M=1$ の場合の安定性条件について考える。$H(z)$ は

$$H(z) = \frac{a_0 + a_1 z^{-1}}{1 + b_1 z^{-1}} \quad \cdots\cdots\cdots\cdots\cdots\cdots\cdots\cdots\cdots\cdots\cdots\cdots\cdots (\text{II-6-7})$$

となる。なお、分子多項式は安定性に関係がないため、ここでは $N=1$ の場合について考える。$H(z)$ の極 d_1 は

$$d_1 = -b_1 \quad \cdots\cdots\cdots\cdots\cdots\cdots\cdots\cdots\cdots\cdots \text{(II-6-8)}$$

であり、実根となる。IIR フィルタが安定であるためには、$|d_1| < 1$ である必要があるため、$M=1$ の場合は、

$$-1 < b_1 < 1 \quad \cdots\cdots\cdots\cdots\cdots\cdots\cdots\cdots\cdots \text{(II-6-9)}$$

が安定性条件である。

$M=2$ の場合の安定性条件について考えよう。$H(z)$ は

$$H(z) = \frac{C(z)}{D(z)} = \frac{a_0 + a_1 z^{-1} + a_2 z^{-2}}{1 + b_1 z^{-1} + b_2 z^{-2}} \quad \cdots\cdots\cdots\cdots\cdots \text{(II-6-10)}$$

となる。まず、$H(z)$ の極 d_1, d_2 が実根の場合の安定性条件について考えよう。安定な極であるためには、

$$-1 < d_1, d_2 < 1 \quad \cdots\cdots\cdots\cdots\cdots\cdots\cdots\cdots \text{(II-6-11)}$$

を満たす必要がある。$D(z)$ は2次多項式であるため、$D(z)$ は放物線を描く。d_1, d_2 は実根であるため、z 軸上で $D(z)=0$ となる点が存在し、d_1, d_2 で囲まれた区間では $D(z)<0$、それ以外は $D(z)>0$ となる必要がある。そのため、(II-6-11) 式で示される安定条件の境界条件として

$$D(z)\Big|_{z=1} > 0 \quad \cdots\cdots\cdots\cdots\cdots\cdots\cdots\cdots \text{(II-6-12)}$$

$$D(z)\Big|_{z=-1} > 0 \quad \cdots\cdots\cdots\cdots\cdots\cdots\cdots\cdots \text{(II-6-13)}$$

が導かれる。これらの条件より、

$$b_2 > -1 - b_1 \quad \cdots\cdots\cdots\cdots\cdots\cdots\cdots\cdots\cdots \text{(II-6-14)}$$

$$b_2 > -1 + b_1 \quad \cdots\cdots\cdots\cdots\cdots\cdots\cdots\cdots\cdots \text{(II-6-15)}$$

が導出できる。さらに、d_1, d_2 が実根であるため、$D(z)$ の判別式に対して

$$b_1^2 - 4b_2 \geq 0 \quad \cdots\cdots\cdots\cdots\cdots\cdots\cdots\cdots\cdots \text{(II-6-16)}$$

が必要となり、

$$b_2 \leq \frac{b_1^2}{4} \quad \cdots\cdots\cdots\cdots\cdots\cdots\cdots\cdots\cdots\cdots\cdots\cdots\cdots\cdots\cdots \text{(II-6-17)}$$

が導出できる。次に、d_1, d_2 が複素共役根の場合について考えよう。d_1, d_2 が複素共役根であるため、$D(z)$ の判別式に対して、

$$b_2 > \frac{b_1^2}{4} \quad \cdots\cdots\cdots\cdots\cdots\cdots\cdots\cdots\cdots\cdots\cdots\cdots\cdots\cdots\cdots \text{(II-6-18)}$$

が条件となる。$d_1 = re^{j\theta}$、$d_2 = re^{-j\theta}$ とおくと、(II-6-10) 式の $H(z)$ は

$$H(z) = \frac{a_0 + a_1 z^{-1} + a_2 z^{-2}}{(1 - re^{j\theta}z^{-1})(1 - re^{-j\theta}z^{-1})} \quad \cdots\cdots\cdots\cdots\cdots \text{(II-6-19)}$$

$$= \frac{a_0 + a_1 z^{-1} + a_2 z^{-2}}{1 - 2r\cos\theta z^{-1} + r^2 z^{-2}} \quad \cdots\cdots\cdots\cdots\cdots\cdots \text{(II-6-20)}$$

となり、安定性保証のためには極半径が $r<1$ である必要があるため、上式と (II-6-10) 式を比較して、

$$b_2 < 1 \quad \cdots\cdots\cdots\cdots\cdots\cdots\cdots\cdots\cdots\cdots\cdots\cdots\cdots\cdots\cdots\cdots \text{(II-6-21)}$$

が導出できる。図II-6-1 にこれらの条件を満たす領域を示す。(II-6-14) 式、

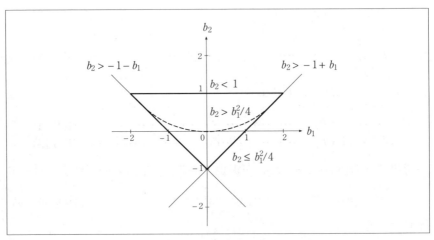

〔図 II-6-1〕安定三角

(II-6-15) 式、(II-6-21) 式の条件を満たす領域は図 II-6-1 の三角で囲まれた領域であり、安定三角と呼ばれる。また、点線で示した

$$b_2 = \frac{b_1^2}{4} \quad \cdots\cdots\cdots\cdots\cdots\cdots\cdots\cdots\cdots\cdots\cdots\cdots\cdots \quad \text{(II-6-22)}$$

を含む下側の領域が (II-6-17) 式で示される領域で、実根となる領域である。一方、点線を含まない上側が (II-6-18) 式で示される領域で複素共役根となる領域である。このように、安定性を満たす b_1、b_2 の範囲は限定されている。

II-8 節の IIR フィルタの回路構成で述べるように、任意の次数の IIR フィルタは 1 次の回路と 2 次の回路の組み合わせで表すことができる。したがって、$M=1$ の安定条件と $M=2$ の安定条件のみで IIR フィルタ全体の安定性を判別可能である。

II－6－2　ディジタルフィルタの構成素子

ディジタルフィルタの入出力関係は、(II-6-1) 式に示す通り

$$y_n = -\sum_{k=1}^{M} b_k y_{n-k} + \sum_{k=0}^{N} a_k x_{n-k}$$

である。出力信号を算出するために必要な演算（操作）は、加算、乗算、遅延である。したがって、ディジタルフィルタ回路に必要な回路素子も、加算器、乗算器、遅延器のみである。加算器はゲート回路、乗算器はシフタ回路と加算器の組み合わせ、遅延器はメモリ回路で実現できる。

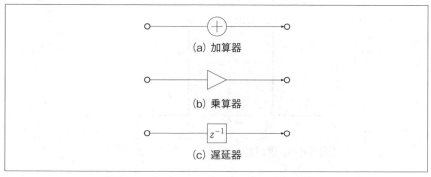

〔図 II-6-2〕ディジタルフィルタの回路素子

図Ⅱ-6-2に各素子の回路図上の表記を示す。z^{-1}は1サンプル遅延のz変換がz^{-1}を乗ずることに対応する。

Ⅱ-6-3 理想低域通過フィルタ

ディジタルフィルタに対して、最も要求される特性は特定の周波数帯域の信号はそのまま通過し、それ以外の周波数帯域の信号は完全に遮断する周波数選択特性である。ここでは、その代表例である理想低域通過フィルタ（ideal lowpass filter）について述べる。

図Ⅱ-6-3に、理想低域通過フィルタの振幅特性を示す。ここで、ω_cは正規化カットオフ角周波数（normalized cut-off angular frequency）と呼ばれる。図Ⅱ-6-3の特性は、ω_cまでは信号がそのまま通過し、ω_cからπまでは完全に遮断される低域通過特性である。ディジタルフィルタの設計では、理想低域通過フィルタに対し、位相特性を考慮しない場合（ゼロ位相特性）と位相特性を考慮する場合がある。

位相特性を考慮しない場合の周波数特性$H_{id}(\omega)$は、

$$H_{id}(\omega) = \begin{cases} 1 & 0 \leq \omega < \omega_c \\ 0 & \omega_c < \omega \leq \pi \end{cases} \quad \cdots\cdots\cdots\cdots\cdots\cdots\cdots\cdots\cdots\cdots \text{(Ⅱ-6-23)}$$

となる。この特性は、後述する直線位相FIRフィルタ設計のように、次数を定めると位相特性が自動的に決まる場合に用いる。

一方、位相特性を考慮する場合の周波数特性は、

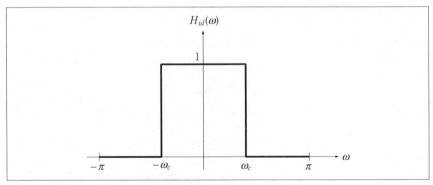

〔図Ⅱ-6-3〕理想低域通過フィルタの振幅特性

$$H_{id}(\omega) = \begin{cases} e^{-j\omega\tau_d} & 0 \le \omega < \omega_c \\ 0 & \omega_c < \omega \le \pi \end{cases} \quad \cdots\cdots\cdots\cdots\cdots\cdots \text{(II-6-24)}$$

となる。ここで、τ_d は所望群遅延である。この特性は、位相特性が自動的に定まらない場合に用いるが、この場合も τ_d は周波数に依らず一定に設定し、近似的な直線位相特性の実現を目指すことが多い。

本節では、(II-6-23) 式の位相特性を考慮しない場合について、インパルス応答を導出する。インパルス応答 h_n の離散時間フーリエ変換が $H_{id}(\omega)$ であるため、h_n は $H_{id}(\omega)$ を逆変換し、次式のように求められる。

$$h_n = \frac{1}{2\pi}\int_{-\pi}^{\pi} H_{id}(\omega)\,e^{j\omega n}\,d\omega \quad \cdots\cdots\cdots\cdots\cdots\cdots \text{(II-6-25)}$$

$$= \frac{1}{2\pi}\int_{-\omega_c}^{\omega_c} e^{j\omega n}\,d\omega \quad \cdots\cdots\cdots\cdots\cdots\cdots \text{(II-6-26)}$$

$$= \frac{1}{j2\pi n}\left[e^{j\omega n} \right]_{-\omega_c}^{\omega_c} \quad \cdots\cdots\cdots\cdots\cdots\cdots \text{(II-6-27)}$$

$$= \frac{1}{j2\pi n}\left(e^{j\omega_c n} - e^{-j\omega_c n} \right) \quad \cdots\cdots\cdots\cdots\cdots\cdots \text{(II-6-28)}$$

$$= \frac{1}{j2\pi n} \times j2\sin\omega_c n \quad \cdots\cdots\cdots\cdots\cdots\cdots \text{(II-6-29)}$$

$$= 2f_c \frac{\sin\omega_c n}{\omega_c n} \quad \cdots\cdots\cdots\cdots\cdots\cdots \text{(II-6-30)}$$

ここで、

$$f_c = \frac{\omega_c}{2\pi} \quad \cdots\cdots\cdots\cdots\cdots\cdots\cdots\cdots\cdots \text{(II-6-31)}$$

であり、正規化カットオフ周波数（normalized cut-off frequency）と呼ばれる。正規化周波数は f:[0,0.5] の範囲をとり、f_c についても同様である。
(II-6-30) 式は

$$\frac{\sin x}{x} \quad \cdots\cdots\cdots\cdots\cdots\cdots\cdots\cdots\cdots \text{(II-6-32)}$$

の形をしており、シンク関数（sinc function）と呼ばれる。図 II-6-4 にシンク関数を示す。$\sin x$ も $1/x$ も奇関数であるため、その積は偶関数となる。したがって、x の絶対値の増加とともに、波状関数である $\sin x$ の大きさが単調減少関数である $1/x$ によって徐々に小さくなりながら左右に広が

っていることが確認できる。ただし、x=0 のときは、0/0 となり不定形となるため、ロピタルの定理を用いて

$$\left. \frac{\sin x}{x} \right|_{x=0} = \lim_{x \to 0} \frac{(\sin x)'}{x'} = \lim_{x \to 0} \frac{\cos x}{x} = 1 \quad \cdots\cdots\cdots\cdots\cdots (\text{II-6-33})$$

と求まり、x=0 で最大値をとることがわかる。

(II-6-30) 式をみると、h_n は n=0 のとき最大値をとり、

$$h_0 = 2f_c \quad \cdots\cdots\cdots\cdots\cdots\cdots\cdots\cdots\cdots\cdots\cdots\cdots\cdots\cdots\cdots (\text{II-6-34})$$

となる。この関係を利用すると、インパルス応答の最大値から正規化カットオフ周波数を見積もることができる。

例として、図 II-6-5 に $f_c=0.2$ のときの n:[−20,20] の範囲のインパルス応答を示す。n=0 のとき、$h_0=2f_c=0.4$ であることが確認できる。

(II-6-30) 式に従えば、理想低域通過フィルタが設計可能であるが、図 II-6-5 からわかるように、h_n は n<0 で値を有する。つまり、理想低域通過フィルタは因果性を満たさない。因果性を満たさないシステムは実現不能であるため、理想低域通過フィルタは実現できない。そのため、ディジタルフィルタの設計問題は、理想低域通過フィルタへの近似問題となる。

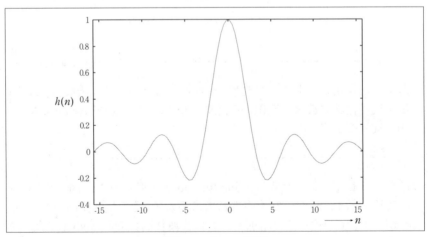

〔図 II-6-4〕sinc 関数

ここで、図 II-6-6 に示すように $H_{HPF}(\omega)=1-H_{id}(\omega)$ は理想高域通過フィルタ、$H_{BEF}(\omega)=H_{LPF}(\omega)+H_{HPF}(\omega)$ は理想帯域除去フィルタ、$H_{BPF}(\omega)=1-H_{BEF}(\omega)$ は理想帯域通過フィルタとなることに注意すると、理想低域通過フィルタをベースに各種フィルタが実現可能であることがわかる。したがって、本書では理想低域通過フィルタのみを考える。

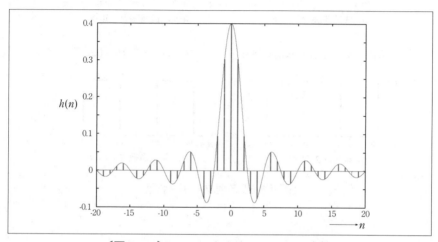

〔図 II-6-5〕$f_c=0.2$ のときのインパルス応答

■ II. ディジタルフィルタの原理

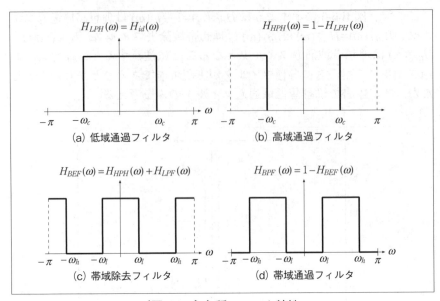

〔図 II-6-6〕各種フィルタ特性

Ⅱ-7　FIRフィルタ

本節では、FIRフィルタの回路構成と代表的なFIRフィルタである直線位相フィルタ、平均化フィルタについて述べる。

Ⅱ-7-1　FIRフィルタの回路構成

Ⅱ-7-1-1　直接型構成

FIRフィルタの入出力関係は(Ⅱ-6-2)式の通り

$$y_n = \sum_{k=0}^{N} h_k x_{n-k}$$

で表される。図Ⅱ-7-1に上式をそのまま構成した回路を示す。この構成を直接型構成という。x_nにδ_nを入力すると、"1"がz^{-1}でバケツリレー的に向かって右に移動しながら、h_kを乗じて出力され、インパルス応答として出力されることが確認できる。

Ⅱ-7-1-2　転置型構成

z変換の線形性より、定数倍は変換の後に行なってもよいため、直接型構成の遅延と乗算の順番を図Ⅱ-7-2のように入れ替えても問題ない。

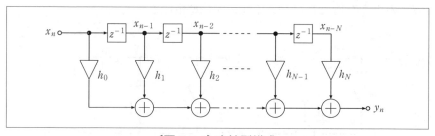

〔図Ⅱ-7-1〕直接型構成

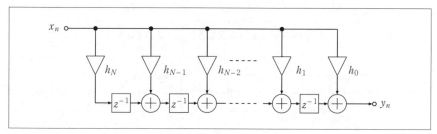

〔図Ⅱ-7-2〕転置型構成

この構成を転置型構成という。
II-7-1-3　縦続型構成
FIR フィルタの伝達関数 $H(z)$

$$H(z) = \sum_{k=0}^{N} h_k z^{-k}$$

を次式のように書き直そう。

$$H(z) = \prod_{n=1}^{N_1} H'_n(z) \cdot \prod_{n=1}^{N_2} H''_n(z) \qquad \cdots\cdots \text{(II-7-1)}$$

$$= \prod_{n=1}^{N_1} (c'_{n0} + c'_{n1} z^{-1}) \cdot \prod_{n=1}^{N_2} (c''_{n0} + c''_{n1} z^{-1} + c''_{n2} z^{-2}) \qquad \cdots\cdots \text{(II-7-2)}$$

ここで、$N=N_1+2N_2$ である。$H'_n(z), n=0,1,\cdots,N_1$ は $H(z)$ に含まれる 1 次回路であり、実根の零点をもつ多項式である。$H''_n(z), n=0,1,\cdots,N_2$ は $H(z)$ に含まれる 2 次回路であり、複素共役の零点をもつ多項式である。図 II-7-3 (a) に 1 次回路、図 II-7-3 (b) に 2 次回路を示す。

伝達関数の乗算は、システムの縦続接続に対応するため、$H(z)$ は図 II-7-4 のような構成となる。これを縦続型構成という。

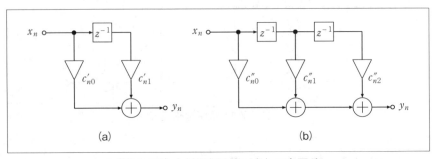

〔図 II-7-3〕(a) 1 次回路、(b) 2 次回路

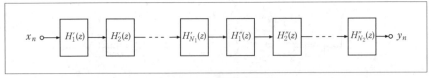

〔図 II-7-4〕縦続型構成

Ⅱ-7-2　直線位相フィルタ

　直線位相特性は、Ⅱ-5-5節で述べた通り、ディジタルフィルタの重要な性質であり、波形保存を保証する特性である。直線位相特性を有するフィルタを直線位相フィルタ（linear phase filter）と呼ぶことにする。直線位相フィルタはFIRフィルタでのみ実現可能である。FIRフィルタの直線位相特性は、フィルタ次数Nとインパルス応答の対称性によって4種類に分類される。インパルス応答が無限長のIIRフィルタでは、対称性が定義できないため、直線位相特性はFIRフィルタ固有の性質である。同様にアナログフィルタのインパルス応答も無限長であるため、これはディジタルフィルタに特化した特性である。

　直線位相FIRフィルタの周波数特性は、$A(\omega)$を振幅特性、τ_dを群遅延とすると、

$$H(\omega) = A(\omega) e^{-j\omega\tau_d} \quad \cdots\cdots\cdots\cdots\cdots\cdots\cdots\cdots\cdots\cdots\cdots\cdots\cdots\cdots\cdots (\text{Ⅱ-7-3})$$

と書くことができる。

Ⅱ-7-2-1　偶数次・偶対称インパルス応答FIRフィルタ

　フィルタ次数Nが偶数で、インパルス応答が図Ⅱ-7-5に示すように、$h_{N/2}$を中心に偶対称の場合について考える。すなわち、

$$h_n = h_{N-n}, \quad n = 0, 1, \cdots, N/2 - 1 \quad \cdots\cdots\cdots\cdots\cdots\cdots\cdots (\text{Ⅱ-7-4})$$

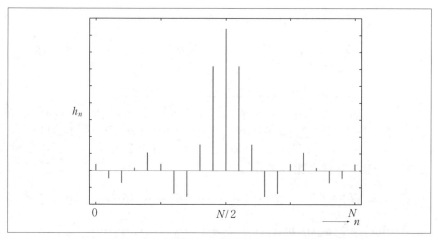

〔図Ⅱ-7-5〕偶数次・偶対称インパルス応答

■ II. ディジタルフィルタの原理

を仮定する。対称性とオイラーの公式を用いて周波数特性 $H(\omega)$ を導くと次式となる。

$$H(\omega) = \sum_{n=0}^{N} h_n e^{-jn\omega} \tag{II-7-5}$$

$$= h_0 + h_1 e^{-j\omega} + \cdots$$
$$+ h_{N/2-1} e^{-j\omega(N/2-1)} + h_{N/2} e^{-j\omega N/2} + h_{N/2+1} e^{-j\omega(N/2+1)}$$
$$+ \cdots + h_{N-1} e^{-j\omega(N-1)} + h_N e^{-j\omega N} \tag{II-7-6}$$

$$= e^{-j\omega N/2} \Big\{ h_0 e^{j\omega N/2} + h_1 e^{j\omega(N/2-1)} + \cdots$$
$$+ h_{N/2-1} e^{j\omega} + h_{N/2} + h_{N/2+1} e^{-j\omega}$$
$$+ \cdots + h_{N-1} e^{-j\omega(N/2-1)} + h_N e^{-j\omega N/2} \Big\} \tag{II-7-7}$$

$$= e^{-j\omega N/2} \Big\{ h_0 e^{j\omega N/2} + h_1 e^{j\omega(N/2-1)} + \cdots$$
$$+ h_{N/2-1} e^{j\omega} + h_{N/2} + h_{N/2-1} e^{-j\omega}$$
$$+ \cdots + h_1 e^{-j\omega(N/2-1)} + h_0 e^{-j\omega N/2} \Big\} \tag{II-7-8}$$

$$= e^{-j\omega N/2} \Big\{ h_0 (e^{j\omega N/2} + e^{-j\omega N/2})$$
$$+ h_1 (e^{j\omega(N/2-1)} + e^{-j\omega(N/2-1)}) + \cdots$$
$$+ h_{N/2-1} (e^{j\omega} + e^{-j\omega}) + h_{N/2} \Big\} \tag{II-7-9}$$

$$= e^{-j\omega N/2} \Big\{ h_{N/2} + 2h_{N/2-1} \cos \omega + \cdots$$
$$+ 2h_1 \cos \left(\frac{N}{2} - 1 \right) \omega + 2h_0 \cos \frac{N}{2} \omega \Big\} \tag{II-7-10}$$

ここで、$a_0 = h_{N/2}$、$a_m = 2h_{N/2-m}, m = 1, 2, \cdots, N/2$ とおくと、

$$H(\omega) = e^{-j\omega N/2} \sum_{m=0}^{N/2} a_m \cos m\omega \quad \cdots\cdots\cdots\cdots\cdots\cdots\cdots \tag{II-7-11}$$

となる。(II-7-3) 式と比較すると、

$$\tau_d = N/2 \quad \cdots\cdots\cdots\cdots\cdots\cdots\cdots\cdots\cdots \tag{II-7-12}$$

$$A(\omega) = \sum_{m=0}^{N/2} a_m \cos m\omega \quad \cdots\cdots\cdots\cdots\cdots\cdots\cdots \tag{II-7-13}$$

－ 94 －

となり、直線位相特性であることが確認できる。ここで、$h_{N/2}$ が理想低域通過フィルタでは h_0 に相当していることに注意すると、直線位相FIRフィルタのインパルス応答が理想低域通過フィルタのインパルス応答の一部を $N/2$ サンプルだけ遅らせたと考えられる。本来、位相特性とはゼロ位相特性である振幅特性の時間的な遅れを定めているため、$\tau_d = N/2$ はこの事実を裏付けていることが理解できる。このタイプのフィルタでは、位相特性は次数 N を与えれば自動的に決定されることに注意すると、設計問題は振幅特性の近似のみとなる。振幅特性は、

$$A(-\omega) = A(\omega) \quad \text{(II-7-14)}$$

であるため、偶対称関数である。

本書で扱う直線位相特性FIRフィルタの設計では、偶数次・偶対称インパルス応答を対象とする。

II-7-2-2 奇数次・偶対称インパルス応答FIRフィルタ

フィルタ次数 N が奇数で、インパルス応答が図 II-7-6 に示すように、点線を中心に偶対称の場合について考える。すなわち、

$$h_n = h_{N-n}, \quad n = 0, 1, \cdots, (N-1)/2 \quad \text{(II-7-15)}$$

を仮定する。対称性とオイラーの公式を用いて周波数特性 $H(\omega)$ を導く

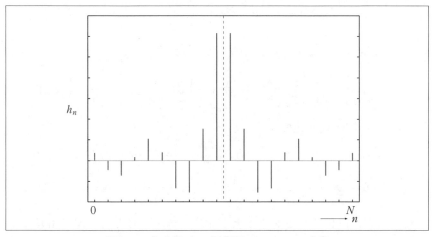

〔図 II-7-6〕奇数次・偶対称インパルス応答

■ II. ディジタルフィルタの原理

と次式となる。

$$
\begin{aligned}
H(\omega) &= h_0 + h_1 e^{-j\omega} + \cdots \\
&\quad + h_{(N-1)/2} e^{-j\omega(N-1)/2} + h_{(N+1)/2} e^{-j\omega(N+1)/2} \\
&\quad + \cdots + h_{N-1} e^{-j\omega(N-1)} + h_N e^{-j\omega N} \qquad \cdots\cdots\cdots \text{(II-7-16)}
\end{aligned}
$$

$$
\begin{aligned}
&= e^{-j\omega N/2}\Big\{ h_0 e^{j\omega N/2} + h_1 e^{j\omega(N/2-1)} + \\
&\quad + h_{(N-1)/2} e^{j\omega/2} + h_{(N+1)/2} e^{-j\omega/2} \\
&\quad + \cdots + h_{N-1} e^{-j\omega(N/2-1)} + h_N e^{-j\omega N/2} \Big\} \qquad \cdots\cdots\cdots \text{(II-7-17)}
\end{aligned}
$$

$$
\begin{aligned}
&= e^{-j\omega N/2}\Big\{ h_0 e^{j\omega N/2} + h_1 e^{j\omega(N/2-1)} + \\
&\quad + h_{(N-1)/2} e^{j\omega/2} + h_{(N-1)/2} e^{-j\omega/2} \\
&\quad + \cdots + h_1 e^{-j\omega(N/2-1)} + h_0 e^{-j\omega N/2} \Big\} \qquad \cdots\cdots\cdots \text{(II-7-18)}
\end{aligned}
$$

$$
\begin{aligned}
&= e^{-j\omega N/2}\Big\{ h_0 (e^{j\omega N/2} + e^{-j\omega N/2}) \\
&\quad + h_1 (e^{j\omega(N/2-1)} + e^{-j\omega(N/2-1)}) \\
&\quad + \cdots + h_{(N-1)/2}(e^{j\omega/2} + e^{-j\omega/2}) \Big\} \qquad \cdots\cdots\cdots \text{(II-7-19)}
\end{aligned}
$$

$$
\begin{aligned}
&= e^{-j\omega N/2}\Big\{ 2h_{(N-1)/2} \cos\frac{\omega}{2} + \cdots \\
&\quad + 2h_1 \cos\left(\frac{N}{2}-1\right)\omega + 2h_0 \cos\frac{N}{2}\omega \Big\} \qquad \cdots\cdots\cdots \text{(II-7-20)}
\end{aligned}
$$

ここで、$a_m = 2h_{(N-1)/2-m}, m=0,1,\cdots,(N-1)/2$ とおくと、

$$
H(\omega) = e^{-j\omega N/2} \sum_{m=0}^{(N-1)/2} a_m \cos\left(m+\frac{1}{2}\right)\omega \quad \cdots\cdots\cdots\cdots \text{(II-7-21)}
$$

となる。(II-7-3) 式と比較すると、

$$
\tau_d = N/2 \qquad\qquad\qquad \cdots\cdots\cdots\cdots\cdots\cdots \text{(II-7-22)}
$$

$$
A(\omega) = \sum_{m=0}^{(N-1)/2} a_m \cos\left(m+\frac{1}{2}\right)\omega \quad \cdots\cdots\cdots\cdots\cdots \text{(II-7-23)}
$$

となり、直線位相特性であることが確認できる。ここで、N は奇数であるため、τ_d は（整数 +1/2）サンプルとなる。これは、図 II-7-6 において

点線で表しているサンプルに相当する。また、$\omega=\pi$ のとき、m の値によらず、

$$\cos\left(m+\frac{1}{2}\right)\pi = 0 \quad \text{(II-7-24)}$$

となるため、$A(\pi)=0$ となる。したがって、このタイプのフィルタでは、高域通過特性が実現できないことに注意が必要である。

Ⅱ－7－2－3　偶数次・奇対称インパルス応答FIRフィルタ

フィルタ次数 N が偶数で、インパルス応答が図 II-7-7 に示すように、$h_{N/2}$ を中心に奇対称の場合について考える。すなわち、

$$h_n = -h_{N-n}, n = 0, 1, \cdots, N/2-1 \quad \text{(II-7-25)}$$

を仮定する。さらに対称性のため、

$$h_{N/2} = 0 \quad \text{(II-7-26)}$$

と拘束する。対称性とオイラーの公式を用いて周波数特性 $H(\omega)$ を導くと次式となる。

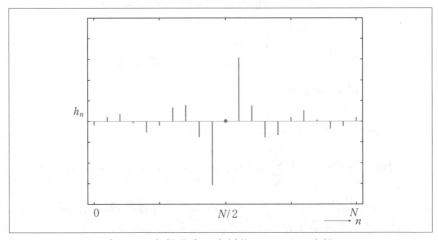

〔図 II-7-7〕偶数次・奇対称インパルス応答

■ II. ディジタルフィルタの原理

$$
\begin{aligned}
H(\omega) &= h_0 + h_1 e^{-j\omega} + \cdots \\
&\quad + h_{N/2-1}\, e^{-j\omega(N/2-1)} + h_{N/2+1}\, e^{-j\omega(N/2+1)} + \cdots \\
&\quad + h_{N-1}\, e^{-j\omega(N-1)} + h_N\, e^{-j\omega N}
\end{aligned}
\tag{II-7-27}
$$

$$
\begin{aligned}
&= e^{-j\omega N/2}\Big\{ h_0 e^{j\omega N/2} + h_1 e^{j\omega(N/2-1)} + \cdots \\
&\quad + h_{N/2-1}\, e^{j\omega} + h_{N/2+1}\, e^{-j\omega} + \cdots \\
&\quad + h_{N-1}\, e^{-j\omega(N/2-1)} + h_N\, e^{-j\omega N/2} \Big\}
\end{aligned}
\tag{II-7-28}
$$

$$
\begin{aligned}
&= e^{-j\omega N/2}\Big\{ h_0 e^{j\omega N/2} + h_1 e^{j\omega(N/2-1)} + \cdots \\
&\quad + h_{N/2-1}\, e^{j\omega} - h_{N/2-1}\, e^{-j\omega} - \cdots \\
&\quad - h_1 e^{-j\omega(N/2-1)} - h_0 e^{-j\omega N/2} \Big\}
\end{aligned}
\tag{II-7-29}
$$

$$
\begin{aligned}
&= e^{-j\omega N/2}\Big\{ h_0 \big(e^{j\omega N/2} - e^{-j\omega N/2} \big) \\
&\quad + h_1 \big(e^{j\omega(N/2-1)} - e^{-j\omega(N/2-1)} \big) \\
&\quad + \cdots + h_{N/2-1} \big(e^{j\omega} - e^{-j\omega} \big) \Big\}
\end{aligned}
\tag{II-7-30}
$$

$$
\begin{aligned}
&= e^{-j\omega N/2}\Big\{ j2h_{N/2-1}\sin\omega + \cdots + j2h_1 \sin\omega (N/2-1) \\
&\quad + j2h_0 \sin\omega\, N/2 \Big\}
\end{aligned}
\tag{II-7-31}
$$

$$
\begin{aligned}
&= e^{-j\omega N/2}\, e^{j\pi/2} \Big(2h_{N/2-1}\sin\omega + \cdots + 2h_1 \sin\omega (N/2-1) \\
&\quad + 2h_0 \sin\omega\, N/2 \Big)
\end{aligned}
\tag{II-7-32}
$$

ここで、$j=e^{j\pi/2}$ であり、$a_m = 2h_{N/2-m}, m=1,2,\cdots,N/2$ とおくと、

$$
H(\omega) = e^{-j\omega N/2}\, e^{j\pi/2} \sum_{m=1}^{N/2} a_m \sin m\omega
\quad\cdots\cdots\cdots\cdots\cdots\cdots
\tag{II-7-33}
$$

となる。$\pi/2$ は位相のバイアスであるため、群遅延には無関係である。
(II-7-3) 式と比較すると、

$$
\tau_d = N/2
\quad\cdots\cdots\cdots\cdots\cdots\cdots\cdots\cdots\cdots\cdots\cdots\cdots
\tag{II-7-34}
$$

$$A(\omega) = \sum_{m=1}^{N/2} a_m \sin m\omega \quad \cdots\cdots\cdots\cdots\cdots\cdots \text{(II-7-35)}$$

となり、直線位相特性であることが確認できる。ここで、$\omega=0, \pi$ のとき、m の値によらず、

$$\sin m\omega = 0 \quad \cdots\cdots\cdots\cdots\cdots\cdots\cdots\cdots\cdots\cdots \text{(II-7-36)}$$

であるため、$A(0)=0$、$A(\pi)=0$ となる。したがって、このタイプのフィルタでは帯域通過特性のみ実現可能であることに注意が必要である。

Ⅱ-7-2-4 奇数次・奇対称インパルス応答FIRフィルタ

フィルタ次数 N が奇数で、インパルス応答が図 II-7-8 に示すように、点線を中心に奇対称の場合について考える。すなわち、

$$h_n = -h_{N-n}, \ n = 0, 1, \cdots, (N-1)/2 \quad \cdots\cdots\cdots\cdots \text{(II-7-37)}$$

を仮定する。対称性とオイラーの公式を用いて周波数特性 $H(\omega)$ を導くと次式となる。

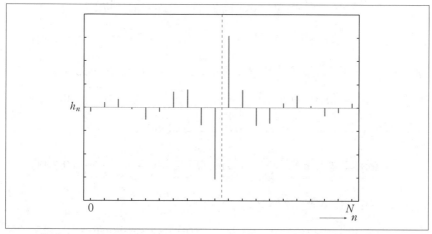

〔図 II-7-8〕奇数次・奇対称インパルス応答

■ II. ディジタルフィルタの原理

$$
\begin{aligned}
H(\omega) = &\, h_0 + h_1 e^{-j\omega} + \cdots \\
&+ h_{(N-1)/2}\, e^{-j\omega(N-1)/2} + h_{(N+1)/2}\, e^{-j\omega(N+1)/2} \\
&+ \cdots h_{N-1}\, e^{-j\omega(N-1)} + h_N\, e^{-j\omega N}
\end{aligned}
\tag{II-7-38}
$$

$$
\begin{aligned}
= e^{-j\omega N/2}\Big\{ &\, h_0 e^{j\omega N/2} + h_1 e^{j\omega(N/2-1)} + \\
&+ h_{(N-1)/2}\, e^{j\omega/2} + h_{(N+1)/2}\, e^{-j\omega/2} \\
&+ \cdots + h_{N-1}\, e^{-j\omega(N/2-1)} + h_N e^{-j\omega N/2} \Big\}
\end{aligned}
\tag{II-7-39}
$$

$$
\begin{aligned}
= e^{-j\omega N/2}\Big\{ &\, h_0 e^{j\omega N/2} + h_1 e^{j\omega(N/2-1)} \\
&+ h_{(N-1)/2}\, e^{j\omega/2} - h_{(N-1)/2}\, e^{-j\omega/2} \\
&+ \cdots - h_1 e^{-j\omega(N/2-1)} - h_0 e^{-j\omega N/2} \Big\}
\end{aligned}
\tag{II-7-40}
$$

$$
\begin{aligned}
= e^{-j\omega N/2}\Big\{ &\, h_0 \big(e^{j\omega N/2} - e^{-j\omega N/2} \big) \\
&+ h_1 \big(e^{j\omega(N/2-1)} - e^{-j\omega(N/2-1)} \big) \\
&+ \cdots + h_{(N-1)/2}\big(e^{j\omega/2} - e^{-j\omega/2} \big) \Big\}
\end{aligned}
\tag{II-7-41}
$$

$$
\begin{aligned}
= e^{-j\omega N/2}\Big(&\, j2h_{(N-1)/2}\sin\omega/2 + \cdots + j2h_1 \sin\omega(N/2-1) \\
&+ j2h_0 \sin\omega\, N/2 \Big)
\end{aligned}
\tag{II-7-42}
$$

$$
\begin{aligned}
= e^{-j\omega N/2}\, e^{j\pi/2}\Big(&\, 2h_{(N-1)/2}\sin\omega/2 + \cdots + 2h_1 \sin\omega(N/2-1) \\
&+ 2h_0 \sin\omega\, N/2 \Big)
\end{aligned}
\tag{II-7-43}
$$

ここで、$a_m = 2h_{(N-1)/2-m},\, m = 0, 1, \cdots, (N-1)/2$ とおくと、

$$
H(\omega) = e^{-j\omega N/2}\, e^{j\pi/2} \sum_{m=0}^{(N-1)/2} a_m \sin\left(m + \frac{1}{2} \right)\omega \quad\cdots\cdots\cdots\cdots (\text{II-7-44})
$$

となる。(II-7-3) 式と比較すると、

$$
\tau_d = N/2 \quad\cdots\cdots\cdots\cdots\cdots\cdots\cdots\cdots (\text{II-7-45})
$$

$$
A(\omega) = \sum_{m=0}^{(N-1)/2} a_m \sin\left(m + \frac{1}{2} \right)\omega \quad\cdots\cdots\cdots\cdots\cdots\cdots (\text{II-7-46})
$$

となり、直線位相特性であることが確認できる。ここで、$\omega = 0$ のとき、

m の値によらず、

$$\sin\left(m+\frac{1}{2}\right)\omega = 0 \quad \cdots\cdots\cdots\cdots\cdots\cdots\cdots\cdots\cdots \text{(II-7-47)}$$

であるため、$A(0)=0$ となる。したがって、このタイプのフィルタでは低域通過特性が実現できないことに注意が必要である。

II－7－2－5　直線位相FIRフィルタの回路構成

次数 N と対称性によって4種類の直線位相 FIR フィルタの周波数特性が導出できた。いずれのタイプのフィルタも、理想低域通過フィルタと同様に対称なインパルス応答を $N/2$（N が偶数の場合は整数サンプル、N が奇数の場合は整数 $+1/2$ サンプル）だけ遅延した応答となるため、群遅延が周波数によらず $N/2$ となった。

振幅特性は、次数と対称性によって表 II-7.1 のように分類され、フィルタのタイプによっては実現不可となる特性があることに注意が必要である。

図 II-7-9 に偶数次直線位相 FIR フィルタ、図 II-7-10 に奇数次直線位相 FIR フィルタの回路構成を示す。周波数特性導出の際に、対称性に注目し、

$$h_k z^{-k} + h_{N-k} z^{-(N-k)} = h_k \{z^{-k} + z^{-(N-k)}\} \quad \cdots\cdots\cdots\cdots \text{(II-7-48)}$$

の関係を利用した。その結果、h_k の乗算を z^{-k} と $z^{-(N-k)}$ で共有できる。ディジタルフィルタの回路規模は乗算器の回路規模が支配的であるた

〔表 II-7.1〕直線位相 FIR フィルタの振幅特性の分類

	偶対称	奇対称
偶数次	$A(\omega) = \displaystyle\sum_{m=0}^{N/2} a_m \cos m\omega$ $a_0 = h_{N/2},\, a_m = 2h_{N/2-m}$ $m = 1, 2, \cdots, N/2$	$A(\omega) = \displaystyle\sum_{m=0}^{N/2} a_m \sin m\omega$ $a_m = 2h_{N/2-m}$ $m = 1, 2, \cdots, N/2$
奇数次	$A(\omega) = \displaystyle\sum_{m=0}^{(N-1)/2} a_m \cos\left(m+\frac{1}{2}\right)\omega$ $a_m = 2h_{(N-1)/2-m}$ $m = 0, 1, \cdots, (N-1)/2$	$A(\omega) = \displaystyle\sum_{m=0}^{(N-1)/2} a_m \sin\left(m+\frac{1}{2}\right)\omega$ $a_m = 2h_{(N-1)/2-m}$ $m = 0, 1, \cdots, (N-1)/2$

め、乗算器共有によって乗算器の個数を削減できることは魅力的である。

II−7−3 平均化フィルタ

センサで採取した信号 x_n には所望信号 s_n に加え、次式のようにノイズ γ_n が重畳している場合が多い。

$$x_n = s_n + \gamma_n \quad \cdots\cdots\cdots\cdots\cdots\cdots\cdots\cdots\cdots\cdots\cdots\cdots\cdots\cdots\cdots\cdots \text{(II-7-49)}$$

γ_n の発生には、測定系固有のノイズや外来ノイズ等複数の要因が関連しているため、統計的には平均0のランダム信号としてモデル化できる場合が多い。平均化フィルタ（average filter）は、簡単な構造でノイズ除去可能な FIR フィルタである。

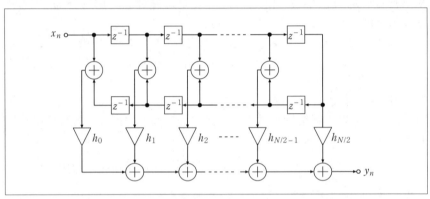

〔図 II-7-9〕偶数次直線位相 FIR フィルタの回路構成

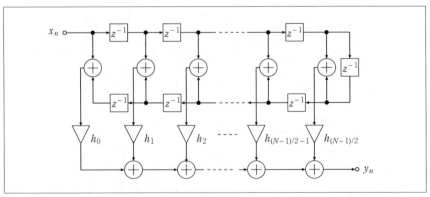

〔図 II-7-10〕奇数次直線位相 FIR フィルタの回路構成

平均化フィルタの入出力関係は、

$$y_n = \frac{1}{N+1} \sum_{k=0}^{N} x_{n-k} \quad \cdots\cdots\cdots\cdots\cdots\cdots\cdots\cdots\cdots\cdots (\text{II-7-50})$$

と定義される。ここで、Nは偶数である。(II-7-50) 式のフィルタ係数 h_n は

$$h_n = \frac{1}{N+1}, \, n = 0, 1, \cdots, N \quad \cdots\cdots\cdots\cdots\cdots\cdots\cdots\cdots (\text{II-7-51})$$

であり、偶数次偶対称インパルス応答である。図 II-7-11 に平均化フィルタの回路図を示す。図 II-7-11 (a) のような直接型構成で表すことができるが、全てのフィルタ係数が同じ値のため、図 II-7-11 (b) のように乗算器を1つにまとめることができる。

II-7-2-1 節の導出より、平均化フィルタの振幅特性 $|H(\omega)|$ と位相特性 $\angle H(\omega)$ は

$$|H(\omega)| = \frac{1}{N+1} \left| 1 + 2 \sum_{m=1}^{N/2} \cos m\omega \right| \quad \cdots\cdots\cdots\cdots\cdots\cdots (\text{II-7-52})$$

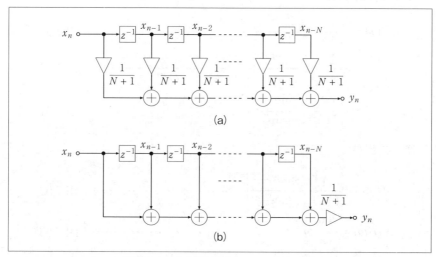

〔図 II-7-11〕平均化フィルタの回路図

■ II. ディジタルフィルタの原理

$$\angle H(\omega) = -\frac{N}{2}\omega \quad \cdots\cdots\cdots\cdots\cdots\cdots\cdots\cdots \text{(II-7-53)}$$

となり、直線位相特性である。群遅延特性 $\tau(\omega)$ は ω に無関係に、

$$\tau(\omega) = -\frac{d}{d\omega}\angle H(\omega) \quad \cdots\cdots\cdots\cdots\cdots\cdots\cdots \text{(II-7-54)}$$

$$= \frac{N}{2} \quad \cdots\cdots\cdots\cdots\cdots\cdots\cdots\cdots \text{(II-7-55)}$$

となる。

II-7-2-1 節の導出とは別のアプローチとして、伝達関数 $H(z)$ が次式のように導けることに注目しよう。

$$H(z) = \frac{1}{N+1}\sum_{k=1}^{N} z^{-k} \quad \cdots\cdots\cdots\cdots \text{(II-7-56)}$$

$$= \frac{1}{N+1}(1 + z^{-1} + z^{-2} + \cdots + z^{-N}) \quad \cdots\cdots\cdots\cdots \text{(II-7-57)}$$

$$= \frac{1}{N+1}\cdot\frac{1 - z^{-(N+1)}}{1 - z^{-1}} \quad \cdots\cdots\cdots\cdots \text{(II-7-58)}$$

周波数特性 $H(\omega)$ は

$$H(\omega) = \frac{1}{N+1}\cdot\frac{1 - e^{-j\omega(N+1)}}{1 - e^{-j\omega}} \quad \text{(II-7-59)}$$

$$= \frac{1}{N+1}\cdot\frac{1 - e^{-j\omega(N+1)/2}(e^{j\omega(N+1)/2} - e^{-j\omega(N+1)/2})}{e^{-j\omega/2}(e^{j\omega/2} - e^{-j\omega/2})} \quad \text{(II-7-60)}$$

$$= \frac{e^{-j\omega N/2}}{N+1}\cdot\frac{\sin\omega\frac{N+1}{2}}{\sin\frac{\omega}{2}} \quad \text{(II-7-61)}$$

と導くことができ、

$$|H(\omega)| = \frac{1}{N+1}\left|\frac{\sin\omega\frac{N+1}{2}}{\sin\frac{\omega}{2}}\right| \quad \cdots\cdots\cdots\cdots\cdots\cdots \text{(II-7-62)}$$

$$\angle H(\omega) = -\frac{N}{2}\omega \quad \cdots\cdots\cdots\cdots\cdots\cdots\cdots\cdots \text{(II-7-63)}$$

となる。(II-7-58) 式より、$H(z)$ の零点 c_k, $k=0, 1, \cdots, N$ は

$- 104 -$

$$c_k = e^{j\frac{2\pi k}{N+1}}, k = 0, 1, \cdots, N \qquad \cdots\cdots\cdots\cdots\cdots\cdots\cdots\cdots \text{(II-7-64)}$$

となり、単位円上で等間隔に $N+1$ 個現れる。元の多項式は N 次のため、零点も N 個存在することになり、つじつまが合わないが、極 d_1 が

$$d_1 = 1 = e^{j\omega 0} \qquad \cdots\cdots\cdots\cdots\cdots\cdots\cdots\cdots\cdots \text{(II-7-65)}$$

に存在する。一般に、FIR フィルタの極は z 平面上の原点に集積するため、一見それと相反するように思われるが、

$$c_0 = e^{j\frac{2\pi 0}{N+1}} = 1 \qquad \cdots\cdots\cdots\cdots\cdots\cdots\cdots\cdots \text{(II-7-66)}$$

と相殺するため、フィルタ動作に d_1 は影響を与えず、零点を 1 つ減らすのみである。したがって、平均化フィルタの伝達関数は単位円上に N 個の零点が存在し、$\omega:[0, \pi]$ には $N/2$ 個が配置される。

平均化フィルタの効果を示すために、図 II-7-12 に s_n が矩形波信号のとき、ノイズ γ_n が重畳した x_n に対して、$N=10, 40, 70, 100, 200, 500$ の平均化フィルタを適用した場合の出力波形を示す。この結果より、$N=10$ ではノイズ除去性能が不十分であり、$N=40, 70, 100$ では次数の増加とともにノイズ除去性能が向上することがわかる。ただし、次数の増加とともに群遅延が大きく影響し、矩形波の立ち上がりや立ち下がりの勾配が徐々に増大することが確認できる。$N=200, 500$ では、ノイズ除去の効果は高いが、群遅延が大きいのに加え、波形の平坦部分のサンプル長が s_n と大きく異なり、原波形から解離していることが確認できる。この現象については、振幅特性上で確認できる。

図 II-7-13 に $N=10$、図 II-7-14 に $N=40$、図 II-7-15 に $N=100$、図 II-7-16 に $N=200$ の振幅特性を示す。一般にランダムノイズ γ_n のスペクトルは広帯域に広がる。逆に、所望信号 s_n はサンプリング定理を満たすために、主たる信号パワーは低周波数帯域に集中している。そのため、平均化フィルタに求められる振幅特性は図 II-7-13 から図 II-7-16 に示すような低域通過特性である。ゲインが一番大きい振幅包絡であるメインローブ幅は N の増大とともに狭くなることが確認できる。

ここで、s_n である矩形波のスペクトルは直流成分が最大で、周波数に反比例してスペクトルが小さくなる。そのため、$N=10$ の振幅特性は s_n のスペクトル構造を維持できると考えられるが、メインローブ以外の周

■ II. ディジタルフィルタの原理

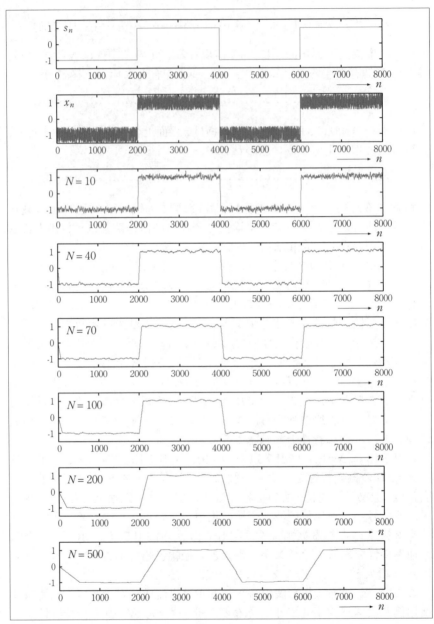

〔図 II-7-12〕平均化フィルタの効果

波数帯域のゲインが比較的大きいため、十分なノイズ除去が達成できない。$N=40$ では、そのゲインが下がるため、ノイズ除去効果が上がっている。

一方、$N=100$、$N=200$ ではメインローブ以外の周波数帯域のゲインが大幅に低下するため、ノイズ除去効果の向上が確認できる。しかし、メインローブ幅も大幅に狭くなるため、平均化フィルタで出力される成分

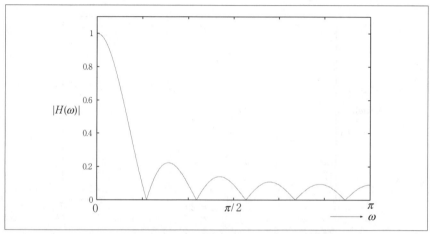

〔図 II-7-13〕$N=10$ の平均化フィルタの振幅特性

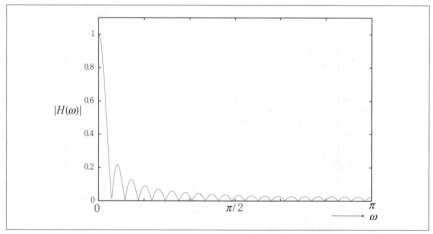

〔図 II-7-14〕$N=40$ の平均化フィルタの振幅特性

が直流周辺の成分のみに限定され、本来 s_n に含まれるスペクトル成分も除去し、原波形と解離した波形が出力される。このように、N の値は s_n のスペクトル構造に大きく依存するため、平均化フィルタを使用する場合は N の選定に注意が必要である。

II－7－4　くし型フィルタ

インパルス応答が図 II-7-17 に示すフィルタを考えよう。このフィル

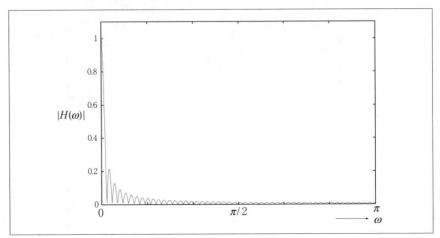

〔図 II-7-15〕N=100 の平均化フィルタの振幅特性

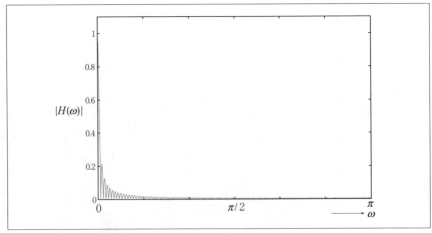

〔図 II-7-16〕N=200 の平均化フィルタの振幅特性

タの出力 y_n は

$$y_n = \frac{1}{2}\sum_{k=0}^{2} h_k x_{n-k} \quad \cdots\cdots\cdots\cdots\cdots\cdots\cdots\cdots\cdots\cdots \text{(II-7-67)}$$

$$= \frac{1}{2}(x_n - x_{n-2}) \quad \cdots\cdots\cdots\cdots\cdots\cdots\cdots\cdots\cdots\cdots \text{(II-7-68)}$$

となり、現在の入力信号から2サンプル前の入力信号を減ずる。したがって、x_n が直流（$\omega=0$）の場合、y_n は 0 になる。また、正規化周波数 $f=0.5(\omega=\pi)$ の正弦波サンプルは1周期あたり2サンプルであるため、2サンプル前の入力信号を減ずると0になる。$\omega=0, \pi$ の成分の除去効果は周波数特性で確認できるため、(II-7-68) 式を z 変換し、伝達関数 $H(z)$ を求めると、

$$H(z) = \frac{1}{2}(1 - z^{-2}) \quad \cdots\cdots\cdots\cdots\cdots\cdots\cdots\cdots\cdots\cdots \text{(II-7-69)}$$

となる。図 II-7-18 にフィルタの回路図を示す。

周波数特性 $H(\omega)$ は

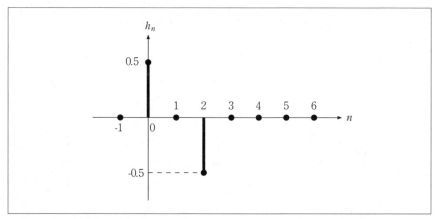

〔図 II-7-17〕$h_0=0.5$、$h_1=0$、$h_2=-0.5$ のインパルス応答

$$H(\omega) = \frac{1}{2}(1 - e^{-j2\omega}) \quad \cdots\cdots\cdots\cdots\cdots\cdots\cdots\cdots\cdots\cdots\cdots\cdots \text{(II-7-70)}$$

$$= \frac{1}{2} e^{-j\omega}(e^{j\omega} - e^{-j\omega}) \quad \cdots\cdots\cdots\cdots\cdots\cdots\cdots\cdots\cdots\cdots \text{(II-7-71)}$$

$$= \frac{1}{2} e^{-j\omega}(j2\sin\omega) \quad \cdots\cdots\cdots\cdots\cdots\cdots\cdots\cdots\cdots\cdots\cdots \text{(II-7-72)}$$

$$= e^{j\pi/2} e^{-j\omega} \sin\omega \quad \cdots\cdots\cdots\cdots\cdots\cdots\cdots\cdots\cdots\cdots\cdots\cdots \text{(II-7-73)}$$

となり、振幅特性 $|H(\omega)|$ が

$$|H(\omega)| = |\sin\omega| \quad \cdots\cdots\cdots\cdots\cdots\cdots\cdots\cdots\cdots\cdots\cdots\cdots\cdots \text{(II-7-74)}$$

と求まる。図 II-7-19 に振幅特性を示す。図 II-7-19 より、このフィルタ

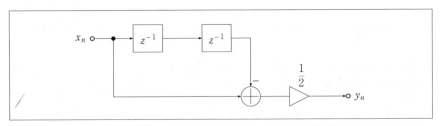

〔図 II-7-18〕図 II-7-17 のフィルタの回路図

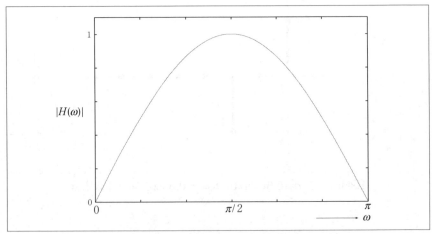

〔図 II-7-19〕図 II-7-17 の振幅特性

が $\omega=0, \pi$ で $|H(\omega)|=0$ となることが確認できる。これは、(II-7-69) 式より、このフィルタの零点が

$$c_1, c_2 = \pm 1 \quad \cdots\cdots\cdots\cdots\cdots\cdots\cdots\cdots\cdots\cdots\cdots\cdots \text{(II-7-75)}$$

であることからも確認できる。

図 II-7-17 のインパルス応答に 0 を挿入した図 II-7-20 に示すインパルス応答を考えよう。このフィルタの入出力関係は、

$$y_n = \frac{1}{2}(x_n - x_{n-4}) \quad \cdots\cdots\cdots\cdots\cdots\cdots\cdots\cdots \text{(II-7-76)}$$

となり、伝達関数 $H(z)$ は

$$H(z) = \frac{1}{2}(1 - z^{-4}) \quad \cdots\cdots\cdots\cdots\cdots\cdots\cdots\cdots\cdots \text{(II-7-77)}$$

となり、回路図は図 II-7-21 に示す構成となる。

$H(z)$ の周波数特性 $H(\omega)$ を求めると、

$$H(\omega) = \frac{1}{2}(1 - e^{-j4\omega}) \quad \cdots\cdots\cdots\cdots\cdots\cdots \text{(II-7-78)}$$

$$= \frac{1}{2} e^{-j2\omega}(e^{j2\omega} - e^{-j2\omega}) \quad \cdots\cdots\cdots\cdots\cdots \text{(II-7-79)}$$

$$= e^{j\pi/2} e^{-j2\omega} \sin 2\omega \quad \cdots\cdots\cdots\cdots\cdots\cdots \text{(II-7-80)}$$

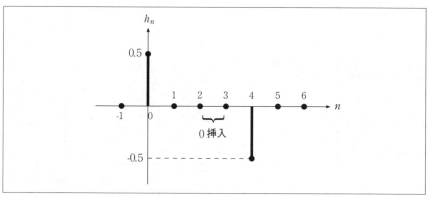

〔図 II-7-20〕$h_0=0.5$、$h_1=h_2=h_3=0$、$h_4=-0.5$ のインパルス応答

となり、振幅特性 $|H(\omega)|$ が

$$|H(\omega)| = |\sin 2\omega| \quad \cdots\cdots\cdots\cdots\cdots\cdots\cdots\cdots\cdots\cdots\cdots \quad \text{(II-7-81)}$$

と求められる。図 II-7-22 に振幅特性を示す。

インパルス応答への0挿入は信号長を広げるため、周波数軸上で信号スペクトルは縮まる。図 II-7-20 は図 II-7-17 と比べて2倍に広げているため、周波数軸上では図 II-7-22 のように 1/2 に縮められ、$\omega:[\pi/2,\pi]$ に同じ形状の振幅特性が繰り返し現れる。その結果、図 II-7-19 で $\omega=\pi$ に存在していた零点が $\omega=\pi/2$ に移動するとともに、元々 $\omega=0$ に存在している零点が新たに現れた繰り返しの $\omega=\pi/2$ に重ねて現れる。

これは、(II-7-77) 式の零点 $c_k, k=0,1,2,3$ が

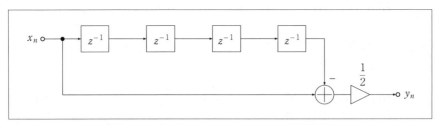

〔図 II-7-21〕図 II-7-20 のフィルタの回路図

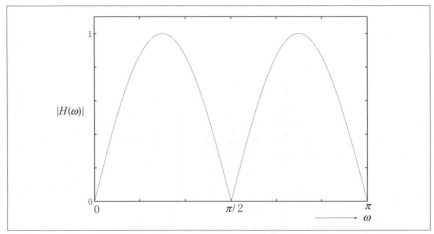

〔図 II-7-22〕図 II-7-20 の振幅特性

$$c_k = e^{j2\pi k/4}, k = 0, 1, 2, 3 \quad \cdots\cdots\cdots (\text{II-7-82})$$

であることからも確認できる。

同様に、図 II-7-17 に対し、0 を L（L は偶数）個挿入した場合は、伝達関数 $H(z)$ は

$$H(z) = \frac{1}{2}(1 - z^{-(2+L)}) \quad \cdots\cdots\cdots (\text{II-7-83})$$

となる。周波数特性 $H(\omega)$ は、

$$H(\omega) = \frac{1}{2}(1 - e^{-j(2+L)\omega}) \quad \cdots\cdots (\text{II-7-84})$$

$$= \frac{1}{2} e^{-j(1+L/2)\omega}(e^{j(1+L/2)\omega} - e^{-j(1+L/2)\omega}) \quad \cdots\cdots (\text{II-7-85})$$

$$= e^{j\pi/2} e^{-j(1+L/2)\omega} \sin\left(1 + \frac{L}{2}\right)\omega \quad \cdots\cdots (\text{II-7-86})$$

となり、振幅特性 $|H(\omega)|$ が

$$|H(\omega)| = \left|\sin\left(1 + \frac{L}{2}\right)\omega\right| \quad \cdots\cdots\cdots (\text{II-7-87})$$

と求められる。図 II-7-23 に $L=20$ のときの振幅特性を示す。このように、

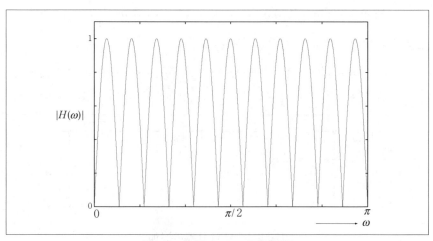

〔図 II-7-23〕L=10 の振幅特性

インパルス応答に0挿入して信号長を伸ばしたときは、周波数軸上でスペクトルが縮められて、同じ形の振幅特性が繰り返し現れる。その結果、ω軸上で等間隔に零点が現れ、振幅特性が櫛の形状となるため、くし型フィルタ（comb filter）と呼ばれる。Lが奇数の場合は奇数次・奇対称インパルス応答となるのみで、同様の議論が成り立つ。楽音のような短時間区間で周期信号とみなし得る信号は、その区間で近似的に調波構造を有するため、くし型フィルタは特定の楽音のみを除去するような目的に利用可能である。

この例は、図II-7-17のインパルス応答をもつフィルタのように、$\omega=0, \pi$で零点をもつ特殊な例が対象であったが、その他のFIRフィルタでもインパルス応答列間への0挿入、すなわち図II-7-24に示すような遅延器の追加によって、くし型フィルタが構成できる。例として、図II-7-25に$N=6$の平均値フィルタの乗算器間に10個の遅延器を挿入した場合、図II-7-26に$N=20$の平均値フィルタの乗算器間に20個の遅延器を挿入した場合の振幅特性を示す。

図II-7-26のような振幅特性は、調波構造を有する信号成分のみを通過し、それ以外の周波数成分は多数の零点による減衰特性を利用して除去するという目的に利用することができる。

II－7－5　ヒルベルト変換器

フーリエ解析では、信号x_nの周波数スペクトル$X(\omega)$は

$$X(\omega) = X_R(\omega) + jX_I(\omega) \quad \cdots\cdots\cdots\cdots\cdots\cdots\cdots\cdots\cdots\cdots\cdots (\text{II-7-88})$$

と表現された。$X(\omega)$に対し、$X(-\omega)$は

$$X(-\omega) = \overline{X(\omega)} = X_R(\omega) - jX_I(\omega) \quad \cdots\cdots\cdots\cdots\cdots\cdots\cdots (\text{II-7-89})$$

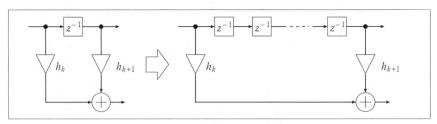

〔図II-7-24〕遅延器の追加

と定義された。I-2-3-2 節で述べた通り、負の周波数成分の正体は正の周波数成分の複素共役であり、解析対象が実信号であることを保証するために用意された成分であった。したがって、信号成分としては、正または負の周波数成分のいずれかが独立で、一方がわかれば、信号に含まれる情報を完全に抽出できる。逆に言えば、通常のフーリエ解析を用いる場合、冗長な成分を考慮していることになる。通信のような高速・大容

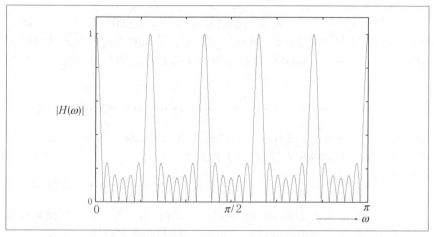

〔図 II-7-25〕N=6 の平均値フィルタに 0 挿入したくし型フィルタ

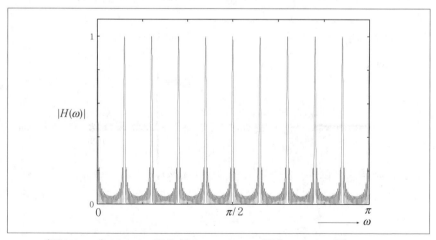

〔図 II-7-26〕N=20 の平均値フィルタに 0 挿入したくし型フィルタ

量データ伝送が要求される分野では、本来必要のない成分は無駄な情報であるため、本当に必要な信号成分のみを伝送したい。

そこで、信号スペクトルが正の周波数成分のみを有する信号を考えよう。そのとき、信号は複素信号となる。実信号 x_n に対して、正の周波数成分のみを有する信号を x_n^a とすると、

$$x_n^a = x_n^R + jx_n^I \quad \cdots\cdots\cdots\cdots\cdots\cdots\cdots\cdots \text{(II-7-90)}$$

と表現できる。ここで、x_n^a を解析信号（analytic signal）という。x_n^R は x_n^a の実部、x_n^I は x_n^a の虚数部である。ここで、$X_R(\omega)$ は x_n の周波数領域表現であり、$X_I(\omega)$ は $X(\omega)$ の位相を規定するために導入された成分であることを思い出すと、

$$x_n^R = x_n \quad \cdots\cdots\cdots\cdots\cdots\cdots\cdots\cdots \text{(II-7-91)}$$

である。したがって、$X_I(\omega)$ は x_n^I の周波数領域表現である。そこで、x_n から実信号 x_n^I への次式の変換 H を考えよう。

$$x_n^I = H[x_n] \quad \cdots\cdots\cdots\cdots\cdots\cdots\cdots\cdots \text{(II-7-92)}$$

H をヒルベルト変換（Hilbert transform）と呼び、ヒルベルト変換を行なうフィルタをヒルベルト変換器、または90°移相器という。

図II-7-27 (a) に示すように、$X(\omega)$ と $X(-\omega)$ は複素共役の関係にあり、

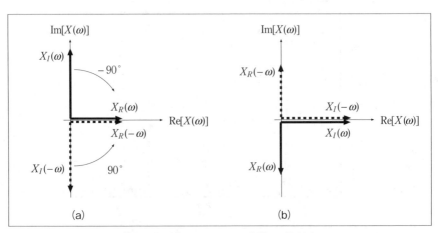

〔図II-7-27〕ヒルベルト変換の考え方

時間領域の信号が実数であることを保証している。この関係に注目すれば、図 II-7-27（b）のように $X_I(\omega)$ と $X_{-I}(\omega)$ が実軸と重なるように回転すれば、図 II-7-27（a）における $X_R(\omega)$ と同様に扱うことができ、x_n^I を取り出すことができる。そのため、図 II-7-27（a）に示すように、$X(\omega)$ に対しては $-90°$ の回転、$X(-\omega)$ に対しては $90°$ の回転を行なえばよい。したがって、ヒルベルト変換器の周波数特性 $H^H(\omega)$ は

$$H^H(\omega) = \begin{cases} -j & 0 < \omega \le \pi \\ j & -\pi \le \omega < 0 \end{cases} \quad \cdots\cdots\cdots\cdots\cdots\cdots\cdots\cdots \text{(II-7-93)}$$

とすればよい。ヒルベルト変換器のインパルス応答 h_n^H は（II-7-93）式をフーリエ逆変換して次式となる。

$$h_n^H = \frac{1}{2\pi} \int_{-\pi}^{\pi} H^H(\omega)\, e^{j\omega n}\, d\omega \quad \cdots\cdots\cdots\cdots\cdots \text{(II-7-94)}$$

$$= \frac{1}{2\pi} \left\{ \int_{-\pi}^{0} j e^{j\omega n}\, d\omega - \int_{0}^{\pi} j e^{j\omega n}\, d\omega \right\} \quad \cdots\cdots\cdots\cdots \text{(II-7-95)}$$

$$= \frac{1}{2\pi} \left\{ \left[\frac{1}{n} e^{j\omega n} \right]_{-\pi}^{0} - \left[\frac{1}{n} e^{j\omega n} \right]_{0}^{\pi} \right\} \quad \cdots\cdots\cdots\cdots \text{(II-7-96)}$$

$$= \frac{1}{2n\pi} \{ 2 - (e^{jn\pi} + e^{-jn\pi}) \} \quad \cdots\cdots\cdots\cdots \text{(II-7-97)}$$

$$= \frac{1}{2n\pi} (2 - 2\cos n\pi) \quad \cdots\cdots\cdots\cdots\cdots \text{(II-7-98)}$$

$$= \frac{1}{n\pi} (1 - \cos n\pi) \quad \cdots\cdots\cdots\cdots\cdots \text{(II-7-99)}$$

ここで、

$$\sin^2 x = \frac{1 - \cos 2x}{2}$$

の関係を思い出すと、

$$h_n^H = \frac{2}{n\pi} \cdot \frac{1 - \cos n\pi}{2} \quad \cdots\cdots\cdots\cdots\cdots\cdots\cdots \text{(II-7-100)}$$

$$= \frac{2}{n\pi} \sin^2 \frac{n\pi}{2} \quad \cdots\cdots\cdots\cdots\cdots\cdots\cdots\cdots \text{(II-7-101)}$$

− 117 −

が導出できる。h_n^H は $n<0$ に対しても定義されるため、ヒルベルト変換器は因果性を満たさない。

ロピタルの定理を用いると、$n=0$ のとき $h_0^H=0$ が導出できる。さらに、$\sin^2 n\pi/2 \geq 0, n \neq 0$ であるため、$n>0$ では $h_n^H \geq 0$、$n<0$ では $h_n^H \leq 0$ である。また、$|h_n^H|=|h_{-n}^H|$ であるため、図II-7-28に示すように、ヒルベルト変換器は $n=0$ を中心として奇対称インパルス応答を有する。したがって、FIRフィルタで構成すれば直線位相特性となる。h_n^H の振幅特性 $|H^H(\omega)|$ は

$$|H^H(\omega)| = 1 \quad \cdots\cdots\cdots\cdots\cdots\cdots\cdots\cdots\cdots\cdots\cdots\cdots\cdots (\text{II-7-102})$$

である。図II-7-29に $n:[-10,10]$ の h_n^H を用いた振幅特性、図II-7-30に $n:[-50,50]$ の h_n^H を用いた振幅特性、図II-7-31に $n:[-10,10]$ の h_n^H を用いた振幅特性を示す。これらの特性より、n の増加に伴い振幅特性が1に近づく反面、n に関係なく、$\omega=0, \pi$ 付近の誤差が大きいことがわかる。これはフィルタ設計における問題点の1つである。

詳細はIII章で述べるが、h_n^H のような因果性を満たさないインパルス応答に対しては、フーリエ変換法や窓関数を用いて因果性を満たす有限長インパルス応答で近似する。フィルタ次数 N が偶数の場合、図II-7-32に示す構成で解析信号を生成できる。ここで、$\tilde{h}_n^H$ は h_n^H の直線位相特性

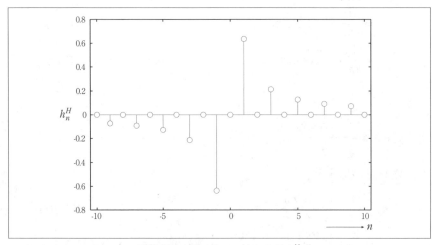

〔図II-7-28〕$n:[-10,10]$ の h_n^H

をもつ近似フィルタ、$z^{-N/2}$ は直線位相フィルタによる群遅延を保証する遅延器である。

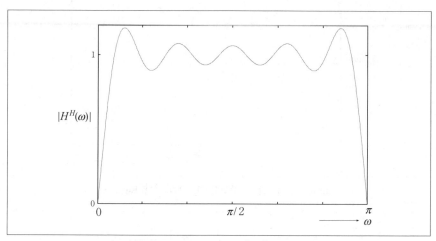

〔図 II-7-29〕$n:[-10,10]$ の h_n^H の振幅特性

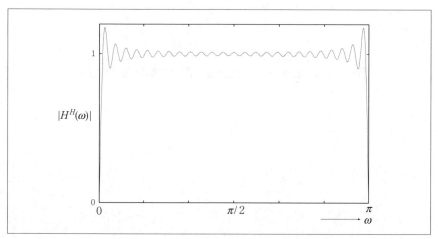

〔図 II-7-30〕$n:[-50,50]$ の h_n^H の振幅特性

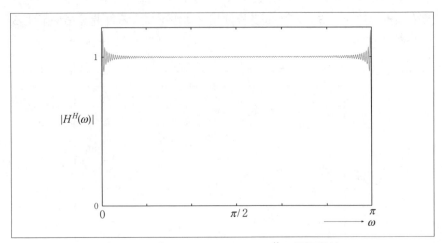

〔図 II-7-31〕$n:[-250,250]$ の h_n^H の振幅特性

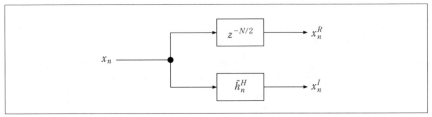

〔図 II-7-32〕ヒルベルト変換器を用いた解析信号の生成

Ⅱ－8 IIRフィルタ

本節では、IIRフィルタの回路構成と特徴的なIIRフィルタである全域通過フィルタ、ノッチフィルタについて述べる。

Ⅱ－8－1 IIRフィルタの回路構成

IIRフィルタの入出力関係は、(II-6-1) 式の通り

$$y_n = -\sum_{k=1}^{M} b_k y_{n-k} + \sum_{k=0}^{N} a_k x_{n-k}$$

で表される。ここで、a_k、b_k はフィルタ係数である。伝達関数 $H(z)$ を次式のように表わそう。

$$H(z) = \frac{\displaystyle\sum_{k=0}^{N} a_k z^{-k}}{1 + \displaystyle\sum_{k=1}^{M} b_k z^{-k}} \qquad \cdots\cdots\cdots\cdots\cdots\cdots (\text{II-8-1})$$

$$= H_1(z)\, H_2(z) \qquad \cdots\cdots\cdots\cdots\cdots\cdots\cdots (\text{II-8-2})$$

ここで、

$$H_1(z) = \sum_{k=0}^{M} a_k z^{-k} \qquad \cdots\cdots\cdots\cdots\cdots\cdots\cdots (\text{II-8-3})$$

$$H_2(z) = \frac{1}{1 + \displaystyle\sum_{k=1}^{M} b_k z^{-k}} \qquad \cdots\cdots\cdots\cdots\cdots\cdots (\text{II-8-4})$$

とおいた。$H_1(z)$ は FIR フィルタと同様にフィードフォワード回路、$H_2(z)$ はフィードバック回路の伝達関数を表している。$H(z)$ は $H_1(z)$ と $H_2(z)$ の積であるため、2つの回路の縦続接続となる。

Ⅱ－8－1－1 直接型構成

図 II-8-1 に2つの回路の縦続接続をそのまま構成した回路を示す。これを直接型構成 I と呼ぶことにする。(II-8-2) 式より、$H_1(z)$ と $H_2(z)$ の順番を入れ替えても $H(z)$ は同じであるため、図 II-8-2 に図 II-8-1 のフィードフォワード回路とフィードバック回路の順番を入れ替えた回路を示

す。これを直接型構成 II と呼ぶことにする。

　通常、加算器は 2 入力 1 出力で実現されるが、多入力加算器が利用可能であれば、図 II-8-1 の加算器を 1 つにまとめ、図 II-8-3 のように構成

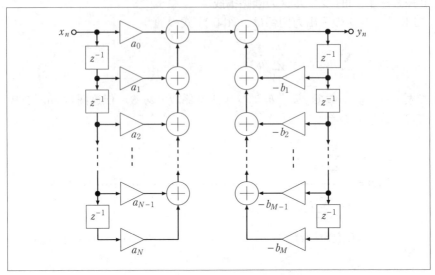

〔図 II-8-1〕IIR フィルタの直接型構成 I

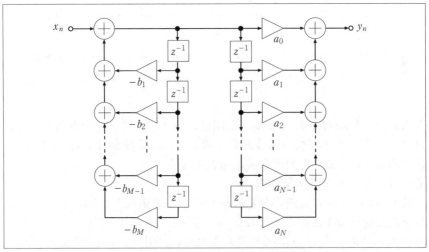

〔図 II-8-2〕IIR フィルタの直接型構成 II

できる。同様に、図 II-8-2 の遅延器の入力はフィードフォワード回路、フィードバック回路ともに同一の信号であるため、共有可能であり、図 II-8-4 のようにまとめることができる。遅延器の実体はメモリであり、

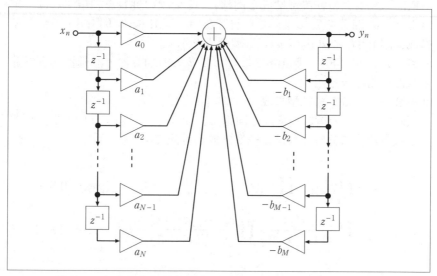

〔図 II-8-3〕多入力加算器を有する IIR フィルタの直接型構成 I

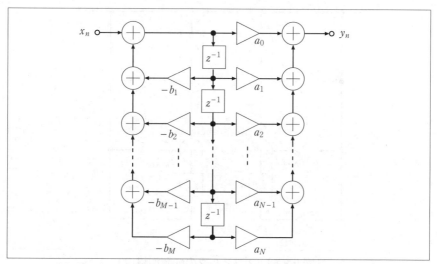

〔図 II-8-4〕遅延器共有型の IIR フィルタの直接型構成 II($N=M$)

内部にフリップフロップを多数含むため、遅延器共有による遅延器数削減は魅力的である。

Ⅱ-8-1-2　転置型構成

FIRフィルタの転置型構成と同様に、z変換の性質を利用すれば、乗算と遅延の順番を入れ替えても問題ない。図Ⅱ-8-5に図Ⅱ-8-1の転置型構成、図Ⅱ-8-6に図Ⅱ-8-2の転置型構成を示す。

さらに、図Ⅱ-8-7に図Ⅱ-8-5に対して多入力加算器と遅延器共有を適用した回路構成を示す。

Ⅱ-8-1-3　縦続型構成

FIRフィルタの縦続型構成と同様に、$H(z)$を次式のように1次多項式と2次多項式に分解すれば縦続型構成が可能である。

$$H(z) = \prod_{n=1}^{N_1} H_n'(z) \cdot \prod_{n=1}^{N_2} H_n''(z) \qquad \cdots\cdots (\text{Ⅱ-8-5})$$

$$= \prod_{n=1}^{N_1} \frac{c_{n0}' + c_{n1}' z^{-1}}{1 + d_{n1}' z^{-1}} \cdot \prod_{n=1}^{N_2} \frac{c_{n0}'' + c_{n1}'' z^{-1} + c_{n2}'' z^{-2}}{1 + d_{n1}'' z^{-1} + d_{n2}'' z^{-2}} \qquad \cdots\cdots (\text{Ⅱ-8-6})$$

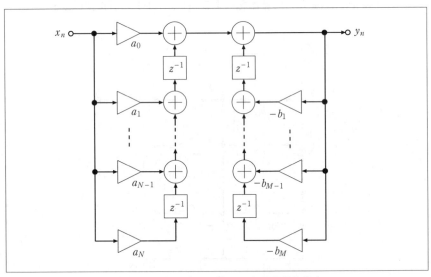

〔図Ⅱ-8-5〕IIRフィルタの転置型構成Ⅰ

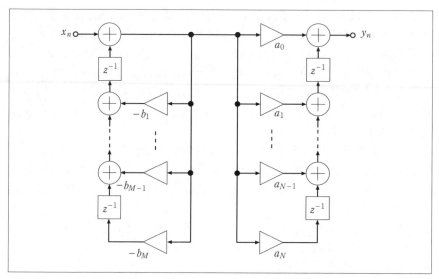

〔図 II-8-6〕IIR フィルタの転置型構成 II

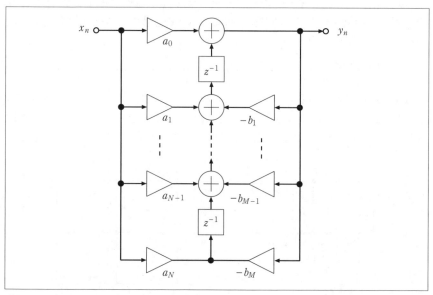

〔図 II-8-7〕多入力加算器を有する遅延器共有型 IIR フィルタの転置型構成 I(*N=M*)

ここで、N_1 は $H(z)$ に含まれる1次回路の個数、N_2 は $H(z)$ に含まれる2次回路の個数を示す。また、分母多項式はフィードバック回路であることを考慮して、$z_0\,(=1)$ の係数が1であることに注意が必要である。1次回路は実根の極、零点をもつ回路、2次回路は複素共役の極、零点をもつ回路に相当する。図II-8-8 (a) に1次回路、図II-8-8 (b) に2次回路を示す。$H(z)$ を (II-8-6) 式のように分解できれば、図II-7-4 のように縦続接続で構成できる。

4次以上の多項式の根を求めるには何らかの数値計算が必要であるため、高次数になるほど誤差が大きくなる。ディジタルフィルタの実装時のリソース制限のため、a_k や b_k が有限語長で表されている場合は、誤差に与える影響が大きい。特に、最大極半径が1に近い場合は、数値誤差のために最大極が単位円外に出て、不安定動作を招く場合がある。そのため、実用上は縦続型構成のように実係数として実現可能な最小の次数の回路に分解する構成が望ましい。

II-8-2　全域通過フィルタ

全域通過フィルタ（オールパスフィルタ）は、IIR フィルタ固有の特性の全域通過特性を有する回路である。全域通過フィルタは周波数特性 $H(\omega)$ に対して、

$$|H(\omega)| = 1 \quad \cdots\cdots\cdots\cdots\cdots\cdots\cdots\cdots\cdots\cdots\cdots\cdots\text{(II-8-7)}$$

が成立する回路である。すなわち、周波数に無関係に常に振幅特性が1で、位相特性 $\angle H(\omega)$ のみが周波数に依存して決まる。一見、周波数選択型フィルタとしては全く意味のない特性のように思われるが、IIR フ

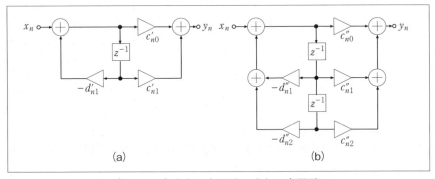

〔図II-8-8〕(a) 1次回路、(b) 2次回路

ィルタでは直線位相特性が実現できないため、信号が IIR フィルタを通過後位相が変動し、波形が保存されない。そのため、振幅に対しては一切変更を加えずに変動した位相のみを修正するような全域通過フィルタによる位相補正が有効である。

Ⅱ－8－2－1　全域通過特性の定義

IIR フィルタの分母多項式 $D(z)$ の周波数特性 $D(\omega)$ は、

$$D(\omega) = 1 + b_1 e^{-j\omega} + \cdots + b_M e^{-jM\omega} \quad \cdots\cdots (\text{II-8-8})$$

である。$D(\omega)$ に対して、$D(-\omega)$ を求めると、

$$D(-\omega) = 1 + b_1 e^{j\omega} + \cdots + b_M e^{jM\omega} \quad \cdots\cdots (\text{II-8-9})$$

となる。$D(-\omega)$ は $D(\omega)$ の複素共役であるため、

$$|D(\omega)| = |D(-\omega)| \quad \cdots\cdots (\text{II-8-10})$$
$$\angle D(\omega) = -\angle D(-\omega) \quad \cdots\cdots (\text{II-8-11})$$

が成立する。

この点に着目し、図 II-8-9 に示すように、分子多項式 $C(z)$ の周波数特性 $C(\omega)$ を

$$C(\omega) = D(-\omega) \quad \cdots\cdots (\text{II-8-12})$$

と選べば、$|H(\omega)| = |C(\omega)|/|D(\omega)|$ は ω に関係なく 1 になる。そのため、$D(z)$ に対して

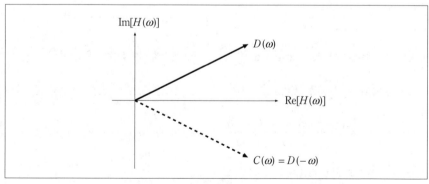

〔図 II-8-9〕全域通過フィルタの考え方

$$z \to z^{-1} \quad \cdots\cdots\cdots\cdots\cdots\cdots\cdots\cdots\cdots\cdots\cdots \text{(II-8-13)}$$

と置き換える。そのとき、$z=e^{j\omega}$ は ω の増加にともない、半時計回りに回転するのに対し、$z^{-1}=e^{-j\omega}$ は時計回りに同じだけ回転し、図 II-8-9 に示す通りとなる。ただし、単純に $z \to z^{-1}$ と置き換えた場合、例えば $1+z^{-1}+z^{-2}$ のような多項式は $1+z+z^2$ となり、$H(z)$ の因果性が損なわれる。

そこで、因果性を保証するための補正項として z^{-M} を乗じ、分子多項式 $C(z)$ を

$$C(z) = z^{-M}D(z^{-1}) \quad \cdots\cdots\cdots\cdots\cdots\cdots\cdots\cdots \text{(II-8-14)}$$

と定義し、伝達関数 $H(z)$ を

$$H(z) = \frac{z^{-M}D(z^{-1})}{D(z)} \quad \cdots\cdots\cdots\cdots\cdots\cdots\cdots\cdots \text{(II-8-15)}$$

と定める。位相特性は

$$\angle H(\omega) = -M\omega + 2\angle D(\omega) \quad \cdots\cdots\cdots\cdots\cdots\cdots \text{(II-8-16)}$$

となる。

II-8-2-2　1次全域通過フィルタ

$M=1$ の場合について考えよう。$H(z)$ は

$$H(z) = \frac{z^{-1}(1+b_1 z)}{1+b_1 z^{-1}} \quad \cdots\cdots\cdots\cdots\cdots\cdots\cdots \text{(II-8-17)}$$

$$= \frac{z^{-1}+b_1}{1+b_1 z^{-1}} \quad \cdots\cdots\cdots\cdots\cdots\cdots\cdots\cdots \text{(II-8-18)}$$

となる。(II-8-17) 式に $z=e^{j\omega}$ を代入し、周波数特性 $H(\omega)$ を求めると

$$H(\omega) = e^{-j\omega}\frac{1+b_1 e^{j\omega}}{1+b_1 e^{-j\omega}} \quad \cdots\cdots\cdots\cdots\cdots\cdots \text{(II-8-19)}$$

$$= \frac{(1+b_1\cos\omega)+jb_1\sin\omega}{(1+b_1\cos\omega)-jb_1\sin\omega} \quad \cdots\cdots\cdots\cdots\cdots \text{(II-8-20)}$$

となり、振幅特性 $|H(\omega)|$ は次式となる。

$$|H(\omega)| = |e^{-j\omega}| \cdot \frac{\sqrt{(1+b_1\cos\omega)^2 + b_1^2\sin^2\omega}}{\sqrt{(1+b_1\cos\omega)^2 + b_1^2\sin^2\omega}} \quad \cdots\cdots\cdots\cdots \text{(II-8-21)}$$

$$= 1 \quad \cdots\cdots\cdots\cdots \text{(II-8-22)}$$

位相特性 $\angle H(\omega)$ は

$$\angle H(\omega) = \angle e^{-j\omega} + \angle(1+b_1 e^{j\omega}) - \angle(1+b_1 e^{-j\omega}) \quad \cdots\cdots \text{(II-8-23)}$$

$$= -\omega + 2\tan^{-1}\frac{b_1\sin\omega}{1+b_1\cos\omega} \quad \cdots\cdots \text{(II-8-24)}$$

となる。

全域通過特性を幾何学的に解釈するために、(II-8-18) 式を次式のように変形しよう。

$$H(z) = b_1 \frac{1+z^{-1}/b_1}{1+b_1 z^{-1}} \quad \cdots\cdots\cdots\cdots\cdots\cdots\cdots \text{(II-8-25)}$$

上式より、$H(z)$ の極 d、零点 c が次式のような鏡像関係にあることは明らかである。

$$d = -b_1 \quad \cdots\cdots\cdots\cdots\cdots\cdots\cdots\cdots\cdots\cdots\cdots\cdots \text{(II-8-26)}$$

$$c = -\frac{1}{b_1} \quad \cdots\cdots\cdots\cdots\cdots\cdots\cdots\cdots\cdots\cdots\cdots \text{(II-8-27)}$$

b_1 は安定性のため $|b_1| < 1$ である必要があるため、$|1/b_1| > 1$ となる。幾何学的解釈での振幅特性 $|H(\omega)|$ は

$$|H(\omega)| = \frac{|e^{j\omega} - c|}{|e^{j\omega} - d|} \quad \cdots\cdots\cdots\cdots\cdots\cdots\cdots\cdots\cdots \text{(II-8-28)}$$

のように極ならびに零点から $e^{j\omega}$ までの距離の比となり、それが常に 1 であれば全域通過特性となる。それを確かめるために、(II-8-25) 式に基づいて $|H(\omega)|$ を計算すると、

– 129 –

$$|H(\omega)| = b_1 \cdot \frac{\left|e^{j\omega} + \dfrac{1}{b_1}\right|}{|e^{j\omega} + b_1|} \quad \cdots\cdots\cdots\cdots\cdots\cdots\cdots\cdots\cdots\cdots\cdots \text{(II-8-29)}$$

$$= \frac{|b_1 e^{j\omega} + 1|}{|e^{j\omega} + b_1|} \quad \cdots\cdots\cdots\cdots\cdots\cdots\cdots\cdots\cdots\cdots\cdots \text{(II-8-30)}$$

$$= \frac{|1 - (-b_1 e^{j\omega})|}{|e^{j\omega} - (-b_1)|} \quad \cdots\cdots\cdots\cdots\cdots\cdots\cdots\cdots\cdots\cdots\cdots \text{(II-8-31)}$$

$$= \frac{|1 - \alpha e^{j\omega}|}{|e^{j\omega} - \alpha|} \quad \cdots\cdots\cdots\cdots\cdots\cdots\cdots\cdots\cdots\cdots\cdots \text{(II-8-32)}$$

ここで、$\alpha = -b_1$ とおいた。安定性を保証するため、$|\alpha| < 1$ である。上式の分母は $e^{j\omega}$ と α との距離を測っており、分子は $\alpha e^{j\omega}$ と1との距離を測っている。図II-8-10に示すように、定数 α から半径1の $e^{j\omega}$ を眺めても、半径 α の $\alpha e^{j\omega}$ から定数1をながめても距離は同じである。したがって、どの ω に対しても分母と分子は同じであるため、$|H(\omega)| = 1$ となる。

II-8-2-3　2次全域通過フィルタ

$M = 2$ の場合について考えよう。$H(z)$ は

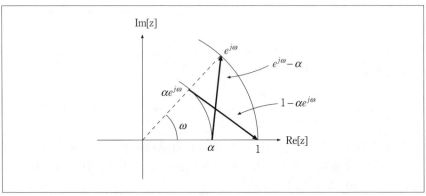

〔図II-8-10〕全域通過特性の考え方

$$H(z) = \frac{z^{-2}(1+b_1 z+b_2 z^2)}{1+b_1 z^{-1}+b_2 z^{-2}} \quad \cdots\cdots\cdots\cdots\cdots\cdots\cdots \text{(II-8-33)}$$

$$= \frac{z^{-2}+b_1 z^{-1}+b_2}{1+b_1 z^{-1}+b_2 z^{-2}} \quad \cdots\cdots\cdots\cdots\cdots\cdots\cdots \text{(II-8-34)}$$

となる。(II-8-33) 式に $z=e^{j\omega}$ を代入し、$H(\omega)$ を求めると次式となる。

$$\begin{aligned}H(\omega) &= e^{-j2\omega}\frac{1+b_1 e^{j\omega}+b_2 e^{j2\omega}}{1+b_1 e^{-j\omega}+b_2 e^{-j2\omega}}\\&= e^{-j2\omega}\frac{(1+b_1\cos\omega+b_2\cos2\omega)+j(b_1\sin\omega+b_2\sin2\omega)}{(1+b_1\cos\omega+b_2\cos2\omega)-j(b_1\sin\omega+b_2\sin2\omega)}\end{aligned} \quad \text{(II-8-35)}$$

上式も分子と分母が複素共役の関係にあるため、

$$|H(\omega)| = 1 \quad \cdots\cdots\cdots\cdots\cdots\cdots\cdots\cdots\cdots \text{(II-8-36)}$$

が成立し、全域通過特性となる。位相特性 $\angle H(\omega)$ は

$$\angle H(\omega) = -2\omega+\tan^{-1}\frac{b_1\sin\omega+b_2\sin2\omega}{1+b_1\cos\omega+b_2\cos2\omega} \quad \cdots\cdots\cdots \text{(II-8-37)}$$

となる。(II-8-33) 式は、分母多項式、分子多項式ともに複素共役根をもつため、2 つの 1 次回路の伝達関数の和に分解できる。したがって、極・零点を用いた幾何学的な解析も前節と同様に行なうことができる。

例として、極が $d_1, d_2 = 0.8e^{\pm j\pi/3}$ の 2 次全域通過フィルタを考えよう。分母多項式は

$$(1-0.8e^{j\pi/3}z^{-1})(1-0.8e^{-j\pi/3}z^{-1})=1-0.8z^{-1}+0.64z^{-2}$$

となるため、$H(z)$ は

$$H(z) = \frac{0.64-0.8z^{-1}+z^{-2}}{1-0.8z^{-1}+0.64z^{-2}} \quad \cdots\cdots\cdots\cdots\cdots\cdots\cdots \text{(II-8-38)}$$

となる。零点を求めると、

$$c_1, c_2 = 1.25e^{\pm j\pi/3} \quad \cdots\cdots\cdots\cdots\cdots\cdots\cdots\cdots\cdots \text{(II-8-39)}$$

となり、極と鏡像関係にあることがわかる。図 II-8-11 に (II-8-38) 式の

分子多項式 $C(z)$ の振幅特性 $|C(\omega)|$、図 II-8-12 に (II-8-38) 式の分母多項式 $1/D(z)$ の振幅特性 $1/|D(\omega)|$ を示す。図 II-8-12 に示すように、$\omega=\pi/3$ で極に近づくと、$1/|D(\omega)|$ はピーク特性を形成するが、図 II-8-11 に示すように、同じ $\omega=\pi/3$ で零点に近づくため、$|H(\omega)|$ が 1 になるようにピークを抑圧していることが確認できる。同様に、$\omega=\pi$ 付近では極・零点から $e^{j\omega}$ までの距離が大きくなるため、$|C(\omega)|$ が大きくなるが、

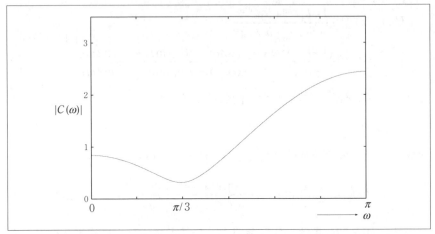

〔図 II-8-11〕(II-8-38) 式の分子多項式 $C(z)$ の振幅特性 $|C(\omega)|$

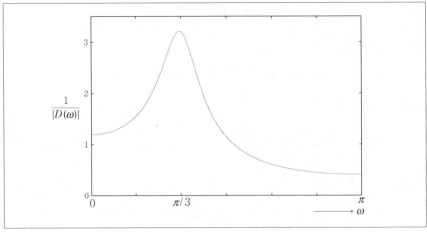

〔図 II-8-12〕(II-8-38) 式の分母多項式 $1/D(z)$ の振幅特性 $1/|D(\omega)|$

$1/|D(\omega)|$ は逆に小さくなり、$|H(\omega)|$ が 1 になるように振幅を抑圧していることが確認できる。

$M \geq 3$ の場合は縦続型構成を用いれば、$M=1$ と $M=2$ の組み合わせで $H(z)$ が構成可能である。$b_0=1$ とおいて、任意の M に対する全域通過特性は次式となる。

$$H(z) = z^{-M} \frac{\displaystyle\sum_{k=0}^{M} b_k z^k}{\displaystyle\sum_{k=0}^{M} b_k z^{-k}} \qquad \cdots\cdots\cdots\cdots\cdots \text{(II-8-40)}$$

$$|H(\omega)| = 1 \qquad \cdots\cdots\cdots\cdots\cdots \text{(II-8-41)}$$

$$\angle H(\omega) = -M\omega + 2\tan^{-1} \frac{\displaystyle\sum_{k=0}^{M} b_k \sin k\omega}{\displaystyle\sum_{k=0}^{M} b_k \cos k\omega} \qquad \cdots\cdots\cdots\cdots\cdots \text{(II-8-42)}$$

II−8−3　ノッチフィルタ

センサで採取する信号には、特定の周波数に強いパワーを有するノイズが重畳している場合がある。例えば、装置を駆動するために家庭用電源コンセントに接続した場合、単一周波数の電源周波数と測定周波数帯域が重畳、もしくは近接している場合、電源電圧がノイズとみなされる。画像計測でも、照明からの強い光が単一周波数のノイズとしてカメラに混入する場合がある。ノッチフィルタ（notch filter）は、特定の周波数の信号成分のみを選択的に抑圧する IIR フィルタである。抑圧したい周波数をノッチ周波数（notch frequency）という。

ノッチ周波数での抑圧は、同時にそれ以外の周波数のゲインは一定に保つという条件を伴っている。前節の全域通過フィルタは全帯域でゲインが 1 であった。したがって、全域通過フィルタに手を加えて、ノッチ周波数のゲインを 0 にすればよい。これは、ゲイン一定の振幅特性に対し、ノッチ周波数にのみ「切り込み」（ノッチ）を入れることに相当する。

全域通過フィルタの条件は、極と零点が鏡像関係にあればよかった。すなわち、極が $d=re^{j\theta}$ のとき、零点は $c=(1/r)e^{-j\theta}$ となる。安定性保証

■ II. ディジタルフィルタの原理

のためには極は単位円内部に存在する必要があるため、零点は単位円外に存在する。2次回路の場合は、極も零点も複素共役になるため、$d = re^{j\theta}$ と同じ θ 方向に零点 $c = (1/r)e^{j\theta}$ が存在する。すなわち、極と零点の z 平面上での角度が同一であれば、一定の振幅特性が保たれるという点に注目し、零点の大きさのみ変更することを考えよう。

ノッチ周波数 ω_0 のゲインを0にするためには、単位円上に零点を配置すればよい。すなわち、

$$c_1, c_2 = e^{\pm j\omega_0} \quad\cdots\cdots\cdots\cdots\cdots\cdots\cdots\cdots\cdots\cdots\cdots\cdots \text{(II-8-43)}$$

であればよい。全域通過フィルタでは、単位円上の零点は単位円上の極の存在を要請するため、そのまま当てはめることはできない。そこで、上述の通り、極は単位円内部においたまま、本来単位円外に存在している零点を単位円上に移動する。そのため、(II-8-34) 式の分子多項式を

$$\begin{aligned}(1 - e^{j\omega_0}z^{-1})(1 - e^{-j\omega_0}z^{-1}) &= 1 - (e^{j\omega_0} + e^{-j\omega_0})z^{-1} + z^{-2} \\ &= 1 - 2\cos\omega_0 z^{-1} + z^{-2}\end{aligned}$$

と変更する。同様に、分母多項式も極半径 $r<1$ を考慮して

$$(1 - re^{j\omega_0}z^{-1})(1 - re^{-j\omega_0}z^{-1}) = 1 - 2r\cos\omega_0 z^{-1} + r^2 z^{-2}$$

と変更する。これらの変更によって伝達関数 $H(z)$ は

$$H(z) = \frac{1 - 2\cos\omega_0 z^{-1} + z^{-2}}{1 - 2r\cos\omega_0 z^{-1} + r^2 z^{-2}} \quad\cdots\cdots\cdots\cdots\cdots\cdots \text{(II-8-44)}$$

と変更される。上式は ω_0 でゲインが0になる。しかしながら、$\omega = 0$、すなわち $z=1$ のとき

$$\beta = H(1) = \frac{2 - 2\cos\omega_0}{1 - 2r\cos\omega_0 + r^2} \quad\cdots\cdots\cdots\cdots\cdots\cdots \text{(II-8-45)}$$

であるため、ゲインを補正し、ノッチフィルタの伝達関数 $H(z)$ を

$$H(z) = \frac{1}{\beta} \cdot \frac{1 - 2\cos\omega_0 z^{-1} + z^{-2}}{1 - 2r\cos\omega_0 z^{-1} + r^2 z^{-2}} \quad\cdots\cdots\cdots\cdots \text{(II-8-46)}$$

と定義する。$\omega_0 = \pi/2$ の特別な場合、$\cos\omega_0 = 0$ であり、

$$\beta = \frac{2}{1+r^2} \quad \cdots\cdots\cdots\cdots\cdots\cdots\cdots\cdots\cdots\cdots\cdots\cdots (\text{II-8-47})$$

となるため、(II-8-46) 式は

$$H(z) = \frac{1+r^2}{2} \cdot \frac{1+z^{-2}}{1+r^2 z^{-2}} \quad \cdots\cdots\cdots\cdots\cdots\cdots\cdots\cdots (\text{II-8-48})$$

となる。

　図 II-8-13 に $r=0.7$、$\omega_0=\pi/2$ の場合の $|H(\omega)|$、図 II-8-14 に $r=0.9$、$\omega_0=\pi/2$ の場合の $|H(\omega)|$、図 II-8-15 に $r=0.98$、$\omega_0=\pi/2$ の場合の $|H(\omega)|$ を示す。これらの振幅特性より、r が大きいほうがノッチ周波数付近における減衰特性が急峻である。r が大きい場合は、極が単位円付近にあるため、図 II-8-16 に示すように $1/|D(\omega)|$ はノッチ周波数付近で急峻なピーク特性を形成しようとするが、図 II-8-17 に示すように単位円上の零点の存在によって強制的に 0 に落とされるため、減衰特性が急峻になる。一方、r が小さい場合は、極によるピーク特性がもともと緩やかであるため、減衰特性も緩やかとなる。したがって、ノッチ周波数成分をピンポイントで除去したい場合は、r を 1 に近い値に設定することが望ましい。しかし、実装時のフィルタ係数の量子化により極が単位円外に出て、

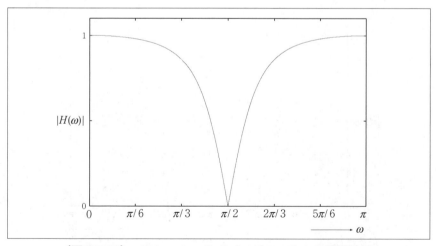

〔図 II-8-13〕$r=0.7$、$\omega_0=\pi/2$ のノッチフィルタの振幅特性

■ Ⅱ. ディジタルフィルタの原理

フィルタの不安定動作の原因となる場合があるため、注意を要する。

図Ⅱ-8-18 に $r=0.98$、$\omega_0=\pi/6$ の場合の $|H(\omega)|$、図Ⅱ-8-19 に $r=0.98$、$\omega_0=\pi/3$ の場合の $|H(\omega)|$、図Ⅱ-8-20 に $r=0.98$、$\omega_0=2\pi/3$ の場合の $|H(\omega)|$、図Ⅱ-8-21 に $r=0.98$、$\omega_0=5\pi/6$ の場合の $|H(\omega)|$ を示す。ω_0 の異なるノッチフィルタを縦続接続すると、伝達関数は乗算となるため、

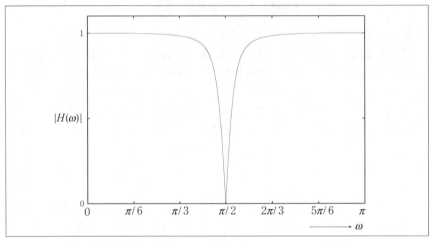

〔図Ⅱ-8-14〕$r=0.9$、$\omega_0=\pi/2$ のノッチフィルタの振幅特性

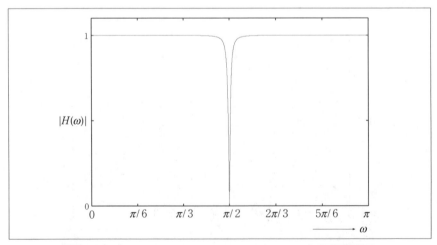

〔図Ⅱ-8-15〕$r=0.98$、$\omega_0=\pi/2$ のノッチフィルタの振幅特性

図 II-8-22 に示すような複数のノッチ周波数を有するノッチフィルタを容易に構成することができる。音声信号パワーの大部分を占める母音部分は近似的に周期信号とみなしうるため、そのスペクトルは調波構造を有する。そのため、ノッチフィルタはマイクロホンに混入した不要な音声信号の除去等に効果的である。

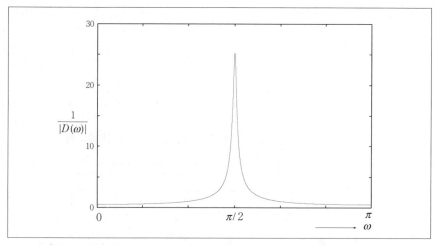

〔図 II-8-16〕(II-8-46) 式の分母多項式 $1/D(z)$ の振幅特性 $1/|D(\omega)|$

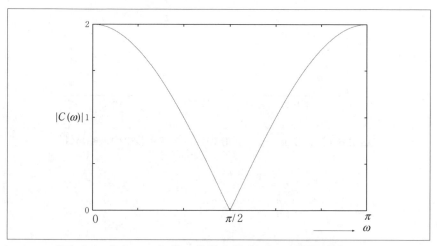

〔図 II-8-17〕(II-8-46) 式の分子多項式 $C(z)$ の振幅特性 $|C(\omega)|$

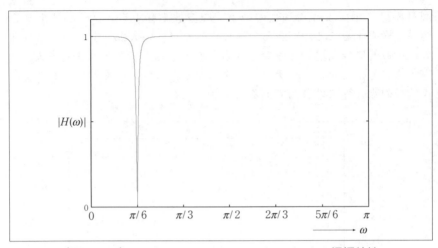

〔図 II-8-18〕$r=0.98$、$\omega_0=\pi/6$ のノッチフィルタの振幅特性

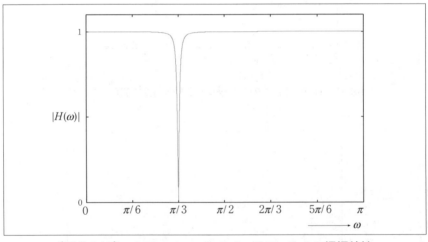

〔図 II-8-19〕$r=0.98$、$\omega_0=\pi/3$ のノッチフィルタの振幅特性

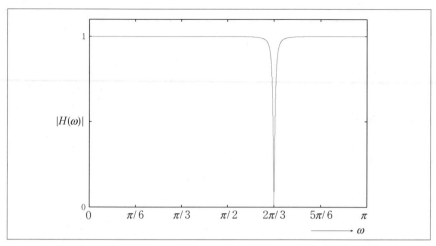

〔図 II-8-20〕$r=0.98$、$\omega_0=2\pi/3$ のノッチフィルタの振幅特性

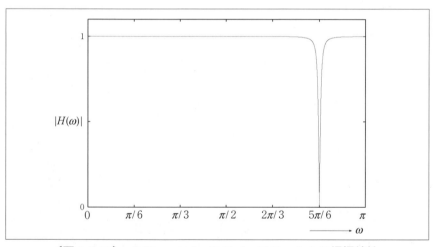

〔図 II-8-21〕$r=0.98$、$\omega_0=5\pi/6$ のノッチフィルタの振幅特性

■ II. ディジタルフィルタの原理

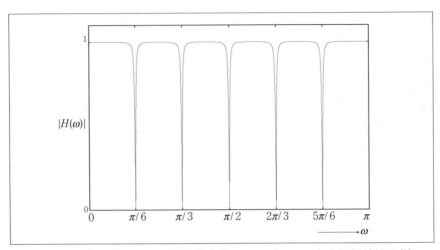

〔図 II-8-22〕複数のノッチ周波数をもつノッチフィルタの振幅特性の例

III.

FIRフィルタの設計

III

Ⅲ－1　FIR フィルタ設計法の概要

Ⅲ－1－1　FIR フィルタ設計問題

FIR フィルタの入出力関係は

$$y_n = \sum_{k=0}^{N} h_k x_{n-k} \quad \cdots\cdots\cdots\cdots\cdots\cdots\cdots\cdots\cdots\cdots\cdots \text{(Ⅲ-1-1)}$$

と表された。伝達関数 $H(z)$ は

$$H(z) = \sum_{k=0}^{N} h_k z^{-k} \quad \cdots\cdots\cdots\cdots\cdots\cdots\cdots\cdots\cdots\cdots \text{(Ⅲ-1-2)}$$

となる。$h_k, k=0,1,\cdots,N$ は FIR フィルタのインパルス応答であるが、回路構成に直接型構成や転置型構成を用いたとき、乗算器係数そのものとなるため、フィルタ係数と呼んだ。

　理想低域通過フィルタのインパルス応答は無限長で因果性を満たさないため、h_k の決定に直ちに用いることはできない。そのため、FIR フィルタ設計問題は理想低域通過フィルタの特性を近似する h_k を求める問題となる。なお、II-6-3 節で述べた通り、低域通過フィルタが設計できれば、高域通過フィルタや帯域通過・除去フィルタの設計が可能である。また、任意の特性をもつフィルタについても、本章の後半で述べる手法を用いれば容易に設計可能である。

Ⅲ－1－2　FIR フィルタ設計の方針

本書で紹介する h_k の決定方針は主につぎの2点である。

方針1　理想低域通過フィルタのインパルス応答に基づいて、有限長ならびに因果性を満たすように近似（時間領域設計）
方針2　近似目標となる特性に対し、何らかの近似基準を設定し、その近似基準のもとで近似の度合いを測る評価関数値を最小化（または最大化）するように近似（周波数領域設計）

　方針1に基づく設計法は III-2 節のフーリエ変換法、III-3 節の窓関数法が相当し、方針2に基づく設計法は III-4 節の最小2乗法、III-5 節の等リプル近似設計法が相当する。

　方針1に基づく設計法では、元になるインパルス応答が与えられてい

－ 143 －

るため、設計の際に周波数特性を持ち出す必要はないが、手法の性質上、「偶数次・偶対称インパルス応答」をもつ直線位相 FIR フィルタのフィルタ係数 $h_k, k=0,1,\cdots,N$ を設計対象とする。

一方、方針 2 に基づく設計法では、設計のために周波数特性を直接利用する。その際、FIR フィルタで生じる群遅延の大きさを問わない応用では、直線位相 FIR フィルタを設計対象にすれば、振幅特性のみの近似で設計が完了する。そのため、III-2 節 〜 III-5 節では直線位相 FIR フィルタの設計に焦点をあてる。直線位相 FIR フィルタは、次数とインパルス応答の対称性によって 4 つのパターンに分類できたが、設計特性に制限のない「偶数次・偶対称インパルス応答」をもつ直線位相 FIR フィルタの振幅特性を設計対象とし、周波数特性 $H(\omega)$ を

$$H(\omega) = \sum_{m=0}^{M} a_m \cos m\omega \quad\cdots\cdots\cdots\cdots\cdots\cdots\cdots\cdots\cdots \text{(III-1-3)}$$

と表記する。ここで、$M=N/2$、$a_0=h_N/2$、$a_m=2h_N/2_{-m}$ であり、設計では $a_m, m=0,1,\cdots,M$ をフィルタ係数と呼ぶことにする。位相特性は

$$\angle H(\omega) = -\frac{N}{2}\omega \quad\cdots\cdots\cdots\cdots\cdots\cdots\cdots\cdots\cdots \text{(III-1-4)}$$

であり、N を指定すれば自動的に決定されるため、設計対象外とする。そのとき、理想低域通過特性 $H_{id}(\omega)$ は位相を考慮せず

$$H_{id}(\omega) = \begin{cases} 1 & \omega \in \Omega_p \\ 0 & \omega \in \Omega_s \end{cases} \quad\cdots\cdots\cdots\cdots\cdots\cdots\cdots \text{(III-1-5)}$$

と定める。Ω_p は信号が通過する周波数帯域、Ω_s は信号を除去する周波数帯域を示す。II-6-3 節では、$\Omega_p=[0,\omega_c)$、$\Omega_s=(\omega_c,\pi]$ と設定した。

通信システムなど FIR フィルタで生じる群遅延が問題となる応用では、群遅延、すなわち位相特性も考慮する必要がある。III-5-6 節の手法では位相特性も考慮した設計に焦点をあてる。その場合、$H_{id}(\omega)$ は

$$H_{id}(\omega) = \begin{cases} e^{-j\omega\tau_d} & \omega \in \Omega_p \\ 0 & \omega \in \Omega_s \end{cases} \quad\cdots\cdots\cdots\cdots\cdots\cdots \text{(III-1-6)}$$

と定める。ここで、τ_d は設計したい群遅延サンプルである。その場合は、

FIR フィルタの周波数特性も

$$H(\omega) = \sum_{k=0}^{N} h_k e^{-jk\omega}$$ .... （III-1-7）

で表し、振幅特性と位相特性の両方を近似する。

■ Ⅲ. FIRフィルタの設計

Ⅲ-2 フーリエ変換法
Ⅲ-2-1 フーリエ変換法の概要
　フーリエ変換法（Fourier transform method）は理想低域通過フィルタのインパルス応答に対して、有限長インパルス応答制約と因果性制約を課するのみである。シンプルな手法であり、書籍によっては、特に名称が付されていない場合もある。
Ⅲ-2-2 フーリエ変換法による FIR フィルタ設計
Ⅲ-2-2-1 フーリエ変換法の考え方
　理想低域通過フィルタ $H_{id}(\omega)$ のインパルス応答 h_n^{id} は、

$$h_n^{id} = \frac{1}{2\pi} \int_{-\pi}^{\pi} H_{id}(\omega)\, e^{j\omega n} d\omega \quad\cdots\cdots\cdots\cdots\cdots\cdots\cdots\cdots \text{(III-2-1)}$$

$$= \frac{1}{2\pi} \int_{-\omega_c}^{\omega_c} e^{j\omega n} d\omega \quad\cdots\cdots\cdots\cdots\cdots\cdots\cdots \text{(III-2-2)}$$

$$= 2f_c \frac{\sin \omega_c n}{\omega_c n} \quad\cdots\cdots\cdots\cdots\cdots\cdots\cdots \text{(III-2-3)}$$

であった。ここで、$f_c = \omega_c/2\pi$ である。h_n^{id} は図 III-2-1（a）に示すように、無限長かつ因果性を満たさないインパルス応答である。
　フーリエ変換法では、インパルス応答の有限長化のため図 III-2-1（a）に示すように、h_0^{id} を中心に前後 $N/2$ サンプルのインパルス応答列を切り出す。したがって、$h_n^{id}, n>N/2$ および $h_n^{id}, n<-N/2$ は切り捨てる。さらに、因果性を満たすために、図 III-2-1（b）に示すように、切り出した h_n^{id} を $N/2$ だけシフト（遅延）する。最終的に得られる FIR フィルタのフィルタ係数は次式となる。

$$h_n = -h_{n-N/2}^{id}, n = 0, 1, \cdots, N \quad\cdots\cdots\cdots\cdots\cdots\cdots \text{(III-2-4)}$$

ところで、インパルス応答を有限長にするためには、例えば図 III-2-2 に示すように h_n^{id} のどの部分の $N+1$ サンプルをとってもよいはずである。ましてや、最初から $n>0$ の部分の h_n^{id} のみを切り出せば、因果性について考える必要はない。しかしながら、図 III-2-1（a）では h_0^{id} を中心に前後のサンプルを考えた。その結果、h_n^{id} は

$$h_{-n}^{id} = h_n^{id} \quad\cdots\cdots\cdots\cdots\cdots\cdots\cdots\cdots\cdots\cdots\cdots \text{(III-2-5)}$$

が成立した。すなわち、h_0^{id} を中心に偶対称インパルス応答となる。II-7-2 節の直線位相 FIR フィルタの周波数特性の導出を思い出すと、h_n^{id} はインパルス応答の重心が

$$\frac{N}{2}=0 \qquad\qquad\qquad\qquad\qquad\qquad\qquad\text{(III-2-6)}$$

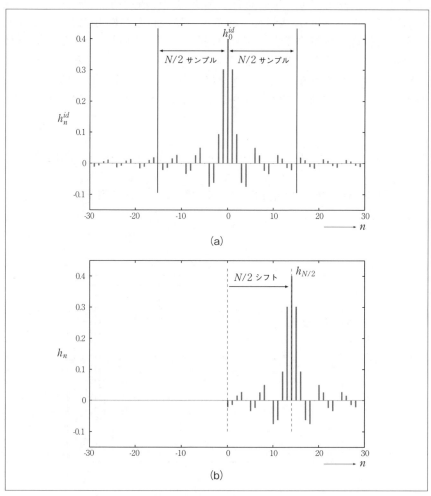

〔図 III-2-1〕フーリエ変換法による FIR フィルタ設計の流れ

の直線位相特性である。そのとき、位相特性は

$$\angle H(\omega) = -\frac{N}{2}\omega = 0 \quad \cdots\cdots\cdots\cdots\cdots\cdots\cdots\cdots \text{(Ⅲ-2-7)}$$

となる。これは、h_n^{id} が $\angle H_{id}(\omega)=0$ のときのインパルス応答であるため当然の結果であるが、このような特性を特にゼロ位相特性という。

フーリエ変換法はゼロ位相特性である理想低域通過フィルタのインパルス応答が h_0^{id} を中心に偶対称であることに注目し、図Ⅲ-2-1 (a) に示すように対称性を維持するように有限長化を図り、設計したフィルタがゼロ位相特性となることを保証していると考えることができる。一方、因果性を保つために行なった $N/2$ サンプルシフトは、ゼロ位相特性のインパルス応答を全体的に $N/2$ だけシフトするため、設計したフィルタの位相特性が

$$\angle H(\omega) = -\frac{N}{2}\omega \quad \cdots\cdots\cdots\cdots\cdots\cdots\cdots\cdots \text{(Ⅲ-2-8)}$$

と因果性を満たす直線位相 FIR フィルタとなるように調整しているとみなしうる。

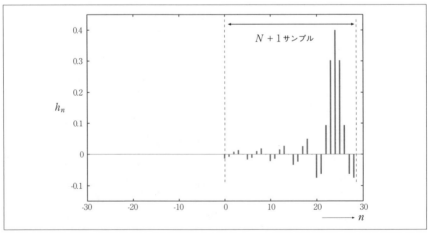

〔図Ⅲ-2-2〕インパルス応答の有限長化の別の取り方

Ⅲ−2−2−2　フーリエ変換法によるFIRフィルタの設計手順

フーリエ変換法による設計手順は以下の通りである。

Step1　フィルタ次数 N（偶数）、正規化カットオフ周波数 f_c を与える。
Step2　(Ⅲ-2-4) 式を用いて、フィルタ係数 $h_n, n=0,1,\cdots,N$ を求める。

Ⅲ−2−3　フーリエ変換法による設計例

Ⅲ−2−3−1　N=10、f_c=0.15のFIRフィルタ

図 Ⅲ-2-3 に、フーリエ変換法を用いて設計した N=10、f_c=0.15 の FIR フィルタの振幅特性、表 Ⅲ-2.1 にフィルタ係数を示す。図 Ⅲ-2-3 の横軸は正規化周波数で表示している。

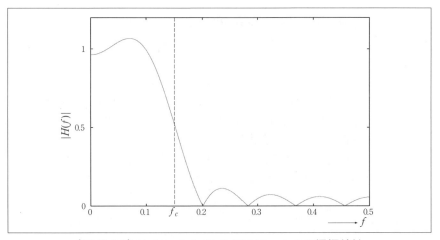

〔図 Ⅲ-2-3〕N=10、f_c=0.15 の FIR フィルタの振幅特性

〔表 Ⅲ-2.1〕N=10、f_c=0.15 の FIR フィルタのフィルタ係数

h_0	−0.063661977
h_1	−0.046774464
h_2	0.032787721
h_3	0.151365346
h_4	0.257518107
h_5	0.300000000
h_6	0.257518107
h_7	0.151365346
h_8	0.032787721
h_9	−0.046774464
h_{10}	−0.063661977

Ⅲ－2－3－2　N=50、f_c=0.15のFIRフィルタ

図Ⅲ-2-4 に、フーリエ変換法を用いて設計した N=50、f_c=0.15 の FIR フィルタの振幅特性、表Ⅲ-2.2 にフィルタ係数を示す。表Ⅲ-2.2 では、フィルタ係数の対称性に基づいて $h_0 \sim h_{25}$ の範囲のみ示している。

Ⅲ－2－3－3　N=100、f_c=0.15のFIRフィルタ

図Ⅲ-2-5 に、フーリエ変換法を用いて設計した N=100、f_c=0.15 の FIR フィルタの振幅特性、図Ⅲ-2-6 にデシベル（dB）表示した振幅特性を示す。デシベル表示は、

$$20\log_{10}|H(f)|\quad[\text{dB}] \quad\cdots\cdots\cdots\cdots\cdots\cdots\cdots\cdots\cdots\text{(Ⅲ-2-9)}$$

で算出し、対数関数の単調性を利用し、図Ⅲ-2-5 の値の小さい減衰部分を見やすいように変形する。ここで、単位の d は 10^{-1} を表す接頭辞である。

Ⅲ－2－3－4　N=400、f_c=0.15のFIRフィルタ

図Ⅲ-2-7 に、フーリエ変換法を用いて設計した N=400、f_c=0.15 の FIR フィルタの振幅特性、図Ⅲ-2-8 にデシベル表示の振幅特性を示す。

Ⅲ－2－3－5　フーリエ変換法の特徴

図Ⅲ-2-3、図Ⅲ-2-4、図Ⅲ-2-5、図Ⅲ-2-7 の振幅特性より、N が高いほど f_c 付近の遮断特性が鋭くなることがわかる。これは、理想低域通過フ

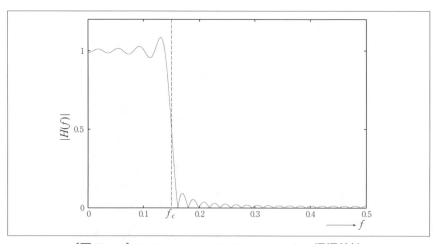

〔図Ⅲ-2-4〕N=50、f_c=0.15 の FIR フィルタの振幅特性

ィルタに対する多項式近似の次数が増加するためであり、当然の結果である。

一方、f_c付近では大きなリプルが発生し、その大きさはNにほとんど依存しない。その結果、図III-2-8 に示すように十分大きいNに対してもf_c付近では、減衰量は 20[dB] 程度であり、それにつられてf:[f_c, 0.5]の範囲の帯域の減衰量も大幅に向上しないことがわかる。このような現象はギブス現象として知られている。リプル発生の原因は、理想低域通過フィルタの振幅特性$H_d(\omega)$

$$H_d(\omega) = \begin{cases} 1 & 0 \leq \omega < \omega_c \\ 0 & \omega_c < \omega \leq \pi \end{cases}$$

〔表 III-2.2〕N=50、f_c=0.15 の FIR フィルタのフィルタ係数（$h_0 \sim h_{25}$）

h_0	−0.012732395
h_1	−0.007795744
h_2	0.004276659
h_3	0.013760486
h_4	0.012262767
h_5	0.000000000
h_6	−0.013553585
h_7	−0.016818372
h_8	−0.005786068
h_9	0.011693616
h_{10}	0.021220659
h_{11}	0.013364133
h_{12}	−0.007566397
h_{13}	−0.058227558
h_{14}	−0.023410737
h_{15}	0.000000000
h_{16}	0.028613123
h_{17}	0.037841336
h_{18}	0.014051881
h_{19}	−0.031182976
h_{20}	−0.063661977
h_{21}	−0.046774464
h_{22}	0.032787721
h_{23}	0.151365346
h_{24}	0.257518107
h_{25}	0.300000000

■ Ⅲ. FIRフィルタの設計

に存在する $\omega=\omega_c$ の不連続点である。FIR フィルタの周波数特性は

$$H(\omega) = \sum_{k=0}^{N} h_k e^{-jk\omega}$$

$$= \sum_{k=0}^{N} h_k (\cos k\omega - j\sin k\omega) \qquad \cdots\cdots\cdots\cdots\cdots (\text{Ⅲ-2-10})$$

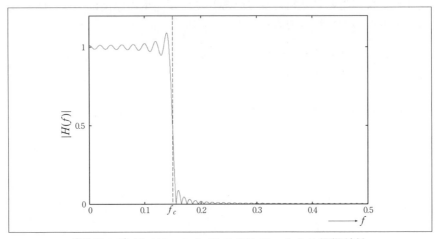

〔図 Ⅲ-2-5〕 N=100、f_c=0.15 の FIR フィルタの振幅特性

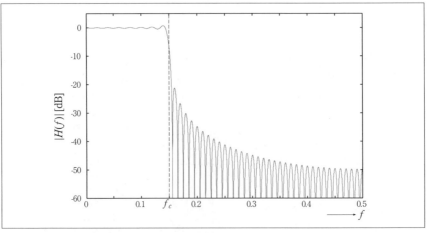

〔図 Ⅲ-2-6〕 N=100、f_c=0.15 の FIR フィルタの振幅特性(dB 表示)

であり、連続な関数 $\cos k\omega$ と $\sin k\omega$ の和である。このように連続な関数で不連続点を含む関数を近似したために、特に不連続点付近で大きな誤差が生じる。換言すれば、大きな誤差リプルの要因は、有限個での打ち切りによるインパルス応答の急な消失である。

フーリエ級数やフーリエ変換は元の信号と三角級数の誤差の2乗ノルム最小化を行なっているため、N の増加に伴い両者は平均2乗誤差最小

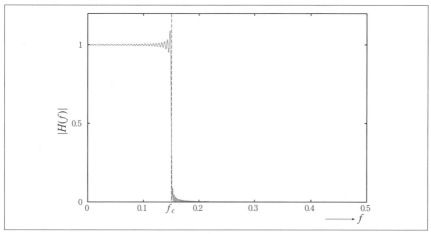

〔図 III-2-7〕N=400、f_c=0.15 の FIR フィルタの振幅特性

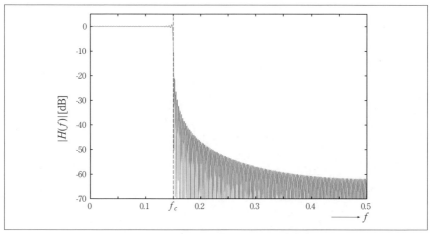

〔図 III-2-8〕N=400、f_c=0.15 の FIR フィルタの振幅特性（dB 表示）

■ Ⅲ. FIRフィルタの設計

の意味で近づく。図 III-2-3、図 III-2-4、図 III-2-5、図 III-2-7 に示される
ように、近似特性の包絡線が不連続点 f_c に向かって 2 乗のカーブを描い
ているのは特徴的である。

Ⅲ－3　窓関数法
Ⅲ－3－1　窓関数法の概要

　フーリエ変換法により、簡単に FIR フィルタの設計が可能となった。その反面、カットオフ周波数付近で過剰なリプルが発生し、結果的に効果的な減衰特性の獲得が困難になった。その要因は、インパルス応答の打ち切りにあった。すなわち、理想低域通過フィルタのインパルス応答 h_n^{id} は、$n \to \infty$ もしくは $n \to -\infty$ で 0 に近づくにも関わらず、有限の n で急に値が消失することに原因がある。窓関数法（window function method）では、フーリエ変換法で生じるインパルス応答の急な消失を回避するために、切り出したインパルス応答に対して重み付けを行なう。重み付けのための関数を窓関数と呼ぶ。窓関数は DFT によるスペクトル解析における信号フレーム化による打ち切りが原因で生じる分析誤差の低減にも用いられる。

Ⅲ－3－2　窓関数法による FIR フィルタ設計
Ⅲ－3－2－1　窓関数法の考え方

　フーリエ変換法では、もともと $n:[-\infty, \infty]$ の範囲で存在する h_n^{id} に対して、$n:[-N/2, N/2]$ の範囲を切り出した。この切り出し操作は h_n^{id} に対して、次式の w_n^s

$$w_n^s = \begin{cases} 1 & -N/2 \le nN/2 \\ 0 & |n| > N/2 \end{cases} \quad\cdots\cdots\cdots\cdots\cdots\cdots\cdots\cdots\cdots\cdots \text{(Ⅲ-3-1)}$$

を乗ずることに相当する。w_n^s を矩形窓という。w_n^s を乗じた後のインパルス応答を h_n^s とすると、

$$h_n^s = w_n^s h_n^{id} \quad\cdots\cdots\cdots\cdots\cdots\cdots\cdots\cdots\cdots\cdots\cdots\cdots \text{(Ⅲ-3-2)}$$

となり、h_n^s は $-N/2 \le n \le N/2$ でのみ値を有する。

　フーリエ変換法で過剰なリプルが生じた原因は、（Ⅲ-3-1）式で $n=N/2, -N/2$ で $w_n^s=1$ であるため、h_n^{id} がそのまま h_n^s に残り、図 Ⅲ-3-1 に示すように h_n^{id} が突然消えるためである。過剰なリプルを抑えるためには、見かけ上有限個での打ち切りと思わせないように、図 Ⅲ-3-2 に示すように境界となる $n=N/2, -N/2$ にむかってインパルス応答が自然と 0 に近づくような窓関数を乗ずればよい。ただし、$h_0^{id}=2f_c$ の値が変動すると、カットオフ周波数が変動するため、$n=0$ の窓関数値が 1 の条件が付加される。

本書では、代表的な窓関数として、ハニング窓（Hanning window）、ブラックマン窓（Blackman window）、ハミング窓（Hamming window）について述べる。

Ⅲ－3－2－2　ハニング窓

$n=-N/2,\cdots,0,\cdots,N/2$ に対するハニング窓 w_n^{han} は次式で定義される。

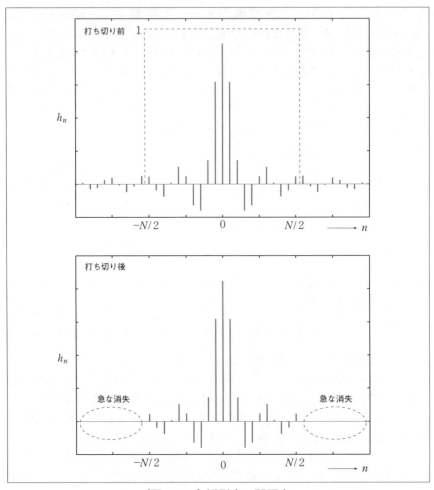

〔図 Ⅲ-3-1〕矩形窓の問題点

$$w_n^{han} = 0.5 + 0.5 \cos\left(\frac{2\pi n}{N}\right) \quad \text{(III-3-3)}$$

ここで、$w_0^{han}=1$、$w_{-N/2}^{han}=w_{N/2}^{han}=0$ である。図 III-3-3 に $N=20$ のときのハニング窓を示す。ハニング窓は、前節の条件を最低限満たす簡易な窓関数であるが、その簡便さからよく用いられる。

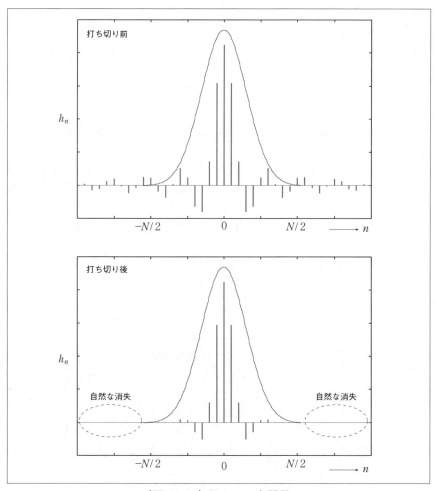

〔図 III-3-2〕望ましい窓関数

III-3-2-3 ブラックマン窓

$n=-N/2,\cdots,0,\cdots,N/2$ に対するブラックマン窓 w_n^{blk} は次式で定義される。

$$w_n^{blk} = 0.42 + 0.5\cos\left(\frac{2\pi n}{N}\right) + 0.08\cos\left(\frac{4\pi n}{N}\right) \quad \cdots\cdots\cdots\cdots \text{(III-3-4)}$$

ここで、$w_0^{blk}=1$、$w_{-N/2}^{blk}=b_{N/2}^{blk}=0$ である。図 III-3-4 に $N=20$ のときのブラックマン窓を示す。図 III-3-3 と図 III-3-4 を比較すると、ブラックマン窓のほうがハニング窓に比べ、やや鋭いことがわかる。

III-3-2-4 ハミング窓

$n=-N/2,\cdots,0,\cdots,N/2$ に対するハミング窓 w_n^{ham} は次式で定義される。

$$w^{ham} = 0.54 + 0.46\cos\left(\frac{2\pi n}{N}\right) \quad \cdots\cdots\cdots\cdots\cdots\cdots\cdots\cdots \text{(III-3-5)}$$

ここで、$w_0^{blk}=1$、$w_{-N/2}^{blk}=b_{N/2}^{blk}=0.08$ である。図 III-3-5 に $N=20$ のときのハミング窓を示す。

ハニング窓、ブラックマン窓は h_n^{id} の打ち切りの際に自然に0に近づくように、窓関数値が $n=-N/2, N/2$ で強制的に0をとる。しかし、打ち切り後のインパルス応答も0となるため、事実上フィルタ次数を下げるだけでなく、フィルタ設計の自由度も下げることになる。もともと、h_n^{id}

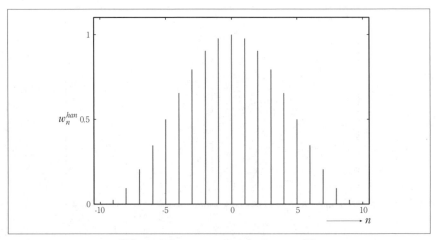

〔図 III-3-3〕$N=20$ のときのハニング窓

は $|n|$ の増大に伴って、その絶対値は徐々に減少する。そのため、ハミング窓では、打ち切り後に $n=-N/2, N/2$ で強制的に0に合わせるのではなく、十分に小さい値を乗じ、設計の自由度の低下を防いでいると考えられる。

Ⅲ-3-2-5 窓関数法によるFIRフィルタの設計手順

窓関数法による設計手順は以下の通りである。

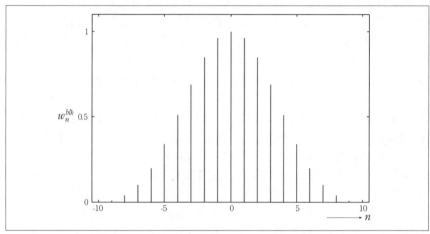

〔図Ⅲ-3-4〕$N=20$ のときのブラックマン窓

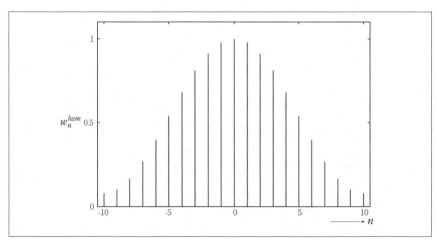

〔図Ⅲ-3-5〕$N=20$ のときのハミング窓

Step1　フィルタ次数 N（偶数）、正規化カットオフ周波数 f_c を与える。
Step2　理想低域通過フィルタのインパルス応答 h_n^{id} と窓関数値を求め、乗算する。
Step3　Step2 で算出したインパルス応答を $N/2$ だけ時間シフトする。

Ⅲ－3－3　窓関数法による設計例

Ⅲ－3－3－1　ハニング窓による設計例：f_c=0.15

　窓関数としてハニング窓を用いたときの、f_c=0.15 の FIR フィルタの設計例を示す。図Ⅲ-3-6 に N=10 の振幅特性、表Ⅲ-3.1 に係数値、図Ⅲ-3-7 に N=100 の振幅特性、図Ⅲ-3-8 にその dB 表示、図Ⅲ-3-9 に N=400 の振幅特性、図Ⅲ-3-10 にその dB 表示を示す。

Ⅲ－3－3－2　ブラックマン窓による設計例：f_c=0.15

　窓関数としてブラックマン窓を用いたときの、f_c=0.15 の FIR フィルタの設計例を示す。図Ⅲ-3-11 に N=10 の振幅特性、表Ⅲ-3.2 に係数値、図Ⅲ-3-12 に N=100 の振幅特性、図Ⅲ-3-13 にその dB 表示、図Ⅲ-3-14 に N=400 の振幅特性、図Ⅲ-3-15 にその dB 表示を示す。

Ⅲ－3－3－3　ハミング窓による設計例：f_c=0.15

　窓関数としてハミング窓を用いたときの、f_c=0.15 の FIR フィルタの設計例を示す。図Ⅲ-3-16 に N=10 の振幅特性、表Ⅲ-3.3 に係数値、図Ⅲ-3-17 に N=100 の振幅特性、図Ⅲ-3-18 にその dB 表示、図Ⅲ-3-19 に

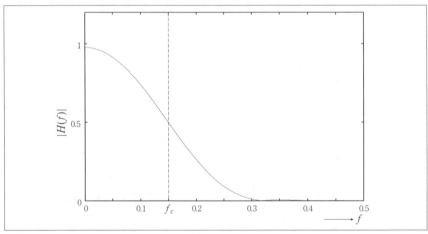

〔図Ⅲ-3-6〕N=10、f_c=0.15 の FIR フィルタの振幅特性（ハニング窓）

N=400 の振幅特性、図 III-3-20 にその dB 表示を示す。

Ⅲ－3－3－4　窓関数法の特徴

III-3-3-1 節、III-3-3-2 節、III-3-3-3 節の設計例より、窓関数による設計結果の違いについて考えよう。

まず、図 III-3-6、図 III-3-11、図 III-3-16 より、使用窓関数によらず低次数の場合は、窓掛けによる f_c 付近の過剰なリプルの低減の効果は確認できるが、その効果がかえって過剰に効いており、緩い遮断特性の要因となる。

〔表 III-3.1〕N=10、f_c=0.15 の FIR フィルタのフィルタ係数（ハニング窓）

h_n	フィルタ係数値
h_0	0.000000000
h_1	-0.004466564
h_2	0.011327879
h_3	0.099069905
h_4	0.232927316
h_5	0.300000000
h_6	0.232927316
h_7	0.099069905
h_8	0.011327879
h_9	-0.004466564
h_{10}	0.000000000

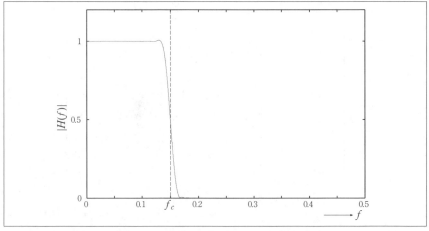

〔図 III-3-7〕N=100、f_c=0.15 の FIR フィルタの振幅特性（ハニング窓）

ハニング窓は窓関数としての最低限の要求を満たしているのみであるため、図III-3-7、図III-3-9に示すように、f_c付近のリプルは図III-2-5、図III-2-7に示すフーリエ変換法の結果より低減されているが、依然としてリプルが目立つ結果である。そのため、f_c付近の減衰量も図III-3-8、図III-3-10に示すように、40[dB]程度である。しかしながら、$f:[f_c, 0.5]$の範囲全体での減衰量は大幅に増加しており、窓関数の効果が確認でき

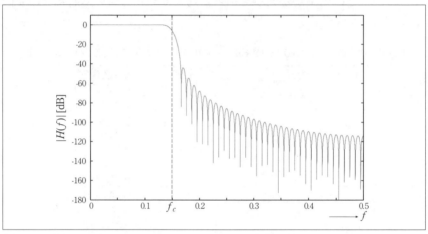

〔図III-3-8〕N=100、f_c=0.15のFIRフィルタの振幅特性（ハニング窓、dB表示）

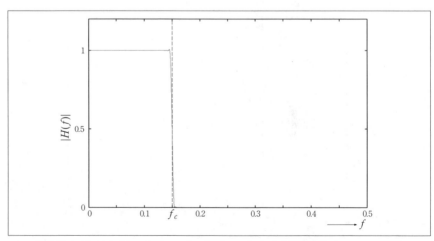

〔図III-3-9〕N=400、f_c=0.15のFIRフィルタの振幅特性（ハニング窓）

る。

　ブラックマン窓を用いた場合、図III-3-12、図III-3-14に示すようにf_c付近に目立つリプルは存在しない。その反面、図III-3-13からわかるように、緩やかな遮断特性となるが、減衰量そのものは大きいことが確認できる。

　ハミング窓はインパルス応答の切り出しの際に両端を強制的に0にし

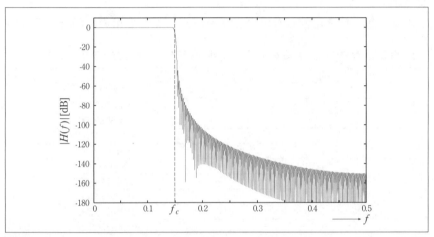

〔図III-3-10〕N=400、f_c=0.15のFIRフィルタの振幅特性（ハニング窓、dB表示）

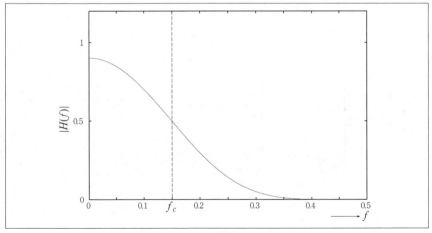

〔図III-3-11〕N=10、f_c=0.15のFIRフィルタの振幅特性（ブラックマン窓）

■ III. FIRフィルタの設計

ないため、ハニング窓やブラックマン窓と比べて理想低域通過フィルタのインパルス応答が維持されていると考えられる。そのため、図III-3-17、図III-3-19に示すように、ハニング窓よりリプルを抑え、ブラックマン窓より優れた遮断特性を有する。ただし、基本的にはハニング窓の両端に値を与えただけであるため、図III-3-18、図III-3-20に示すように、減衰量は60[dB]程度であるが、実用上60[dB]あれば十分な減衰量である。

　3つの窓関数を比較した場合、ブラックマン窓を用いた場合に遮断特

〔表III-3.2〕$N=10$、$f_c=0.15$のFIRフィルタのフィルタ係数（ブラックマン窓）

h_n	フィルタ係数値
h_0	0.000000000
h_1	−0.001880935
h_2	0.006582796
h_3	0.077164106
h_4	0.218692065
h_5	0.300000000
h_6	0.218692065
h_7	0.077164106
h_8	0.006582796
h_9	−0.001880935
h_{10}	0.000000000

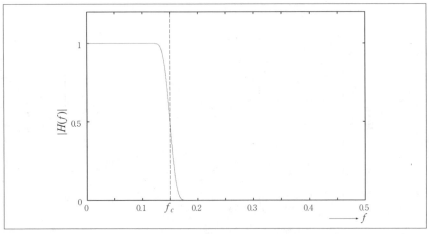

〔図III-3-12〕$N=100$、$f_c=0.15$のFIRフィルタの振幅特性（ブラックマン窓）

性が緩やかになることが特徴的である。III-3-2-3節で述べたように、ブラックマン窓はハニング窓、もしくはそれと同等のハミング窓と比べ鋭い関数である。ここで、I-2-3-1節で述べたように、フーリエ解析において、時間と周波数の役割を入れ替えても同様の議論が成り立つという事実を思い出そう。

窓関数法では、時間領域で窓関数を h_n^{id} に乗算している。フーリエ変

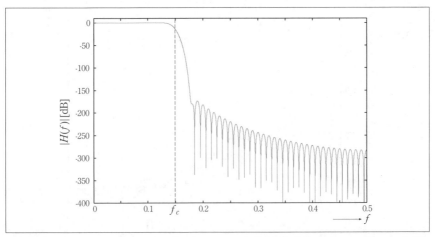

〔図III-3-13〕N=100、f_c=0.15のFIRフィルタの振幅特性（ブラックマン窓、dB表示）

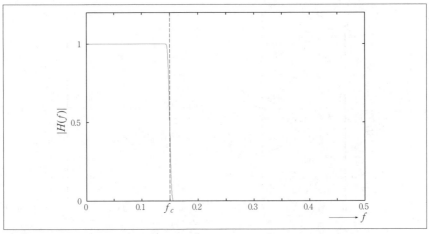

〔図III-3-14〕N=400、f_c=0.15のFIRフィルタの振幅特性（ブラックマン窓）

III. FIRフィルタの設計

換では、時間領域のたたみ込みは周波数領域の乗算に変換されるため、時間領域の乗算は周波数領域のたたみ込みに変換される。信号 w_k と h_k の乗算について考えると、次式となる。

$$\sum_{k=-\infty}^{\infty} w_k h_k e^{-j\omega k} = \sum_{k=-\infty}^{\infty} w_k \left(\sum_{n=-\infty}^{\infty} h_n \delta_{n-k} \right) e^{-j\omega k} \quad \cdots\cdots\cdots \quad \text{(III-3-6)}$$

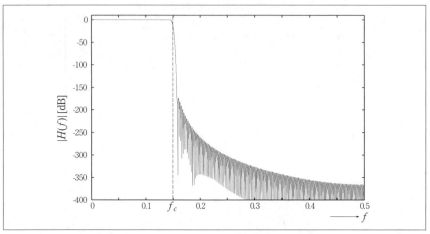

〔図III-3-15〕N=400、f_c=0.15 の FIR フィルタの振幅特性（ブラックマン窓、dB表示）

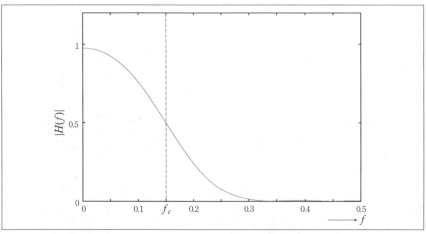

〔図III-3-16〕N=10、f_c=0.15 の FIR フィルタの振幅特性（ハミング窓）

ここで、

$$\delta_{n-k} = \frac{1}{2\pi} \int_0^{2\pi} e^{j\Omega(k-n)} d\Omega \quad \cdots\cdots\cdots\cdots\cdots\cdots\cdots \text{(III-3-7)}$$

となることを思い出すと、

$$\sum_{k=-\infty}^{\infty} w_k h_k e^{-j\omega k} = \frac{1}{2\pi} \left(\sum_{k=-\infty}^{\infty} w_k \right) \left(\sum_{n=-\infty}^{\infty} h_n \right) e^{-j\omega k} \int_0^{2\pi} e^{j\Omega(k-n)} d\Omega$$

$$= \frac{1}{2\pi} \int_0^{2\pi} \left(\sum_{k=-\infty}^{\infty} w_k e^{-j(\omega-\Omega)k} \right) \left(\sum_{n=-\infty}^{\infty} h_n e^{-j\Omega n} \right) d\Omega$$

$$= \frac{1}{2\pi} \int_0^{2\pi} H(\Omega) W(\omega-\Omega) d\Omega \quad \cdots \text{(III-3-8)}$$

となり、時間領域の乗算が周波数領域のたたみ込みに変換されることが確認できる。$H(\omega)$ も $W(\omega)$ も周期 2π の周期関数であるため、$W(\omega-\Omega)$ はたたみ込み演算のなかで1周期分が巡回して現れるため、特に巡回たたみ込み（circular convolution）と呼ばれる。

（III-3-8）式で、$H(\omega)$ を理想低域通過フィルタの周波数特性、$W(\omega)$ を窓関数の周波数特性と考えると、窓関数法の設計結果は ω を中心に $H(\omega)$ に $W(\omega)$ をたたみ込み、すなわち $W(\omega)$ による重み付け平均化を行なっている。そこで、窓関数の周波数特性について考えよう。窓関数は偶対称であるため、位相特性はゼロ位相特性となり、理想低域通過特性

〔表III-3.3〕N=10、f_c=0.15 の FIR フィルタのフィルタ係数（ハミング窓）

h_n	フィルタ係数値
h_0	−0.005092958
h_1	−0.007851196
h_2	0.013044667
h_3	0.103253540
h_4	0.234894580
h_5	0.300000000
h_6	0.234894580
h_7	0.103253540
h_8	0.013044667
h_9	−0.007851196
h_{10}	−0.005092958

■ III. FIRフィルタの設計

と同様に振幅特性のみ考えればよい。

$N=10$ の場合の窓関数の振幅特性について考えよう。図 III-3-21 に矩形窓の振幅特性 $|W^s(f)|$、図 III-3-22 にハニング窓の振幅特性 $|W^{han}(f)|$、図 III-3-23 にブラックマン窓の振幅特性 $|W^{blk}(f)|$、図 III-3-24 にハミング窓の振幅特性 $|W^{ham}(f)|$ を示す。これらの図では、たたみ込みの範囲を考えて、$f:[-0.5, 0.5]$ の範囲で、減衰量がわかるように dB 表示で表して

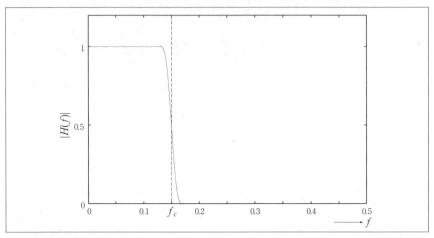

〔図 III-3-17〕N=100、f_c=0.15 の FIR フィルタの振幅特性（ハミング窓）

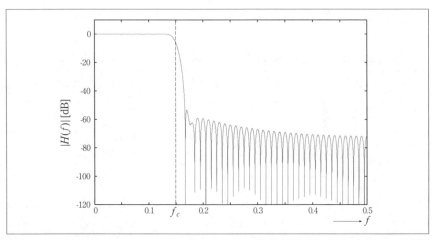

〔図 III-3-18〕N=100、f_c=0.15 の FIR フィルタの振幅特性（ハミング窓、dB 表示）

いる。また、窓関数によって直流成分（窓関数値の総和）が異なるため、振幅特性は$f=0$の値で正規化している。

理想的な窓関数の振幅特性は$\delta(f)$である。これは、時間領域では$n:[-\infty, \infty]$で1を乗ずることに相当し、h_n^{id}そのものを用いることを意味する。窓関数法では、有限長で打ち切るために図III-3-21から図III-3-24に示すように、$\delta(f)$が広がるような振幅特性となる。ここで、$f=0$の振

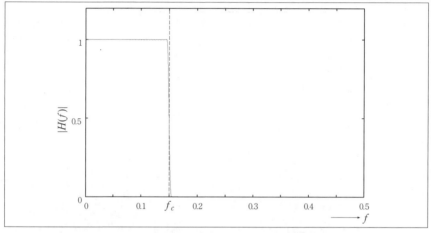

〔図III-3-19〕$N=400$、$f_c=0.15$のFIRフィルタの振幅特性（ハミング窓）

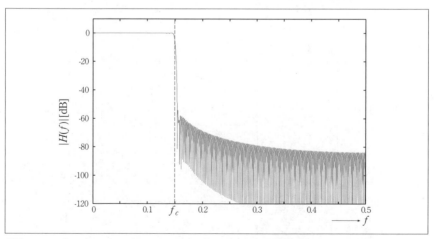

〔図III-3-20〕$N=400$、$f_c=0.15$のFIRフィルタの振幅特性（ハミング窓、dB表示）

幅値が大きい部分をメインローブ (mainlobe)、それ以外の小さい部分をサイドローブ (sidelobe) という。窓関数の解析で重要なポイントはメインローブ幅とサイドローブの減衰量である。$\delta(f)$ に近づけるためには、メインローブ幅は狭く、サイドローブ減衰量は大きいことが望ましい。

矩形窓では、図 III-3-21 に示すようにメインローブ幅が他の窓関数と比べてかなり狭く、鋭い特性である。しかしながら、サイドローブの減

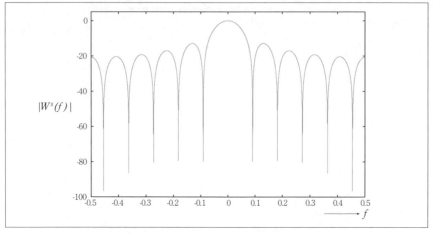

〔図 III-3-21〕N=10 の矩形窓の振幅特性 $|W^s(f)|$ (dB 表示)

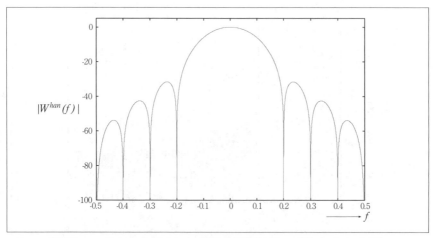

〔図 III-3-22〕N=10 のハニング窓の振幅特性 $|W^{han}(f)|$ (dB 表示)

衰量は 20[dB] 程度とかなり低い。その結果、たたみ込みにより急峻な遮断特性は維持されるが、サイドローブ成分は抑圧されず、過剰なリプルの要因となる。

ハニング窓では、図 III-3-22 に示すようにメインローブ幅が矩形窓と比べて広がっている。しかし、サイドローブ減衰量が 40[dB] 程度確保できるため、遮断特性は緩くなるが、リプルを抑えることができる。

ブラックマン窓では、図 III-3-23 に示すようにメインローブ幅はさらに広がり、例えば図 III-3-13 のように遮断特性はかなり緩やかになるが、サイドローブ減衰量が 60[dB] 以上確保できるため、リプルを大幅に低減できる。

ハミング窓は、図 III-3-24 に示すようにメインローブ幅はブラックマン窓以上に広がるため、遮断特性は緩やかになるが、サイドローブ減衰量は 40[dB] 以上確保できるため、ハニング窓に比べリプルを抑えることができる。

このように、窓関数法では、メインローブ幅とサイドローブ減衰量を手がかりにして、利用目的にあった窓関数を選択することが求められる。

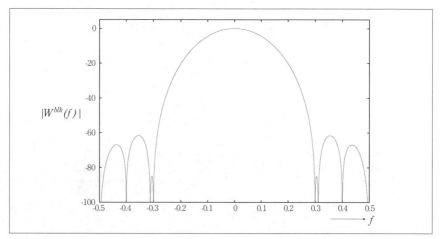

〔図 III-3-23〕$N=10$ のブラックマン窓の振幅特性 $|W^{blk}(f)|$（dB 表示）

Ⅲ. FIRフィルタの設計

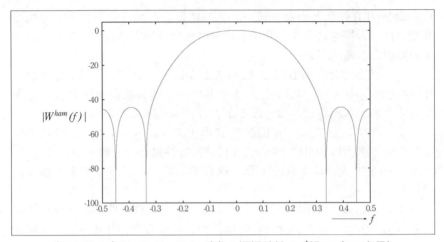

〔図 Ⅲ-3-24〕 $N=10$ のハニング窓の振幅特性 $|W^{ham}(f)|$ (dB 表示)

Ⅲ-4 最小2乗法
Ⅲ-4-1 最小2乗法の概要

フーリエ変換法や窓関数法は理想低域通過フィルタのインパルス応答を元にして、その有限長化に重点をおいた手法であった。その際に、カットオフ周波数 f_c は不連続点であり、それが f_c 付近の過剰な原因となった。また、設計の際に生じる近似誤差については全く考慮しておらず、設計完了後の減衰量で判断する以外に手段がなかった。本節以降では、f_c の不連続性と誤差基準を考慮した設計法について考える。

Ⅲ-4-1-1 所望特性

理想低域通過フィルタにおける f_c の不連続性を解消し、かつ f_c を一旦決めればインパルス応答が自動的に決まるのではなく、減衰量の調整など設計に自由度を与えるため、設計目標となる所望特性 (desired characteristic) $H_d(\omega)$ を次式で定める。

$$H_d(\omega) = \begin{cases} 1 & 0 \leq \omega \leq \omega_p \\ \text{don't care} & \omega_p < \omega < \omega_s \\ 0 & \omega_s \leq \omega \leq \pi \end{cases} \quad \cdots\cdots\cdots\cdots (\text{III-4-1})$$

図 III-4-1 に $H_d(\omega)$ を示す。ここで、$\omega_p = 2\pi f_p$ で f_p は通過域端周波数 (passband edge frequency)、$\omega_s = 2\pi f_s$ で f_s は阻止域端周波数 (stopband edge frequency) と呼ばれ、$f_p < f_s$ である。$\omega:[0, \omega_p]$、または $f:[0, f_p]$ を通過域 (passband)、$\omega:[\omega_s, \pi]$、または $f:[f_s, 0.5]$ を阻止域 (stopband) という。

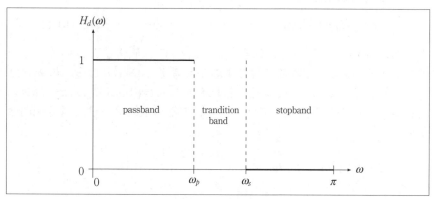

〔図 III-4-1〕所望特性

- 173 -

■ Ⅲ. FIRフィルタの設計

また、don't care、すなわち値を定めない $\omega:(\omega_p, \omega_s)$、または $f:(f_p, f_s)$ を遷移域（transition band）という。

遷移域の設定により、信号が通過する通過域と信号を抑圧する阻止域を明確に区別でき、理想低域通過フィルタのカットオフ周波数における不連続性が解消される。さらに、遷移域では $H_d(\omega)$ の値を定めないため、連続関数である $H(\omega)$ が連続性を維持しながら、通過域から阻止域に遷移可能である。結果的にカットオフ周波数における不連続性の問題で生じた過剰なリプルも抑えられる可能性がある。また、遷移域の伸縮により減衰量の大きさを調整することも可能となり、設計の自由度が上がる。

なお、（Ⅲ-4-1）式は低域通過フィルタを設計対象としているが、実際には他のタイプのフィルタであっても、$H_d(\omega)$ が測定値であってもよい。これは、閉形式でフィルタ係数を算出するフーリエ変換法や窓関数法とは異なる。

Ⅲ－4－1－2　設計誤差の評価

ディジタルフィルタ設計問題は近似問題であるため、近似誤差が伴う。フーリエ変換法や窓関数法でも近似誤差は存在するが、設計に際して誤差の大きさは考慮していない。与えられた条件で最適なフィルタ係数を算出するためには、誤差を定義し、何らかの意味で最適なフィルタ係数を決定すべきである。そこで、まずディジタルフィルタの設計誤差について考えよう。

図Ⅲ-4-2に示すような所望特性と設計特性を考えよう。角周波数 ω における近似誤差を $e(\omega)$ とすると、

$$e(\omega) = H_d(\omega) - H(\omega) \quad \cdots\cdots\cdots\cdots\cdots\cdots\cdots\cdots\cdots\cdots \text{（Ⅲ-4-2）}$$

となる。$e(\omega)$ は正負両方の値をとる。$e(\omega)$ の評価方法にはいろいろな基準が考えられるが、本節では2乗誤差を考える。$e^2(\omega)$ は全ての $\omega \in \Omega$ で正値をとる。ここで、Ω は近似帯域を表し、$\Omega=[0, \omega_p] \cup [\omega_s, \pi]$ である。近似帯域全体の2乗誤差を考えるため、本節の最小2乗法では評価関数 E を

$$E = \int_{\Omega} W(\omega) e^2(\omega) d\omega \quad \cdots\cdots\cdots\cdots\cdots\cdots\cdots\cdots\cdots \text{（Ⅲ-4-3）}$$

で定義し、E を最小にするフィルタ係数を算出する。ここで、$W(\omega)$ は

－ 174 －

重み関数（weighting function）であり、誤差評価の重要度を指定する。全ての $\omega \in \Omega$ に対して $W(\omega)=1$ ならば全ての周波数の誤差を平等に評価する。それに対し、例えば通過域 $\omega \in [0, \omega_p]$ に対して $W(\omega)=1$、阻止域 $\omega \in [\omega_s, \pi]$ に対して $W(\omega)=10$ と設定すれば、通過域に対して阻止域は10倍の重みで誤差が評価されるため、設計したフィルタの誤差は通過域に対して阻止域は1/10になる。

E は図III-4-2 に示すように、誤差関数を微小幅の短冊に切った場合の面積を求めていることに相当する。なお、$H_d(\omega)$ がセンサで計測した K 個のサンプルである場合や $H_d(\omega)$ が関数形で表記できずに K 個の離散周波数点の値のみが利用可能である場合は、(III-4-3) 式は

$$E = \sum_{k=0}^{K-0} W(\omega_k) e^2(\omega_k) \quad \cdots\cdots\cdots\cdots\cdots\cdots\cdots\cdots \quad \text{(III-4-4)}$$

とすればよい。

III－4－2　最小2乗法による直線位相 FIR フィルタの設計

III－4－2－1　設計問題の定式化

設計対象として、偶数次・偶対称インパルス応答 FIR 直線位相フィルタを考える。したがって、近似対象は振幅特性のみであり、

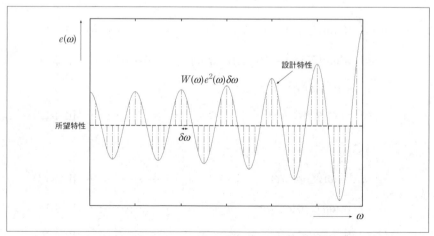

〔図 III-4-2〕所望特性と設計特性の誤差

■ Ⅲ. FIRフィルタの設計

$$H(\omega) = \sum_{m=0}^{M} a_m \cos m\omega \quad \cdots\cdots\cdots\cdots\cdots\cdots\cdots\cdots\cdots \text{(Ⅲ-4-5)}$$

である。ここで、$M=N/2$、$a_0=h_M$、$a_m=2h_{M-m}$, $m=1,2,\cdots,M$ である。上式を次式のようにベクトル表記しよう。

$$H(\omega) = [a_0 \ a_1 \cdots a_M] \begin{bmatrix} 1 \\ \cos\omega \\ \vdots \\ \cos M\omega \end{bmatrix} \quad \cdots\cdots\cdots\cdots\cdots\cdots \text{(Ⅲ-4-6)}$$

$$= \boldsymbol{a}^T \boldsymbol{q}(\omega) \quad \cdots\cdots\cdots\cdots\cdots\cdots \text{(Ⅲ-4-7)}$$

ここで、

$$\boldsymbol{a} = \begin{bmatrix} a_0 \\ a_1 \\ \vdots \\ a_M \end{bmatrix} \quad \cdots\cdots\cdots\cdots\cdots\cdots\cdots\cdots\cdots \text{(Ⅲ-4-8)}$$

$$\boldsymbol{q}(\omega) = \begin{bmatrix} 1 \\ \cos\omega \\ \vdots \\ \cos M\omega \end{bmatrix} \quad \cdots\cdots\cdots\cdots\cdots\cdots\cdots\cdots \text{(Ⅲ-4-9)}$$

とおいた。そのとき、(Ⅲ-4-3) 式は

$$E = \int_{\Omega} W(\omega) \big(H_d(\omega) - \boldsymbol{a}^T \boldsymbol{q}(\omega) \big)^2 \, d\omega \quad \cdots\cdots\cdots\cdots \text{(Ⅲ-4-10)}$$

$$= \int_{\Omega} W(\omega) \big(H_d^2(\omega) - 2H_d(\omega) \, \boldsymbol{a}^T \boldsymbol{q}(\omega) \quad \cdots\cdots\cdots\cdots \text{(Ⅲ-4-11)}$$

$$\qquad + \boldsymbol{a}^T \boldsymbol{q}(\omega) \, \boldsymbol{q}^T(\omega) \boldsymbol{a} \big) d\omega$$

$$= \Gamma - 2\boldsymbol{a}^T \boldsymbol{q} + \boldsymbol{a}^T \boldsymbol{Q} \boldsymbol{a} \quad \cdots\cdots\cdots\cdots \text{(Ⅲ-4-12)}$$

となる。ここで、

$$\Gamma = \int_{\Omega} W(\omega) H_d^2(\omega) \, d\omega \quad \cdots\cdots\cdots\cdots\cdots\cdots \text{(Ⅲ-4-13)}$$

$$\boldsymbol{p} = \int_{\Omega} W(\omega) H_d \, \boldsymbol{q}(\omega) \, d\omega \quad \cdots\cdots\cdots\cdots\cdots\cdots \text{(Ⅲ-4-14)}$$

$$\boldsymbol{Q} = \int_{\Omega} W(\omega) \, \boldsymbol{q}(\omega) \boldsymbol{q}^T(\omega) \, d\omega \quad \cdots\cdots\cdots\cdots\cdots\cdots \text{(Ⅲ-4-15)}$$

とおいた。p は $(M+1) \times 1$ の列ベクトルであり、Q は $(M+1) \times (M+1)$ 行列である。また、(III-4-12) 式の導出には

$$\left(a^T q(\omega)\right)^T = q^T(\omega) a \quad \cdots\cdots\cdots\cdots\cdots\cdots\cdots\cdots\cdots\cdots \text{(III-4-16)}$$

の関係を用いた。2乗誤差最小の意味で最適なフィルタ係数を $\bar{a}$ とすると、$\bar{a}$ は次式で表すことができる。

$$\bar{a} = \arg\min E \quad \cdots\cdots\cdots\cdots\cdots\cdots\cdots\cdots\cdots\cdots\cdots\cdots \text{(III-4-17)}$$

III－4－2－2　最小2乗法による最適なフィルタ係数の導出

最適なフィルタ係数 $\bar{a}$ は図 III-4-3 に示すように、$M+1$ 次元空間で放物面の底に対応する点を求めることに相当する。放物面の底は傾きが0であるため、

$$\frac{\partial E}{\partial a_m} = 0, \ m = 0, 1, \cdots, M \quad \cdots\cdots\cdots\cdots\cdots\cdots\cdots \text{(III-4-18)}$$

すなわち、

$$\frac{\partial E}{\partial a} = 0 \quad \cdots\cdots\cdots\cdots\cdots\cdots\cdots\cdots\cdots\cdots\cdots\cdots\cdots \text{(III-4-19)}$$

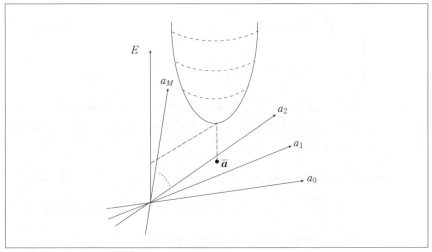

〔図 III-4-3〕2乗誤差最小化のイメージ

■ Ⅲ. FIRフィルタの設計

が成立する。(Ⅲ-4-12) 式を a で偏微分すると、

$$\frac{\partial E}{\partial a} = -2p + 2Qa \quad \cdots\cdots\cdots\cdots\cdots\cdots\cdots\cdots\cdots\cdots (Ⅲ\text{-}4\text{-}20)$$

となるため、(Ⅲ-4-19) 式より、E を最小にする最適なフィルタ係数は

$$Qa = p \quad \cdots\cdots\cdots\cdots\cdots\cdots\cdots\cdots\cdots\cdots\cdots\cdots\cdots (Ⅲ\text{-}4\text{-}21)$$

の解であることがわかる。これは、$M+1$ 次元の連立方程式であり、$\bar{a}$ の算出には、掃き出し法などの数値解法を用いる。

　$H_d(\omega)$ が (Ⅲ-4-1) 式で与えられる場合の p と Q を求めよう。ここで、簡単のため重み関数 $W(\omega)$ を、

$$W(\omega) = \begin{cases} \alpha & 0 \leq \omega \leq \omega_p \\ \beta & \omega_s \leq \omega \leq \pi \end{cases} \quad \cdots\cdots\cdots\cdots\cdots\cdots\cdots (Ⅲ\text{-}4\text{-}22)$$

と置くことにする。p は

$$p = \int_\Omega W(\omega) H_d q(\omega) d\omega \quad \cdots\cdots\cdots\cdots\cdots\cdots (Ⅲ\text{-}4\text{-}23)$$

$$= \begin{bmatrix} \int_0^{\omega_p} \alpha d\omega \\ \int_0^{\omega_p} \alpha \cos \omega d\omega \\ \int_0^{\omega_p} \alpha \cos 2\omega d\omega \\ \vdots \\ \int_0^{\omega_p} \alpha \cos (M+1) \omega d\omega \end{bmatrix} \quad \cdots\cdots\cdots\cdots\cdots\cdots (Ⅲ\text{-}4\text{-}24)$$

である。ここで、$\omega : [\omega_s, \pi]$ は $H_d(\omega) = 0$ であるため、積分範囲から除外している。また、遷移域 $\omega : (\omega_p, \omega_s)$ は don't care であるため、評価の対象外である。p の第 m 要素 $p_m, m = 0, 1, \cdots, M+1$ は

$$p_m = \int_0^{\omega_p} \alpha \cos m\omega d\omega \quad \cdots\cdots\cdots\cdots\cdots\cdots\cdots (Ⅲ\text{-}4\text{-}25)$$

$$= \alpha \frac{\sin m\omega_p}{m} \quad \cdots\cdots\cdots\cdots\cdots\cdots\cdots\cdots (Ⅲ\text{-}4\text{-}26)$$

である。$m = 0$ のときは、ロピタルの定理を用いて、

－ 178 －

$$p_0 = \lim_{m \to 0} \alpha \frac{(\sin m\omega_p)'}{m'} \qquad \cdots\cdots\cdots\cdots\cdots\cdots\cdots\cdots \text{(III-4-27)}$$

$$= \lim_{m \to 0} \alpha \frac{\omega_p \cos m\omega_p}{1} \qquad \cdots\cdots\cdots\cdots\cdots\cdots\cdots \text{(III-4-28)}$$

$$= \alpha \omega_p \qquad \cdots\cdots\cdots\cdots\cdots\cdots\cdots\cdots\cdots \text{(III-4-29)}$$

となる。

$$\boldsymbol{Q} = \int_\Omega W(\omega)\,\boldsymbol{q}(\omega)\,\boldsymbol{q}^T(\omega)\,d\omega \qquad \cdots\cdots\cdots\cdots\cdots \text{(III-4-30)}$$

$$= \begin{bmatrix} Q_{0,0} & Q_{0,1} & \cdots & Q_{0,M+1} \\ Q_{1,0} & Q_{1,1} & \cdots & Q_{1,M+1} \\ Q_{2,0} & Q_{2,1} & \cdots & Q_{2,M+1} \\ \vdots & \vdots & \ddots & \vdots \\ Q_{M+1,0} & Q_{M+1,1} & \cdots & Q_{M+1,M+1} \end{bmatrix} \qquad \cdots\cdots\cdots\cdots \text{(III-4-31)}$$

と書ける。ここで、$\boldsymbol{Q}$ の第 nm 要素 $Q_{n,m}$ は

$$Q_{n,m} = \int_0^{\omega_p} \alpha \cos n\omega \cos m\omega\, d\omega + \int_{\omega_p}^{\pi} \beta \cos n\omega \cos m\omega\, d\omega \quad \text{(III-4-32)}$$

である。上式の積分を行なうために、三角関数（余弦関数）の加法定理から導かれるつぎの関係式を思い出そう。

$$\cos\theta \cos\phi = \frac{1}{2}\{\cos(\theta+\phi) + \cos(\theta-\phi)\} \quad \cdots\cdots\cdots\cdots \text{(III-4-33)}$$

これを用いて、$Q_{n,m}$ は

■ Ⅲ. FIRフィルタの設計

$$Q_{n,m} = \frac{\alpha}{2} \int_0^{\omega_p} \{\cos(n+m)\omega + \cos(n-m)\} \, d\omega$$

$$+ \frac{\beta}{2} \int_{\omega_s}^{\pi} \{\cos(n+m)\omega + \cos(n-m)\} \, d\omega$$

$$= \frac{\alpha}{2} \cdot \frac{1}{n+m} \Big[\sin(n+m)\omega\Big]_0^{\omega_p} + \frac{\alpha}{2} \cdot \frac{1}{n-m} \Big[\sin(n-m)\omega\Big]_0^{\omega_p}$$

$$+ \frac{\beta}{2} \cdot \frac{1}{n+m} \Big[\sin(n+m)\omega\Big]_{\omega_s}^{\pi} + \frac{\beta}{2} \cdot \frac{1}{n-m} \Big[\sin(n-m)\omega\Big]_{\omega_s}^{\pi}$$

$$= \frac{\alpha}{2} \cdot \frac{\sin(n+m)\omega_p}{n+m} + \frac{\alpha}{2} \cdot \frac{\sin(n-m)\omega_p}{n-m}$$

$$+ \frac{\beta}{2} \cdot \frac{\sin(n+m)\pi}{n+m} + \frac{\beta}{2} \cdot \frac{\sin(n-m)\pi}{n-m}$$

$$- \frac{\beta}{2} \cdot \frac{\sin(n+m)\omega_s}{n+m} - \frac{\beta}{2} \cdot \frac{\sin(n-m)\omega_s}{n-m} \qquad \cdots \text{(Ⅲ-4-34)}$$

となる。ここで、任意の整数 k に対して

$$\sin k\pi = 0 \quad \cdots\cdots\cdots\cdots\cdots\cdots\cdots\cdots\cdots\cdots \text{(Ⅲ-4-35)}$$

であることに注意すると、

$$Q_{n,m} = \frac{\alpha}{2} \cdot \frac{\sin(n+m)\omega_p}{n+m} + \frac{\alpha}{2} \cdot \frac{\sin(n-m)\omega_p}{n-m}$$

$$- \frac{\beta}{2} \cdot \frac{\sin(n+m)\omega_s}{n+m} - \frac{\beta}{2} \cdot \frac{\sin(n-m)\omega_s}{n-m} \quad \cdots\cdots \text{(Ⅲ-4-36)}$$

と求まる。ただし、$n=m$、すなわち $\boldsymbol{Q}$ の対角成分 $Q_{n,n}$ は

$$Q_{n,n} = \frac{\alpha}{2} \int_0^{\omega_p} (\cos 2n\omega + 1) \, d\omega + \frac{\beta}{2} \int_{\omega_s}^{\pi} (\cos 2n\omega + 1) \, d\omega$$

$$= \frac{\alpha}{2} \left(\frac{\sin 2n\omega_p}{2n} + \omega_p \right) - \frac{\beta}{2} \cdot \frac{\sin 2n\omega_s}{2n}$$

$$+ \frac{\beta}{2} (\pi - \omega_s) \qquad \cdots \text{(Ⅲ-4-37)}$$

となり、$n=m=0$ の場合は

$-$ 180 $-$

$$Q_{0,0} = \frac{\alpha}{2} \int_0^{\omega_p} 2d\omega + \frac{\beta}{2} \int_{\omega_s}^{\pi} 2d\omega \quad \cdots\cdots\cdots\cdots\cdots\cdots\cdots \text{(III-4-38)}$$

$$= \alpha\omega_p + \beta(\pi - \omega_s) \quad \cdots\cdots\cdots\cdots\cdots\cdots\cdots \text{(III-4-39)}$$

となる。

Ⅲ－4－2－3　最小2乗法による直線位相FIRフィルタの設計手順

最小2乗法による設計手順は以下の通りである。

Step1　フィルタ次数 N（または M）、通過域端周波数 f_p（または ω_p）、阻止域端周波数 f_s（または ω_s）、重み関数 $W(\omega)$ を与える。

Step2　(III-4-26) 式、(III-4-29) 式で p、(III-4-36) 式、(III-4-37) 式、(III-4-39) 式で Q を求める。

Step3　連立方程式 $Qa=p$ を掃き出し法等の数値解法を用いて解き、最適なフィルタ係数 $\bar{a}$ を求める。

Ⅲ－4－3　最小2乗法による直線位相 FIR フィルタの設計例

最小2乗法を用いた直線位相 FIR フィルタの設計例を示す。ここで、連立方程式の解法にはガウス・ジョルダン法を用いた。重み関数 $W(\omega)$ は

$$W(\omega) = \begin{cases} \alpha & 0 \le \omega \le 2\pi f_p \\ \beta & 2\pi f_s \le \omega \le \pi \end{cases} \quad \cdots\cdots\cdots\cdots\cdots\cdots \text{(III-4-40)}$$

と与えた。

Ⅲ－4－3－1　M=20、f_p=0.2、f_s=0.25の低域通過フィルタ

M=20、f_p=0.2、f_s=0.25 の低域通過フィルタの設計を行なう際に、つぎの3つの α、β の組合せを与えた。

Case1：α=1、β=1

図 III-4-4 に Case1 の振幅特性、図 III-4-5 にその通過域振幅特性、表 III-4.1 にフィルタ係数を示す。

Case2：α=10、β=1

図 III-4-6 に Case2 の振幅特性、図 III-4-7 にその通過域振幅特性、表 III-4.2 にフィルタ係数を示す。

Case3：α=1、β=10

図 III-4-8 に Case3 の振幅特性、図 III-4-9 にその通過域振幅特性、表 III-4.3 にフィルタ係数を示す。

図 III-4-4、図 III-4-6、図 III-4-8 を比較すると、阻止域減衰量は Case3、Case1、Case2 の順で大きいことがわかる。一方、通過域リプルは Case2、Case1、Case3 の順で小さいことがわかる。このように高い阻止域減衰量を得ることに重きをおけば通過域リプルが大きく、通過域リプルの抑圧に重きをおけば阻止域減衰量が小さくなる。そのため、使用目的に応じて重みの値を選択することが必要である。

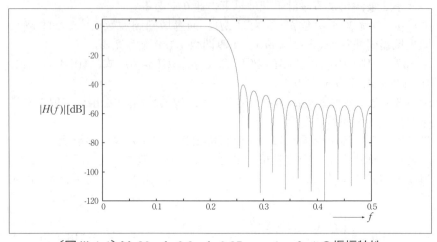

〔図 III-4-4〕M=20、f_p=0.2、f_s=0.25、α=1、β=1 の振幅特性

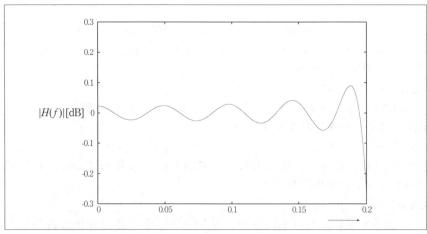

〔図 III-4-5〕M=20、f_p=0.2、f_s=0.25、α=1、β=1 の通過域振幅特性

〔表 III-4.1〕 $M=20$、$f_p=0.2$、$f_s=0.25$、$\alpha=1$、$\beta=1$ のフィルタ係数

a_m	フィルタ係数値
a_0	0.449734335009
a_1	0.626478069635
a_2	0.097478890918
a_3	−0.182891264868
a_4	−0.088773627488
a_5	0.081965580962
a_6	0.075679363167
a_7	−0.034144017316
a_8	−0.060017021285
a_9	0.007777707987
a_{10}	0.043808658200
a_{11}	0.006107521932
a_{12}	−0.028903662759
a_{13}	−0.011788202346
a_{14}	0.016671132056
a_{15}	0.012211467238
a_{16}	−0.007821660326
a_{17}	−0.009740321335
a_{18}	0.002386116179
a_{19}	0.006236536335
a_{20}	0.000161286411

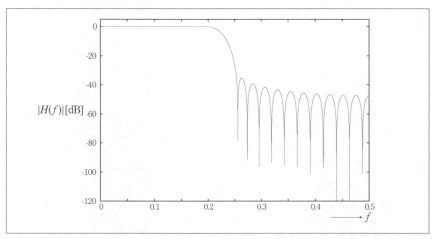

〔図 III-4-6〕 $M=20$、$f_p=0.2$、$f_s=0.25$、$\alpha=10$、$\beta=1$ の振幅特性

Ⅲ. FIRフィルタの設計

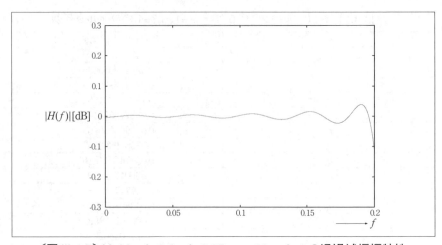

〔図 III-4-7〕$M=20$、$f_p=0.2$、$f_s=0.25$、$\alpha=10$、$\beta=1$ の通過域振幅特性

〔表 III-4.2〕$M=20$、$f_p=0.2$、$f_s=0.25$、$\alpha=10$、$\beta=1$ のフィルタ係数

a_m	フィルタ係数値
a_0	0.456612498511
a_1	0.628595788666
a_2	0.084515646156
a_3	−0.188913350674
a_4	−0.078040889974
a_5	0.090969276108
a_6	0.068203051808
a_7	−0.044808729815
a_8	−0.056243696411
a_9	0.018654510852
a_{10}	0.043568354287
a_{11}	−0.003684303109
a_{12}	−0.031506157556
a_{13}	−0.004000338345
a_{14}	0.021106910852
a_{15}	0.006843446327
a_{16}	−0.013020350339
a_{17}	−0.006698009041
a_{18}	0.007505563935
a_{19}	0.004999823627
a_{20}	−0.005008002967

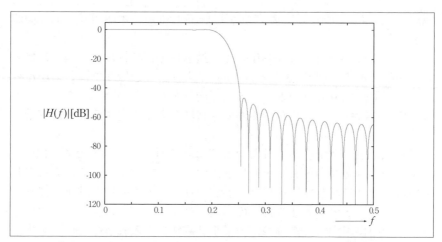

〔図 III-4-8〕$M=20$、$f_p=0.2$、$f_s=0.25$、$\alpha=1$、$\beta=10$ の振幅特性

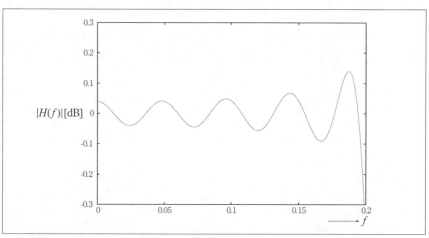

〔図 III-4-9〕$M=20$、$f_p=0.2$、$f_s=0.25$、$\alpha=1$、$\beta=10$ の通過域振幅特性

　通過域リプルを抑圧し、かつ高い阻止域減衰量を得るためには、設計仕様として許される範囲で遷移域幅の拡大や、フィルタ次数の増加が考えられる。次節以降でその設計例を示す。

III－4－3－2　$M=20$、$f_p=0.2$、$f_s=0.3$の低域通過フィルタ

　III-4-3-1 節の設計例に対し、通過域リプルの抑圧ならびに高い阻止域減衰量の獲得を狙って、遷移域幅を広げた場合の設計例を示す。遷移域

■ Ⅲ. FIRフィルタの設計

幅の拡大には f_p と f_s 両方の調整が可能であるが、本設計例では f_s=0.3 に変更した。

図 Ⅲ-4-10 に振幅特性、図 Ⅲ-4-11 に通過域振幅特性、表 Ⅲ-4.4 にフィルタ係数を示す。図 Ⅲ-4-10 と図 Ⅲ-4-11 より、通過域リプルの抑圧ならびに高い阻止域減衰量の獲得が達成可能であることが確認できる。このように、設計仕様で許される範囲で遷移域を広く設定することが有効である。

遷移域は最小 2 乗法の評価関数 E では評価対象外にあるため、FIR フィルタの零点を通過域と阻止域に配置するようにフィルタ係数を決定している。それに対して、遷移域の過剰な拡大は近似帯域の縮小を伴うため、本来カットオフ周波数付近の過剰のリプルの抑圧のための自由度を与えるために用意した遷移域が、最小 2 乗法による設計の自由度を奪う場合がある。例えば、高次数フィルタの場合、近似帯域内に必要な個数の零点を配置することが困難となるケースがある。その場合は、行列 Q

〔表 Ⅲ-4.3〕M=20、f_p=0.2、f_s=0.25、α=1、β=10 のフィルタ係数

a_m	フィルタ係数値
a_0	0.443711455965
a_1	0.624585301347
a_2	0.108805976454
a_3	−0.177515971461
a_4	−0.098081828703
a_5	0.073951404604
a_6	0.082047459077
a_7	−0.024695548731
a_8	−0.063055967016
a_9	−0.001788537267
a_{10}	0.043693027814
a_{11}	0.014620310163
a_{12}	−0.026279390852
a_{13}	−0.018425838849
a_{14}	0.012467462209
a_{15}	0.016606972471
a_{16}	−0.003013824182
a_{17}	−0.011962968271
a_{18}	−0.002253890567
a_{19}	0.006619815362
a_{20}	0.004523321999

が特異行列となる。

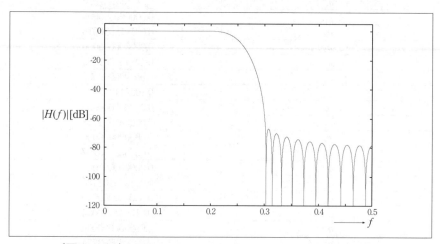

〔図 III-4-10〕$M=20$、$f_p=0.2$、$f_s=0.3$、$\alpha=1$、$\beta=1$ の振幅特性

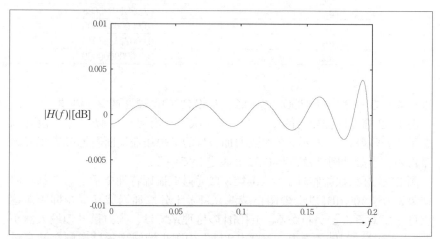

〔図 III-4-11〕$M=20$、$f_p=0.2$、$f_s=0.3$、$\alpha=1$、$\beta=1$ の通過域振幅特性

■ Ⅲ. FIRフィルタの設計

〔表 Ⅲ-4.4〕$M=20$、$f_p=0.2$、$f_s=0.3$、$\alpha=1$、$\beta=1$ のフィルタ係数

a_m	フィルタ係数値
a_0	0.500000000000
a_1	0.631918050015
a_2	0.000000000000
a_3	−0.198450361719
a_4	0.000000000000
a_5	0.105511315798
a_6	0.000000000000
a_7	−0.062586928758
a_8	0.000000000000
a_9	0.037653453707
a_{10}	0.000000000000
a_{11}	−0.021978103426
a_{12}	0.000000000000
a_{13}	0.012041140084
a_{14}	0.000000000000
a_{15}	−0.005963663724
a_{16}	0.000000000000
a_{17}	0.002511025628
a_{18}	0.000000000000
a_{19}	−0.000774863045
a_{20}	0.000000000000

Ⅲ－4－3－3　$M=200$、$f_p=0.2$、$f_s=0.22$の低域通過フィルタ

Ⅲ-4-3-2 節と同様の目的で、フィルタ次数を増加した $M=200$ の設計例を示す。一般に、フィルタ次数増加の目的は急峻な遮断特性の実現であるため、本設計例では、$f_s=0.22$ と設定している。

図 Ⅲ-4-12 に振幅特性、図 Ⅲ-4-13 に通過域振幅特性を示す。これらの結果より、100[dB] 以上の阻止域減衰量と十分な通過域リプル抑圧が達成可能であることがわかる。16[bit] の処理系では、入力信号の最大値が $2^{16}-1=65535 \ll 10^5$ であり、100[dB] 以上の阻止域減衰量は過剰な減衰量であるため、システム要件に沿ったフィルタ次数の選定が必要である。

Ⅲ－4－3－4　$M=20$、$f_s=0.2$、$f_p=0.25$の高域通過フィルタ

高域通過フィルタを設計するために、$H_d(\omega)$ と $W(\omega)$ を

− 188 −

$$H_d(\omega) = \begin{cases} 0 & 0 \le \omega \le \omega_s \\ 1 & \omega_p \le \omega \le \pi \end{cases} \quad \cdots\cdots\cdots\cdots\cdots\cdots\cdots (\text{III-4-41})$$

$$W(\omega) = \begin{cases} \alpha & 0 \le \omega \le \omega_s \\ \beta & \omega_p \le \omega \le \pi \end{cases} \quad \cdots\cdots\cdots\cdots\cdots\cdots\cdots (\text{III-4-42})$$

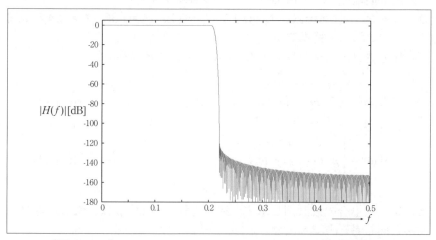

〔図 III-4-12〕M=200、f_p=0.2、f_s=0.22、α=1、β=1 の振幅特性

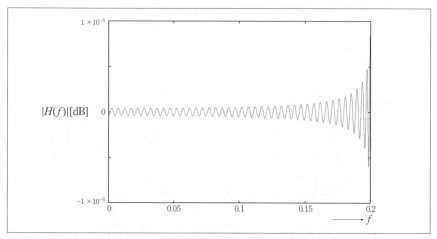

〔図 III-4-13〕M=200、f_p=0.2、f_s=0.22、α=1、β=1 の通過域振幅特性

と設定した場合の設計例を示す。連立方程式の Q、p は、低域通過フィルタと同じ考え方で導出できる。

図 III-4-14 に $M=20$、$f_s=0.2$、$f_p=0.25$、$\alpha=1$、$\beta=1$ の振幅特性、図 III-4-15 に通過域振幅特性、表 III-4.5 にフィルタ係数を示す。

III－4－3－5　$M=20$、$f_s=0.2$、$f_p=0.3$の高域通過フィルタ

図 III-4-16 に $M=20$、$f_s=0.2$、$f_p=0.3$、$\alpha=1$、$\beta=1$ の振幅特性、図 III-4-17 に通過域振幅特性、表 III-4.6 にフィルタ係数を示す。

III－4－3－6　$M=20$、$f_{s1}=0.15$、$f_{p1}=0.2$、$f_{p2}=0.35$、$f_{s2}=0.4$の帯域通過フィルタ

帯域通過フィルタを設計するために、$H_d(\omega)$ と $W(\omega)$ を

$$H_d(\omega)=\begin{cases}0 & 0\leq\omega\leq\omega_{s1}\\ 1 & \omega_{p1}\leq\omega<\omega_{p2}\\ 0 & \omega_{s2}\leq\omega\leq\pi\end{cases} \quad\cdots\cdots\cdots\cdots\cdots\cdots (\text{III-4-43})$$

$$W(\omega)=\begin{cases}\alpha & 0\leq\omega\leq\omega_{s1}\\ \beta & \omega_{p1}\leq\omega<\omega_{p2}\\ \gamma & \omega_{s2}\leq\omega\leq\pi\end{cases} \quad\cdots\cdots\cdots\cdots\cdots\cdots (\text{III-4-44})$$

と設定した場合の設計例を示す。連立方程式の Q、p は、低域通過フィルタと同じ考え方で導出できる。

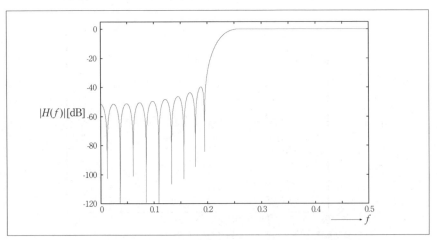

〔図 III-4-14〕$M=20$、$f_s=0.2$、$f_p=0.25$、$\alpha=1$、$\beta=1$ の振幅特性

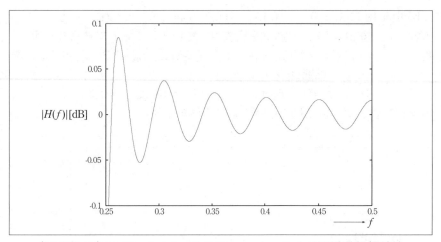

〔図 III-4-15〕M=20、f_s=0.2、f_p=0.25、α=1、β=1 の通過域振幅特性

〔表 III-4.5〕M=20、f_s=0.2、f_p=0.25、α=1、β=1 のフィルタ係数

a_m	フィルタ係数値
a_0	0.550265664991
a_1	−0.626478069635
a_2	−0.097478890918
a_3	0.182891264868
a_4	0.088773627488
a_5	−0.081965580962
a_6	−0.075679363167
a_7	0.034144017316
a_8	0.060017021285
a_9	−0.007777707987
a_{10}	−0.043808658200
a_{11}	−0.006107521932
a_{12}	0.028903662759
a_{13}	0.011788202346
a_{14}	−0.016671132056
a_{15}	−0.012211467238
a_{16}	0.007821660326
a_{17}	0.009740321335
a_{18}	−0.002386116179
a_{19}	−0.006236536335
a_{20}	−0.000161286411

図 III-4-18 に $M=20$、$f_{s1}=0.15$、$f_{p1}=0.2$、$f_{p2}=0.35$、$f_{s2}=0.4$、$\alpha=\beta=\gamma=1$ の振幅特性、図 III-4-19 に通過域振幅特性、表 III-4.7 にフィルタ係数を示す。

III－4－3－7　$M=100$、$f_{s1}=0.18$、$f_{p1}=0.2$、$f_{p2}=0.3$、$f_{s2}=0.32$ の帯域通過フィルタ

図 III-4-20 に $M=100$、$f_{s1}=0.18$、$f_{p1}=0.2$、$f_{p2}=0.3$、$f_{s2}=0.32$、$\alpha=\beta=\gamma=1$ の振幅特性、図 III-4-21 に通過域振幅特性を示す。

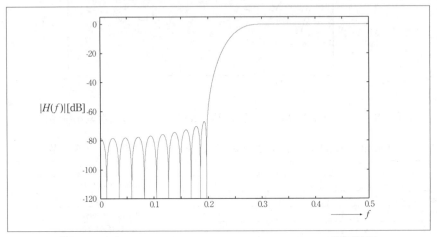

〔図 III-4-16〕$M=20$、$f_s=0.2$、$f_p=0.3$、$\alpha=1$、$\beta=1$ の振幅特性

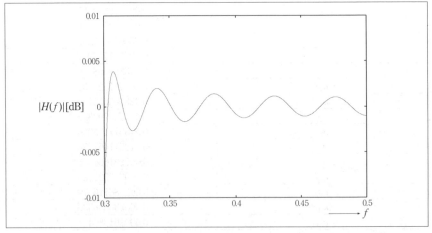

〔図 III-4-17〕$M=20$、$f_s=0.2$、$f_p=0.3$、$\alpha=1$、$\beta=1$ の通過域振幅特性

〔表 III-4.6〕 $M=20$、$f_s=0.2$、$f_p=0.3$、$\alpha=1$、$\beta=1$ のフィルタ係数

a_m	フィルタ係数値
a_0	0.500000000000
a_1	−0.631918050015
a_2	0.000000000000
a_3	0.198450361719
a_4	0.000000000000
a_5	−0.105511315798
a_6	0.000000000000
a_7	0.062586928758
a_8	0.000000000000
a_9	−0.037653453707
a_{10}	0.000000000000
a_{11}	0.021978103426
a_{12}	0.000000000000
a_{13}	−0.012041140084
a_{14}	0.000000000000
a_{15}	0.005963663724
a_{16}	0.000000000000
a_{17}	−0.002511025628
a_{18}	0.000000000000
a_{19}	0.000774863045
a_{20}	0.000000000000

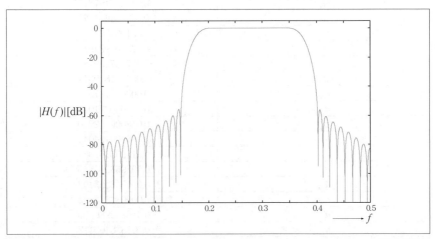

〔図 III-4-18〕 $M=20$、$f_{s1}=0.2$、$f_{p1}=0.2$、$f_{p2}=0.35$、$f_{s2}=0.4$、$\alpha=\beta=\gamma=1$ の振幅特性

■ Ⅲ. FIRフィルタの設計

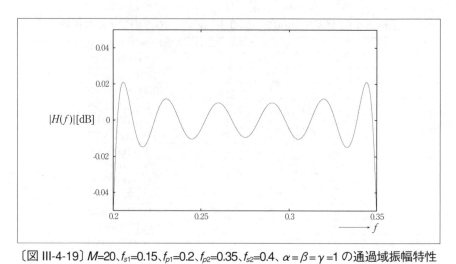

〔図 Ⅲ-4-19〕 $M=20、f_{s1}=0.15、f_{p1}=0.2、f_{p2}=0.35、f_{s2}=0.4、\alpha=\beta=\gamma=1$ の通過域振幅特性

〔表 Ⅲ-4.7〕 $M=20、f_{s1}=0.15、f_{p1}=0.2、f_{p2}=0.35、f_{s2}=0.4、\alpha=\beta=\gamma=1$ のフィルタ係数

a_m	フィルタ係数値
a_0	0.397297879918
a_1	−0.116231769658
a_2	−0.566139960549
a_3	0.178665594926
a_4	0.146337197377
a_5	−0.003601421673
a_6	0.061994794736
a_7	−0.128208934931
a_8	−0.037237239788
a_9	0.064711810017
a_{10}	−0.000028117986
a_{11}	0.039630321079
a_{12}	−0.018000942030
a_{13}	−0.044200154042
a_{14}	0.016265161058
a_{15}	0.002068014545
a_{16}	0.011563263492
a_{17}	0.009080822772
a_{18}	−0.016322986905
a_{19}	−0.001338400412
a_{20}	0.001696576067

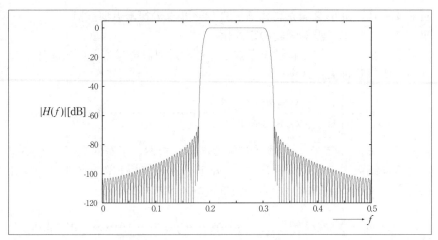

〔図 III-4-20〕 M=100、f_{s1}=0.18、f_{p1}=0.2、f_{p2}=0.3、f_{s2}=0.32、$\alpha=\beta=\gamma=1$ の振幅特性

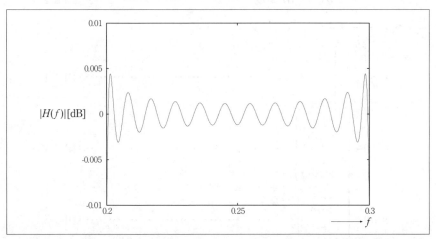

〔図 III-4-21〕 M=100、f_{s1}=0.18、f_{p1}=0.2、f_{p2}=0.3、f_{s2}=0.32、$\alpha=\beta=\gamma=1$ の通過域振幅特性

■ Ⅲ. FIRフィルタの設計

Ⅲ−4−4　最小2乗法による FIR フィルタの複素近似設計
Ⅲ−4−4−1　設計問題の定式化

　最小2乗法は、位相特性を考慮した複素近似設計にもそのまま適用できる。所望特性 $H_d(\omega)$ を

$$H_d(\omega) = \begin{cases} e^{-j\omega\tau_d} & 0 \leq \omega \leq \omega_p \\ 0 & \omega_s \leq \omega \leq \pi \end{cases} \quad \cdots\cdots\cdots\cdots\cdots\cdots (\text{Ⅲ-4-45})$$

と設定する。ここで、τ_d は群遅延である。なお、N が偶数で、$\tau_d = N/2$ のときは偶数次・偶対称インパルス応答の直線位相 FIR フィルタの設計問題と一致する。$H_d(\omega)$ が複素特性のため、設計対象も

$$H(\omega) = \sum_{n=0}^{N} h_n e^{-jn\omega} \quad \cdots\cdots\cdots\cdots\cdots\cdots\cdots (\text{Ⅲ-4-46})$$

$$= \boldsymbol{h}^T \boldsymbol{q}(\omega) - j\boldsymbol{h}^T \boldsymbol{s}(\omega) \quad \cdots\cdots\cdots\cdots\cdots\cdots (\text{Ⅲ-4-47})$$

となる。ここで、

$$\boldsymbol{h} = \begin{bmatrix} h_0 \\ h_1 \\ \vdots \\ h_N \end{bmatrix} \quad \cdots\cdots\cdots\cdots\cdots\cdots\cdots\cdots\cdots (\text{Ⅲ-4-48})$$

$$\boldsymbol{q}(\omega) = \begin{bmatrix} 1 \\ \cos\omega \\ \vdots \\ \cos N\omega \end{bmatrix} \quad \cdots\cdots\cdots\cdots\cdots\cdots\cdots (\text{Ⅲ-4-49})$$

$$\boldsymbol{s}(\omega) = \begin{bmatrix} 1 \\ \sin\omega \\ \vdots \\ \sin N\omega \end{bmatrix} \quad \cdots\cdots\cdots\cdots\cdots\cdots\cdots (\text{Ⅲ-4-50})$$

とおいた。

　最小2乗法のための評価関数 E は、

$$E = \int_\Omega W(\omega) |H_d(\omega) - H(\omega)|^2 \, d\omega \quad \cdots\cdots\cdots (\text{Ⅲ-4-51})$$

となる。$W(\omega)$ は重み関数で実数値をとる。$H_d(\omega)$ は

$$H_d(\omega) = \cos\omega\tau_d - j\sin\omega\tau_d \quad \cdots\cdots\cdots\cdots\cdots (\text{Ⅲ-4-52})$$

であるため、(III-4-51) 式は

$$E = \int_\Omega W(\omega)\big(\cos \omega\tau_d - \boldsymbol{h}^T\boldsymbol{q}(\omega)\big)^2 d\omega$$

$$+ \int_\Omega W(\omega)\big(\sin \omega\tau_d - \boldsymbol{h}^T\boldsymbol{r}(\omega)\big)^2 d\omega$$

$$= \int_\Omega W(\omega)\big\{\cos^2\omega\tau_d - 2(\cos \omega\tau_d)\,\boldsymbol{h}^T\boldsymbol{q}(\omega) + \boldsymbol{h}^T\boldsymbol{q}(\omega)\,\boldsymbol{q}^T(\omega)\,\boldsymbol{h}\big\} d\omega$$

$$+ \int_\Omega W(\omega)\big\{\sin^2\omega\tau_d - 2(\sin \omega\tau_d)\,\boldsymbol{h}^T\boldsymbol{s}(\omega) + \boldsymbol{h}^T\boldsymbol{s}(\omega)\,\boldsymbol{s}^T(\omega)\,\boldsymbol{h}\big\} d\omega$$

$$= \Xi - 2\boldsymbol{h}^T\boldsymbol{p} + \boldsymbol{h}^T\boldsymbol{Q}\boldsymbol{h} + \Upsilon - 2\boldsymbol{h}^T\boldsymbol{r} + \boldsymbol{h}^T\boldsymbol{S}\boldsymbol{h} \qquad \cdots\text{(III-4-53)}$$

となる。ここで、

$$\Xi = \int_\Omega W(\omega)\,\cos^2\omega\tau_d\,d\omega \qquad\cdots\cdots\cdots\cdots\cdots\cdots\cdots\text{(III-4-54)}$$

$$\boldsymbol{p} = \int_\Omega W(\omega)(\cos \omega\tau_d)\boldsymbol{q}(\omega)\,d\omega \qquad\cdots\cdots\cdots\cdots\cdots\cdots\cdots\text{(III-4-55)}$$

$$\boldsymbol{Q} = \int_\Omega W(\omega)\,\boldsymbol{q}(\omega)\,\boldsymbol{q}^T(\omega)\,d\omega \qquad\cdots\cdots\cdots\cdots\cdots\cdots\cdots\text{(III-4-56)}$$

$$\Upsilon = \int_\Omega W(\omega)\sin^2\omega\tau_d\,d\omega \qquad\cdots\cdots\cdots\cdots\cdots\cdots\cdots\text{(III-4-57)}$$

$$\boldsymbol{r} = \int_\Omega W(\omega)(\sin \omega\tau_d)\boldsymbol{s}(\omega)\,d\omega \qquad\cdots\cdots\cdots\cdots\cdots\cdots\cdots\text{(III-4-58)}$$

$$\boldsymbol{S} = \int_\Omega W(\omega)\,\boldsymbol{s}(\omega)\,\boldsymbol{s}^T(\omega)\,d\omega \qquad\cdots\cdots\cdots\cdots\cdots\cdots\cdots\text{(III-4-59)}$$

とおいた。

Ⅲ－4－4－2　最小2乗法による最適なフィルタ係数の導出

E を最小にする最適なフィルタ係数 $\overline{\boldsymbol{h}}$ は

$$\frac{\partial E}{\partial \boldsymbol{h}} = 0 \qquad\cdots\cdots\cdots\cdots\cdots\cdots\cdots\cdots\cdots\cdots\cdots\text{(III-4-60)}$$

を満たす解である。(III-4-53) 式を用いると、

$$\frac{\partial E}{\partial \boldsymbol{h}} = -2\boldsymbol{p} + 2\boldsymbol{Q}\boldsymbol{h} - 2\boldsymbol{r} + 2\boldsymbol{S}\boldsymbol{h} \qquad\cdots\cdots\cdots\cdots\cdots\cdots\text{(III-4-61)}$$

$$= -(\boldsymbol{p} + \boldsymbol{r}) + 2(\boldsymbol{Q} + \boldsymbol{S})\boldsymbol{h} \qquad\cdots\cdots\cdots\cdots\cdots\cdots\text{(III-4-62)}$$

となるため、最適なフィルタ係数 $\overline{\boldsymbol{h}}$ は

■ Ⅲ. FIRフィルタの設計

$$\overline{h} = (Q+S)^{-1}(p+r) \quad \cdots\cdots\cdots\cdots\cdots\cdots\cdots\cdots \text{(Ⅲ-4-63)}$$

と求められる。

重み関数 $W(\omega)$ を

$$W(\omega) = \begin{cases} \alpha & 0 \le \omega \le \omega_p \\ \beta & \omega_s \le \omega \le \pi \end{cases} \quad \cdots\cdots\cdots\cdots\cdots\cdots \text{(Ⅲ-4-64)}$$

として、$p+r$ と $Q+S$ を求めよう。まず、$p+r$ の第 n 要素 p_n+r_n を定義にしたがって計算すると、次式となる。

$$p_n = \int_0^{\omega_p} \alpha \cos \omega\tau_d \cos n\omega\, d\omega$$

$$= \frac{\alpha}{2} \int_0^{\omega_p} \{\cos \omega(\tau_d - n) + \cos \omega(\tau_d + n)\}\, d\omega$$

$$= \frac{\alpha}{2} \left\{ \frac{\sin \omega_p(\tau_d - n)}{\tau_d - n} + \frac{\sin \omega_p(\tau_d + n)}{\tau_d + n} \right\}$$

$$r_n = \int_0^{\omega_p} \alpha \sin \omega\tau_d \sin n\omega\, d\omega$$

$$= \frac{\alpha}{2} \int_0^{\omega_p} \{\cos \omega(\tau_d - n) - \cos \omega(\tau_d + n)\}\, d\omega$$

$$= \frac{\alpha}{2} \left\{ \frac{\sin \omega_p(\tau_d - n)}{\tau_d - n} - \frac{\sin \omega_p(\tau_d + n)}{\tau_d + n} \right\}$$

$$p_n + r_n = \alpha \cdot \frac{\sin \omega_p(\tau_d - n)}{\tau_d - n} \quad \cdots\cdots\cdots\cdots \text{(Ⅲ-4-65)}$$

例外的に、$n = \tau_d$ の場合は、

$$p_n + r_n = \alpha\omega_p \quad \cdots\cdots\cdots\cdots\cdots\cdots\cdots\cdots\cdots \text{(Ⅲ-4-66)}$$

となる。つぎに、$Q+S$ の第 n, m 要素 $Q_{n,m}+S_{n,m}$ のうち、$Q_{n,m}$ は（Ⅲ-4-36）式と同様に

$$Q_{n,m} = \int_0^{\omega_p} \alpha \cos n\omega \cos m\omega\, d\omega$$

$$\quad + \int_{\omega_s}^{\pi} \beta \cos n\omega \cos m\omega\, d\omega$$

$$= \frac{\alpha}{2} \cdot \frac{\sin(n+m)\omega_p}{n+m} + \frac{\alpha}{2} \cdot \frac{\sin(n-m)\omega_p}{n-m}$$

$$\quad - \frac{\beta}{2} \cdot \frac{\sin(n+m)\omega_s}{n+m} - \frac{\beta}{2} \cdot \frac{\sin(n-m)\omega_s}{n-m} \quad \cdots\cdots \text{(Ⅲ-4-67)}$$

と求められる。一方、$S_{n,m}$ は次式となる。

$$S_{n,m} = \int_0^{\omega_p} \alpha \sin n\omega \sin m\omega \, d\omega$$

$$+ \int_{\omega_s}^{\pi} \beta \sin n\omega \sin m\omega \, d\omega$$

$$= \frac{\alpha}{2} \int_0^{\omega_p} \{\cos(n-m)\omega - \cos(n+m)\omega\} d\omega$$

$$+ \frac{\beta}{2} \int_{\omega_s}^{\pi} \{\cos(n-m)\omega - \cos(n+m)\omega\} d\omega$$

$$= \frac{\alpha}{2} \cdot \frac{\sin(n-m)\omega_p}{n-m} - \frac{\alpha}{2} \cdot \frac{\sin(n+m)\omega_p}{n+m}$$

$$+ \frac{\beta}{2} \cdot \frac{\sin(n+m)\omega_p}{n+m} - \frac{\beta}{2} \cdot \frac{\sin(n-m)\omega_p}{n-m} \quad \cdots\cdots (\text{III-4-68})$$

(III-4-67) 式、(III-4-68) 式より

$$Q_{n,m} + S_{n,m} = \alpha \cdot \frac{\sin(n-m)\omega_p}{n-m} - \beta \cdot \frac{\sin(n-m)\omega_p}{n-m} \quad \cdots (\text{III-4-69})$$

となる。$n=m$ のとき、すなわち $\boldsymbol{Q}+\boldsymbol{S}$ の対角成分は、

$$Q_{n,n} + S_{n,n} = \alpha\omega_p + \beta(\pi - \omega_s) \quad \cdots\cdots\cdots\cdots\cdots\cdots\cdots\cdots (\text{III-4-70})$$

となる。

Ⅲ－４－４－３　最小2乗法によるFIRフィルタの複素近似設計の手順

最小２乗法による設計手順は以下の通りである。

Step1　フィルタ次数 N、通過域端周波数 f_p（または ω_p）、阻止域端周波数 f_s（または ω_s）、所望群遅延 τ_d、重み関数 $W(\omega)$ を与える。

Step2　(III-4-65) 式、(III-4-66) 式で $\boldsymbol{p}+\boldsymbol{r}$、(III-4-69) 式、(III-4-70) 式で $\boldsymbol{Q}+\boldsymbol{S}$ を求める。

Step3　連立方程式 $(\boldsymbol{Q}+\boldsymbol{S})\boldsymbol{h}=\boldsymbol{p}+\boldsymbol{r}$ を掃き出し法等の数値解法を用いて解き、最適なフィルタ係数 $\bar{\boldsymbol{h}}$ を求める。

Ⅲ－４－５　最小２乗法による FIR フィルタの複素近似設計例

最小２乗法による FIR フィルタの複素近似設計例を示す。重み関数 $W(\omega)$ は $\alpha=\beta=1$ と設定した。設計結果は、振幅特性、通過域振幅特性、群遅延特性、通過域複素誤差、フィルタ係数について示す。群遅延特性は、(II-5-73) 式の第１項を用いて計算した。

－ 199 －

直線位相 FIR フィルタでは理想特性と設計誤差がともに実数であり、通過域振幅特性は理想特性に設計誤差がそのまま加えられた形で現れる。一方、複素近似設計は理想特性、設計誤差がともに複素数であるため、通過域振幅特性から直接誤差変動の様子を眺めることができない。そこで、複素誤差 $e(\omega)$ を

$$e(\omega) = H_d(\omega) - H(\omega) \quad \cdots\cdots\cdots\cdots\cdots\cdots\cdots\cdots\cdots\cdots\cdots\cdots\cdots (\text{III-4-71})$$

と定義し、その大きさ $|e(\omega)|$ を通過域複素誤差として示すことにする。また、低域通過フィルタの場合、阻止域所望特性が 0 であるため、群遅延特性は通過域のみ示すことにする。

Ⅲ-4-5-1 $N=20$、$f_p=0.2$、$f_s=0.25$ のFIRフィルタ

$N=20$、$f_p=0.2$、$f_s=0.25$ の FIR フィルタの複素近似設計を行なう際に、つぎの 3 つの所望群遅延を与えた。

Case1: $\tau_d=8$

図 III-4-22 に Case1 の振幅特性、図 III-4-23 に通過域振幅特性、図 III-4-24 に通過域複素誤差、図 III-4-25 に群遅延特性、表 III-4.8 にフィルタ係数を示す。

Case2: $\tau_d=5$

図 III-4-26 に Case2 の振幅特性、図 III-4-27 に通過域振幅特性、図

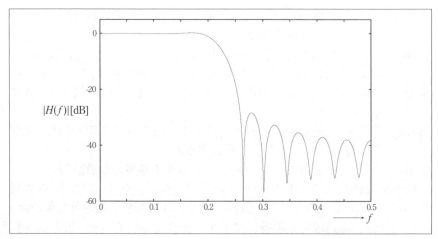

〔図 III-4-22〕$N=20$、$f_p=0.2$、$f_s=0.25$、$\tau_d=8$ の振幅特性

III-4-28 に通過域複素誤差、図 III-4-29 に群遅延特性、表 III-4.9 にフィルタ係数を示す。

Case3: τ d=18

図 III-4-30 に Case3 の振幅特性、図 III-4-31 に通過域振幅特性、図 III-4-32 に通過域複素誤差、図 III-4-33 に群遅延特性、表 III-4.10 にフィルタ係数を示す。

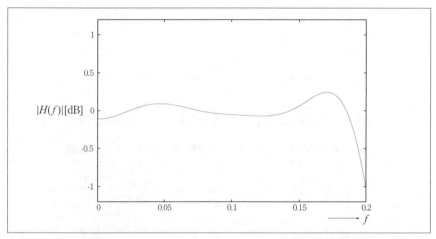

〔図 III-4-23〕 N=20、f_p=0.2、f_s=0.25、τ_d=8 の通過域振幅特性

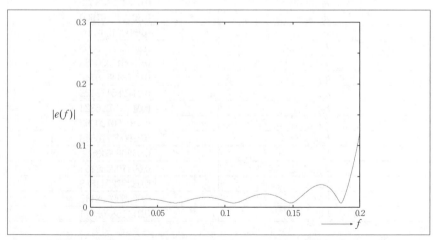

〔図 III-4-24〕 N=20、f_p=0.2、f_s=0.25、τ_d=8 の通過域複素誤差

III. FIRフィルタの設計

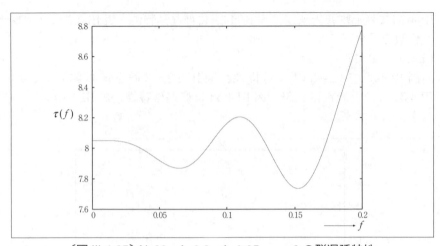

〔図 III-4-25〕 N=20、f_p=0.2、f_s=0.25、τ_d=8 の群遅延特性

〔表 III-4.8〕 N=20、f_p=0.2、f_s=0.25、τ_d=8 のフィルタ係数

h_0	−0.019218276992
h_1	−0.012036420130
h_2	0.028754962215
h_3	0.033389870745
h_4	−0.037999041564
h_5	−0.082481287471
h_6	0.045472483529
h_7	0.304248101600
h_8	0.450091592807
h_9	0.321068845508
h_{10}	0.050541350438
h_{11}	−0.097344720746
h_{12}	−0.047285133422
h_{13}	0.044737096324
h_{14}	0.040750720093
h_{15}	−0.019005776546
h_{16}	−0.032099643858
h_{17}	0.004707030164
h_{18}	0.022772944888
h_{19}	0.002509708443
h_{20}	−0.014168205774

τ_d によるフィルタ係数の違いを明らかにするために、図 III-4-34 に τ_d=10、すなわち直線位相特性のときのフィルタ係数列、図 III-4-35 に Case1（τ_d=8）、図 III-4-36 に Case2（τ_d=5）、図 III-4-37 に Case3（τ_d=18）のフィルタ係数列を示す。

　振幅特性ならびに通過域複素誤差より、近似誤差が Case1<Case2<Case3 の順であることがわかる。直線位相特性では、図 III-4-34 のようにフィ

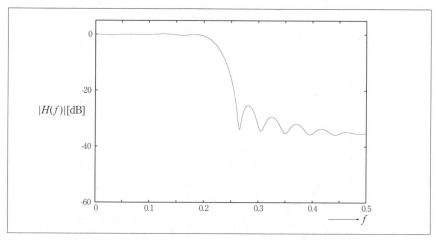

〔図 III-4-26〕N=20、f_p=0.2、f_s=0.25、τ_d=8 の振幅特性

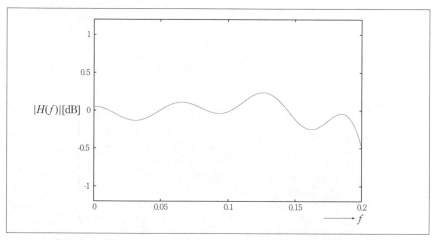

〔図 III-4-27〕N=20、f_p=0.2、f_s=0.25、τ_d=5 の通過域複素誤差

III. FIRフィルタの設計

ルタ係数の対称性が成立した。一方、複素近似設計では、対称性が成立しないため、図III-4-35、図III-4-36、図III-4-37に示すように、指定したτ_dを中心に非対称なフィルタ係数列となる。

直線位相特性では、対称性を利用して設計問題から位相近似問題を排除し、振幅近似問題のみに落とすことができた。近似対象が半分免除されることは、近似問題の複雑化を抑えることにつながるため都合がよい。

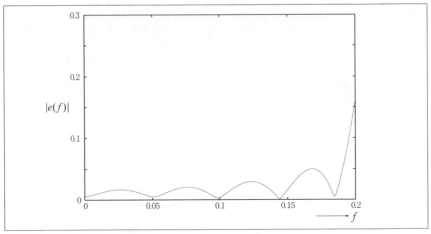

〔図III-4-28〕N=20、f_p=0.2、f_s=0.25、τ_d=5 の通過域複素誤差

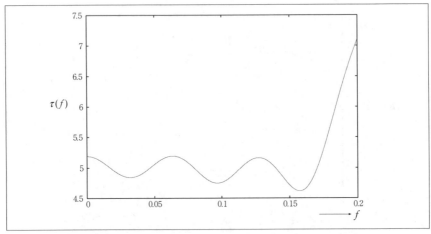

〔図III-4-29〕N=20、f_p=0.2、f_s=0.25、τ_d=5 の群遅延特性

〔表 III-4.9〕N=20、f_p=0.2、f_s=0.25、τ_d=5 のフィルタ係数

h_0	0.024130112744
h_1	−0.027898318121
h_2	−0.068957952853
h_3	0.039140016949
h_4	0.287808050329
h_5	0.451283366033
h_6	0.338406121934
h_7	0.054975053684
h_8	−0.113305207025
h_9	−0.056806919849
h_{10}	0.057282382638
h_{11}	0.053912000851
h_{12}	−0.026768307944
h_{13}	−0.046869018433
h_{14}	0.007258343490
h_{15}	0.036994639750
h_{16}	0.004623227243
h_{17}	−0.026029322142
h_{18}	−0.010356027964
h_{19}	0.015735273974
h_{20}	0.011315749591

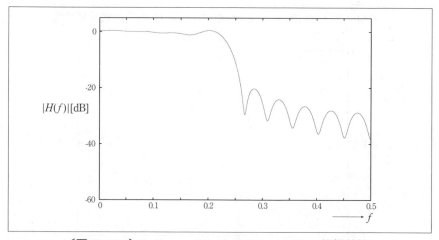

〔図 III-4-30〕N=20、f_p=0.2、f_s=0.25、τ_d=18 の振幅特性

■ Ⅲ. FIRフィルタの設計

したがって、フィルタ係数列の対称性成立の可能性が高いほうが設計誤差も小さいと言える。その視点で考えると、フィルタ係数列の並びが図Ⅲ-4-34のフィルタ係数列の並びに近いほうが有利である。それゆえ、上記の順位となったことが理解できる。また、複素誤差を評価対象としているため、振幅誤差が大きい場合は、群遅延誤差も大きいことに注意が必要である。したがって、与えられたNに対して設定可能なτ_dを十

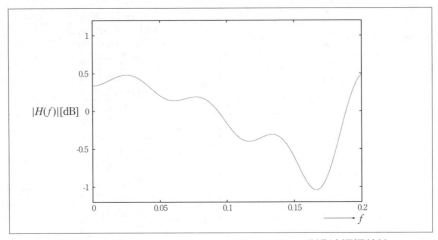

〔図Ⅲ-4-31〕N=20、f_p=0.2、f_s=0.25、τ_d=18の通過域振幅特性

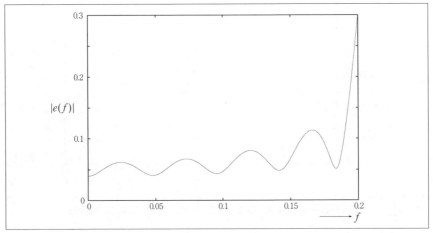

〔図Ⅲ-4-32〕N=20、f_p=0.2、f_s=0.25、τ_d=18の通過域複素誤差

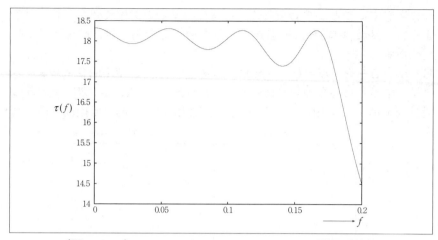

〔図 III-4-33〕 $N=20$、$f_p=0.2$、$f_s=0.25$、$\tau_d=18$ の群遅延特性

〔表 III-4.10〕 $N=20$、$f_p=0.2$、$f_s=0.25$、$\tau_d=18$ のフィルタ係数

h_0	0.005652912218
h_1	-0.025150819337
h_2	-0.017111968779
h_3	0.027571288552
h_4	0.032332403639
h_5	-0.023826119319
h_6	-0.049198014510
h_7	0.012288262998
h_8	0.064871392667
h_9	0.007740169610
h_{10}	-0.076420371070
h_{11}	-0.036463187810
h_{12}	0.081513365735
h_{13}	0.075659892416
h_{14}	-0.078996128140
h_{15}	-0.138289965209
h_{16}	0.069190003095
h_{17}	0.366797954584
h_{18}	0.446173116055
h_{19}	0.259650120908
h_{20}	0.035636787908

分に考慮することが求められる。さらに、フィルタ係数列からもわかるように、$N<\tau_d$の場合、近似が成立しない。その場合は、Nを増やす必要がある。

Ⅲ－4－5－2　N=100、f_p=0.2、f_s=0.25、τ_d=35のFIRフィルタ

Nを増やした場合の設計例として、N=100、f_p=0.2、f_s=0.25、τ_d=35 の設計例を示す。図Ⅲ-4-38 に振幅特性、図Ⅲ-4-39 に通過域振幅特性、図

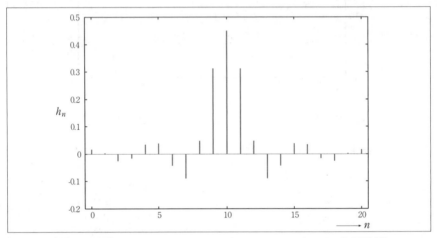

〔図Ⅲ-4-34〕N=20、f_p=0.2、f_s=0.25、τ_d=10 のフィルタ係数列

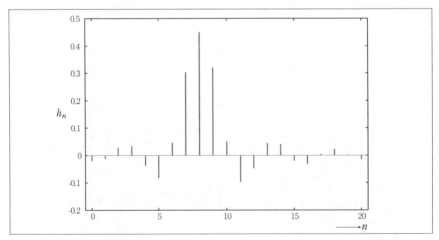

〔図Ⅲ-4-35〕N=20、f_p=0.2、f_s=0.25、τ_d=8 のフィルタ係数列

III-4-40 に通過域複素誤差、図 III-4-41 に群遅延特性を示す。

III－4－5－3　N=200、f_p=0.2、f_s=0.23、τ_d=75のFIRフィルタ

さらに N を増やした場合の設計例として、N=200、f_p=0.2、f_s=0.23、τ_d=75 の設計例を示す。図 III-4-42 に振幅特性、図 III-4-43 に通過域振幅特性、図 III-4-44 に通過域複素誤差、図 III-4-45 に群遅延特性を示す。

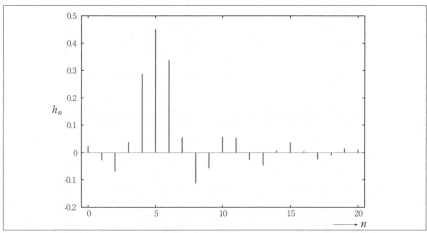

〔図 III-4-36〕N=20、f_p=0.2、f_s=0.25、τ_d=5 のフィルタ係数列

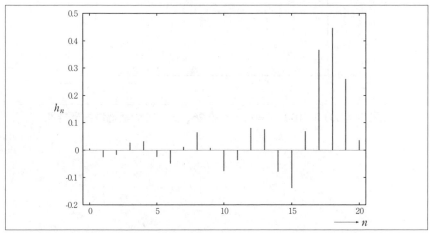

〔図 III-4-37〕N=20、f_p=0.2、f_s=0.25、τ_d=18 のフィルタ係数列

■ Ⅲ. FIRフィルタの設計

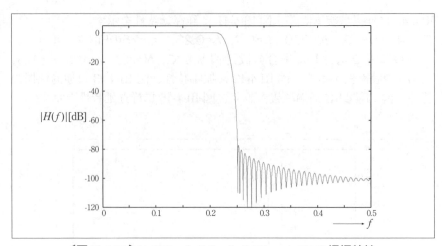

〔図 Ⅲ-4-38〕 N=100、f_p=0.2、f_s=0.25、τ_d=35 の振幅特性

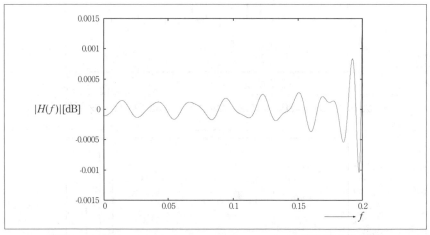

〔図 Ⅲ-4-39〕 N=100、f_p=0.2、f_s=0.25、τ_d=35 の通過域振幅特性

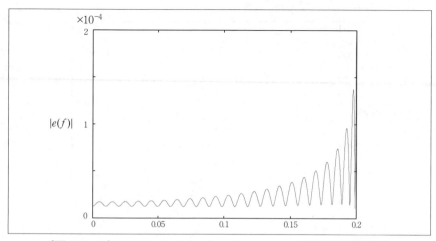

〔図 III-4-40〕 $N=100$、$f_p=0.2$、$f_s=0.25$、$\tau_d=35$ の通過域複素誤差

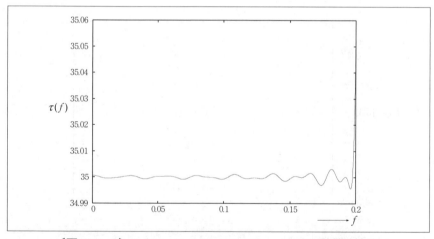

〔図 III-4-41〕 $N=100$、$f_p=0.2$、$f_s=0.25$、$\tau_d=35$ の群遅延特性

Ⅲ. FIRフィルタの設計

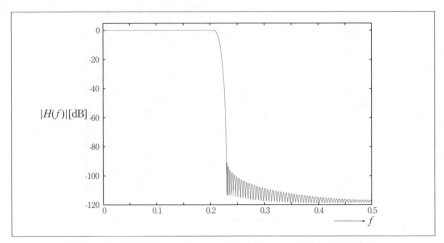

〔図 III-4-42〕$N=200$、$f_p=0.2$、$f_s=0.23$、$\tau_d=75$ の振幅特性

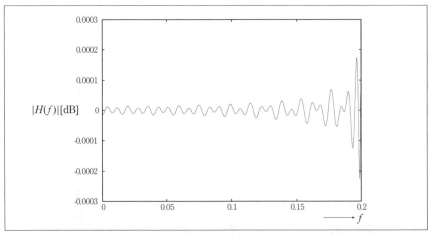

〔図 III-4-43〕$N=200$、$f_p=0.2$、$f_s=0.23$、$\tau_d=75$ の通過域振幅特性

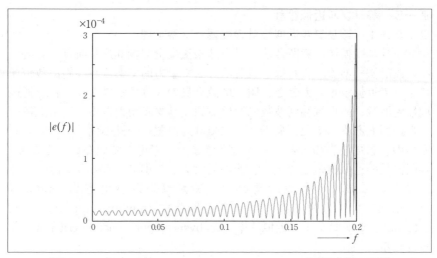

〔図 III-4-44〕 $N=200$、$f_p=0.2$、$f_s=0.23$、$\tau_d=75$ の通過域複素誤差

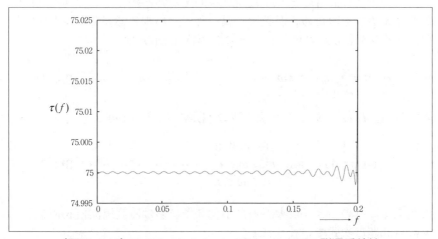

〔図 III-4-45〕 $N=200$、$f_p=0.2$、$f_s=0.23$、$\tau_d=75$ の群遅延特性

■ Ⅲ. FIRフィルタの設計

Ⅲ－5　等リプル近似設計

Ⅲ－5－1　等リプル近似設計の概要と交番定理

　フーリエ変換法、窓関数法、最小2乗法は全て繰り返し演算の必要が
ない設計法である。これは、設計法として魅力的であるが、周波数帯域
によって近似誤差の大きさ、阻止域減衰量の大きさが異なり、特に通過
域端周波数、阻止域端周波数における誤差リプルが大きく、実用上使い
づらい面もある。また、最小2乗法では近似誤差の最小化を図っている
ものの、各周波数の近似誤差の大きさまでは考慮していない。そこで、
各周波数の近似誤差を規定し、その最大値を最小にするような設計を考
えよう。このような設計基準は、最大誤差最小化基準（min-max
crieterion）もしくはミニマックス近似基準（min-max approximation
criterion）、チェビシェフ近似基準（Chebyshev approximation criterion）と
呼ばれる。

　最大誤差最小化基準でも、直線位相FIRフィルタ設計のような実近似
問題と複素近似設計のような複素近似問題があるが、ここでは実近似問
題を考える。そのため、偶数次・偶対称インパルス応答をもつ直線位相
FIRフィルタを設計対象とし、その振幅特性 $H(\omega)$ は

$$H(\omega) = \sum_{m=0}^{M} a_m \cos m\omega \quad \cdots\cdots\cdots\cdots\cdots\cdots\cdots\cdots\cdots\cdots \text{(Ⅲ-5-1)}$$

と書ける。$H(\omega)$ に対し、所望周波数（振幅）特性 $H_d(\omega)$ を

$$H_d(\omega) = \begin{cases} 1 & 0 \leq \omega \leq \omega_p \\ \text{don't care} & \omega_p < \omega < \omega_s \quad \cdots\cdots\cdots\cdots\cdots\cdots \\ 0 & \omega_s \leq \omega \leq \pi \end{cases} \quad \text{(Ⅲ-5-2)}$$

と与える。そのとき、最大誤差最小化基準における直線位相FIRフィル
タ設計問題は次式で定義される。

$$\min_{\boldsymbol{a}} \max_{\omega \in \Omega} W(\omega)|H_d(\omega) - H(\omega)| \quad \cdots\cdots\cdots\cdots\cdots\cdots\cdots\cdots \text{(Ⅲ-5-3)}$$

ここで、

－ 214 －

$$\boldsymbol{a} = \begin{bmatrix} a_0 \\ a_1 \\ \vdots \\ a_M \end{bmatrix} \quad \cdots\cdots\cdots\cdots\cdots\cdots\cdots\cdots\cdots\cdots\cdots\cdots\cdots\cdots \quad \text{(III-5-4)}$$

であり、$W(\omega)$ は重み関数、Ω は近似帯域、すなわち $\Omega=[0, \omega_p] \cup [\omega_s, \pi]$ である。(III-5-3) 式は、フィルタ係数 $\boldsymbol{a}$ を調整して、近似帯域内の絶対値最大誤差を最小にする問題である。ω は連続変数であり、そのままでは扱いづらいため、通常 ω を L 分割して離散化した次式の問題

$$\min_{\boldsymbol{a}} \max_{\omega \in \Omega} W(\omega_l) |H_d(\omega_l) - H(\omega_l)|, \; l = 0, 1, \cdots, \; L-1 \quad \cdots\cdots \quad \text{(III-5-5)}$$

を設計問題と考える。$H(\omega_l)$ に (III-5-1) 式を代入すると、

$$\min_{\boldsymbol{a}} \max_{\omega \in \Omega} W(\omega_l) \left| H_d(\omega_l) - \sum_{m=0}^{M} a_m \cos m\omega_l \right| \quad \cdots\cdots\cdots\cdots\cdots \quad \text{(III-5-6)}$$

となる。ここで、近似誤差 $e(\omega_l)$ を

$$e(\omega_l) = W(\omega_l) \left(H_d(\omega_l) - \sum_{m=0}^{M} a_m \cos m\omega_l \right) \quad \cdots\cdots\cdots\cdots\cdots \quad \text{(III-5-7)}$$

と定義すると、$H_d(\omega_l)$ が各帯域で一定値であるのに対し、右辺第2項はフーリエ級数と同様に波状関数であるため、$e(\omega_l)$ も波状関数となる。$e(\omega_l)$ が局所的にピークとなる周波数を極値周波数 (extremal frequency) と呼ぶことにすると、極値周波数の最大点数は一意に決められないのに対し、最低限必要な点数は一意に定まる。

　図 III-5-1 に示すように、隣接する極値周波数の $e(\omega_l)$ の符号が同じ場合は、フィルタ係数の調整で図 III-5-2 のように1点に集約される場合がある。したがって、$e(\omega_l)$ の符号は図 III-5-3 に示すように正負を交互に繰り返すことがわかる。このような状況を $e(\omega_l)$ の符号が交番するという。

　つぎに、フィルタ係数 $\boldsymbol{a}$ が (III-5-5) 式の問題を満たした場合の $H(\omega)$ について考えよう。何らかの手続きで $\boldsymbol{a}$ を1つ決めると $H(\omega)$ を求めることができる。図 III-5-4 に示すような $H(\omega)$ を用いて求めた近似誤差の

絶対値 $|e(\omega_1)|$ を考えよう。$|e(\omega_1)|$ の最大誤差は、小さい ω 付近に現れている。フィルタ係数値を調整して、この角周波数付近の誤差の大きさの低減を試みると、それにつられてもともと誤差の小さかった帯域の誤差が増大する。これを最大誤差が最小になるまで繰り返すと、図III-5-5 に示すように極値周波数点における誤差リプルの大きさは、全ての極値周波数点で等しくなる。もし、極値周波数点における誤差リプル

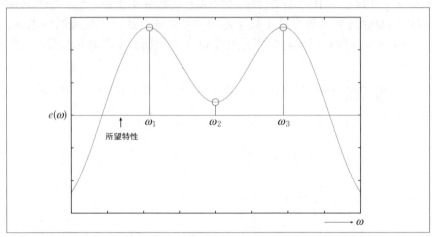

〔図 III-5-1〕極値周波数点の取り方：同じ符合の極値が隣接

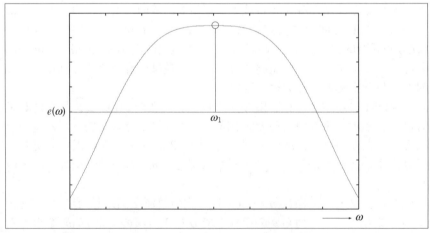

〔図 III-5-2〕極値周波数点の取り方：同じ符合の極値が1つに集約

の大きさが不均一であれば、さらに最大誤差を低減できるフィルタ係数が存在する。このような全ての極値周波数点における誤差リプルの大きさが等しい特性を等リプル特性（equi-ripple characteristic）という。換言すれば、最大誤差最小化基準による直線位相FIRフィルタ設計問題は、振幅特性の等リプル近似問題である。

最大誤差を δ としよう。そのとき、極値周波数 $\omega_i, i=0,1,\cdots$ では、

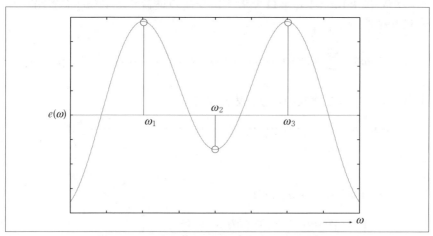

〔図III-5-3〕極値周波数点の取り方：交番状態

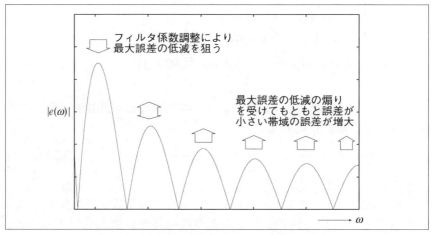

〔図III-5-4〕最大誤差最小化による誤差リプル

- 217 -

■ III. FIRフィルタの設計

$$W(\omega_i)\left(H_d(\omega_i) - \sum_{m=0}^{M} a_m \cos m\omega_i\right) = (-1)^i \delta \quad \cdots\cdots\cdots\cdots\cdots \text{(III-5-8)}$$

が成立する。ここで、未知数の個数が a_m, $m=0,1,\cdots,M+1$、δ の計 $M+2$ 個であることに注意されたい。実際には重み関数 $W(\omega_i)$ によって帯域ごとの設計されたフィルタの誤差リプルの大きさは異なる。ここでは、簡単のために $W(\omega_i)=1$, $\omega_i \in \Omega$ で考え、今後の議論では $W(\omega_i)$ を省略した連立方程式

$$H_d(\omega_i) - \sum_{m=0}^{M} a_m \cos m\omega_i = (-1)^i \delta \quad \cdots\cdots\cdots\cdots\cdots\cdots \text{(III-5-9)}$$

を考える。これを次式のように表記する。

$$Ax = b \quad \cdots\cdots\cdots\cdots\cdots\cdots\cdots\cdots\cdots\cdots\cdots \text{(III-5-10)}$$

ここで、

$$x = \begin{bmatrix} a_0 & a_1 & \cdots & a_M & \delta \end{bmatrix}^T$$

$$A = \begin{bmatrix} 1 & \cos\omega_0 & \cdots & \cos M\omega_0 & (-1)^0 \\ 1 & \cos\omega_1 & \cdots & \cos M\omega_1 & (-1)^1 \\ \vdots & \vdots & \ddots & \vdots & \vdots \\ 1 & \cos\omega_M & \cdots & \cos M\omega_M & (-1)^M \\ 1 & \cos\omega_{M+1} & \cdots & \cos M\omega_{M+1} & (-1)^{M+1} \end{bmatrix}$$

$$b = \begin{bmatrix} H_d(\omega_0) & H_d(\omega_1) & \cdots & H_d(\omega_M) & H_d(\omega_{M+1}) \end{bmatrix}^T$$

とおいた。T は転置を表す。これより、極値周波数が既知の場合、フィルタ係数 a と最大誤差 δ を

$$x = A^{-1}b \quad \cdots\cdots\cdots\cdots\cdots\cdots\cdots\cdots\cdots \text{(III-5-11)}$$

と求めることができる。

　極値周波数については、注意が必要である。偶数次・偶対称インパルス応答をもつ直線位相 FIR フィルタの振幅特性は偶関数であるため、$\omega=0, \pi$ における振幅特性は線対称の関係で必ずピークとなる。したが

－ 218 －

って、$\omega=0, \pi$ は極値周波数となる。さらに、通過域端周波数では振幅特性が阻止域に向かって下がるため負の近似誤差となり、阻止域端周波数ではそれを受けるため正の近似誤差となる。そのため、通過域端周波数、阻止域端周波数の振幅特性はともにピークとなり、その近似誤差符号は異なる。その結果、$\omega=\omega_p, \omega_s$ も極値周波数となる。

等リプル近似設計で最適なフィルタ係数が一意に定まるために最低限必要な極値周波数点数に関して交番定理（alternation theorem）が成立する。

交番定理

$H(\omega)$ が最大誤差最小化基準で最良の近似となるための必要十分条件は、近似帯域 Ω 上で近似誤差 $e(\omega)$ の極値周波数が少なくとも $M+2$ 個存在し、その符号が交番することである。

交番する理由は、前述の通りである。また、極値周波数点数が少なくとも $M+2$ 個必要である理由は、(III-5-9) 式の未知数が $M+2$ 個であるため、連立方程式は少なくとも $M+2$ 本必要であるためである。例えば、図 III-5-5 は $M=11$ の設計例であるが、極値周波数点数が $M+2=13$ であ

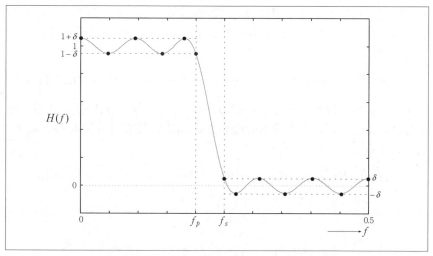

〔図 III-5-5〕等リプル近似設計における振幅特性 ($M=11$)

ることが確認できる。

直線位相 FIR フィルタの等リプル近似設計問題は、近似帯域 Ω 内から $M+2$ の極値周波数を選択する問題であると言える。

Ⅲ－5－2　Remez アルゴリズムによる等リプル近似設計

Ⅲ－5－2－1　Remez アルゴリズムによる直線位相FIRフィルタの等リプル近似設計

Remez アルゴリズムは、複数の極値周波数点の候補を同時に交換しながら、最大誤差を最小化するフィルタ係数を探索するアルゴリズムである。Parks と McClellan によってフィルタ設計に適用されたため、Parks-McClellan アルゴリズム、または Remez 交換アルゴリズムとも呼ばれる。

Remez アルゴリズムは繰り返しアルゴリズムである。k 回目の繰り返しにおける極値周波数を

$$w_i^k,\ i = 0, 1, \cdots,\ M+1 \quad \cdots\cdots\cdots\cdots\cdots\cdots\cdots\cdots\cdots\cdots \text{(Ⅲ-5-12)}$$

とする。$\omega_b, = 0, 1, \cdots, L-1$ のうち、正しい極値周波数は不明であるため、極値周波数の初期値として、

$$w_i^0,\ i = 0, 1, \cdots,\ M+1 \quad \cdots\cdots\cdots\cdots\cdots\cdots\cdots\cdots\cdots\cdots \text{(Ⅲ-5-13)}$$

を設定する。ω_i^0 の取り方には任意性があるが、概ね Ω を等分割するように設定すればよいことが経験的にわかっている。すなわち、通過域と阻止域の極値点数は全 $M+2$ 個を $[0, \omega_p]$ と $[\omega_s, \pi]$ の比率で分配すればよい。なお、

$$\omega = 0,\ \omega_p,\ \omega_s,\ \pi \quad \cdots\cdots\cdots\cdots\cdots\cdots\cdots\cdots\cdots\cdots \text{(Ⅲ-5-14)}$$

は正しい極値周波数であることがわかっているため、初期値に含めるとともにアルゴリズムで交換も行なわない。ω_i^0 を (Ⅲ-5-10) 式に与えると、次式となる。

$$A^0 x^0 = b^0 \quad \cdots\cdots\cdots\cdots\cdots\cdots\cdots\cdots\cdots\cdots\cdots\cdots \text{(Ⅲ-5-15)}$$

ここで、

$$x^0 = \begin{bmatrix} a_0^0 & a_1^0 & \cdots & a_M^0 & \delta^0 \end{bmatrix}^T$$

$$A^0 = \begin{bmatrix} 1 & \cos\omega_0^0 & \cdots & \cos M\omega_0^0 & (-1)^0 \\ 1 & \cos\omega_1^0 & \cdots & \cos M\omega_1^0 & (-1)^1 \\ \vdots & \vdots & \ddots & \vdots & \vdots \\ 1 & \cos\omega_M^0 & \cdots & \cos M\omega_M^0 & (-1)^M \\ 1 & \cos\omega_{M+1}^0 & \cdots & \cos M\omega_{M+1}^0 & (-1)^{M+1} \end{bmatrix}$$

$$b^0 = \begin{bmatrix} H_d(\omega_0^0) & H_d(\omega_1^0) & \cdots & H_d(\omega_M^0) & H_d(\omega_{M+1}^0) \end{bmatrix}^T$$

である。この連立方程式を掃き出し法等の数値解法で解くと、0 回目の繰り返しにおけるフィルタ係数 a^0 と誤差 δ^0 が求まる。

　M=11、f_p=0.2、f_s=0.25 の直線位相 FIR フィルタ設計を例に Remez アルゴリズムについて説明する。図 III-5-6 に ω_k^0 を与えて算出した振幅特性 $H^0(f)$ を示す。通過域の極値周波数点数は

$$\left\lceil 13 \times \frac{0.2}{0.45} \right\rceil = 6 \quad \cdots\cdots\cdots\cdots\cdots\cdots\cdots\cdots\cdots\cdots\cdots\cdots\cdots\cdots\text{(III-5-16)}$$

と定め、f:[0,0.2] を等分割し、阻止域も 13−6=7 と定め、f:[0.25,0.5] を等分割して与えた。

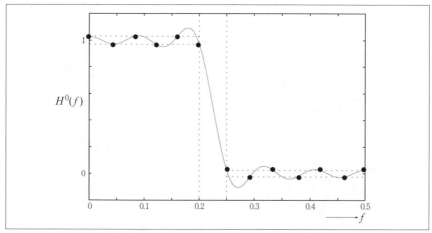

〔図 III-5-6〕初期極値周波数の振幅特性

■ III. FIRフィルタの設計

　図III-5-6に●で示した点が初期値として与えたω_i^0における振幅特性値である。ω_i^0に対する$\boldsymbol{a}^0$が最適解であることはほぼないため、$H^0(f)$は等リプル特性ではない。しかし、(III-5-15) 式の連立方程式の解であるため、ω_k^0の絶対値誤差は全てδ^0となる。これでは、等リプル近似設計が成立しないため、Remezアルゴリズムでは図III-5-7で□で示すように近似誤差$e^0(\omega)$上でピークとなる周波数を探索し、極値周波数を更新する。なお、ここでは理解しやすさから$e(\omega)$上の探索ではなく、$H^0(f)$上の探索で説明しているが、作業自体は同じである。ピーク点探索は、隣接するω_lとω_{l+1}における近似誤差の差分の符号が反転する周波数を探索すればよい。

　極値周波数更新の結果、1回目の繰り返しの極値周波数として

$$w_k^1, \ k = 0, 1, \cdots, M+1 \quad \cdots\cdots\cdots\cdots\cdots\cdots\cdots\cdots\cdots\cdots \text{(III-5-17)}$$

が得られる。ω_k^1を用いて、再び同様の計算を行なうと図III-5-8に示す振幅特性$H^1(f)$が得られる。図III-5-6と図III-5-8を比較すると、極値周波数の更新によって等リプル特性に近づいていることがわかる。

　Remezアルゴリズムでは、極値周波数候補となるピーク探索と極値周波数の更新を繰り返しながら等リプル近似設計を行なう。アルゴリズムの終了には十分に小さい定数εを与え、

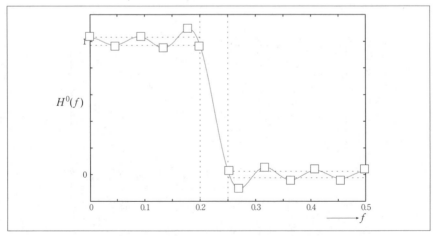

〔図III-5-7〕ピーク点探索：新しい極値周波数として□を探索

$$\max_i |\omega_i^k - \omega_i^{k-1}| < \varepsilon \quad \cdots\cdots (\text{III-5-18})$$

を満たすとき、収束したと判定する。

III－5－2－2　Remezアルゴリズムによる直線位相FIRフィルタの設計手順

Remezアルゴリズムによる直線位相FIRフィルタの設計手順は以下の通りである。

Step1　フィルタ次数 $N(M)$、通過域端周波数 $f_p(\omega_p)$、阻止域端周波数 $f_s(\omega_s)$、周波数分割数 L、収束判定定数 ε を与える。

Step2　初期極値周波数 $\omega_i^0, i=0,1,\cdots,M+1$ を設定する。繰り返し回数 $k=0$ と設定する。

Step3　連立方程式 $A^k x^k = b^k$ を数値解法で解き、振幅特性 $H^k(\omega)$ と近似誤差 $e^k(\omega)$ を求める。

Step4　$k \leftarrow k+1$ として、$H^{k-1}(\omega)$ もしくは $e^{k-1}(\omega)$ 上で極値周波数 ω_i^k を探索する。$\max_i |\omega_i^k - \omega_i^{k-1}| < \varepsilon$ ならば終了、そうでなければStep3へ戻る。

III－5－3　Remezアルゴリズムによる設計例

Remezアルゴリズムによる直線位相FIRフィルタの設計例を示す。全ての設計例において、$\varepsilon=10^{-3}$ と設定し、連立方程式の解法にはガウス・ジョルダン法を用いた。また、重み関数は通過域、阻止域ともに1と設定した。

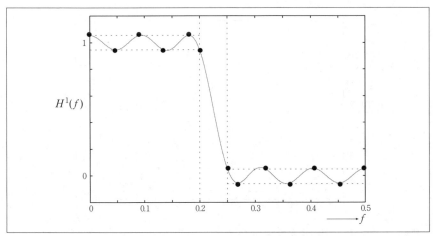

〔図III-5-8〕1回目の繰り返し後の振幅特性

Ⅲ-5-3-1　f_p=0.2、f_s=0.25の直線位相FIRフィルタ

　f_p=0.2、f_s=0.25 の直線位相 FIR フィルタ設計を M=20,25,40,50 の場合に対して行なった。表 Ⅲ-5.1 に M ごとの Remez アルゴリズムの反復繰り返し回数、収束後の最大誤差 $\delta_{\max}$ を示す。表 Ⅲ-5.1 より、M の増大とともに極値周波数点数が増加し、繰り返し回数が増大することがわかる。一方、f_p と f_s が同じであれば、M の増大により近似精度が向上し、$\delta_{\max}$ を低減できることがわかる。

　図 Ⅲ-5-9 に M=20 の振幅特性、図 Ⅲ-5-10 に通過域振幅特性、表 Ⅲ-5.2 にフィルタ係数を示す。図 Ⅲ-5-11 に M=25 の振幅特性、図 Ⅲ-5-12 に通過域振幅特性、表 Ⅲ-5.3 にフィルタ係数を示す。図 Ⅲ-5-13 に M=40 の振幅特性、図 Ⅲ-5-14 に通過域振幅特性、図 Ⅲ-5-15 に M=50 の振幅特性、図 Ⅲ-5-16 に通過域振幅特性を示す。これらの結果より、通過域、阻止域ともに振幅特性が等リプルであることが確認できる。

〔表 Ⅲ-5.1〕M に対する反復繰り返し回数と $\delta_{\max}$

M	繰り返し回数	$\delta_{\max}$
20	5	1.03067×10^{-2} (-39.74[dB])
25	5	4.04980×10^{-3} (-47.85[dB])
40	11	3.28889×10^{-4} (-69.66[dB])
50	20	5.11401×10^{-5} (-85.82[dB])

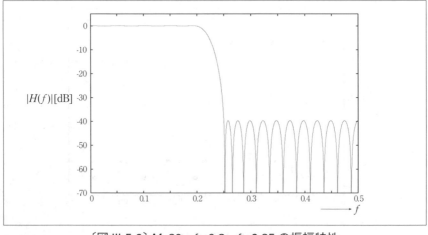

〔図 Ⅲ-5-9〕M=20、f_p=0.2、f_s=0.25 の振幅特性

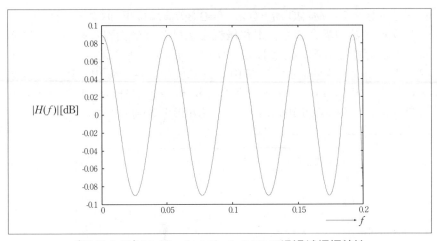

〔図 III-5-10〕 M=20、f_p=0.2、f_s=0.25 の通過域振幅特性

〔表 III-5.2〕 M=20、f_p=0.2、f_s=0.25 のフィルタ係数

a_0	0.450016644
a_1	0.626944260
a_2	0.097182311
a_3	-0.184147748
a_4	-0.089206317
a_5	0.083625894
a_6	0.077099453
a_7	-0.035685031
a_8	-0.062409157
a_9	0.008683755
a_{10}	0.046890589
a_{11}	0.006205766
a_{12}	-0.032206095
a_{13}	-0.013019314
a_{14}	0.019665877
a_{15}	0.014438610
a_{16}	-0.010058225
a_{17}	-0.012585086
a_{18}	0.004008402
a_{19}	0.015845632
a_{20}	-0.000983481

Ⅲ-5-3-2　M=20、f_p=0.2、f_s=0.3の直線位相FIRフィルタ

M が低次数の場合でも、遷移域幅を広げれば最大誤差を小さく抑えることが可能である。例として、$M=20$、$f_p=0.2$、$f_s=0.3$ の直線位相FIRフィルタの設計結果を示す。図Ⅲ-5-17 に振幅特性、図Ⅲ-5-18 に通過域振幅特性、表Ⅲ-5.4 にフィルタ係数を示す。この設計は、5回の繰り返しで収束し、$\delta_{\max}=3.40104\times10^{-4}$（$-69.37$[dB]）が得られた。

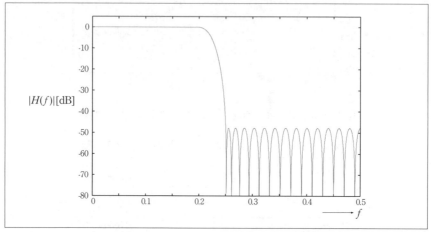

〔図Ⅲ-5-11〕M=25、f_p=0.2、f_s=0.25 の振幅特性

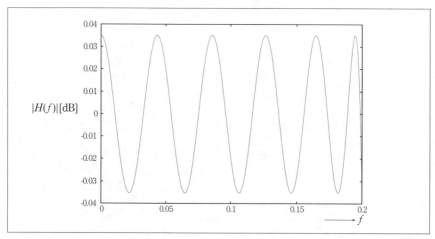

〔図Ⅲ-5-12〕M=25、f_p=0.2、f_s=0.25 の通過域振幅特性

〔表III-5.3〕$M=25$、$f_p=0.2$、$f_s=0.25$ のフィルタ係数

a_0	0.450078312
a_1	0.627252942
a_2	0.097245932
a_3	−0.184975517
a_4	−0.089780471
a_5	0.084703721
a_6	0.078370038
a_7	−0.036643562
a_8	−0.064373348
a_9	0.009149501
a_{10}	0.049355214
a_{11}	0.006514291
a_{12}	−0.034834487
a_{13}	−0.014219354
a_{14}	0.022062509
a_{15}	0.016458431
a_{16}	−0.011857281
a_{17}	−0.015189200
a_{18}	0.004592554
a_{19}	0.012127847
a_{20}	0.000018856
a_{21}	−0.008189285
a_{22}	−0.001626248
a_{23}	0.006051429
a_{24}	0.004798216
a_{25}	−0.003041244

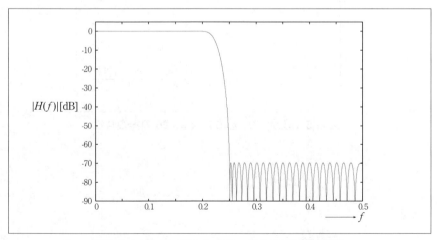

〔図III-5-13〕$M=40$、$f_p=0.2$、$f_s=0.25$ の振幅特性

■Ⅲ. FIRフィルタの設計

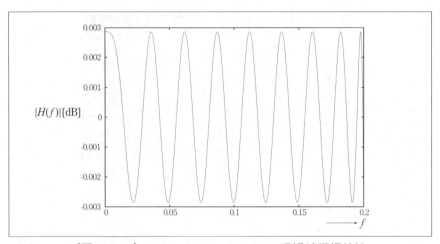

〔図 Ⅲ-5-14〕M=40、f_p=0.2、f_s=0.25 の通過域振幅特性

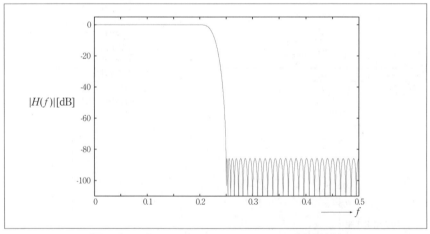

〔図 Ⅲ-5-15〕M=40、f_p=0.2、f_s=0.25 の振幅特性

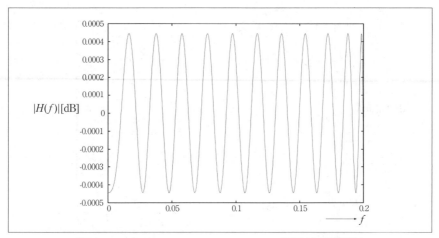

〔図 III-5-16〕 $M=50$、$f_p=0.2$、$f_s=0.25$ の通過域振幅特性

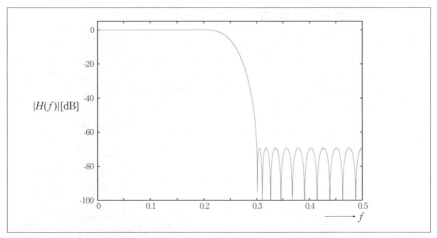

〔図 III-5-17〕 $M=20$、$f_p=0.2$、$f_s=0.3$ の振幅特性

■ Ⅲ. FIRフィルタの設計

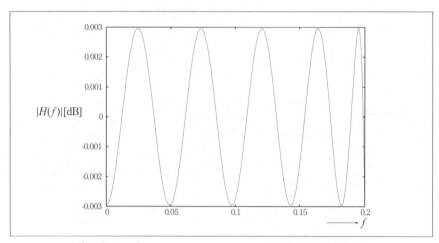

〔図 Ⅲ-5-18〕 M=20、f_p=0.2、f_s=0.3 の通過域振幅特性

〔表 Ⅲ-5.4〕 M=20、f_p=0.2、f_s=0.3 のフィルタ係数

a_0	0.500000000
a_1	0.632267776
a_2	0.000000000
a_3	-0.199450101
a_4	0.000000000
a_5	0.107022551
a_6	0.000000000
a_7	-0.064409122
a_8	0.000000000
a_9	0.039562019
a_{10}	0.000000000
a_{11}	-0.023764573
a_{12}	0.000000000
a_{13}	0.013546715
a_{14}	0.000000000
a_{15}	-0.007099402
a_{16}	0.000000000
a_{17}	0.003261612
a_{18}	0.000000000
a_{19}	-0.001277577
a_{20}	0.000000000

Ⅲ-5-3-3　$M=100$、$f_p=0.1$、$f_s=0.12$の直線位相FIRフィルタ

等リプル近似設計は、f_p、f_s付近での過剰なリプルを伴わないため、急峻な遮断特性の実現に有利である。ただし、十分な減衰量を獲得するためには大きいMが必要である。例として、$M=100$、$f_p=0.1$、$f_s=0.12$の直線位相FIRフィルタの設計例を示す。図Ⅲ-5-19に振幅特性、図Ⅲ-5-20に通過域振幅特性を示す。この設計は、Mが大きいため、収束

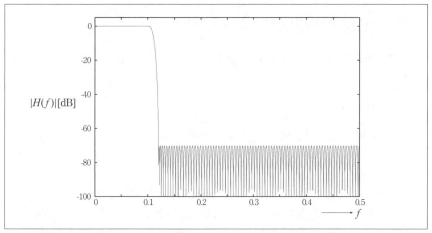

〔図 III-5-19〕$M=100$、$f_p=0.1$、$f_s=0.12$ の振幅特性

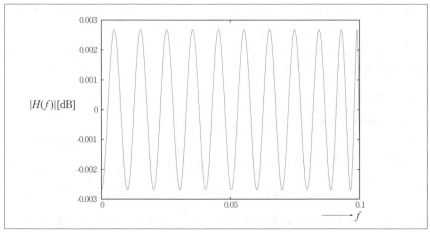

〔図 III-5-20〕$M=100$、$f_p=0.1$、$f_s=0.12$ の通過域振幅特性

■ Ⅲ. FIRフィルタの設計

に 21 回の繰り返しを要したが、$\delta_{\max}=3.09043 \times 10^{-4}$（$-70.20$[dB]）が得られた。

Ⅲ－5－4 　線形計画法による等リプル近似設計

Ⅲ－5－4－1 　直線位相FIRフィルタ設計問題の線形計画問題への定式化

（Ⅲ-5-6）式で示した通り、直線位相 FIR フィルタの設計問題は次式で定式化できる。

$$\min_{\boldsymbol{a}} \max_{\omega \in \Omega} W(\omega_l) \left| H_d(\omega_l) - \sum_{m=0}^{M} a_m \cos m\omega_l \right|$$

ここで、$l=0,1,\cdots,L-1$ である。絶対値最大誤差を δ とすると、この問題は

$$\min \quad \delta$$
$$\text{sub.to} \quad W(\omega_l) \left| H_d(\omega_l) - \sum_{m=0}^{M} a_m \cos m\omega_l \right| \le \delta \quad \cdots\cdots\cdots\cdots (Ⅲ\text{-}5\text{-}19)$$
$$\omega_l \in \Omega,\, l = 0, 1, \cdots,\, L-1$$

と書き直すことができる。sub.to は subject to の略で、"○○の制約条件のもとで" という意味である。上式は、絶対値誤差が δ 以下であるという条件のもとで、δ を最小化する問題であることを意味する。（Ⅲ-5-6）式と比べると Ω 上の最大化操作が消えているが、δ が最大誤差を意味していることに注意すれば合点がいくだろう。このような制約条件付の最小化もしくは最大化問題を制約付最適化問題という。

$|x| \le a$ は $-a \le x \le a$ と表すことができるため、（Ⅲ-5-19）式は次式のように書き直すことができる。

$$\min \quad \delta$$
$$\text{sub.to} \quad W(\omega_l) \left(H_d(\omega_l) - \sum_{m=0}^{M} a_m \cos m\omega_l \right) \le \delta$$
$$\qquad\qquad\qquad\qquad\qquad\qquad\qquad\qquad \cdots\cdots\cdots\cdots (Ⅲ\text{-}5\text{-}20)$$
$$W(\omega_l) \left(H_d(\omega_l) - \sum_{m=0}^{M} a_m \cos m\omega_l \right) \ge -\delta$$
$$\omega_l \in \Omega,\, l = 0, 1, \cdots,\, L-1$$

制約条件の第 1 不等式が誤差の上限、第 2 不等式が下限を表している。これをさらに次式のように変形しよう。

$$\min \quad \delta$$

$$\text{sub.to} \sum_{m=0}^{M} a_m \cos m\omega_l + \frac{\delta}{W(\omega_l)} \geq H_d(\omega_l)$$

$$\cdots\cdots\cdots\cdots\cdots \text{(III-5-21)}$$

$$-\sum_{m=0}^{M} a_m \cos m\omega_l + \frac{\delta}{W(\omega_l)} \geq -H_d(\omega_l)$$

$$\omega_l \in \Omega, \; l = 0, 1, \cdots, \; L-1$$

ここで、$M+2$ 次元列ベクトル $\boldsymbol{x}$、$2L$ 次元列ベクトル b、$M+2$ 次元行ベクトル $\boldsymbol{a}(\omega_l)$ を次式で定義する。

$$\boldsymbol{x} = [a_0, a_1, \cdots, a_M, \delta]^T \qquad\qquad \cdots\cdots \text{(III-5-22)}$$

$$\boldsymbol{b} = [H_d(\omega_0), -H_d(\omega_0), H_d(\omega_1), -H_d(\omega_1),$$
$$\cdots, H_d(\omega_{L-1}), -H_d(\omega_{L-1})]^T \qquad \cdots\cdots \text{(III-5-23)}$$

$$\boldsymbol{a}(\omega_l) = \left[1, \cos\omega_l, \cos 2\omega_l, \cdots, \cos M\omega_l, \frac{1}{W(\omega_l)}\right] \quad \cdots\cdots \text{(III-5-24)}$$

さらに、$2L \times (M+2)$ 行列 A と $M+2$ 次元列ベクトル $\boldsymbol{c}$ を次式で定義する。

$$A = \begin{bmatrix} \boldsymbol{a}(\omega_0) \\ -\boldsymbol{a}(\omega_0) \\ \boldsymbol{a}(\omega_1) \\ -\boldsymbol{a}(\omega_1) \\ \vdots \\ \boldsymbol{a}(\omega_{L-1}) \\ -\boldsymbol{a}(\omega_{L-1}) \end{bmatrix} \qquad\cdots\cdots\cdots\cdots\cdots\cdots\cdots\cdots\cdots \text{(III-5-25)}$$

$$\boldsymbol{c} = [0, 0, \cdots, 0, 1]^T \qquad\cdots\cdots\cdots\cdots\cdots\cdots\cdots\cdots\cdots \text{(III-5-26)}$$

これらの定義を用いると、(III-5-21) 式は

$$\min \quad \boldsymbol{c}^T\boldsymbol{x}$$

$$\text{sub.to} \quad A\boldsymbol{x} \geq \boldsymbol{b}, \qquad\cdots\cdots\cdots\cdots\cdots\cdots\cdots\cdots\cdots \text{(III-5-27)}$$

$$\omega_l \in \Omega$$

と書き直すことができる。(III-5-27) 式は制約条件が変数 $\boldsymbol{x}$ に対して線形不等式であり、最小化のための目的関数（評価関数）は $\boldsymbol{x}$ に対して線

形関数である。このような制約付最適化問題を線形計画問題（linear programming problem:LP）という。特に、(III-5-27)式を変数ベクトル x に対する主問題（primal problem）という。また、制約条件を満たす x を実行可能解（feasible solution）と呼び、実行可能解の集合を実行可能領域という。

図III-5-21に（III-5-27）式の制約条件の模式的構造を示す。一般に、$L \gg M$ と設定するため、行列 A は図III-5-21に示すように縦長の構造になる。

III－5－4－2　双対問題と極値周波数

(III-5-27)式の問題は最小化問題であるが、最小値の限界（下限値）は不明である。それを求めるために、まず(III-5-27)式の制約条件の転置をとると次式となる。

$$(Ax)^T = x^T A^T \geq b^T \quad \cdots\cdots\cdots\cdots\cdots\cdots\cdots\cdots\cdots\cdots \text{(III-5-28)}$$

上式の両辺に、$2L$ 次元ベクトル y を乗ずると

$$x^T A^T y \geq b^T y \quad \cdots\cdots\cdots\cdots\cdots\cdots\cdots\cdots\cdots\cdots\cdots \text{(III-5-29)}$$

となる。ただし、不等号の向きを変えないために、

$$y \geq 0 \quad \cdots\cdots\cdots\cdots\cdots\cdots\cdots\cdots\cdots\cdots\cdots\cdots\cdots\cdots\cdots \text{(III-5-30)}$$

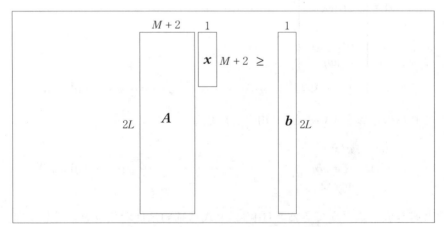

〔図III-5-21〕(III-5-27)式の模式的構造

の条件を付加する。ただし、$\mathbf{0}$ は全ての要素が 0 のゼロベクトルである。
(III-5-27) 式の目的関数が

$$\mathbf{c}^T \mathbf{x} \geq \mathbf{x}^T A^T \mathbf{y} \geq \mathbf{b}^T \mathbf{y} \quad \cdots\cdots\cdots\cdots\cdots\cdots\cdots\cdots \text{(III-5-31)}$$

の関係を満たすならば、$\mathbf{b}^T \mathbf{y}$ は1つの下限値を与えることになる。ここで、

$$\mathbf{c}^T \mathbf{x} \geq \mathbf{x}^T \mathbf{c} \quad \cdots\cdots\cdots\cdots\cdots\cdots\cdots\cdots\cdots\cdots \text{(III-5-32)}$$

であることに注意すると、(III-5-31) 式は

$$\mathbf{x}^T \mathbf{c} \geq \mathbf{x}^T A^T \mathbf{y} \quad \cdots\cdots\cdots\cdots\cdots\cdots\cdots\cdots\cdots \text{(III-5-33)}$$

が成立することを要求しているが、$\mathbf{x}$ ベクトルには $\mathbf{y}$ のような非負制約が課せられていないため、任意の $\mathbf{x}$ に対して成立するためには不等号の存在は邪魔となり、

$$A^T \mathbf{y} = \mathbf{c} \quad \cdots\cdots\cdots\cdots\cdots\cdots\cdots\cdots\cdots\cdots\cdots \text{(III-5-34)}$$

のみが要求される。したがって、(III-5-27) 式の下限を求めるためには上式の条件のもとで、$\mathbf{b}^T \mathbf{y}$ を最大化すればよい。すなわち、

$$
\begin{aligned}
\max \quad & \mathbf{b}^T \mathbf{y} \\
\text{sub.to} \quad & A^T \mathbf{y} = \mathbf{c}, \\
& \mathbf{y} \geq \mathbf{0}, \\
& \omega_l \in \Omega
\end{aligned}
\quad \cdots\cdots\cdots\cdots\cdots\cdots\cdots \text{(III-5-35)}
$$

となる。この問題は、(III-5-27) 式の主問題に対する双対問題 (dual problem) と呼ばれる。$\mathbf{x}^*$ を主問題の最適解、$\mathbf{y}^*$ を双対問題の最適解とすると、ディジタルフィルタの設計問題では

$$\mathbf{c}^T \mathbf{x}^* = \mathbf{b}^T \mathbf{y}^* \quad \cdots\cdots\cdots\cdots\cdots\cdots\cdots\cdots\cdots \text{(III-5-36)}$$

が成立する。一般に線形計画問題の解法として用いられるシンプレックス法 (simplex method) は、変数の非負性を利用したアルゴリズムであるため、直線位相 FIR フィルタの設計では双対問題を解く場合が多い。図 III-5-22 に (III-5-35) 式の制約条件の模式的構造を示す。一般に $L \gg M$ であるため、A^T は横長の構造となる。

$\mathbf{x}^*$ と $\mathbf{y}^*$ には次式の相補スラック条件 (complementary slackness condition)

- 235 -

が成立する。

$$x_m^* \cdot (A^T y^* - c)_m = 0, \ m = 0, 1, \cdots, M+1 \quad \cdots\cdots\cdots\cdots\cdots (\text{III-5-37})$$
$$y_l^* \cdot (Ax^* - b)_l = 0, \ l = 0, 1, \cdots, 2L \quad \cdots\cdots\cdots\cdots\cdots (\text{III-5-38})$$

ここで、y_l^* は y^* の l 番目の要素、$(Ax^*-b)_l$ は Ax^*-b の l 番目の要素、x_m^* は x^* の m 番目の要素、$(A^T y^*-c)_m$ は $A^T y^*-c$ の m 番目の要素である。交番定理より、

$$(Ax^* - b)_l = 0 \quad \cdots\cdots\cdots\cdots\cdots\cdots\cdots\cdots\cdots\cdots\cdots (\text{III-5-39})$$

が成立する l は $M+2$ 個である。$y \geq 0$ と（III-5-38）式より、極値周波数に対応する l でのみ $y_l^* > 0$ となり、それ以外の l では

$$(Ax^* - b)_l \neq 0 \quad \cdots\cdots\cdots\cdots\cdots\cdots\cdots\cdots\cdots\cdots (\text{III-5-40})$$

であるため、$y_l^* = 0$ となる。また、$M+2$ 個の $y^* > 0$ の存在は、（III-5-37）より

$$A^T y^* = c \quad \cdots\cdots\cdots\cdots\cdots\cdots\cdots\cdots\cdots\cdots\cdots\cdots (\text{III-5-41})$$

を満たす解の存在を意味している。すなわち、図 III-5-23 に示すように A^T において $y_l^* > 0$ に対応する l 列目が極値周波数に対応する $a(\omega_l)$ となる。そのとき、

$$a^T(\omega_l) x^* = b \quad \cdots\cdots\cdots\cdots\cdots\cdots\cdots\cdots\cdots\cdots\cdots (\text{III-5-42})$$

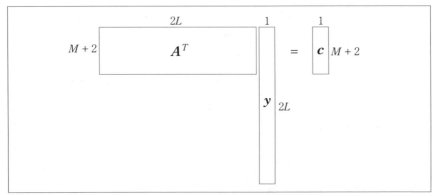

〔図 III-5-22〕（III-5-35）式の模式的構造

が成立するが、これを有効な制約条件 (active constraint) という。

直線位相 FIR フィルタを設計する場合は、まず (III-5-35) 式の双対問題を解いて有効な制約条件を選択し、相補スラック条件を用いて主問題の解、すなわちフィルタ係数と最大誤差を求めればよい。具体的には、$y_l^* > 0$ となる l から $M+2$ 本の $\boldsymbol{a}(\omega_l)$ を求め、$M+2$ 本の連立方程式系を構成して $\boldsymbol{x}^*$ を求めればよい。

III−5−4−3 シンプレックス法による線形計画法の解法

$\boldsymbol{y}$ のうち、$y_l > 0$ を基底変数、$y_l = 0$ を非基底変数という。したがって、$\boldsymbol{y}^*$ を求める問題は $y_l, l = 0, 1, \cdots, 2L-1$ から極値周波数に対応する基底変数を選択する問題となる。線形計画問題に対する代表的な解法であるシンプレックス法（単体法）は、基底変数と非基底変数を1つずつ交換しながら、$\boldsymbol{y}^*$ を探索するアルゴリズムである。これは、極値周波数を1つずつ交換する手続きであるため、単点交換アルゴリズム (single point exchange algorithm) と呼ばれる。これに対して、Remez アルゴリズムは複数の極値周波数を同時に交換するため、多点交換アルゴリズム (multiple points exchange algorithm) と呼ばれる。

シンプレックス法の詳細な手続きについては、線形計画法や最適化に関する良書に委ね、本書では、フィルタ設計におけるシンプレックス法の動作について簡易に解説する。シンプレックス法では、基底変数や非基底変数の添字と各変数に対する係数値を辞書（シンプレックスタブロ

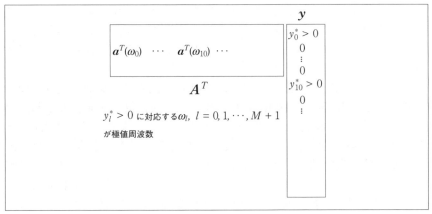

〔図 III-5-23〕双対問題の最適解の意味

■ Ⅲ. FIRフィルタの設計

ー）という形式で保存している。k回目の繰り返し（交換）における基底変数の添字集合をB^k、非基底変数の添字集合をN^kとすると、基底変数は$y_{i_b \in B}^k$, $b=0,1,\cdots,M+1$、非基底変数は$y_{j_n \in N}^k$, $n=0,1,\cdots,2L-M-3$ と表すことができる。そのとき、制約条件 $\boldsymbol{A}^T\boldsymbol{y}=\boldsymbol{c}$ の基底変数を、非基底変数と定数項を用いて

$$
\begin{aligned}
y_{i_0}^k &= c_0^k - a_{i_0 j_0}^k y_{j_0} - \cdots - a_{i_0 j_{2L-M-3}}^k y_{j_{2L-M-3}} \\
y_{i_1}^k &= c_1^k - a_{i_1 j_0}^k y_{j_0} - \cdots - a_{i_1 j_{2L-M-3}}^k y_{j_{2L-M-3}} \\
&\ \vdots \\
y_{i_{M+1}}^k &= c_{M+1}^k - a_{i_{M+1} j_0}^k y_{j_0} - \cdots - a_{i_{M+1} j_{2L-M-3}}^k y_{j_{2L-M-3}}
\end{aligned}
\qquad \cdots\cdots\cdots\cdots \text{(III-5-43)}
$$

と書き直すことができる。ここで、$c_m^k, m=0,1,\cdots,M+1$、$a_{i_b j_n}^k$ は基底変数の重みが1になるように値を調整している。(III-5-43) 式は添字のみで決定されるため、辞書では B^k と N^k が重要な意味をもつ。一方、目的関数は次式のように定数 α^k と非基底変数の重み付け和で表現される。

$$
\alpha^k + b_{j_0}^k y_{i_0} + \cdots + b_{j_{2L-M-3}}^k y_{j_{2L-M-3}} \qquad \cdots\cdots\cdots\cdots\cdots\cdots\cdots\cdots\cdots \text{(III-5-44)}
$$

$y_{j_n \in N}=0$ であるため、目的関数値は α^k と一致する。N^k から除外する変数（B^{k+1} に追加する変数）は、最大化問題の場合、最大化に最も寄与できるように目的関数において最大の正値の重みを有する変数である。一方、B^k から除外する変数（N^{k+1} に追加する変数）は制約条件の中で、除外される非基底変数を Δ だけ増加したとき、$y_{ib} \geq 0$ の条件、すなわち実行可能解の条件を維持することができる最小の重みを有する変数である。交換を繰り返す毎に定数項の値が増加し、最終的に目的関数の非基底変数の重みが全て負になったとき、これ以上の増加がないと判断し、終了する。

　例として $M=5$、$f_p=0.2$、$f_s=0.25$ の直線位相 FIR フィルタの設計について考える。図 III-5-24 ～ 図 III-5-29 に繰り返し回数毎の振幅特性と基底変数から除外する周波数と追加する周波数を示す。なお、図 III-5-24 ～ 図 III-5-29 は、繰り返し途中の基底変数が与える周波数を極値周波数であるとみなして暫定的に求めた振幅特性に過ぎず、シンプレックス法の実行途中には振幅特性の計算は本来含まれていないことを付記しておく。

　この設計例は、初期解が実行可能解になるように調整しているため、大幅な極値周波数の入れ替えを要しないが、図 III-5-24 と図 III-5-25、図

－ 238 －

III-5-29 のように交換によって端点を基底変数に追加しているのは特徴的である。これは、Remez アルゴリズムで端点を最初から極値周波数点とみなすのとは異なる点である。

図 III-5-25 において f_s=0.25 が極値周波数に追加された後、図 III-5-26 の f=0.3 付近で大きなリプルが発生している様子がうかがえる。これは、f_s を極値周波数に追加したため、その付近に $H(z)$ の零点を配置すること

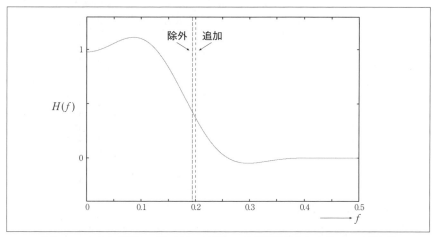

〔図 III-5-24〕初期解：繰り返し回数 0 の振幅特性と交換する周波数

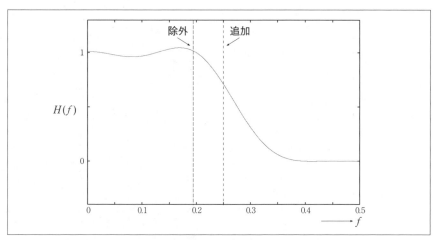

〔図 III-5-25〕繰り返し回数 1 の振幅特性と交換する周波数

になり、結果的に大きなリプルが発生したものと考えられる。しかし、そのリプルも図 III-5-26 における微小な入れ替えで図 III-5-27 に示すように抑圧されている。

このように、線形計画法による直線位相 FIR フィルタの設計では、極値周波数の候補を 1 つずつ入れ替えながら設計が進む。なお、この設計は 11 回の繰り返しで設計が終了している。これは Remez アルゴリズム

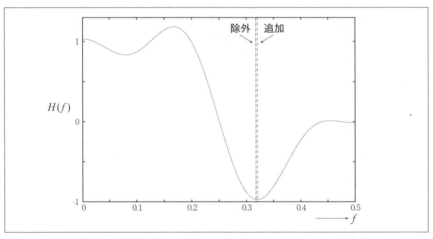

〔図 III-5-26〕繰り返し回数 2 の振幅特性と交換する周波数

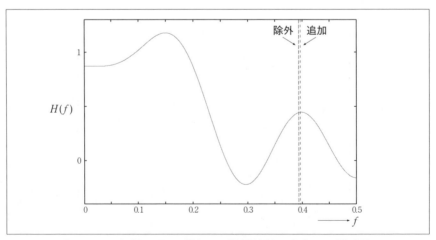

〔図 III-5-27〕繰り返し回数 3 の振幅特性と交換する周波数

の繰り返し回数と比べ多いが、シンプレックス法の各繰り返しは辞書上の操作のみであり、連立方程式を解くことを必要とせず、かつ振幅特性（近似誤差）の計算やピークサーチの必要がない。繰り返し回数が多くなるのは、毎回変更できる極値周波数が1つに限定されるためであるが、更新に要する演算量は必ずしも多くなく、かつ連立方程式を解く際に生じる数値誤差の影響を受けることもない。

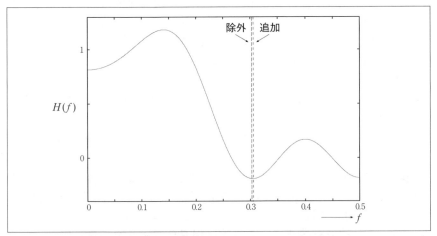

〔図 III-5-28〕繰り返し回数 4 の振幅特性と交換する周波数

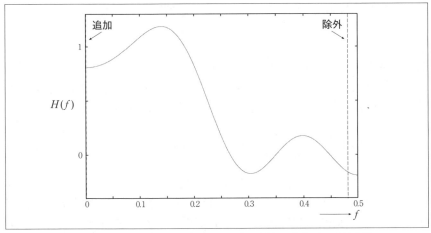

〔図 III-5-29〕繰り返し回数 5 の振幅特性と交換する周波数

■ Ⅲ. FIRフィルタの設計

　なお、実行可能解を初期解に選択すること、すなわち実行可能辞書を用意することは必ずしも容易ではないため、シンプレックス法を適用する前に実行可能辞書を求める手続き（フェーズⅠ）を組み入れた2段階シンプレックス法が用いられる。演算量に最も影響を及ぼすのは周波数分割数 L であるが、$L=10M$ 程度に設定すれば十分な精度で設計が完了する。

Ⅲ－5－4－4　線形計画法による直線位相FIRフィルタの設計手順

　線形計画法による直線位相 FIR フィルタの設計手順は以下の通りである。

Step1 フィルタ次数 $N(M)$、通過域端周波数 $f_p(\omega_p)$、阻止域端周波数 $f_s(\omega_s)$、周波数分割数 L を与える。

Step2 （Ⅲ-5-35）式の双対問題の A^T、b、c を算出する。

Step3 2段階シンプレックス法のフェーズⅠを実行し、初期実行可能解 y^0 を算出する。

Step4 2段階シンプレックス法のフェーズⅡを実行し、最適解 y^* を算出する。

Step5 $y^*_{ib}, b=0, 1, \cdots, M+1$ の添字から極値周波数 $\omega_{ib}, i=0, 1, \cdots, M+1$ を求め、連立方程式 $Ax=b$ を数値解法で解いて主問題の最適解 x^* を算出し、最終的なフィルタ係数を求める。

Ⅲ－5－5　線形計画法による直線位相 FIR フィルタの設計例

　線形計画法による直線位相 FIR フィルタの設計例を示す。全ての設計例において、主問題の解を求めるための数値解法にはガウス・ジョルダン法を用いた。また、線形計画問題の解法には2段階シンプレックス法を用いた。

Ⅲ－5－5－1　低域通過フィルタの設計例

　線形計画法による低域通過直線位相 FIR フィルタの設計例を示す。重み関数 $W(\omega)$ は

$$W(\omega) = \begin{cases} W_p & 0 \leq \omega < \omega_p \\ W_s & \omega_s < \omega \leq \pi \end{cases} \cdots\cdots\cdots\cdots\cdots\cdots\cdots\cdots\cdots\cdots\cdots (Ⅲ\text{-}5\text{-}45)$$

と与えた。ここで、W_p、W_s は定数である。

　図 Ⅲ-5-30 に、$M=20$、$f_p=0.1$、$f_s=0.15$、$W_p=1$、$W_s=1$ の振幅特性、図 Ⅲ-5-31 にその通過域振幅特性、表 Ⅲ-5.5 にフィルタ係数を示す。最大誤差は $\delta_{\max}=1.08015 \times 10^{-2}$（$-39.33$[dB]）が得られた。図 Ⅲ-5-32 に、

$M=20$、$f_p=0.1$、$f_s=0.15$、$W_p=1$、$W_s=10$ の振幅特性、図 III-5-33 にその通過域振幅特性、表 III-5.6 にフィルタ係数を示す。最大誤差は $\delta_{\max}=3.08987\times10^{-2}$ (-30.20[dB]) が得られた。図 III-5-30 と図 III-5-32 より、$W_s=10$ の場合、阻止域で大きい減衰量が得られることが確認できる。その反面、図 III-5-31 と図 III-5-33 より、通過域リプルが増大し、結果的に $\delta_{\max}$ が増大している。

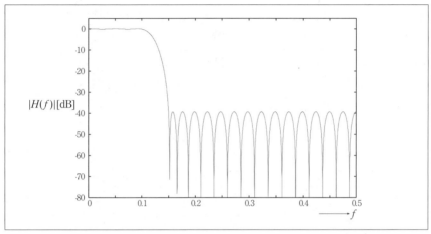

〔図 III-5-30〕$M=20$、$f_p=0.1$、$f_s=0.15$、$W_p=1$、$W_s=1$ の振幅特性

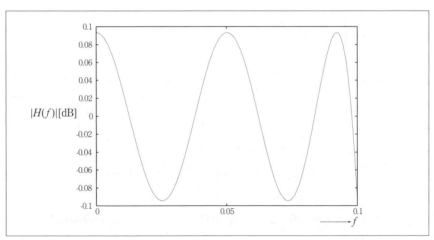

〔図 III-5-31〕$M=20$、$f_p=0.1$、$f_s=0.15$、$W_p=1$、$W_s=1$ の通過域振幅特性

■ Ⅲ. FIRフィルタの設計

〔表 III-5.5〕$M=20$、$f_p=0.1$、$f_s=0.15$、$W_p=1$、$W_s=1$ のフィルタ係数

a_0	0.250116094
a_1	0.448990599
a_2	0.314556316
a_3	0.145931648
a_4	-0.000225447
a_5	-0.083702445
a_6	-0.095226763
a_7	-0.055311398
a_8	0.000206156
a_9	0.039171458
a_{10}	0.046748911
a_{11}	0.027933153
a_{12}	-0.000175323
a_{13}	-0.020311235
a_{14}	-0.024109441
a_{15}	-0.014174745
a_{16}	0.000313310
a_{17}	0.003261612
a_{18}	0.010528808
a_{19}	0.011745687
a_{20}	-0.005342512

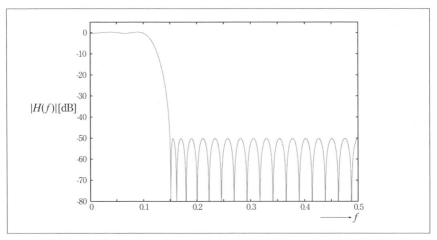

〔図 III-5-32〕$M=20$、$f_p=0.1$、$f_s=0.15$、$W_p=1$、$W_s=10$ の振幅特性

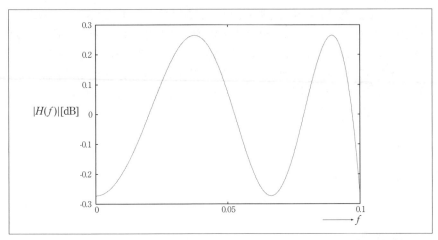

〔図 III-5-33〕$M=20$、$f_p=0.1$、$f_s=0.15$、$W_p=1$、$W_s=10$ の通過域振幅特性

〔表 III-5.6〕$M=20$、$f_p=0.1$、$f_s=0.15$、$W_p=1$、$W_s=10$ のフィルタ係数

a_0	0.241268638
a_1	0.436320218
a_2	0.313977559
a_3	0.157377891
a_4	0.016203993
a_5	−0.072011189
a_6	−0.094928076
a_7	−0.066286438
a_8	−0.015609490
a_9	0.027125728
a_{10}	0.044113549
a_{11}	0.034334672
a_{12}	0.009567302
a_{13}	−0.014529746
a_{14}	−0.026904599
a_{15}	−0.025155325
a_{16}	−0.014243126
a_{17}	−0.001907511
a_{18}	0.005985812
a_{19}	0.007737390
a_{20}	0.006664003

■ Ⅲ. FIRフィルタの設計

　高フィルタ次数による高減衰量特性の例として、図 Ⅲ-5-34 に $M=40$、$f_p=0.15$、$f_s=0.2$、$W_p=1$、$W_s=1$ の振幅特性、図 Ⅲ-5-35 にその通過域振幅特性を示す。最大誤差は $\delta_{max}=3.24640\times10^{-4}$（$-69.77$[dB]）が得られた。図 Ⅲ-5-36 に $M=100$、$f_p=0.2$、$f_s=0.23$、$W_p=1$、$W_s=1$ の振幅特性、図 Ⅲ-5-37 にその通過域振幅特性を示す。最大誤差は $\delta_{max}=1.08411\times10^{-5}$（$-99.30$[dB]）が得られた。

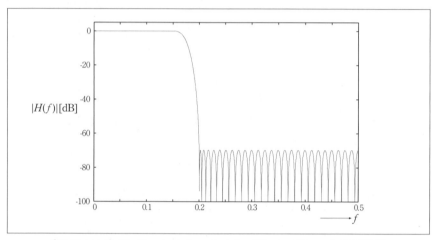

〔図 Ⅲ-5-34〕$M=40$、$f_p=0.15$、$f_s=0.2$、$W_p=1$、$W_s=1$ の振幅特性

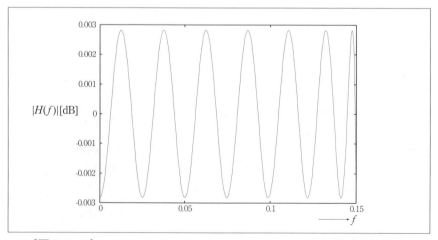

〔図 Ⅲ-5-35〕$M=40$、$f_p=0.15$、$f_s=0.2$、$W_p=1$、$W_s=1$ の通過域振幅特性

Ⅲ-5-5-2　高域通過フィルタの設計例

線形計画法による高域通過直線位相 FIR フィルタの設計例を示す。重み関数 $W(\omega)$ は

$$W(\omega) = \begin{cases} W_s & 0 \leq \omega \omega_s \\ W_p & \omega_p \leq \omega \leq \pi \end{cases} \quad \cdots\cdots\cdots\cdots\cdots\cdots\cdots\cdots\cdots \text{(Ⅲ-5-46)}$$

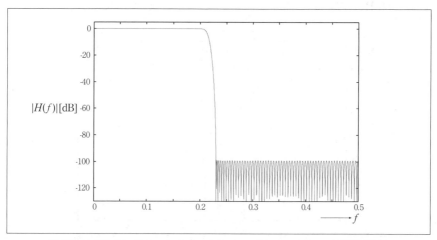

〔図 Ⅲ-5-36〕 M=100、f_p=0.2、f_s=0.23、W_p=1、W_s=1 の振幅特性

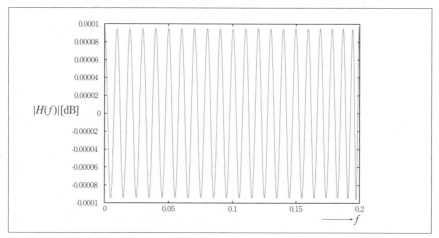

〔図 Ⅲ-5-37〕 M=100、f_p=0.2、f_s=0.23、W_p=1、W_s=1 の通過域振幅特性

と設定した。ここで、W_s、W_p は定数である。

図 III-5-38 に $M=20$、$f_s=0.3$、$f_p=0.35$、$W_s=1$、$W_p=1$ の振幅特性、図 III-5-39 にその通過域振幅特性、表 III-5.7 にフィルタ係数を示す。最大誤差は $\delta_{max}=1.04511\times10^{-2}$（$-39.62$[dB]）が得られた。

図 III-5-40 に $M=40$、$f_s=0.2$、$f_p=0.25$、$W_s=1$、$W_p=1$ の振幅特性、図 III-5-41 にその通過域振幅特性を示す。最大誤差は $\delta_{max}=3.21789\times10^{-4}$（$-69.85$[dB]）が得られた。

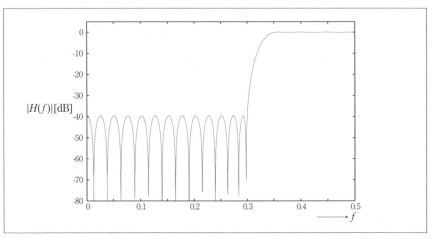

〔図 III-5-38〕$M=20$、$f_s=0.3$、$f_p=0.35$、$W_s=1$、$W_p=1$ の振幅特性

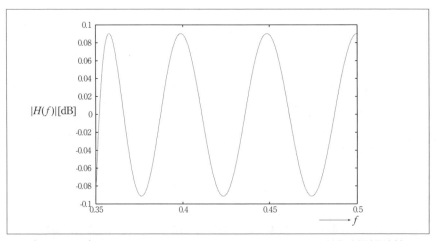

〔図 III-5-39〕$M=20$、$f_s=0.3$、$f_p=0.35$、$W_s=1$、$W_p=1$ の通過域振幅特性

〔表 III-5.7〕 M=20、f_a=0.3、f_p=0.35、W_s=1、W_p=1 のフィルタ係数

a_0	0.350055963
a_1	−0.565616127
a_2	0.254435525
a_3	0.032434720
a_4	−0.144396214
a_5	0.083510848
a_6	0.029547220
a_7	−0.077560629
a_8	0.038475209
a_9	0.025187243
a_{10}	−0.046848804
a_{11}	0.017986395
a_{12}	0.019941663
a_{13}	−0.028311949
a_{14}	0.007419520
a_{15}	0.014463429
a_{16}	−0.016142479
a_{17}	0.001930137
a_{18}	0.010542290
a_{19}	−0.014475136
a_{20}	−0.003029891

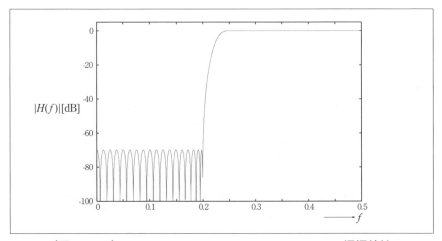

〔図 III-5-40〕 M=40、f_s=0.2、f_p=0.25、W_s=1、W_p=1 の振幅特性

Ⅲ-5-5-3 帯域通過フィルタの設計例

線形計画法による帯域通過直線位相 FIR フィルタの設計例を示す。重み関数 $W(\omega)$ は

$$W(\omega) = \begin{cases} W_{s1} & 0 \leq \omega \leq \omega_{s1} \\ W_p & \omega_{p1} \leq \omega \leq \omega_{p2} \\ W_{s2} & \omega_{s2} \leq \omega \leq \pi \end{cases} \quad \cdots\cdots\cdots\cdots\cdots\cdots\cdots\cdots \text{(Ⅲ-5-47)}$$

と設定した。ここで、W_{s1}、W_p、W_{s2} は定数である。

図 Ⅲ-5-42 に $M=25$、$f_{s1}=0.2$、$f_{p1}=0.25$、$f_{p2}=0.35$、$f_{s2}=0.4$、$W_{s1}=1$、$W_p=1$、$W_{s2}=1$ の振幅特性、図 Ⅲ-5-43 にその通過域振幅特性、表 Ⅲ-5.8 にフィルタ係数を示す。最大誤差は $\delta_{max}=3.76831 \times 10^{-3}$($-48.48$[dB])が得られた。

図 Ⅲ-5-44 に $M=80$、$f_{s1}=0.15$、$f_{p1}=0.18$、$f_{p2}=0.3$、$f_{s2}=0.33$、$W_{s1}=1$、$W_p=10$、$W_{s2}=5$ の振幅特性、図 Ⅲ-5-45 にその通過域振幅特性を示す。最大誤差は $\delta_{max}=4.74413 \times 10^{-4}$($-66.48$[dB])が得られた。

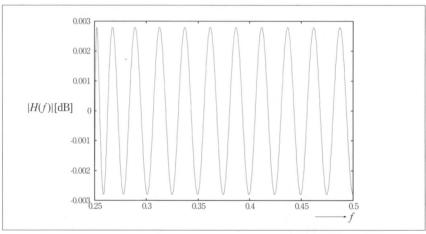

〔図Ⅲ-5-41〕$M=40$、$f_s=0.2$、$f_p=0.25$、$W_s=1$、$W_p=1$ の通過域振幅特性

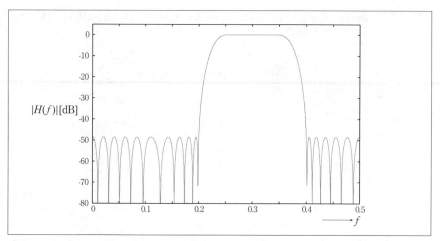

〔図 III-5-42〕 $M=25$、$f_{s1}=0.2$、$f_{p1}=0.25$、$f_{p2}=0.35$、$f_{s2}=0.4$、$W_{s1}=1$、$W_p=1$、$W_{s2}=1$ の振幅特性

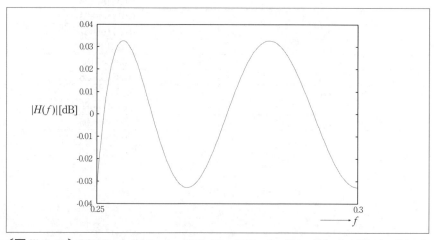

〔図 III-5-43〕 $M=25$、$f_{s1}=0.2$、$f_{p1}=0.25$、$f_{p2}=0.35$、$f_{s2}=0.4$、$W_{s1}=1$、$W_p=1$、$W_{s2}=1$ の通過域振幅特性

■ III. FIRフィルタの設計

〔表 III-5.8〕 $M=25$、$f_{s1}=0.2$、$f_{p1}=0.25$、$f_{p2}=0.35$、$f_{s2}=0.4$、$W_{s1}=1$、$W_p=1$、$W_{s2}=1$ のフィルタ係数

a_0	0.299234826
a_1	−0.177856138
a_2	−0.411910531
a_3	0.331607184
a_4	0.090087465
a_5	−0.170249265
a_6	0.019045529
a_7	−0.019276293
a_8	0.063638396
a_9	0.031426030
a_{10}	−0.099203550
a_{11}	0.023592754
a_{12}	0.035830242
a_{13}	−0.008681155
a_{14}	0.005263765
a_{15}	−0.032487205
a_{16}	0.011808898
a_{17}	0.027198667
a_{18}	−0.020191591
a_{19}	−0.004347133
a_{20}	0.001095628
a_{21}	0.002674284
a_{22}	0.010764686
a_{23}	−0.008979605
a_{24}	−0.001695454
a_{25}	0.005377875

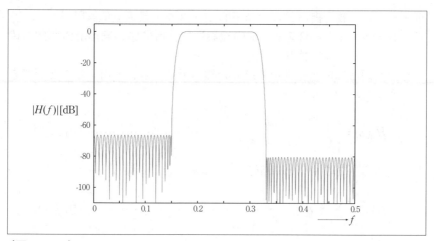

〔図 III-5-44〕 $M=80$、$f_{s1}=0.15$、$f_{p1}=0.18$、$f_{p2}=0.3$、$f_{s2}=0.33$、$W_{s1}=1$、$W_p=10$、$W_{s2}=5$ の振幅特性

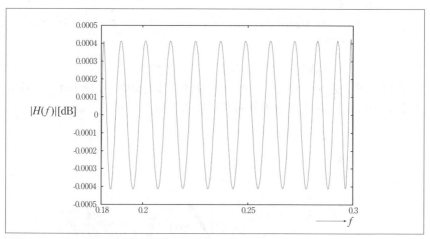

〔図 III-5-45〕 $M=80$、$f_{s1}=0.15$、$f_{p1}=0.18$、$f_{p2}=0.3$、$f_{s2}=0.33$、$W_{s1}=1$、$W_p=10$、$W_{s2}=5$ の通過域振幅特性

Ⅲ-5-6 線形計画法によるFIRフィルタの複素近似設計
Ⅲ-5-6-1 FIRフィルタの複素近似設計問題の線形計画問題への定式化

線形計画法は位相特性を考慮した複素近似設計に適用することができる。所望特性 $H_d(\omega)$ を

$$H_d(\omega) = \begin{cases} e^{-j\omega\tau_d} & 0 \leq \omega \leq \omega_p \\ 0 & \omega_s \leq \omega \leq \pi \end{cases} \quad \cdots\cdots\cdots\cdots (\text{Ⅲ-5-48})$$

と設定する。ここで、τ_d は群遅延である。設計対象は

$$H(\omega) = \sum_{n=0}^{N} h_n e^{-jn\omega} \quad \cdots\cdots\cdots\cdots (\text{Ⅲ-5-49})$$

である。最大誤差最小化基準による複素近似設計問題は

$$\begin{aligned} &\min \quad \delta \\ &\text{sub.to} \quad W(\omega)|H_d(\omega_l) - H(\omega_l)| \leq \delta, \quad \cdots\cdots (\text{Ⅲ-5-50}) \\ &\qquad \omega_l \in \Omega \end{aligned}$$

と書くことができる。ここで、$l=0,1,\cdots,L-1$ である。

図Ⅲ-5-46に示すように、複素近似設計では近似誤差 $e(\omega)$ は複素数である。(Ⅲ-5-50) 式の問題の最適解は複素平面上で全ての $\omega_l \in \Omega$ に対し

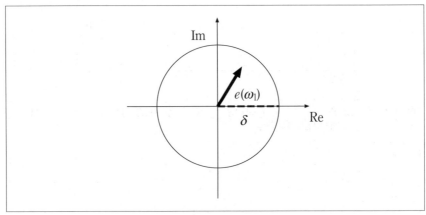

〔図Ⅲ-5-46〕複素近似設計のイメージ

て $|e(\omega_l)|$ が半径 δ の円の内部に存在することを要求している。すなわち、複素近似設計問題は $|e(\omega_l)|$ が円内部に収まる範囲で円の半径を最小化する問題である。

$H_d(\omega_l)$、$H(\omega_l)$ がともに実数の場合、絶対値に関する制約条件を上限と下限の線形不等式に分けることができた。しかし、(III-5-52) 式の問題では $H_d(\omega_l)$、$H(\omega_l)$ はともに複素数であるため、絶対値に関する制約条件は非線形不等式となる。そのままでは、線形計画法を適用できないため、制約条件の線形化について考えよう。

複素数の絶対値の計算については、実回転定理 (real rotation theorem) が有用である。図 III-5-47 に示すように、任意の複素数 z を実部と一致するように $\theta_t = 2\pi t$ だけ回転すると、その実部の大きさは $|z|$ に一致する。そのとき、Re[z] は最大値をとる。t を回転パラメータと呼び、$t \in T = [0, 1)$ である。したがって、絶対値の計算は 1 変数 t に関する最大化問題で置き換えることができる。実回転定理は、このような考え方に基づいて複素数の絶対値算出方法をつぎのように与える。

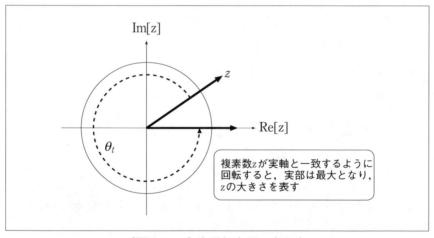

〔図 III-5-47〕実回転定理の考え方

■ Ⅲ. FIRフィルタの設計

実回転定理

z を任意の複素数とするとき、z の絶対値 $|z|$ は次式の最大化操作で求めることができる。

$$|z| = \max_{t \in T} \mathrm{Re}[ze^{-j\theta_t}]$$ ·············· (Ⅲ-5-51)

ここで、$\mathrm{Re}[\cdot]$ は複素数の実部、$\theta_t = 2\pi t$、$t \in T = [0, 1)$ である。

最大誤差最小化基準では、Ω 上での最大化操作が伴うため、T 上の最大化操作もそのなかに含めることができる。T を J 分割し、実回転定理を用いて (Ⅲ-5-52) 式を書き直すと次式となる。

$$\begin{aligned} &\min \quad \delta \\ &\text{sub.to} \quad W(\omega_l) \mathrm{Re}[\{H_d(\omega_l) - H(\omega_l)\} e^{j\theta_{t_j}}] \leq \delta, \\ &\qquad\quad \omega_l \in \Omega, \ t_j \in T \end{aligned}$$ ·············· (Ⅲ-5-52)

これを次式のように変形する。

$$\begin{aligned} &\min \quad \delta \\ &\text{sub.to} \quad \mathrm{Re}[H(\omega_l) e^{j\theta_{t_j}}] + \frac{\delta}{W(\omega_l)} \geq \mathrm{Re}[H_d(\omega_l) e^{j\theta_{t_j}}] \\ &\qquad\quad \omega_l \in \Omega, \ t_j \in T \end{aligned}$$ ······· (Ⅲ-5-53)

$H(\omega)$ に (Ⅲ-5-49) 式を代入すると、

$$\begin{aligned} &\min \quad \delta \\ &\text{sub.to} \quad \sum_{n=0}^{N} h_n \cos(n\omega_l - \theta_{t_j}) + \frac{\delta}{W(\omega_l)} \geq \mathrm{Re}[H_d(\omega_l) e^{j\theta_{t_j}}] \\ &\qquad\quad \omega_l \in \Omega, \ t_j \in T \end{aligned}$$ (Ⅲ-5-54)

が得られる。

ここで、$N+2$ 次元列ベクトル $\boldsymbol{x}$、$L \times J$ 次元列ベクトル $\boldsymbol{b}$、$N+2$ 次元行ベクトル $\boldsymbol{a}(\omega_l, t_j)$ を次式で定義する。

– 256 –

$$\boldsymbol{x} = \left[h_0, h_1, \cdots, h_N, \delta\right]^T \qquad \cdots \text{(III-5-55)}$$

$$\boldsymbol{b} = \left[\mathrm{Re}\left[H_d(\omega_0)\,e^{j\theta_{t_0}}\right], \cdots, \mathrm{Re}\left[H_d(\omega_0)\,e^{j\theta_{t_{J-1}}}\right]\right. \qquad \cdots \text{(III-5-56)}$$

$$\left., \mathrm{Re}\left[H_d(\omega_1)\,e^{j\theta_{t_0}}\right], \cdots, \mathrm{Re}\left[H_d(\omega_{L-1})\,e^{j\theta_{t_{J-1}}}\right]\right]^T$$

$$\boldsymbol{a}(\omega_l, t_j) = \left[\cos\theta_{t_j}, \cos(\omega_l - \theta_{t_j}), \cdots, \cos(N\omega_l - \theta_{t_j}), \frac{1}{W(\omega_l)}\right]$$

$$\cdots \text{(III-5-57)}$$

さらに、$(L \cdot J) \times (N+2)$ 行列 A と $N+2$ 次元列ベクトル $\boldsymbol{c}$ を次式で定義する。

$$A = \left[\boldsymbol{a}(\omega_0, t_0), \cdots, \boldsymbol{a}(\omega_0, t_{J-1}), \boldsymbol{a}(\omega_1, t_0)\right.$$

$$\left.\boldsymbol{a}(\omega_1, t_{J-1}), \cdots, \boldsymbol{a}(\omega_{L-1}, t_{J-1})\right]^T \qquad \cdots \text{(III-5-58)}$$

$$\boldsymbol{c} = [0, 0, \cdots, 0, 1]^T \qquad \cdots \text{(III-5-59)}$$

これらの定義を用いると、(III-5-54) 式は

$$\begin{aligned}
\min \quad & \boldsymbol{c}^T \boldsymbol{x} \\
\text{sub.to} \quad & A\boldsymbol{x} \geq \boldsymbol{b}, \qquad \cdots \text{(III-5-60)} \\
& \omega_l \in \Omega, \ t_j \in T
\end{aligned}$$

となり、(III-5-27) 式と同様な線形計画問題となる。双対問題は

$$\begin{aligned}
\max \quad & \boldsymbol{b}^T \boldsymbol{y} \\
\text{sub.to} \quad & A^T \boldsymbol{y} = \boldsymbol{c}, \qquad \cdots \text{(III-5-61)} \\
& \boldsymbol{y} \geq \boldsymbol{0}, \\
& \omega_l \in \Omega, \ t_j \in T
\end{aligned}$$

となる。双対問題は、問題の性質上必ず $N+2$ 個の $y_{ib} \geq 0$ を有するが、(III-5-50) 式の問題は実近似問題と異なり、交番定理が必ずしも成立しない。そのため、隣接した周波数 ω_k と ω_{k+1} で同時に $y_{ib} \geq 0$ を満たすような有効な制約条件が現れる場合がある。その場合は、

$$\omega'_{ib} = \frac{\omega_k + \omega_{k+1}}{2} \quad \cdots\cdots\cdots\cdots\cdots\cdots\cdots\cdots\cdots\cdots\cdots \text{(III-5-62)}$$

$$y'_{ib} = y_k + y_{k+1} \quad \cdots\cdots\cdots\cdots\cdots\cdots\cdots\cdots\cdots\cdots\cdots\cdots \text{(III-5-63)}$$

のように 1 本の制約条件に統合すればよい。(III-5-61) 式において、直流成分は実数であるため、$\omega=0$ の制約条件からは回転パラメータを削除する必要がある。また、回転パラメータの分割数 J は 50 ～ 100 程度で十分である。

III－5－6－2　線形計画法によるFIRフィルタの複素近似設計手順

線形計画法による FIR フィルタの複素近似設計手順は以下の通りである。

Step1　フィルタ次数 N、通過域端周波数 $f_p(\omega_p)$、阻止域端周波数 $f_s(\omega_s)$、周波数分割数 L、回転パラメータ分割数 J を与える。

Step2　(III-5-61) 式の双対問題の $\boldsymbol{A}^T$、$\boldsymbol{b}$、$\boldsymbol{c}$ を算出する。

Step3　2 段階シンプレックス法のフェーズ I を実行し、初期実行可能解 $\boldsymbol{y}^0$ を算出する。

Step4　2 段階シンプレックス法のフェーズ II を実行し、最適解 $\boldsymbol{y}^*$ を算出する。もし、隣接した周波数で同時に制約条件が有効になった場合は (III-5-62) 式、(III-5-63) 式を用いて統合する。

Step5　最終的なフィルタ係数を求めるために、$y^*_{ib}, b=0,1,\cdots,M+1$ の添字から極値周波数 $\omega_{ib}, i=0,1,\cdots,M+1$ を求め、連立方程式 $\boldsymbol{Ax}=\boldsymbol{b}$ を数値解法で解いて主問題の最適解 $\boldsymbol{x}^*$ を算出する。

III－5－7　線形計画法による FIR フィルタの複素近似設計例

線形計画法による FIR フィルタの複素近似設計例を示す。線形計画問題の解法には 2 段階シンプレックス法を用い、相補スラック定理に基づいて主問題の解を求める際の連立方程式の解法にはガウス・ジョルダン法を用いた。

図 III-5-49 に $N=20$、$\tau_d=6$、$f_p=0.2$、$f_s=0.25$ の振幅特性、図 III-5-50 に通過域振幅特性、図 III-5-51 に通過域複素誤差、図 III-5-52 に群遅延特性、表 III-5.9 にフィルタ係数を示す。最大誤差は $\delta_{\max}=6.60156 \times 10^{-2}$（$-23.61$[dB]）が得られた。

振幅特性の阻止域では、所望特性が ω_l に無関係に 0 であるため、近似誤差がそのまま振幅特性になり、等リプル近似設計であることが確認

できる。一方、通過域では$H_d(\omega_l)=e^{-j\omega_l\tau_d}$であるため$\omega_l$に依存し、$H(\omega_l)$は図III-5-48に示すように、例え$|e(\omega_l)|=\delta_{max}$であっても

$$|H(\omega_l)| \neq |H_d(\omega_l)| - |e(\omega_l)| \cdots\cdots\cdots\cdots\cdots\cdots\cdots\cdots\cdots\text{(III-5-64)}$$

であるため、等リプル特性にはならない。しかしながら、通過域複素誤差より、近似誤差そのものは等リプルであることが確認できる。このフィルタは次数$N=20$に対し、所望群遅延が$\tau_d=6$と直線位相特性に比べ低遅延フィルタであり、フィルタ特性としては厳しい設定である。そのため、20次程度のフィルタでは群遅延誤差が大きいことが確認できる。

群遅延誤差を低減するためには、次数の増加と遷移域幅の拡大が有効である。図III-5-53に$N=25$、$\tau_d=8$、$f_p=0.15$、$f_s=0.25$の振幅特性、図III-5-54に通過域振幅特性、図III-5-55に通過域複素誤差、図III-5-56に群遅延特性、表III-5.10にフィルタ係数を示す。最大誤差は$\delta_{max}=5.37809 \times 10^{-3}$($-45.39$[dB])が得られた。群遅延特性より、群遅延誤差の低減が確認できる。この設計問題は振幅・位相同時近似問題であるため、どちらか一方のみが独立して最適化されないため、群遅延誤差の低減は同時に振幅誤差の低減も伴うことが確認できる。

逆に、群遅延誤差の増大と振幅誤差の増大の関連性を示すために、設計仕様を大幅に厳しく設定した場合の設計例を示そう。図III-5-57に$N=30$、$\tau_d=3$、$f_p=0.2$、$f_s=0.25$の振幅特性、図III-5-58に通過域振幅特性、

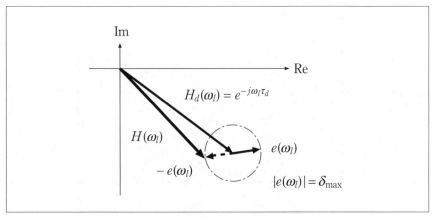

〔図III-5-48〕複素近似設計の振幅特性のイメージ

■ Ⅲ. FIRフィルタの設計

図 Ⅲ-5-59 に通過域複素誤差、図 Ⅲ-5-60 に群遅延特性、表 Ⅲ-5.11 にフィルタ係数を示す。最大誤差は $\delta_{max}=6.23672\times10^{-2}$（−24.10[dB]）が得られた。このように、次数を増加しても、$\tau_d=3$ という厳しい設計仕様のために、振幅特性、群遅延特性ともに大きな誤差を伴っていることが確認できる。

複素近似設計でも、急峻な特性を設計するためには高次数が要求される。図 Ⅲ-5-61 に $N=100$、$\tau_d=30$、$f_p=0.2$、$f_s=0.23$ の振幅特性、図 Ⅲ-5-62

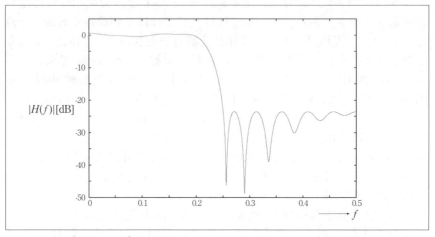

〔図 Ⅲ-5-49〕$N=20$、$\tau_d=6$、$f_p=0.2$、$f_s=0.25$ の振幅特性

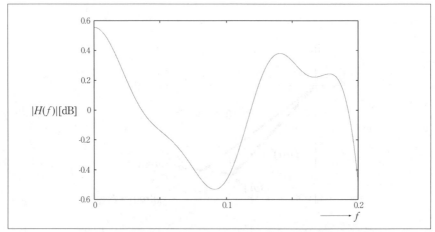

〔図 Ⅲ-5-50〕$N=20$、$\tau_d=6$、$f_p=0.2$、$f_s=0.25$ の通過域振幅特性

に通過域振幅特性、図III-5-63に通過域複素誤差、図III-5-64に群遅延特性を示す。最大誤差は $\delta_{\max}=2.47016\times 10^{-3}$ (-52.15[dB])が得られた。双対変数の個数は $(N+2)\times L \times J$ となり、N の増大は L の増加を伴うため演算量増加の要因となる。

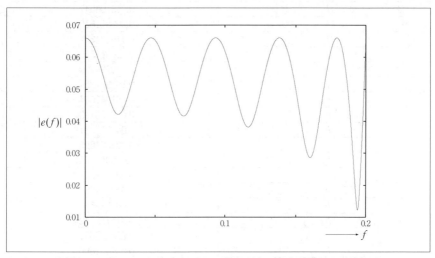

〔図III-5-51〕N=20、τ_d=6、f_p=0.2、f_s=0.25 の通過域複素誤差

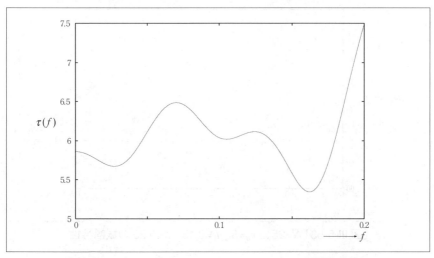

〔図III-5-52〕N=20、τ_d=6、f_p=0.2、f_s=0.25 の群遅延特性

〔表 III-5.9〕 $N=20$、$\tau_d=6$、$f_p=0.2$、$f_s=0.25$ のフィルタ係数

h_0	0.044354478
h_1	0.050515204
h_2	-0.036550942
h_3	-0.081875067
h_4	0.045196547
h_5	0.299871610
h_6	0.449584237
h_7	0.326313559
h_8	0.052764899
h_9	-0.102927254
h_{10}	-0.051641544
h_{11}	0.049705193
h_{12}	0.047317231
h_{13}	-0.022524695
h_{14}	-0.040312795
h_{15}	0.005778537
h_{16}	0.032621391
h_{17}	0.001713563
h_{18}	-0.014719572
h_{19}	-0.026570651
h_{20}	0.037401696

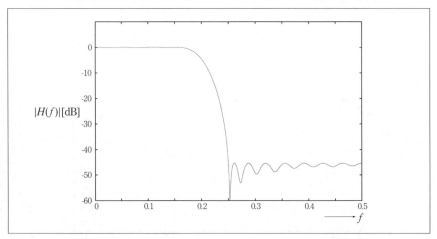

〔図 III-5-53〕 $N=25$、$\tau_d=8$、$f_p=0.15$、$f_s=0.25$ の振幅特性

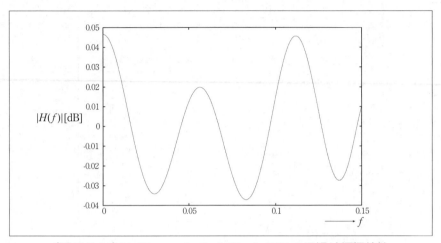

〔図 III-5-54〕 N=25、τ_d=8、f_p=0.15、f_s=0.25 の通過域振幅特性

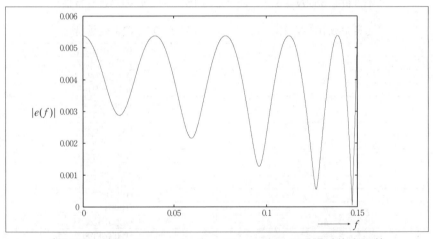

〔図 III-5-55〕 N=25、τ_d=8、f_p=0.15、f_s=0.25 の通過域複素誤差

■ Ⅲ. FIRフィルタの設計

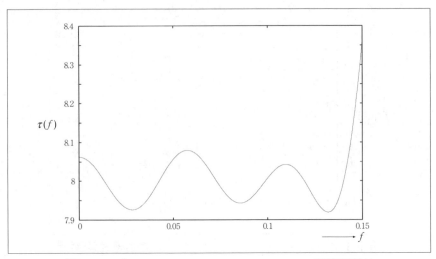

〔図 Ⅲ-5-56〕 $N=25$、$\tau_d=8$、$f_p=0.15$、$f_s=0.25$ の群遅延特性

〔表 Ⅲ-5.10〕 $N=25$、$\tau_d=8$、$f_p=0.15$、$f_s=0.25$ の群遅延特性

h_0	-0.005669782
h_1	0.006219697
h_2	0.016569249
h_3	0.001299467
h_4	-0.040324724
h_5	-0.042219497
h_6	0.071366581
h_7	0.270581500
h_8	0.401460288
h_9	0.331925777
h_{10}	0.108674483
h_{11}	-0.077657777
h_{12}	-0.095442592
h_{13}	0.000752684
h_{14}	0.063743969
h_{15}	0.032356096
h_{16}	-0.027228034
h_{17}	-0.036250885
h_{18}	-0.000142791
h_{19}	0.023816939
h_{20}	0.012075836
h_{21}	-0.008616995
h_{22}	-0.011122822
h_{23}	-0.000238500
h_{24}	0.006040338
h_{25}	0.003409581

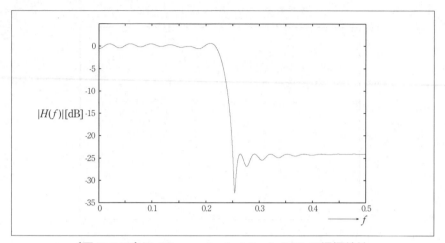

〔図 III-5-57〕 $N=30$、$\tau_d=3$、$f_p=0.2$、$f_s=0.25$ の振幅特性

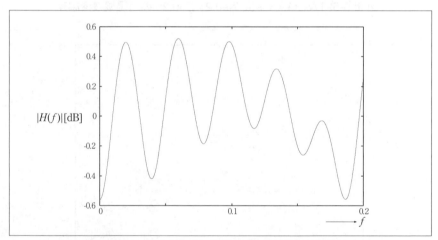

〔図 III-5-58〕 $N=30$、$\tau_d=3$、$f_p=0.2$、$f_s=0.25$ の通過域振幅特性

Ⅲ. FIRフィルタの設計

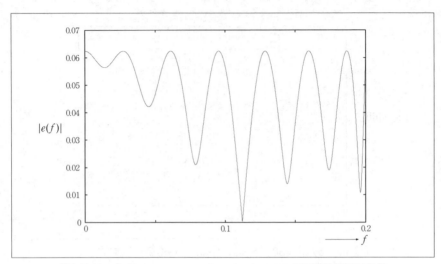

〔図 Ⅲ-5-59〕$N=30$、$\tau_d=3$、$f_p=0.2$、$f_s=0.25$ の通過域複素誤差

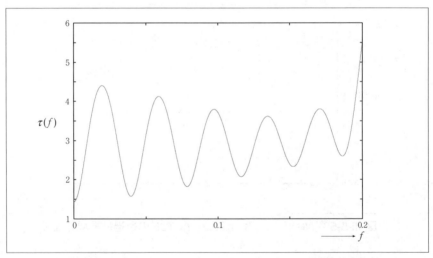

〔図 Ⅲ-5-60〕$N=30$、$\tau_d=3$、$f_p=0.2$、$f_s=0.25$ の群遅延特性

〔表 III-5.11〕 N=30、 τ_d=3、 f_p=0.2、 f_s=0.25 のフィルタ係数

h_0	-0.082565534
h_1	0.053274145
h_2	0.284033904
h_3	0.450673794
h_4	0.348762855
h_5	0.058562303
h_6	-0.126885846
h_7	-0.066810554
h_8	0.069512530
h_9	0.069250010
h_{10}	-0.035778371
h_{11}	-0.066975383
h_{12}	0.010589722
h_{13}	0.059624576
h_{14}	0.008218108
h_{15}	-0.048651392
h_{16}	-0.021328080
h_{17}	0.035245172
h_{18}	0.028294337
h_{19}	-0.021812122
h_{20}	-0.030334371
h_{21}	0.009106628
h_{22}	0.027205136
h_{23}	-0.000514386
h_{24}	-0.023856611
h_{25}	-0.009573390
h_{26}	0.010390923
h_{27}	0.001153961
h_{28}	-0.020903579
h_{29}	-0.022553361
h_{30}	-0.007722282

■ Ⅲ. FIRフィルタの設計

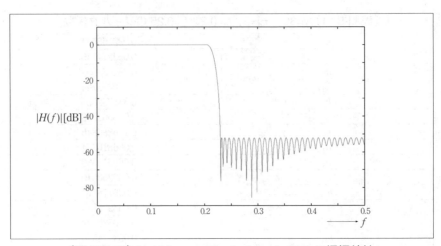

〔図 Ⅲ-5-61〕$N=100$、$\tau_d=30$、$f_p=0.2$、$f_s=0.23$ の振幅特性

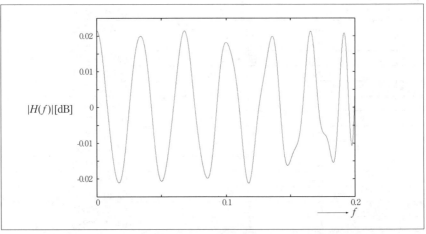

〔図 Ⅲ-5-62〕$N=100$、$\tau_d=30$、$f_p=0.2$、$f_s=0.23$ の通過域振幅特性

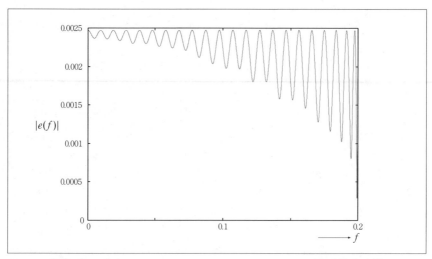

〔図 III-5-63〕N=100、τ_d=30、f_p=0.2、f_s=0.23 の通過域複素誤差

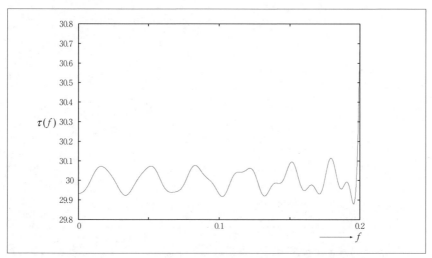

〔図 III-5-64〕N=100、τ_d=30、f_p=0.2、f_s=0.23 の群遅延特性

IV.

IIRフィルタの設計

Ⅳ-1　IIRフィルタ設計法の概要
Ⅳ-1-1　IIRフィルタ設計問題
IIRフィルタの入出力関係は

$$y_n = -\sum_{k=1}^{M} b_k y_{n-k} + \sum_{k=0}^{N} a_k x_{n-k} \quad\cdots\cdots\cdots\cdots\cdots\cdots\cdots\cdots \text{(Ⅳ-1-1)}$$

と表された。そのとき、伝達関数 $H(z)$ は

$$H(z) = \frac{\displaystyle\sum_{k=0}^{N} a_k z^{-k}}{1 + \displaystyle\sum_{k=1}^{M} b_k z^{-k}} \quad\cdots\cdots\cdots\cdots\cdots\cdots\cdots\cdots \text{(Ⅳ-1-2)}$$

となる。分母の1は現在の出力に対応する部分であり、b_k による重み付け加算部分はフィードバック部分に対応する。

FIRフィルタでは、インパルス応答とフィルタ係数が1対1に対応したが、IIRフィルタではインパルス応答が無限長であるため、フィルタ係数 a_k、b_k とは1対1に対応しない。そのため、仮にインパルス応答が求まっても、無限長のインパルス応答を有限個の a_k、b_k のみを用いて実現するための術が必要である。

また、IIRフィルタでは、システムの安定性保証も重要な鍵となる。フィルタ係数値に対しては図 Ⅱ-6-1 に示す安定三角内部に存在する必要があり、極に対しては全て単位円内部に存在しなければならない。したがって、IIRフィルタの設計では、安定性保証に関する制約条件を最低限考慮する必要がある。

Ⅳ-1-2　IIRフィルタ設計の方針
本書で紹介するIIRフィルタの設計方針は主につぎの2点である。

方針1　同等の特性をもつアナログフィルタの設計結果をディジタルフィルタに変換（間接設計法）

方針2　近似目標となる特性に対し、何らかの近似基準を設定し、その近似基準のもとで近似の度合いを測る評価関数値を最小化（または最大化）するように近似（直接設計法）

IIRフィルタのインパルス応答長は無限長である。同様にオペアンプなどを用いて構成するアナログフィルタも一般に無限長のインパルス応

■ IV. IIRフィルタの設計

答を有する。アナログフィルタの設計手法は長い年月をかけて既に構築されているため、アナログフィルタの設計結果をディジタルフィルタに反映できれば、好都合である。方針1はそのような考えのもとで開発された手法であり、インパルス不変変換法と双一次z変換法が代表的な手法である。これらの手法はいずれも極めて単純な手続きでIIRフィルタを設計可能であるが、その反面アナログ周波数領域とディジタル周波数領域の違いという根本的な違いによって生じる問題を有する。

一方、方針2はFIRフィルタ設計と同様に最小2乗近似や最大誤差最小化近似が相当する。FIRフィルタはインパルス応答の対称性に基づいて完全直線位相特性が実現可能であるため、設計問題を振幅特性の近似、すなわち実近似問題として考えることができた。一方、IIRフィルタはインパルス応答が無限長であるため、対称性が成立せず、直線位相特性の実現は不可能である。したがって、設計問題は必ず複素近似問題となり、設計対象であるフィルタ係数に対して非線形最適化問題となる。これは近似誤差関数だけでなく、安定三角条件もフィルタ係数に対して非線形な制約条件であり、z平面上での極半径に対する条件もフィルタ係数に対して非線形な制約条件となる。したがって、その解法には非線形な問題に対する数値解法が候補となるが、局所解収束や初期値依存性などの問題が伴う。

本書で紹介するアプローチは近似解を繰り返し更新する手法である。これは、変数 $x \in \mathbb{R}^N$ と x に対して線形な関数 $f: \mathbb{R}^N \to \mathbb{R}^1$、$g: \mathbb{R}^N \to \mathbb{R}^1$ に対して

$$\min \frac{f(x)}{g(x)} \quad\text{……………………………………………}\quad \text{(IV-1-3)}$$

を考え、近似解 $\bar{x}$ に対して

$$\min \frac{1}{g(\bar{x})} \cdot f(x) \quad\text{…………………………………}\quad \text{(IV-1-4)}$$

を近似解が収束するまで繰り返し解く手法である。

安定性に対する条件としては、極がz平面上の単位円内部に存在することを保証する正実性条件を線形計画問題の制約条件として付加する。

− 274 −

Ⅳ－1－3　アナログフィルタの基礎

間接設計法では、アナログフィルタの設計結果をディジタルフィルタに変換するため、本節ではアナログフィルタについて簡単にまとめておく。

アナログフィルタ回路は R、L、C のみで構成される受動フィルタやオペアンプと R、C で構成される能動フィルタに分けることができる。ここでは、装置の小型化が必要なケースや大電流を想定しないケースを想定し、能動フィルタに限定して考える。

Ⅳ－1－3－1　アナログフィルタの基本回路構成

図 Ⅳ-1-1 に示す回路において、オペアンプの仮想短絡の性質より、$V_+=V_-=0$ が成立する。オペアンプの入力インピーダンスは∞であり、オペアンプに流入する電流で 0 となるため、点 a に流入する電流の代数和はキルヒホッフの電流則より、

$$\frac{V_o}{R_2} + \frac{V_i}{R_1} + sCV_i = 0 \quad \cdots\cdots\cdots\cdots\cdots\cdots\cdots\cdots \text{(Ⅳ-1-5)}$$

となる。ここで、s は複素周波数 $s=\sigma+j\omega$ である。これより、伝達関数 $H(s)$ を求めると、

$$H(s) = \frac{V_o}{V_i} \quad \cdots\cdots\cdots\cdots\cdots\cdots\cdots\cdots \text{(Ⅳ-1-6)}$$

$$= -CR_2\left(s + \frac{1}{CR_1}\right) \quad \cdots\cdots\cdots\cdots\cdots\cdots \text{(Ⅳ-1-7)}$$

$$= -K_1\left(s + \frac{1}{CR_1}\right) \quad \cdots\cdots\cdots\cdots\cdots\cdots \text{(Ⅳ-1-8)}$$

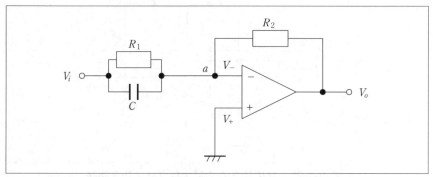

〔図 Ⅳ-1-1〕1 次の零点をもつアナログフィルタ回路

IV. IIRフィルタの設計

となる。ここで、$K_1=CR_2$ とおいた。$H(s)$ は

$$s = -\frac{1}{CR_1} \quad \cdots\cdots\cdots\cdots\cdots\cdots\cdots\cdots\cdots\cdots\cdots\cdots\cdots\cdots \text{(IV-1-9)}$$

に1次の零点をもつフィルタである。

図IV-1-2に示す回路において、点aに流入する電流の代数和を求めると、

$$\frac{V_i}{R_2} + \frac{V_o}{R_1} + sCV_o = 0 \quad \cdots\cdots\cdots\cdots\cdots\cdots\cdots\cdots\cdots \text{(IV-1-10)}$$

となる。これより、伝達関数 $H(s)$ は

$$H(s) = -\frac{1}{CR_2} \cdot \frac{1}{s + \dfrac{1}{CR_1}} \quad \cdots\cdots\cdots\cdots\cdots\cdots\cdots \text{(IV-1-11)}$$

$$= -\frac{1}{K_1} \cdot \frac{1}{s + \dfrac{1}{CR_1}} \quad \cdots\cdots\cdots\cdots\cdots\cdots\cdots \text{(IV-1-12)}$$

となる。$H(s)$ は、

$$s = -\frac{1}{CR_1} \quad \cdots\cdots\cdots\cdots\cdots\cdots\cdots\cdots\cdots\cdots\cdots\cdots\cdots \text{(IV-1-13)}$$

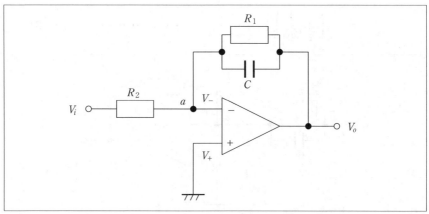

〔図IV-1-2〕1次の極をもつアナログフィルタ回路

に1次の極をもつフィルタである。

　図 IV-1-1、図 IV-1-2 のように入力側とフィードバック側の回路を入れ替えるだけで、零点と極を入れ替えることができる。ここで、重要なことは $s=z_1$ に1次の零点をもつフィルタの伝達関数が

$$H(s)=K(s-z_1) \quad \cdots\cdots\cdots\cdots\cdots\cdots\cdots\cdots\cdots\cdots\cdots\cdots \text{(IV-1-14)}$$

$s=p_1$ に1次の極をもつフィルタの伝達関数が

$$H(s)=\frac{K}{s-p_1} \quad \cdots\cdots\cdots\cdots\cdots\cdots\cdots\cdots\cdots\cdots\cdots\cdots \text{(IV-1-15)}$$

と表現できる点である。

　つぎに、図 IV-1-3 に示す回路を考えよう。図中、Y_1、Y_2、Y_3、Y_4 はアドミタンスを表す。R_a の両端の電圧はオペアンプへの電流の流入がないため、V_o を R_a と R_b で分圧した電圧となるため、

$$V_- = \frac{R_a}{R_a+R_b}V_o \quad \cdots\cdots\cdots\cdots\cdots\cdots\cdots\cdots\cdots\cdots \text{(IV-1-16)}$$

となる。$V_+=V_-$ であるため、

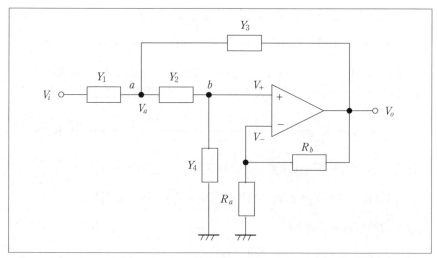

〔図 IV-1-3〕2次アナログフィルタ回路

■ Ⅳ. IIRフィルタの設計

$$V_+ = \frac{R_a}{R_a + R_b} V_o \quad \cdots\cdots\cdots\cdots\cdots\cdots\cdots\cdots\cdots\cdots\cdots\cdots\cdots\cdots \text{(Ⅳ-1-17)}$$

となり、

$$\frac{V_o}{V_+} = 1 + \frac{R_b}{R_a} = K_2 \quad \cdots\cdots\cdots\cdots\cdots\cdots\cdots\cdots\cdots\cdots\cdots\cdots \text{(Ⅳ-1-18)}$$

となる。ここで、

$$K_2 = 1 + \frac{R_b}{R_a} \quad \cdots\cdots\cdots\cdots\cdots\cdots\cdots\cdots\cdots\cdots\cdots\cdots\cdots\cdots \text{(Ⅳ-1-19)}$$

とおいた。これより、

$$V_+ = \frac{V_o}{K_2} \quad \cdots\cdots\cdots\cdots\cdots\cdots\cdots\cdots\cdots\cdots\cdots\cdots\cdots\cdots\cdots \text{(Ⅳ-1-20)}$$

となる。点 a の電位を V_a とすると、点 b に流入（流出）する電流の代数和は

$$Y_2(V_+ - V_a) + Y_4 V_+ = 0 \quad \cdots\cdots\cdots\cdots\cdots\cdots\cdots\cdots\cdots\cdots \text{(Ⅳ-1-21)}$$

となる。また、点 a に流入（流出）する電流の代数和は

$$Y_1(V_a - V_i) + Y_2(V_a - V_+) + Y_3(V_a - V_o) = 0 \quad \cdots\cdots\cdots\cdots \text{(Ⅳ-1-22)}$$

となる。(Ⅳ-1-20) 式、(Ⅳ-1-21) 式、(Ⅳ-1-22) 式より $H(s)$ を求めよう。(Ⅳ-1-20) 式を (Ⅳ-1-21) 式に代入し、V_a について解くと

$$V_a = \frac{V_o}{K_2} + \frac{Y_4}{K_2 Y_2} V_o \quad \cdots\cdots\cdots\cdots\cdots\cdots\cdots\cdots\cdots\cdots\cdots\cdots \text{(Ⅳ-1-23)}$$

が得られる。これを (Ⅳ-1-22) 式に代入し、まとめると

$$V_o(Y_1 Y_2 + Y_2 Y_3 + Y_3 Y_4 + Y_4 Y_1 + Y_2 Y_4 - K_2 Y_2 Y_3) = K_2 Y_1 Y_2 V_i$$

となるため、$H(s)$ を求めると

$$H(s) = \frac{K_2 Y_1 Y_2}{Y_1 Y_2 + Y_2 Y_3 + Y_3 Y_4 + Y_4 Y_1 + Y_2 Y_4 - K_2 Y_2 Y_3} \quad \cdots\cdots \text{(Ⅳ-1-24)}$$

が得られる。

　図 IV-1-4 に示す回路を考えよう。この回路では、

$$Y_1 = \frac{1}{R_1} \quad \cdots\cdots\cdots\cdots\cdots\cdots\cdots\cdots\cdots\cdots\cdots\cdots\cdots\cdots\cdots\cdots\cdots \text{(IV-1-25)}$$

$$Y_2 = \frac{1}{R_2} \quad \cdots\cdots\cdots\cdots\cdots\cdots\cdots\cdots\cdots\cdots\cdots\cdots\cdots\cdots\cdots\cdots\cdots \text{(IV-1-26)}$$

$$Y_3 = sC_1 \quad \cdots\cdots\cdots\cdots\cdots\cdots\cdots\cdots\cdots\cdots\cdots\cdots\cdots\cdots\cdots\cdots\cdots \text{(IV-1-27)}$$

$$Y_4 = sC_2 \quad \cdots\cdots\cdots\cdots\cdots\cdots\cdots\cdots\cdots\cdots\cdots\cdots\cdots\cdots\cdots\cdots\cdots \text{(IV-1-28)}$$

となり、(IV-1-24) 式に代入すると次式となる。

$$H(s) = \frac{\dfrac{K_2}{C_1 C_2 R_1 R_2}}{s^2 + s\left(\dfrac{1}{C_1 R_1} + \dfrac{1}{C_1 R_2} + \dfrac{1}{C_2 R_2} - \dfrac{K}{C_2 R_2}\right) + \dfrac{1}{C_1 C_2 R_1 R_2}} \quad \text{(IV-1-29)}$$

これを一般化すると、

$$H(s) = \frac{\alpha_0}{s^2 + \beta_1 s + \beta_0} \quad \cdots\cdots\cdots\cdots\cdots\cdots\cdots\cdots\cdots\cdots\cdots\cdots\cdots \text{(IV-1-30)}$$

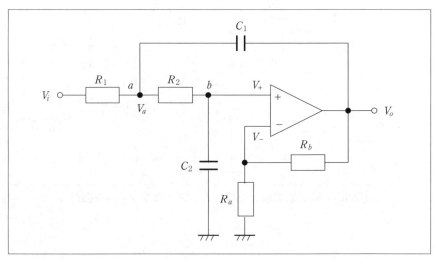

〔図 IV-1-4〕2 次の極をもつアナログフィルタ回路

となる。回路素子値は実数であるため、α_0、β_0、β_1 はいずれも実数となる。したがって、(IV-1-30) 式は2つの実数もしくは複素共役対の2次の極をもつフィルタの伝達関数である。

つぎに、図 IV-1-5 に示す回路を考えよう。この回路では、

$$Y_1 = \frac{1}{R_1} + sC_1 = G_1 + sC_1 \quad \cdots\cdots\cdots\cdots\cdots\cdots\cdots\cdots (\text{IV-1-31})$$

$$Y_2 = \frac{1}{R_2} + sC_2 = G_2 + sC_2 \quad \cdots\cdots\cdots\cdots\cdots\cdots\cdots\cdots (\text{IV-1-32})$$

$$Y_3 = \frac{1}{R_3} + sC_3 = G_3 + sC_3 \quad \cdots\cdots\cdots\cdots\cdots\cdots\cdots\cdots (\text{IV-1-33})$$

$$Y_3 = \frac{1}{R_4} + sC_3 = G_3 + sC_3 \quad \cdots\cdots\cdots\cdots\cdots\cdots\cdots\cdots (\text{IV-1-34})$$

となる。ここで、$G_i = 1/R_i$, $i=1,2,3,4$ とおいた。(IV-1-24) 式に代入し、分子多項式 $C(s)$、分母多項式 $D(s)$ を求めると、

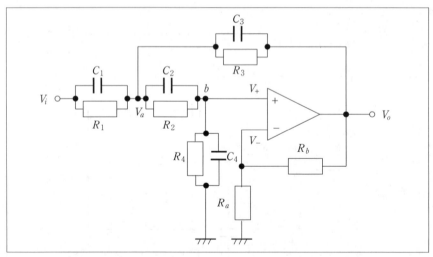

〔図 IV-1-5〕2次の極とゼロをもつアナログフィルタ回路

$$C(s) = K_2(G_1 + sC_1)(G_2 + sC_2) \qquad \cdots \text{(IV-1-35)}$$

$$\begin{aligned}
D(s) = &(G_1 + sC_1)(G_2 + sC_2) + (G_2 + sC_2)(G_3 + sC_3) \\
&+ (G_3 + sC_3)(G_4 + sC_4) + (G_1 + sC_1)(G_4 + sC_4) \\
&+ (G_2 + sC_2)(G_4 + sC_4) \\
&- K_2(G_2 + sC_2)(G_3 + sC_3) \qquad \cdots \text{(IV-1-36)}
\end{aligned}$$

となる。$C(s)$、$D(s)$ ともに s の2次多項式となるため、一般化して

$$H(s) = K_s \cdot \frac{s^2 + \alpha_1 s + \alpha_0}{s^2 + \beta_1 s + \beta_0} \qquad \cdots\cdots\cdots\cdots\cdots\cdots\cdots \text{(IV-1-37)}$$

と表すことができる。ここで、K_s は s^2 の係数を1にするためのスケーリング係数である。回路素子値は実数であるため、$H(s)$ は2つの実数もしくは複素共役対の2次の極とゼロをもつフィルタの伝達関数である。

　以上のように、1次、2次のフィルタ回路は容易に実現可能である。2つの回路を縦続接続した場合の伝達関数が2つの伝達関数の積になることを思い出すと、1次と2次の回路が実現できれば、さらに高次の伝達関数も実現できる。$H(s)$ の分子多項式、分母多項式の係数を定めればフィルタの特性は決まるため、アナログフィルタの設計は多項式係数を求める問題となる。

IV−1−3−2　アナログフィルタ設計の基礎

　フィルタ設計問題は、理想低域通過フィルタへの近似問題である。位相特性を考慮しない場合の理想低域通過フィルタの周波数特性 $H_{id}(\omega)$ は、カットオフ角周波数を ω_c とすると、

$$H_{id}(\omega) = \begin{cases} 1 & \omega < \omega_c \\ 0 & \omega > \omega_c \end{cases} \qquad\cdots\cdots\cdots\cdots\cdots\cdots\cdots \text{(IV-1-38)}$$

である。フィルタの減衰量 $A_{id}(\omega)$ に注目すると、

$$A_{id}(\omega) = \begin{cases} 0 & \omega < \omega_c \\ \infty & \omega > \omega_c \end{cases} \qquad\cdots\cdots\cdots\cdots\cdots\cdots\cdots \text{(IV-1-39)}$$

となる。2乗振幅特性 $|H_{id}(\omega)|^2$ を考えると、理想低域通過フィルタは

$$|H_{id}(\omega)|^2 = \frac{1}{1 + |A_{id}(\omega)|^2} \qquad\cdots\cdots\cdots\cdots\cdots\cdots\cdots \text{(IV-1-40)}$$

■ IV. IIRフィルタの設計

と書くことができる。$|H_{id}(\omega)|^2$ は

$$|H_{id}(\omega)|^2 = H_{id}(\omega)\,H_{id}^*(\omega) \quad\cdots\cdots\cdots\cdots\cdots\cdots\cdots \text{(IV-1-41)}$$
$$= H_{id}(\omega)\,H_{id}(-\omega) \quad\cdots\cdots\cdots\cdots\cdots\cdots \text{(IV-1-42)}$$

と書き直すことができる。ここで、$H_{id}^*(\omega)$ は $H_{id}(\omega)$ の複素共役である。これより、

$$|H_{id}(\omega)|^2 = \frac{1}{1 + A_{id}(\omega)\,A_{id}(-\omega)} \quad\cdots\cdots\cdots\cdots\cdots \text{(IV-1-43)}$$

となる。$s = j\omega$ とおくと、

$$|H_{id}(\omega)|^2 = \frac{1}{1 + A_{id}\left(\dfrac{s}{j}\right)A_{id}\left(-\dfrac{s}{j}\right)} \quad\cdots\cdots\cdots\cdots \text{(IV-1-44)}$$

となる。アナログフィルタの設計は $1 + A_{id}(s/j)A_{id}(-s/j)$ を近似する s の多項式を求める問題である。近似設計した $H(s)$ は極のみを有するため、全極型フィルタと呼ばれる。安定なアナログフィルタは、全ての極が s 平面の左半平面に存在する必要があるため、$H(s/j)H(-s/j)$ の極のうち左半平面に存在する極のみを用いて $H(s)$ を求めればよい。

　なお、アナログフィルタの設計ではカットオフ角周波数に依存せずに設計を行なうために、一般性を失うことなく $\omega_c = 1$、すなわち角周波数 ω をカットオフ周波数 ω_c で正規化して扱う。

IV−1−3−3　バタワースフィルタ

　$|A_{id}(\omega)|^2$ の近似には、通過域で 0 かつ平坦であり、阻止域で大きな値を有することが望まれる。$\omega_c = 1$ を境にして、$\omega < 1$ では 0 に近く、$\omega > 1$ では大幅に大きな値をもつ関数として、次式の $|A_n(\omega)|^2$ を考えよう。

$$|A_n(\omega)|^2 = \omega^{2n} \quad\cdots\cdots\cdots\cdots\cdots\cdots\cdots\cdots\cdots\cdots\cdots \text{(IV-1-45)}$$

図 IV-1-6 に ω^{2n}、図 IV-1-7 に ω^{2n} の $\omega:[0,1]$ の拡大図を示す。このように、べき乗関数は $\omega < 1$ では必ず 1 未満となり、$\omega > 1$ では増大する。また、$\omega = \omega_c = 1$ のとき、n によらず 1 となる。n の増大に伴い、阻止域減衰量が増大するとともに、通過域の平坦な帯域が広がっていることが確認で

きる。このように、平坦な特性を最平坦特性、あるいはバタワース特性（Butterworth characteristic）といい、バタワース特性を有するフィルタをバタワースフィルタという。

n 次バタワースフィルタの $|H_n(\omega)|^2$ は

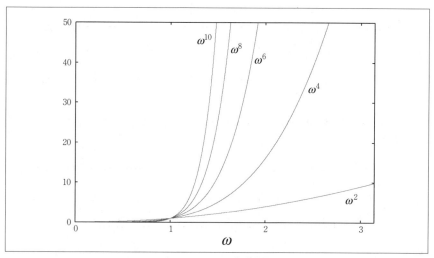

〔図 IV-1-6〕ω^{2n} 関数

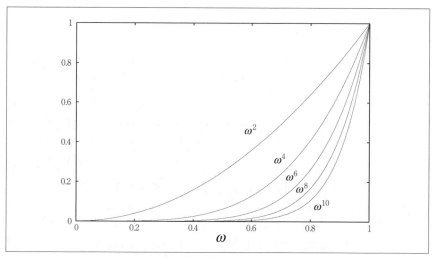

〔図 IV-1-7〕ω^{2n} 関数の $\omega:[0,1]$ の拡大図

■ Ⅳ. IIRフィルタの設計

$$|H_n(\omega)|^2 = \frac{1}{1+\omega^{2n}} \quad \cdots\cdots\cdots\cdots\cdots\cdots\cdots\cdots\cdots\cdots\cdots\cdots \text{(Ⅳ-1-46)}$$

となる。したがって、

$$|H_n(\omega)|^2 = \frac{1}{1+\left(\dfrac{s}{j}\right)^{2n}} \quad \cdots\cdots\cdots\cdots\cdots\cdots\cdots\cdots\cdots\cdots \text{(Ⅳ-1-47)}$$

$$= \frac{1}{1+(-1)^n s^{2n}} \quad \cdots\cdots\cdots\cdots\cdots\cdots\cdots\cdots\cdots\cdots \text{(Ⅳ-1-48)}$$

が導ける。$H_n(s)H_n(-s)$ の極を求めるために、次式を満たす $s_k, k=0,1,\cdots,2n-1$ を考えよう。

$$1+(-1)^n s^{2n} = 0 \quad \cdots\cdots\cdots\cdots\cdots\cdots\cdots\cdots\cdots\cdots\cdots \text{(Ⅳ-1-49)}$$

上式は n の偶奇によって $(-1)^n$ の値が異なる。n が奇数の場合は

$$1-s^{2n} = 0 \quad \cdots\cdots\cdots\cdots\cdots\cdots\cdots\cdots\cdots\cdots\cdots\cdots \text{(Ⅳ-1-50)}$$

より、

$$s_k = e^{j2\pi k/2n} \quad \cdots\cdots\cdots\cdots\cdots\cdots\cdots\cdots\cdots\cdots\cdots\cdots \text{(Ⅳ-1-51)}$$

となる。n が偶数の場合は、

$$1+s^{2n} = 0 \quad \cdots\cdots\cdots\cdots\cdots\cdots\cdots\cdots\cdots\cdots\cdots\cdots \text{(Ⅳ-1-52)}$$

より、

$$s_k = (-1)\,e^{j2\pi k/2n} \quad \cdots\cdots\cdots\cdots\cdots\cdots\cdots\cdots\cdots\cdots \text{(Ⅳ-1-53)}$$
$$= e^{j\pi} e^{j2\pi k/2n} \quad \cdots\cdots\cdots\cdots\cdots\cdots\cdots\cdots\cdots\cdots \text{(Ⅳ-1-54)}$$
$$= e^{j(2k+1)\pi/2n} \quad \cdots\cdots\cdots\cdots\cdots\cdots\cdots\cdots\cdots\cdots \text{(Ⅳ-1-55)}$$

となる。(Ⅳ-1-51) 式、(Ⅳ-1-55) 式より、全ての k に対して、

$$|s_k| = 1 \quad \cdots\cdots\cdots\cdots\cdots\cdots\cdots\cdots\cdots\cdots\cdots\cdots\cdots \text{(Ⅳ-1-56)}$$

であるため、図 Ⅳ-1-8 に示すように s_k が s 平面上の単位円上に存在し、円周を $2n$ 等分していることがわかる。

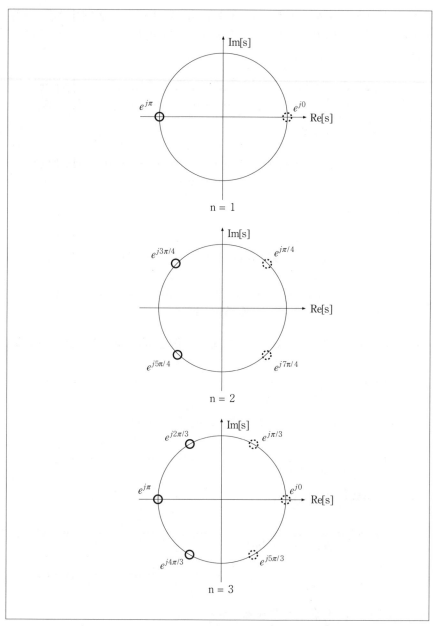

〔図 IV-1-8〕バタワースフィルタの s 平面上の極配置

■ Ⅳ. IIRフィルタの設計

　安定なフィルタを設計するためには、図 Ⅳ-1-8 に実線の円で示す s 平面の左半平面の極のみを用いて $H(s)$ の分母多項式 $D(s)$ を求めればよい。例えば、$n=1$ の場合は、

$$D_1(s) = s - e^{j\pi} \qquad \cdots\cdots\cdots\cdots\cdots\cdots\cdots\cdots\cdots \text{(IV-1-57)}$$
$$= s + 1 \qquad \cdots\cdots\cdots\cdots\cdots\cdots\cdots\cdots\cdots \text{(IV-1-58)}$$

となり、$n=2$ の場合は、

$$D_2(s) = (s - e^{j3\pi/4})(s - e^{j5\pi/4}) \qquad \cdots\cdots\cdots\cdots\cdots\cdots \text{(IV-1-59)}$$
$$= s^2 + \sqrt{2}s + 1 \qquad \cdots\cdots\cdots\cdots\cdots\cdots\cdots \text{(IV-1-60)}$$

となる。同様に、

$$D_3(s) = s^3 + 2s^2 + 2s + 1 \qquad \cdots\cdots\cdots\cdots\cdots \text{(IV-1-61)}$$
$$D_4(s) = s^4 + 2.613126s^2 + 3.414214s^2 \qquad \cdots\cdots\cdots\cdots \text{(IV-1-62)}$$
$$+ 2.613126s + 1$$
$$D_5(s) = s^5 + 3.236068s^4 + 5.236068s^3 \qquad \cdots\cdots\cdots\cdots \text{(IV-1-63)}$$
$$+ 5.236068s^2 + 3.236068s + 1$$

のように、s の n 次多項式として求まる。例えば、$n=2$ の場合、$H(s)$ は

$$H(s) = \frac{1}{s^2 + \sqrt{2}s + 1} \qquad \cdots\cdots\cdots\cdots\cdots\cdots \text{(IV-1-64)}$$

となる。$s=j\omega$ とおいて、周波数特性 $H(j\omega)$ を求めると、

$$H(\omega) = \frac{1}{1 - \omega^2 + j\sqrt{2}\omega} \qquad \cdots\cdots\cdots\cdots\cdots\cdots \text{(IV-1-65)}$$

となる。振幅特性 $|H(j\omega)|$ は

$$|H(j\omega)| = \frac{1}{\sqrt{(1-\omega^2)^2 + 2\omega^2}} \qquad \cdots\cdots\cdots\cdots\cdots \text{(IV-1-66)}$$
$$= \frac{1}{\sqrt{1 + \omega^4}} \qquad \cdots\cdots\cdots\cdots\cdots\cdots \text{(IV-1-67)}$$

と理論通りに求まることが確認できる。
　バタワースフィルタの例として、$N=3,4,5,10$ に設定した場合の設計

－ 286 －

例を示す。図 IV-1-9 に $N=3$ の極配置、図 IV-1-10 に $N=3$ の振幅特性、図 IV-1-11 に $N=4$ の極配置、図 IV-1-12 に $N=4$ の振幅特性、図 IV-1-13 に $N=5$ の極配置、図 IV-1-14 に $N=5$ の振幅特性、図 IV-1-15 に $N=10$ の極配置、図 IV-1-16 に $N=10$ の振幅特性を示す。

$N=3$ の場合、伝達関数 $H_3(s)$ は

$$H_3(s) = \frac{1}{s+1} \cdot \frac{1}{s^2+s+1} \quad \cdots\cdots\cdots\cdots\cdots\cdots\cdots\cdots \text{(IV-1-68)}$$

$N=4$ の場合は、

$$H_4(s) = \frac{1}{s^2+0.76536686s+1} \cdot \frac{1}{s^2+1.84775907s+1} \quad \cdots \text{(IV-1-69)}$$

$N=5$ の場合は、

$$H_5(s) = \frac{1}{s+1} \cdot \frac{1}{s^2+0.61803399s+1} \cdot$$
$$= \frac{1}{s^2+1.61803399s+1} \quad \cdots\cdots\cdots\cdots\cdots \text{(IV-1-70)}$$

$N=10$ の場合は、

$$H_5(s) = \frac{1}{s^2+0.31286893s+1} \cdot \frac{1}{s^2+0.90798100s+1} \cdot$$
$$= \frac{1}{s^2+1.41421356s+1} \cdot \frac{1}{s^2+1.78201305s+1} \cdot$$
$$= \frac{1}{s^2+1.97537668s+1} \quad \cdots \text{(IV-1-71)}$$

である。このようにバタワースフィルタの極が s 平面の単位円上で等間隔に配置し、振幅特性が平坦な特性であることが確認できる。

■ Ⅳ. IIRフィルタの設計

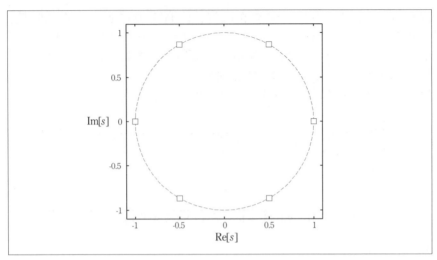

〔図 Ⅳ-1-9〕N=3 のバタワースフィルタの極配置

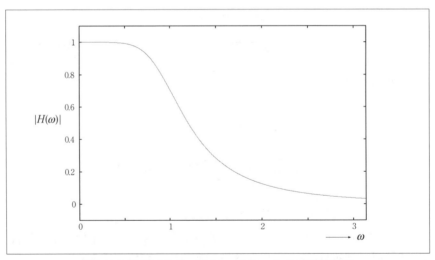

〔図 Ⅳ-1-10〕N=3 のバタワースフィルタの振幅特性

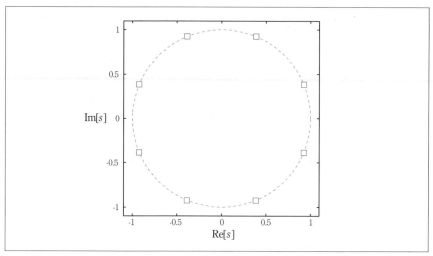

〔図 IV-1-11〕N=4 のバタワースフィルタの極配置

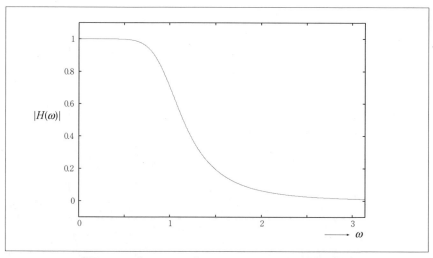

〔図 IV-1-12〕N=4 のバタワースフィルタの振幅特性

■ IV. IIRフィルタの設計

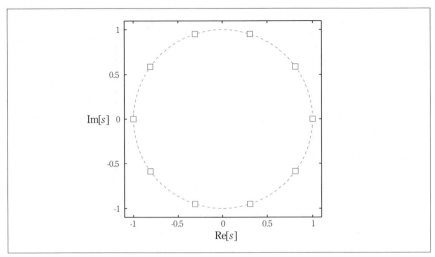

〔図 IV-1-13〕 N=5 のバタワースフィルタの極配置

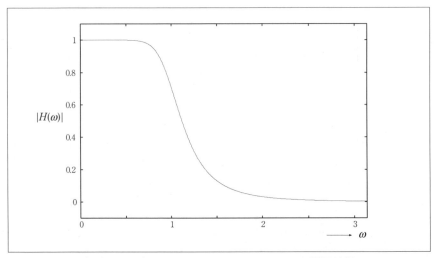

〔図 IV-1-14〕 N=5 のバタワースフィルタの振幅特性

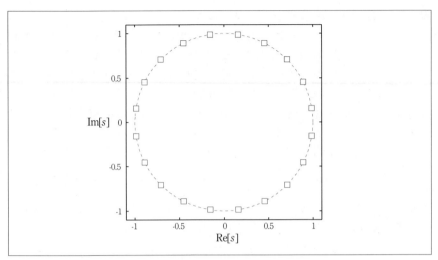

〔図 IV-1-15〕N=10 のバタワースフィルタの極配置

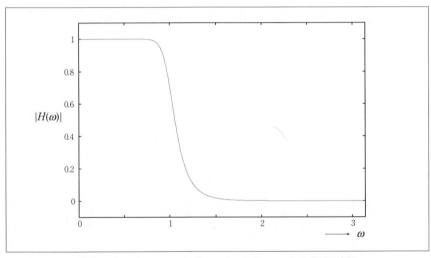

〔図 IV-1-16〕N=10 のバタワースフィルタの振幅特性

IV-1-3-4 チェビシェフフィルタ

バタワースフィルタでは、平坦な特性の実現を目指したが、次数が低いときは鋭い遮断特性の実現が困難である。一方、図IV-1-17に示すように通過域にリプルを認めれば、鋭い遮断特性の実現が可能である。このようなリプル幅が等しい波状特性をもつ特性をチェビシェフ特性（Chebyshev characteristic）と呼び、チェビシェフ特性を有するフィルタをチェビシェフフィルタという。

リプルを有する関数として、つぎの $T_n(\omega)$ を考えよう。

$$T_n(\omega) = \cos(n\cos^{-1}\omega) \quad \cdots\cdots\cdots\cdots\cdots\cdots (\text{IV-1-72})$$

直感的に、$\omega:[0,1]$ に対して $\cos^{-1}\omega$ は $[0, \pi/2]$ を返し、$\cos(n\cos^{-1}\omega)$ は $[-1,1]$ の範囲で振動するため、等しい幅のリプルを有する関数となることがわかる。一方、$\omega>1$ について考えるために $T_n(\omega)$ をつぎのように書き換えよう。

$$T_n(\omega) = \cos\left(jn \times \frac{1}{j}\cos^{-1}\omega\right) \quad \cdots\cdots\cdots\cdots (\text{IV-1-73})$$

ここで、

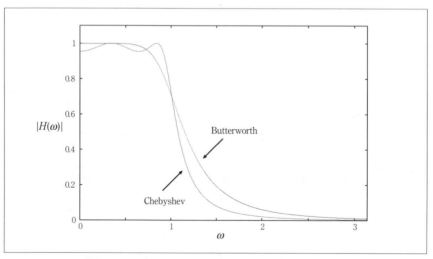

〔図IV-1-17〕バタワース特性とチェビシェフ特性

$$\cos x = \frac{e^{jx} + e^{-jx}}{2} \quad \cdots\cdots\cdots\cdots\cdots\cdots\cdots\cdots\cdots \text{(IV-1-74)}$$

$$\cosh x = \frac{e^{x} + e^{-x}}{2} \quad \cdots\cdots\cdots\cdots\cdots\cdots\cdots\cdots\cdots \text{(IV-1-75)}$$

の関係を思い出すと、

$$T_n(\omega) = \cosh(n\cosh^{-1}\omega) \quad \cdots\cdots\cdots\cdots\cdots\cdots\cdots \text{(IV-1-76)}$$

と書き換えることができる。(IV-1-72) 式と (IV-1-76) 式は等価な表現である。双曲線関数は単調増加関数であるため、$\omega > 1$ に対して $T_n(\omega)$ は単調に増加する。したがって、$T_n(\omega)$ は通過域でリプルを有し、阻止域で単調増加する関数となる。

$n=0,1$ のとき、

$$T_0(\omega) = \cos(0 \times \cos^{-1}\omega) \quad \cdots\cdots\cdots\cdots\cdots\cdots \text{(IV-1-77)}$$
$$= 1 \quad \cdots\cdots\cdots\cdots\cdots\cdots\cdots\cdots\cdots \text{(IV-1-78)}$$
$$T_1(\omega) = \cos(1 \times \cos^{-1}\omega) \quad \cdots\cdots\cdots\cdots\cdots\cdots \text{(IV-1-79)}$$
$$= \cos(\cos^{-1}\omega) \quad \cdots\cdots\cdots\cdots\cdots\cdots\cdots \text{(IV-1-80)}$$
$$= \omega \quad \cdots\cdots\cdots\cdots\cdots\cdots\cdots\cdots\cdots \text{(IV-1-81)}$$

となることが確認できる。ここで、

$$x = \cos^{-1}\omega \quad \cdots\cdots\cdots\cdots\cdots\cdots\cdots\cdots\cdots\cdots \text{(IV-1-82)}$$

とおくと、

$$T_n(x) = \cos nx \quad \cdots\cdots\cdots\cdots\cdots\cdots\cdots\cdots\cdots\cdots \text{(IV-1-83)}$$

と書ける。ここで、

$$\cos(\alpha - \beta) = \cos\alpha\cos\beta + \sin\alpha\sin\beta \quad \cdots\cdots\cdots\cdots \text{(IV-1-84)}$$
$$\cos(\alpha + \beta) = \cos\alpha\cos\beta - \sin\alpha\sin\beta \quad \cdots\cdots\cdots\cdots \text{(IV-1-85)}$$

の関係を思い出すと、

$$2\cos\alpha\cos\beta = \cos(\alpha - \beta) + \cos(\alpha + \beta) \quad \cdots\cdots\cdots\cdots \text{(IV-1-86)}$$

が導ける。ここで、

■ IV. IIRフィルタの設計

$$\alpha = nx \qquad\qquad\qquad\qquad\qquad\qquad\qquad\qquad \text{(IV-1-87)}$$
$$\beta = x \qquad\qquad\qquad\qquad\qquad\qquad\qquad\qquad\qquad \text{(IV-1-88)}$$

とおくと、

$$2\cos nx \cos x = \cos(n-1)x + \cos(n+1)x \qquad\qquad \text{(IV-1-89)}$$

となり、

$$\cos(n+1)x = 2\cos nx \cos x - \cos(n-1)x \qquad\qquad \text{(IV-1-90)}$$

が導ける。これより、

$$T_{n+1}(x) = 2T_n(x)\cos x - T_{n-1}(x) \qquad\qquad\qquad \text{(IV-1-91)}$$

となり、$x=\cos^{-1}\omega$ を代入すると、

$$T_{n+1}(\omega) = 2\omega T_n(\omega) - T_{n-1}(\omega) \qquad\qquad\qquad \text{(IV-1-92)}$$

が導出できる。$T_0(\omega)=1$、$T_1(\omega)=\omega$ であるから、$T_2(\omega)$ は

$$T_2(\omega) = 2\omega T_1(\omega) - T_0(\omega) \qquad\qquad\qquad\qquad \text{(IV-1-93)}$$
$$= 2\omega^2 - 1 \qquad\qquad\qquad\qquad\qquad\qquad \text{(IV-1-94)}$$

が求められる。表 IV-1.1 に n に対する $T_n(\omega)$ を示す。このように $T_n(\omega)$ は ω の多項式として表すことができる。$T_n(\omega)$ をチェビシェフ多項式 (Chebyshev polynomial) という。ここで、$T_n(\omega)$ における ω の最高次の係数が 2^{n-1} であることに注意が必要である。$T_n(\omega)$ に基づいて算出する

〔表 IV-1.1〕n に対する $T_n(\omega)$

n	$Tn(\omega)$
0	1
1	ω
2	$2\omega^2-1$
3	$4\omega^3-3\omega$
4	$8\omega^4-8\omega^2+1$
5	$16\omega^5-20\omega^3+5\omega$
6	$32\omega^6-48\omega^4+18\omega^2-1$
7	$64\omega^7-112\omega^5+56\omega^3-7\omega$
8	$128\omega^8-256\omega^6+160\omega^4-32\omega^2+1$

s の多項式はモニック形式、すなわち s の最高次が 1 に正規化されているため、伝達関数を求める場合は多項式を 2^{n-1} 倍して考える必要があることを示している。

図 IV-1-18 に $\omega:[0,\pi]$ における $n=2,3,4,5$ に対する $T_n(\omega)$ を、図 IV-1-19 に $\omega:[0,1]$ での拡大図を示す。図 IV-1-19 より通過域では等リプル特性を

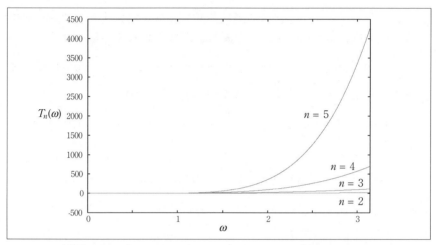

〔図 IV-1-18〕$\omega:[0,\pi]$ における n=2,3,4,5 に対する $T_n(\omega)$

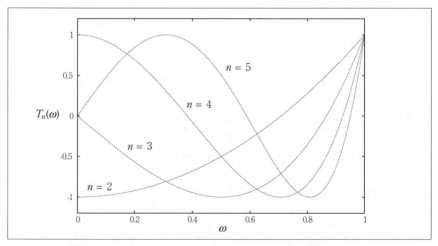

〔図 IV-1-19〕$\omega:[0,1]$ における n=2,3,4,5 に対する $T_n(\omega)$

■ IV. IIRフィルタの設計

有し、図 IV-1-18 より阻止域では n の増加とともに減衰量が大きくなることがわかる。

n 次チェビシェフフィルタの $|H_n(\omega)|^2$ は

$$|H_n(\omega)| = \frac{1}{1+\varepsilon^2 T_n^2(\omega)} \quad \cdots\cdots\cdots\cdots\cdots\cdots (\text{IV-1-95})$$

と定義される。ここで、ε は通過域のリプル幅を指定するパラメータである。例えば、$\omega_s > 1$ で Δ 以上の減衰量が要求されている場合は、

$$1+\varepsilon^2 T_n^2(\omega_s) > \Delta^2 \quad \cdots\cdots\cdots\cdots\cdots\cdots\cdots (\text{IV-1-96})$$

が成立すればよい。上式を $T_n(\omega)$ を用いて書き直すと

$$1+\varepsilon^2 \cosh^2(n\cosh^{-1}\omega_s) > \Delta^2 \quad \cdots\cdots\cdots\cdots\cdots (\text{IV-1-97})$$

となり、

$$\varepsilon\cosh(n\cosh^{-1}\omega_s) > \sqrt{\Delta^2-1} \quad \cdots\cdots\cdots\cdots (\text{IV-1-98})$$

が導ける。これより、

$$n > \frac{\cosh^{-1}(\sqrt{\Delta^2-1}/\varepsilon)}{\cosh^{-1}\omega_s} \quad \cdots\cdots\cdots\cdots\cdots (\text{IV-1-99})$$

が得られ、最低限必要な n を求めることができる。(IV-1-95) 式より、チェビシェフフィルタの極は

$$1+\varepsilon^2 T_n^2\left(\frac{s}{j}\right) = 0 \quad \cdots\cdots\cdots\cdots\cdots\cdots (\text{IV-1-100})$$

を満たす根である。上式を変形すると、

$$T_n\left(\frac{s}{j}\right) = \pm\frac{j}{\varepsilon} \quad \cdots\cdots\cdots\cdots\cdots\cdots\cdots (\text{IV-1-101})$$

となる。(IV-1-72) 式を代入すると、

$$\cos\left(n\cos^{-1}\frac{s}{j}\right) = \pm\frac{j}{\varepsilon} \quad \cdots\cdots\cdots\cdots\cdots (\text{IV-1-102})$$

$-$ 296 $-$

となり、

$$n \cos^{-1} \frac{s}{j} = \cos^{-1}\left(\pm \frac{j}{\varepsilon}\right) \quad \cdots\cdots\cdots\cdots\cdots\cdots\cdots \text{(IV-1-103)}$$

が得られる。これより、チェビシェフフィルタの極が

$$s = j \cos\left[\frac{1}{n} \cos^{-1}\left(\pm \frac{j}{\varepsilon}\right)\right] \quad \cdots\cdots\cdots\cdots\cdots \text{(IV-1-104)}$$

$$= j \cos(\alpha - j\beta) \quad \cdots\cdots\cdots\cdots\cdots \text{(IV-1-105)}$$

$$= j(\cos\alpha \cos j\beta - \sin\alpha \sin j\beta) \quad \cdots\cdots\cdots\cdots\cdots \text{(IV-1-106)}$$

$$= j(\cos\alpha \cosh\beta - j\sin\alpha \sinh\beta) \quad \cdots\cdots\cdots\cdots\cdots \text{(IV-1-107)}$$

$$= \sin\alpha \sinh\beta + j\cos\alpha \cosh\beta \quad \cdots\cdots\cdots\cdots\cdots \text{(IV-1-108)}$$

となることがわかる。ここで、

$$\cos jx = \cosh x \quad \cdots\cdots\cdots\cdots\cdots\cdots\cdots\cdots \text{(IV-1-109)}$$

$$\sin jx = j\sinh x \quad \cdots\cdots\cdots\cdots\cdots\cdots\cdots\cdots \text{(IV-1-110)}$$

の関係を用いた。これを (IV-1-101) 式に代入すると、

$$\cos\{n(\alpha + j\beta)\} = \pm \frac{j}{\varepsilon} \quad \cdots\cdots\cdots\cdots\cdots\cdots\cdots \text{(IV-1-111)}$$

上式左辺を展開すると、

$$\cos n\alpha \cosh n\beta - j\sin n\alpha \sinh n\beta = \pm \frac{j}{\varepsilon} \quad \cdots\cdots\cdots\cdots \text{(IV-1-112)}$$

が得られる。実部と虚数部を比較すると、

$$\cos n\alpha \cosh n\beta = 0 \quad \cdots\cdots\cdots\cdots\cdots\cdots\cdots \text{(IV-1-113)}$$

$$\sin n\alpha \sinh n\beta = \mp \frac{1}{\varepsilon} \quad \cdots\cdots\cdots\cdots\cdots\cdots\cdots \text{(IV-1-114)}$$

の関係が導ける。ここで、任意の β に対して $\cosh n\beta > 0$ であることを考慮すると、(IV-1-113) 式より

$$\cos n\alpha = 0 \quad \cdots\cdots\cdots\cdots\cdots\cdots\cdots\cdots \text{(IV-1-115)}$$

■ IV. IIRフィルタの設計

が成立し、

$$n\alpha_k = \frac{\pi}{2} + k\pi, \ k = 0, 1, \cdots, 2n-1 \quad \cdots\cdots\cdots\cdots\cdots \text{(IV-1-116)}$$

の条件が導ける。それゆえ、α_k は

$$\alpha_k = \frac{\pi}{2n} + \frac{k\pi}{n}, \ k = 0, 1, \cdots, 2n-1 \quad \cdots\cdots\cdots\cdots \text{(IV-1-117)}$$

となる。この結果を (IV-1-114) 式に代入すると、

$$\sin\left(\frac{\pi}{2} + k\pi\right)\sinh n\beta = (-1)^k \sinh n\beta = \mp\frac{1}{\varepsilon} \quad \cdots\cdots\cdots\cdots \text{(IV-1-118)}$$

が得られ、β_k の条件として

$$\sinh n\beta_k = \pm\frac{(-1)^{k+1}}{\varepsilon}, \ k = 0, 1, \cdots, 2n-1 \quad \cdots\cdots\cdots\cdots \text{(IV-1-119)}$$

が導出され、

$$\beta_k = \frac{1}{n}\sinh^{-1}\left\{\pm\frac{(-1)^{k+1}}{\varepsilon}\right\}, \ k = 0, 1, \cdots, 2n-1 \quad \cdots\cdots \text{(IV-1-120)}$$

が得られる。ここで、sinh 関数が奇関数であることに注意すると β は大きさの等しい正負の値がペアで現れる。

　(IV-1-108) 式に (IV-1-117) 式と (IV-1-120) 式を代入し、チェビシェフフィルタの極を求めると、

$$s_k = \sin\alpha_k \sinh\beta_k + j\cos\alpha_k \cosh\beta_k \quad \cdots\cdots\cdots\cdots\cdots\cdots \text{(IV-1-121)}$$

が求まる。ここで、

$$s_k = s_k^R + js_k^I \quad \cdots\cdots\cdots\cdots\cdots\cdots\cdots\cdots\cdots\cdots\cdots\cdots\cdots\cdots\cdots \text{(IV-1-122)}$$

とおくと、

$$s_k^R = \sin\alpha_k \sinh\beta_k \quad \cdots\cdots\cdots\cdots\cdots\cdots\cdots\cdots\cdots\cdots\cdots \text{(IV-1-123)}$$

$$s_k^I = \cos\alpha_k \cosh\beta_k \quad \cdots\cdots\cdots\cdots\cdots\cdots\cdots\cdots\cdots\cdots\cdots \text{(IV-1-124)}$$

となり、

$$\left(\frac{s_k^R}{\sinh\beta_k}\right)^2+\left(\frac{s_k^I}{\cosh\beta_k}\right)^2=\sin^2\alpha_k+\cos^2\alpha_k=1 \quad\cdots\cdots\cdots \text{(IV-1-125)}$$

が成り立ち、チェビシェフフィルタの極が s 平面の楕円上に配置される
ことがわかる。チェビシェフフィルタの設計では、所望リプル幅 ε と n
を与えて s_k を求め、楕円上に配置された s_k のうち、s 平面の左半平面に
存在する極のみを用いて分母多項式を算出し、伝達関数 $H(s)$ を求める。

なお、s_k から求める s の多項式は最高次が 1 に正規化された形となる
が、(IV-1-92) 式で示したように $T_n(\omega)$ を ω の多項式展開で表した場合、
ω の最高次が 2^{n-1} 倍される。さらに、チェビシェフフィルタでは $T_n(\omega)$
が ε 倍されるため、$H(s)$ の分母多項式も $2^{n-1}\varepsilon$ 倍する必要がある。した
がって、$H(s)$ の正しい形は

$$H(s)=\frac{1}{2^{n-1}\varepsilon}\cdot\frac{1}{(s-s_0)(s-s_1)\cdots(s-s_{J_p})} \quad\cdots\cdots\cdots\cdots \text{(IV-1-126)}$$

となる。ここで、J_p は s 平面の左半平面に存在する極の個数である。

チェビシェフフィルタの例として、$N=2,3,4,7,10$、$\varepsilon=0.5$ に設定した
場合の設計例を示す。図 IV-1-20 に $N=2$ の極配置、図 IV-1-21 に $N=2$ の
振幅特性、図 IV-1-22 に $N=3$ の極配置、図 IV-1-23 に $N=3$ の振幅特性、
図 IV-1-24 に $N=4$ の極配置、図 IV-1-25 に $N=4$ の振幅特性、図 IV-1-26 に
$N=5$ の極配置、図 IV-1-27 に $N=5$ の振幅特性、図 IV-1-28 に $N=6$ の極配置、
図 IV-1-29 に $N=6$ の振幅特性、図 IV-1-30 に $N=7$ の極配置、図 IV-1-31 に
$N=7$ の振幅特性を示す。

$N=2$ の伝達関数 $H_2(s)$ は

$$H_2(s)=\frac{1}{s^2+1.11178594s+1.11803399} \quad\cdots\cdots\cdots\cdots \text{(IV-1-127)}$$

$N=3$ の伝達関数 $H_3(s)$ は

$$H_3(s)=0.5\cdot\frac{1}{s+0.5}\cdot\frac{1}{s^2+0.5s+1} \quad\cdots\cdots\cdots\cdots\cdots \text{(IV-1-128)}$$

$N=4$ の場合は、

■ IV. IIRフィルタの設計

$$H_4(s) = 0.25 \cdot \frac{1}{s^2 + 0.28226355s + 0.98956322} \cdot$$
$$\frac{1}{s^2 + 0.68144449s + 0.28245643} \qquad \cdots\cdots \quad \text{(IV-1-129)}$$

$N=5$ の場合は、

$$H_5(s) = 0.125 \cdot \frac{1}{s + 0.29275539} \cdot \frac{1}{s^2 + 0.18093278s + 0.99021422} \cdot$$
$$\frac{1}{s^2 + 0.47368817s + 0.43119722} \qquad \cdots \quad \text{(IV-1-130)}$$

$N=6$ の場合は、

$$H_6(s) = 0.0625 \cdot \frac{1}{s^2 + 0.12575196s + 0.9920297} \cdot$$
$$\frac{1}{s^2 + 0.46931271s + 0.12600429} \cdot$$
$$\frac{1}{s^2 + 0.34356075s + 0.55901699} \qquad \cdots \quad \text{(IV-1-131)}$$

$N=7$ の場合は、

$$H_7(s) = 0.03125 \cdot \frac{1}{s + 0.20769868} \cdot \frac{1}{s^2 + 0.09243461s + 0.99362318} \cdot$$
$$\frac{1}{s^2 + 0.37426010s + 0.23139384} \cdot$$
$$\frac{1}{s^2 + 0.25899602s + 0.65439921} \qquad \cdots \quad \text{(IV-1-132)}$$

となる。

$-\ 300\ -$

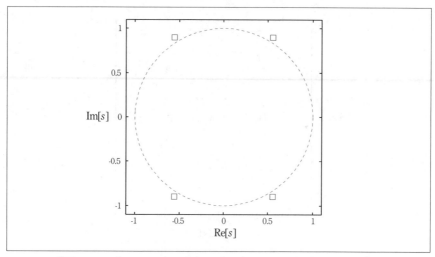

〔図 IV-1-20〕N=2 のチェビシェフフィルタの極配置 (ε=0.5)

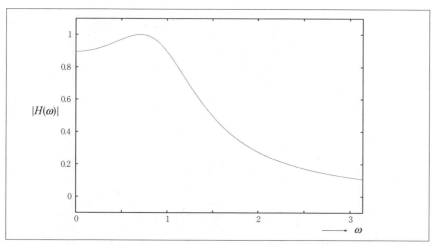

〔図 IV-1-21〕N=2 のチェビシェフフィルタの振幅特性 (ε=0.5)

■ Ⅳ. IIRフィルタの設計

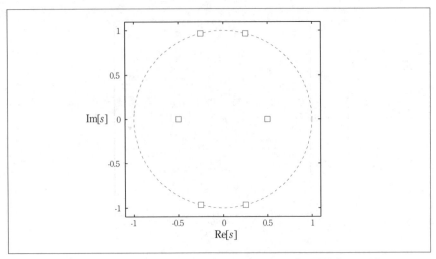

〔図 Ⅳ-1-22〕N=3 のチェビシェフフィルタの極配置（ε=0.5）

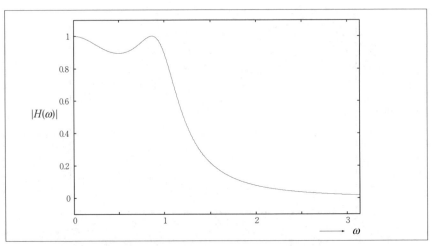

〔図 Ⅳ-1-23〕N=3 のチェビシェフフィルタの振幅特性（ε=0.5）

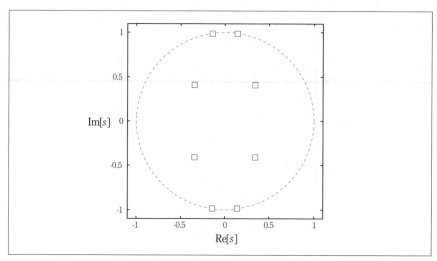

〔図 IV-1-24〕N=4 のチェビシェフフィルタの極配置（ε =0.5）

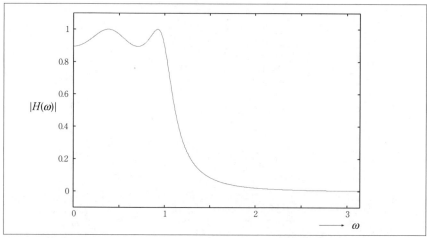

〔図 IV-1-25〕N=4 のチェビシェフフィルタの振幅特性（ε =0.5）

◾ IV. IIRフィルタの設計

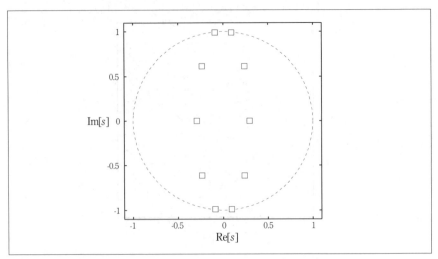

〔図 IV-1-26〕N=5 のチェビシェフフィルタの極配置（ε =0.5）

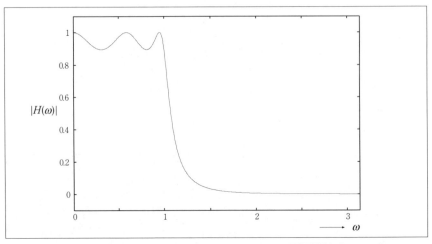

〔図 IV-1-27〕N=4 のチェビシェフフィルタの振幅特性（ε =0.5）

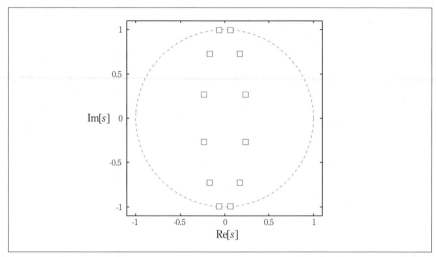

〔図 IV-1-28〕 $N=6$ のチェビシェフフィルタの極配置 ($\varepsilon=0.5$)

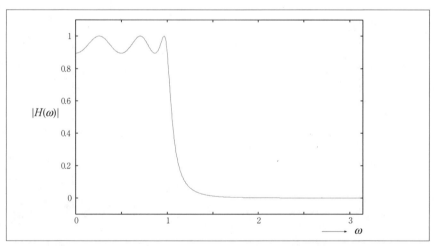

〔図 IV-1-29〕 $N=6$ のチェビシェフフィルタの振幅特性 ($\varepsilon=0.5$)

■ IV. IIRフィルタの設計

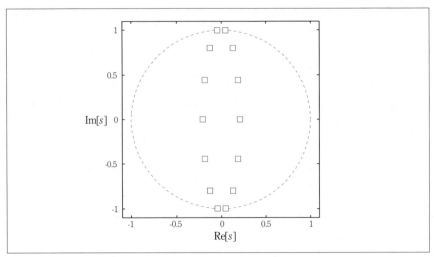

〔図 IV-1-30〕 $N=7$ のチェビシェフフィルタの極配置（$\varepsilon=0.5$）

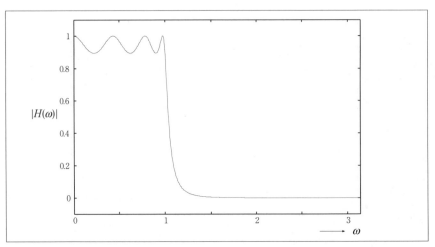

〔図 IV-1-31〕 $N=7$ のチェビシェフフィルタの振幅特性（$\varepsilon=0.5$）

Ⅳ－2 インパルス不変変換法
Ⅳ－2－1 インパルス不変変換法の概要

アナログフィルタの伝達関数 $H(s)$ は s の多項式として記述することができる。$H(s)$ を逆ラプラス変換するとアナログフィルタのインパルス応答 $h(t)$ が求められ、一般に無限長となる。IIR フィルタのインパルス応答も同様に無限長である。そのため、IIR フィルタの最も直接的な設計法として、所望の特性を有するアナログフィルタを最初に設計し、そのインパルス応答をサンプリングして IIR フィルタのインパルス応答を求める手法が考えられる。この手法をインパルス不変変換法（impulse invariant method）という。

インパルス応答が $h(t)$ の場合、これをサンプリング周期 1 でサンプリングすると、

$$h_n = h(n), \ n = 0, 1, \cdots \qquad \text{(IV-2-1)}$$

が得られる。インパルス不変変換法の結果としては、これで十分であるが、IIR フィルタは有限個のパラメータで記述できるフィードバック構造を有する回路構成であるため、有限個のパラメータ値を求める必要がある。そこで、h_n を z 変換すると、

$$H(z) = \sum_{n=0}^{\infty} h_n z^{-n} \qquad \text{(IV-2-2)}$$
$$= h_0 + h_1 z^{-1} + h_2 z^{-2} + \cdots \qquad \text{(IV-2-3)}$$

となり、無限級数の和の公式を用いて表現することを考える。なお、一般にアナログフィルタはカットオフ角周波数が $\omega_c = 1$ となるように設計することが多いため、正規化周波数軸上で設計されたアナログフィルタに対しインパルス不変変換法を適用する場合、正規化カットオフ周波数が

$$f_c = \frac{\omega_c}{2\pi} = \frac{1}{2\pi} \approx 0.1592 \qquad \text{(IV-2-4)}$$

になることに注意されたい。
Ⅳ－2－2 インパルス不変変換法による IIR フィルタ設計
Ⅳ－2－2－1 1次極IIRフィルタの設計

(Ⅳ-1-15) 式より、1次極を有するアナログフィルタの伝達関数 $H_1(s)$ は

－ 307 －

■ Ⅳ. IIRフィルタの設計

$$H_1(s) = \frac{K}{s - p_1} \quad \cdots\cdots\cdots\cdots\cdots\cdots\cdots\cdots\cdots \text{(IV-2-5)}$$

と書けた。$H_1(s)$ を逆ラプラス変換すると、インパルス応答 $h_1(t)$ が

$$h_1(t) = Ke^{p_1 t}u(t) \quad \cdots\cdots\cdots\cdots\cdots\cdots\cdots\cdots \text{(IV-2-6)}$$

と求まる。ここで、$u(t)$ は単位ステップ信号である。一般に p_1 は実数であり、

$$p_1 < 0 \quad \cdots\cdots\cdots\cdots\cdots\cdots\cdots\cdots\cdots\cdots\cdots \text{(IV-2-7)}$$

を満たす。したがって、$h_1(t)$ は単調減少関数となる。$h_1(t)$ をサンプリングすると、IIR フィルタのインパルス応答 h_n が

$$h_n = Ke^{p_1 n}u(n) \quad \cdots\cdots\cdots\cdots\cdots\cdots\cdots\cdots \text{(IV-2-8)}$$

と求まる。h_n を z 変換すると、伝達関数 $H_1(z)$ は

$$H_1(z) = \sum_{n=0}^{\infty} Ke^{p_1 n}z^{-n} \quad \cdots\cdots\cdots\cdots\cdots\cdots \text{(IV-2-9)}$$

$$= K(1 + e^{p_1}z^{-1} + e^{2p_1}z^{-2} + \cdots) \quad \cdots\cdots\cdots\cdots\cdots \text{(IV-2-10)}$$

$$= \frac{K}{1 - e^{p_1}z^{-1}} \quad \cdots\cdots\cdots\cdots\cdots\cdots \text{(IV-2-11)}$$

と求まる。ここで、収束領域は $|e^{p_1}z^{-1}| < 1$ より、

$$|e^{p_1}| < |z| \quad \cdots\cdots\cdots\cdots\cdots\cdots\cdots\cdots\cdots \text{(IV-2-12)}$$

である。$H_1(z)$ の極は $z = e^{p_1}$ であり、IIR フィルタの安定性保証のためには、極が z 平面上の単位円内部に存在する必要があるため、

$$|e^{p_1}| < 1 \quad \cdots\cdots\cdots\cdots\cdots\cdots\cdots\cdots\cdots \text{(IV-2-13)}$$

を満たす必要がある。そのとき、

$$p_1 < 0 \quad \cdots\cdots\cdots\cdots\cdots\cdots\cdots\cdots\cdots\cdots \text{(IV-2-14)}$$

となり、アナログフィルタの安定条件である極が s 平面の左半平面にあることと一致する。つまり、s 平面の左半平面が z 平面の単位円内部に

$-\ 308\ -$

写像される。これは、安定なアナログフィルタに対してインパルス不変変換法を適用すると、安定な IIR フィルタが設計可能であるという重要な事実を示している。

(IV-2-11) 式は入出力関係が

$$y_n = e^{-p_1} y_{n-1} + K x_n \quad \cdots\cdots\cdots\cdots\cdots\cdots\cdots\cdots\cdots (\text{IV-2-15})$$

の伝達関数に等しいため、分母次数が 1 次の IIR フィルタであることがわかる。図 IV-2-1 に回路図を示す。(IV-2-15) 式、図 IV-2-1 より、1 次極を有するアナログフィルタをベースにインパルス不変変換法を適用した場合は、極 p_1 とスケーリング係数 K のみがわかれば IIR フィルタが設計できることがわかる。

Ⅳ－2－2－2　2次極IIRフィルタの設計

(IV-1-30) 式より、2 次極を有するアナログフィルタの伝達関数 $H_2(s)$ は

$$H_2(s) = \frac{\alpha_0}{s^2 + \beta_1 s + \beta_0} \quad \cdots\cdots\cdots\cdots\cdots\cdots\cdots\cdots (\text{IV-2-16})$$

と書けた。一般にアナログフィルタでは、回路素子値は実数値であるため、α_0、β_0、β_1 は実数である。したがって、分母多項式の根は実数値もしくは複素共役対となる。分母多項式の根を p、p^* とおくことにする。ここで、p^* は p の複素共役である。そのとき、$H_2(s)$ は

$$H_2(s) = \frac{\alpha_0}{(s - p_2)(s - p_2^*)} \quad \cdots\cdots\cdots\cdots\cdots\cdots\cdots\cdots (\text{IV-2-17})$$

と書くことができる。$H_2(s)$ を

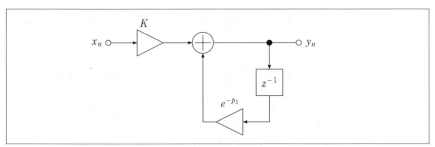

〔図 IV-2-1〕インパルス不変変換法で設計した 1 次極を有する IIR フィルタの回路図

■ Ⅳ. IIRフィルタの設計

$$H_2(s) = \frac{A}{s - p_2} + \frac{B}{s - p_2^*} \quad \cdots\cdots\cdots\cdots\cdots\cdots \text{(IV-2-18)}$$

とおくと、

$$A = \lim_{s \to p_2} (s - p_2) H_2(s) \quad \cdots\cdots\cdots\cdots\cdots\cdots \text{(IV-2-19)}$$

$$= \frac{\alpha_0}{p_2 - p_2^*} \quad \cdots\cdots\cdots\cdots\cdots\cdots\cdots\cdots \text{(IV-2-20)}$$

$$B = \lim_{s \to p_2^*} (s - p_2^*) H_2(s) \quad \cdots\cdots\cdots\cdots\cdots\cdots \text{(IV-2-21)}$$

$$= \frac{\alpha_0}{p_2^* - p_2} \quad \cdots\cdots\cdots\cdots\cdots\cdots\cdots\cdots \text{(IV-2-22)}$$

となるため、

$$H_2(s) = \frac{\alpha_0}{p_2 - p_2^*} \left(\frac{1}{s - p_2} - \frac{1}{s - p_2^*} \right) \quad \cdots\cdots\cdots\cdots \text{(IV-2-23)}$$

が得られる。$H_2(s)$ を逆ラプラス変換してインパルス応答 $h_2(t)$ を求めると、

$$h_2(t) = \frac{\alpha_0}{p_2 - p_2^*} (e^{p_2 t} - e^{p_2^* t}) u(t) \quad \cdots\cdots\cdots\cdots\cdots\cdots \text{(IV-2-24)}$$

が得られる。$h_2(t)$ をサンプリングして、IIR フィルタのインパルス応答 h_n を求めると、

$$h_n = \frac{\alpha_0}{p_2 - p_2^*} (e^{p_2 n} - e^{p_2^* n}) u(n) \quad \cdots\cdots\cdots\cdots\cdots\cdots \text{(IV-2-25)}$$

が得られる。h_n を z 変換し、2 次極 IIR フィルタの伝達関数 $H_2(z)$ を求めると、

$$H_2(z) = \sum_{n=0}^{\infty} \frac{\alpha_0}{p_2 - p_2^*} (e^{p_2 n} - e^{p_2^* n}) z^{-n} \quad \cdots\cdots\cdots \text{(IV-2-26)}$$

$$= \frac{\alpha_0}{p_2 - p_2^*} \left(\frac{1}{1 - e^{p_2} z^{-1}} - \frac{1}{1 - e^{p_2^*} z^{-1}} \right) \quad \cdots\cdots\cdots \text{(IV-2-27)}$$

$$= \frac{\alpha_0}{p_2 - p_2^*} \left\{ \frac{(e^{p_2} - e^{p_2^*}) z^{-1}}{1 - (e^{p_2} + e^{p_2^*}) z^{-1} + e^{p_2} + e^{p_2^*} z^{-2}} \right\} \quad \cdots\cdots\cdots \text{(IV-2-28)}$$

– 310 –

が得られる。ここで、収束領域は $|e^{p_2}|<|z|$ または $|e^{p*_2}|<|z|$ である。$H_2(z)$ の極は、$z=e^{p_2}, e^{p*_2}$ であり、

$$p_2=p_2^R+jp_2^I \quad\cdots\cdots\cdots\cdots\cdots\cdots\cdots\cdots\cdots\cdots \text{(IV-2-29)}$$

$$p_2^*=p_2^R-jp_2^I \quad\cdots\cdots\cdots\cdots\cdots\cdots\cdots\cdots\cdots\cdots \text{(IV-2-30)}$$

とおくと、IIR フィルタの安定性条件として、

$$|e^{p_2}|<1 \quad\cdots\cdots\cdots\cdots\cdots\cdots\cdots\cdots\cdots\cdots\cdots\cdots \text{(IV-2-31)}$$

$$|e^{p_2^*}|<1 \quad\cdots\cdots\cdots\cdots\cdots\cdots\cdots\cdots\cdots\cdots\cdots\cdots \text{(IV-2-32)}$$

が導ける。そのとき、

$$p_2^R<0 \quad\cdots\cdots\cdots\cdots\cdots\cdots\cdots\cdots\cdots\cdots\cdots\cdots\cdots \text{(IV-2-33)}$$

となり、アナログフィルタの安定性条件と一致する。したがって、1 次IIR フィルタの場合と同様に s 平面の左半平面が z 平面の単位円内部に写像され、安定なアナログフィルタに対してインパルス不変変換法を適用すると安定な IIR フィルタが設計可能であることを示している。

（IV-2-28）式において、

$$p_2-p_2^*=2jp_2^I \quad\cdots\cdots\cdots\cdots\cdots\cdots\cdots\cdots \text{(IV-2-34)}$$

$$e^{p_2}+e^{p_2^*}=e^{p_2^R}(e^{jp_2^I}-e^{jp_2^I}) \quad\cdots\cdots\cdots\cdots\cdots\cdots \text{(IV-2-35)}$$

$$=2je^{p_2^R}\sin p_2^I \quad\cdots\cdots\cdots\cdots\cdots\cdots\cdots \text{(IV-2-36)}$$

$$e^{p_2}+e^{p_2^*}=e^{p_2^R}(e^{jp_2^I}+e^{jp_2^I}) \quad\cdots\cdots\cdots\cdots\cdots\cdots \text{(IV-2-37)}$$

$$=2e^{p_2^R}\cos p_2^I \quad\cdots\cdots\cdots\cdots\cdots\cdots\cdots \text{(IV-2-38)}$$

$$e^{p_2+p_2^*}=e^{2p_2^R} \quad\cdots\cdots\cdots\cdots\cdots\cdots\cdots\cdots\cdots \text{(IV-2-39)}$$

であることに注意すると、

$$H_2(z)=\frac{\alpha_0}{p_2^I}\cdot\frac{(e^{p_2^R}\sin p_2^I)z^{-1}}{1-(2e^{p_2^R}\cos p_2^I)z^{-1}+e^{2p_2^R}z^{-2}} \quad\cdots\cdots\cdots \text{(IV-2-40)}$$

が得られる。(IV-2-40) 式は入出力関係が

$$\begin{aligned}y_n=&(2e^{p_2^R}\cos p_2^I)\cdot y_{n-1}-e^{2p_2^R}\cdot y_{n-2}\\&+(\alpha_0/p_2^I)\cdot(e^{p_2^R}\sin p_2^I)\cdot x_{n-1}\end{aligned} \quad\cdots\cdots\cdots\cdots \text{(IV-2-41)}$$

－ 311 －

で表される分母次数が2次のIIRフィルタの伝達関数である。図IV-2-2に回路図を示す。

（IV-2-41）式、図IV-2-2より、2次極を有するアナログフィルタをベースにインパルス不変変換法を適用した場合は、極$p_2=p_2^R+jp_2^I$とスケーリング係数α_0のみがわかればIIRフィルタが設計できることがわかる。

$N>2$の場合、$H(s)$は次式のように部分分数分解できる。

$$H(s) = \frac{c_1}{s-p_1} + \frac{c_2}{s-p_2} + \cdots + \frac{c_N}{s-p_N} \quad \cdots\cdots\cdots\cdots\cdots\cdots \text{(IV-2-42)}$$

ここで、c_i は

$$c_i = \lim_{s \to p_i} (s-p_i)H(s) \quad \cdots\cdots\cdots\cdots\cdots\cdots \text{(IV-2-43)}$$

である。Nが偶数の場合、

$$p_{2i} = p_{2i-1}^*, \ i=1,2,\cdots,N/2 \quad \cdots\cdots\cdots\cdots\cdots\cdots \text{(IV-2-44)}$$

が成立する。Nが奇数の場合は、奇数個のp_iが実数値を取り、それ以外の偶数個のp_iは上式の関係にある。そのとき、

$$c_{2i} = \lim_{s \to p_{2i}} H(s)(s-p_{2i}) \quad \cdots\cdots\cdots\cdots\cdots\cdots \text{(IV-2-45)}$$

$$c_{2i-1} = \lim_{s \to p_{2i-1}} H(s)(s-p_{2i-1}) \quad \cdots\cdots\cdots\cdots\cdots\cdots \text{(IV-2-46)}$$

は、大きさは同じで向きが逆になるため、

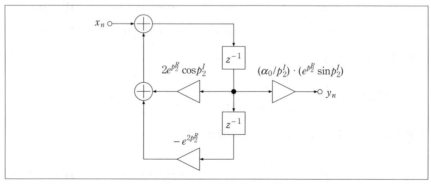

〔図IV-2-2〕インパルス不変変換法で設計した2次極を有するIIRフィルタの回路図

$$c_{2i} = c_{2i-1}^* \quad \cdots\cdots\cdots\cdots\cdots\cdots\cdots\cdots\cdots\cdots\cdots\cdots \text{(IV-2-47)}$$

の関係にある。いま、簡単のため

$$H(s) = \frac{c}{s-p} + \frac{c^*}{s-p^*} \quad \cdots\cdots\cdots\cdots\cdots\cdots\cdots \text{(IV-2-48)}$$

に限定して考えよう。$H(s)$ に対してインパルス不変変換法を適用すると、

$$H(z) = \frac{c}{1-e^p z^{-1}} + \frac{c^*}{1-e^{p^*} z^{-1}} \quad \cdots\cdots\cdots\cdots\cdots\cdots \text{(IV-2-49)}$$

となる。ここで、

$$c = c^R + jc^I \quad \cdots\cdots\cdots\cdots\cdots\cdots\cdots\cdots\cdots\cdots\cdots \text{(IV-2-50)}$$
$$p = p^R + jp^I \quad \cdots\cdots\cdots\cdots\cdots\cdots\cdots\cdots\cdots\cdots\cdots \text{(IV-2-51)}$$

と書くことにすると、$H(z)$ は次式となる。

$$H_2(z) = \frac{c(1-e^{p^*} z^{-1}) + c^*(1-e^p z^{-1})}{1-(e^p+e^{p^*})z^{-1}+e^{p+p^*}z^{-2}} \quad \cdots\cdots\cdots\cdots\cdots \text{(IV-2-52)}$$

$$= \frac{(c+c^*) - (ce^{p^*}+c^*e^p)z^{-1}}{1-(e^p+e^{p^*})z^{-1}+e^{p+p^*}z^{-2}} \quad \cdots\cdots\cdots\cdots\cdots \text{(IV-2-53)}$$

ここで、

$$c + c^* = 2c^R \quad \cdots\cdots\cdots\cdots \text{(IV-2-54)}$$
$$e^p + e^{p^*} = 2e^{p^R}\cos p^I \quad \cdots\cdots\cdots\cdots \text{(IV-2-55)}$$
$$e^p - e^{p^*} = 2je^{p^R}\sin p^I \quad \cdots\cdots\cdots\cdots \text{(IV-2-56)}$$
$$ce^{p^*}+c^*e^p = c^R(e^p+e^{p^*}) - jc^I(e^p-e^{p^*})$$
$$= 2c^R e^{p^R}\cos p^I + 2c^I e^{p^R}\sin p^I \quad \cdots\cdots\cdots\cdots \text{(IV-2-57)}$$
$$= 2e^R(c^R\cos p^I + c^I\sin p^I) \quad \cdots\cdots\cdots\cdots \text{(IV-2-58)}$$
$$e^{p+p^*} = e^{2p^R} \quad \cdots\cdots\cdots\cdots \text{(IV-2-59)}$$

であることに注意すると、

$$H(z) = \frac{2c^R - 2e^{p^R}(c^R\cos p^I + c^I\sin p^I)z^{-1}}{1-(2e^{p^R}\cos p^I)z^{-1}+e^{2p^R}z^{-2}} \quad \cdots\cdots\cdots\cdots \text{(IV-2-60)}$$

を導くことができる。これは、(IV-2-40) 式の一般形である。(IV-2-60)式で $c^R=0$, $c^I=-1/2p^I$ とおけば、(IV-2-40) 式に一致する。図 IV-2-3 に (IV-2-60) 式の回路図を示す。

(IV-2-42) 式に対してインパルス不変変換法を適用した場合、N が偶数の場合は

$$H(z)=\sum_{i=1}^{N/2}\frac{2c_{2i-1}^R-2e^{p_{2i-1}^R}(c_{2i-1}^R\cos p_{2i-1}^I+c_{2i-1}^I\sin p_{2i-1}^I)z^{-1}}{1-(2e^{p_{2i-1}^R}\cos p_{2i-1}^I)z^{-1}+e^{2p_{2i-1}^R}z^{-2}} \quad \text{(IV-2-61)}$$

となり、N が奇数の場合は

$$H(z)=\frac{c_1}{1-e^{p_1}z^{-1}}$$
$$+\sum_{i=1}^{(N-1)/2}\frac{2c_{2i}^R-2e^{p_{2i}^R}(c_{2i}^R\cos p_{2i}^I+c_{2i}^I\sin p_{2i}^I)z^{-1}}{1-(2e^{p_{2i}^R}\cos p_{2i}^I)z^{-1}+e^{2p_{2i}^R}z^{-2}} \quad \cdots \text{(IV-2-62)}$$

となる。この表現は 1 次 IIR フィルタならびに 2 次 IIR フィルタの並列接続を意味している。

Ⅳ-2-2-3　インパルス不変変換法によるIIRフィルタの設計手順

インパルス不変変換法による設計手順は以下の通りである。
Step1　アナログフィルタの伝達関数 $H(s)$ を設計し、その極を求める。
Step2　(IV-2-11) 式、(IV-2-40) 式に基づいて伝達関数 $H(z)$ を求める。3 次極以上の場合は、$H(s)$ を (IV-2-42) 式のように部分分数分解し、(IV-2-61) 式、(IV-2-62) 式に示すように実数の極による 1 次もしくは複

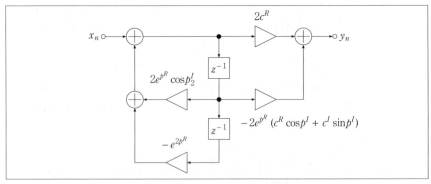

〔図 IV-2-3〕部分分数分解を施した 2 次極を有する IIR フィルタの回路図

素共役な極をペアとして用いた2次の IIR フィルタを構成し、並列接続すればよい。

IV−2−3　インパルス不変変換法による設計例

IV-1-3 節で紹介したアナログフィルタの例に基づいて、インパルス不変変換法を用いた IIR フィルタの設計例を示す。

IV−2−3−1　N=2のバタワースフィルタ

$N=2$ のバタワースフィルタの伝達関数 $H(s)$ は（IV-1-64）式より

$$H(s) = \frac{1}{s + \sqrt{2}s + 1} \quad \cdots\cdots\cdots\cdots\cdots\cdots\cdots\cdots\cdots \text{(IV-2-63)}$$

と表すことができる。$N=2$ であるため、（IV-2-40）式をそのまま適用可能である。$H(s)$ の極は

$$p = -\frac{1}{\sqrt{2}} + j\frac{1}{\sqrt{2}} \quad \cdots\cdots\cdots\cdots\cdots\cdots\cdots\cdots \text{(IV-2-64)}$$

$$p^* = -\frac{1}{\sqrt{2}} - j\frac{1}{\sqrt{2}} \quad \cdots\cdots\cdots\cdots\cdots\cdots\cdots\cdots \text{(IV-2-65)}$$

であるため、$H(z)$ は

$$H(z) = \frac{\left(\sqrt{2}e^{-1/\sqrt{2}}\sin\frac{1}{\sqrt{2}}\right)z^{-1}}{1 - \left(2e^{-1/\sqrt{2}}\cos\frac{1}{\sqrt{2}}\right)z^{-1} + z^{-\sqrt{2}}z^{-2}} \quad \cdots\cdots\cdots \text{(IV-2-66)}$$

$$= \frac{0.452995z^{-1}}{1 - 0.749706z^{-1} + 0.243117z^{-2}} \quad \cdots\cdots\cdots \text{(IV-2-67)}$$

と求められる。図 IV-2-4 に設計した IIR フィルタの振幅特性、図 IV-2-5 に回路構成を示す。

IV−2−3−2　N=3のバタワースフィルタ

$N=3$ のバタワースフィルタの伝達関数 $H(s)$ は（IV-1-68）式より

$$H(s) = \frac{1}{s+1} \cdot \frac{1}{s^2+s+1} \quad \cdots\cdots\cdots\cdots\cdots\cdots\cdots\cdots \text{(IV-2-68)}$$

と表すことができる。$H(s)$ の極は

- 315 -

IV. IIRフィルタの設計

$$p_1 = -1 \quad\quad\quad\quad\quad\quad\quad\quad\quad\quad\quad\quad\quad (\text{IV-2-69})$$

$$p_2 = -\frac{1}{2} + j\frac{\sqrt{3}}{2}$$

$$= -0.5 + j0.8660254 \quad\quad\quad\quad\quad\quad (\text{IV-2-70})$$

$$p_3 = p_2^* = -\frac{1}{2} - j\frac{\sqrt{3}}{2}$$

$$= -0.5 - j0.8660254 \quad\quad\quad\quad\quad\quad (\text{IV-2-71})$$

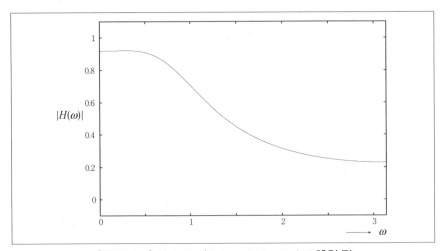

〔図 IV-2-4〕 *N*=2 のバタワースフィルタの設計例

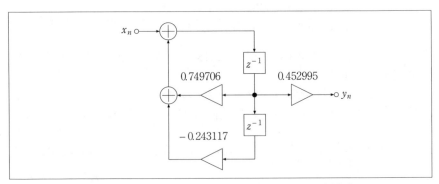

〔図 IV-2-5〕 *N*=2 のバタワースフィルタの回路構成

である。$H(s)$ を部分分数分解し、

$$H(s) = \frac{c_1}{s-p_1} + \frac{c_2}{s-p_2} + \frac{c_2^*}{s-p_2^*} \quad\cdots\cdots\cdots\cdots\cdots\text{(IV-2-72)}$$

と表すと、c_1、c_2、c_3 は次式となる。

$$\begin{aligned}
c_1 &= \lim_{s \to -1} H(s)(s+1) \\
&= 1 \qquad\qquad\qquad\qquad\qquad \cdots\cdots\cdots\text{(IV-2-73)} \\
c_2 &= \lim_{s \to -0.5+j0.8660254} H(s)(s+0.5-j0.8660254) \\
&= -0.5 - j0.288675 \qquad\qquad \cdots\cdots\cdots\text{(IV-2-74)}
\end{aligned}$$

N が奇数であるため、(IV-2-62) 式を適用すると $H(z)$ は次式となる。

$$H(s) = \frac{1}{1-0.367879z^{-1}} + \frac{-1+0.6597z^{-1}}{1-0.785893z^{-1}+0.367879z^{-2}} \quad\cdots\cdots\cdots\text{(IV-2-75)}$$

図 IV-2-6 に設計した IIR フィルタの振幅特性、図 IV-2-7 に回路構成を示す。

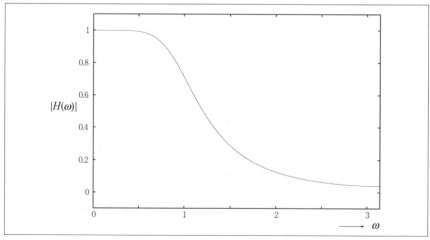

〔図 IV-2-6〕N=3 のバタワースフィルタの設計例

Ⅳ−2−3−3　N=4のバタワースフィルタ

N=4 のバタワースフィルタの伝達関数 $H(s)$ は（Ⅳ-1-69）式より

$$H(s) = \frac{1}{s^2 + 0.76536686s + 1} \cdot \frac{1}{s^2 + 1.84775907s + 1} \quad \cdots \text{(Ⅳ-2-76)}$$

と表すことができる。$H(s)$ の極は

$$p_1 = -0.38268 + j0.92388 \quad \cdots\cdots\cdots\cdots\cdots\cdots \text{(Ⅳ-2-77)}$$
$$p_2 = p_1^* = -0.38268 - j0.92388 \quad \cdots\cdots\cdots\cdots\cdots\cdots \text{(Ⅳ-2-78)}$$
$$p_3 = -0.92388 + j0.38268 \quad \cdots\cdots\cdots\cdots\cdots\cdots \text{(Ⅳ-2-79)}$$
$$p_4 = p_3^* = -0.92388 - j0.38268 \quad \cdots\cdots\cdots\cdots\cdots\cdots \text{(Ⅳ-2-80)}$$

である。$H(s)$ を部分分数分解し、

$$H(s) = \frac{c_1}{s - p_1} + \frac{c_1^*}{s - p_1^*} + \frac{c_3}{s - p_3} + \frac{c_3^*}{s - p_3^*} \quad \cdots\cdots\cdots\cdots \text{(Ⅳ-2-81)}$$

と表すと、c_1、c_3 は次式となる。

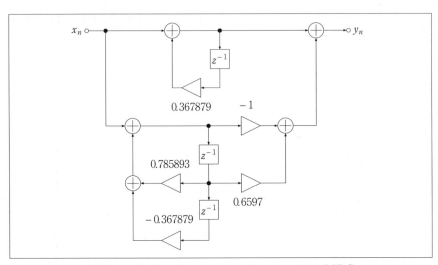

〔図 Ⅳ-2-7〕N=3 のバタワースフィルタの回路構成

$$c_1 = \lim_{s \to -0.38268+j0.92388} H(s)(s+0.38268-j0.92388) \qquad \text{(IV-2-82)}$$
$$= -0.461938 + j0.191338$$

$$c_3 = \lim_{s \to -0.92388+j0.38268} H(s)(s+0.92388-j0.38268)$$
$$= -0.461939 - j1.11523 \qquad \cdots\cdots \text{(IV-2-83)}$$

N が偶数であるため、(IV-2-61) 式を適用すると $H(z)$ は次式となる。

$$H(z) = \frac{0.923878 - 0.009596z^{-1}}{1 - 0.736522z^{-1} + 0.15759z^{-2}}$$
$$+ \frac{-0.923876 + 0.171525z^{-1}}{1 - 0.822157z^{-1} + 0.465163z^{-2}} \qquad \cdots\cdots\cdots\cdots \text{(IV-2-84)}$$

図IV-2-8に設計したIIRフィルタの振幅特性、図IV-2-9に回路構成を示す。

Ⅳ－2－3－4　N=5のバタワースフィルタ

$N=5$ のバタワースフィルタの伝達関数 $H(s)$ は (IV-1-70) 式より

$$H(s) = \frac{1}{s+1} \cdot \frac{1}{s^2 + 0.61803399s + 1} \cdot$$
$$\frac{1}{s^2 + 1.61803399s + 1} \qquad \cdots\cdots\cdots\cdots \text{(IV-2-85)}$$

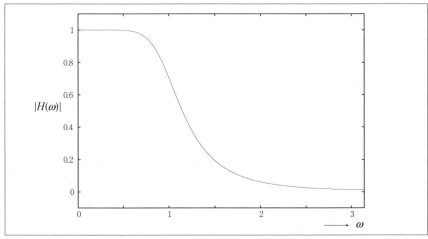

〔図 IV-2-8〕*N*=4 のバタワースフィルタの設計例

■ IV. IIRフィルタの設計

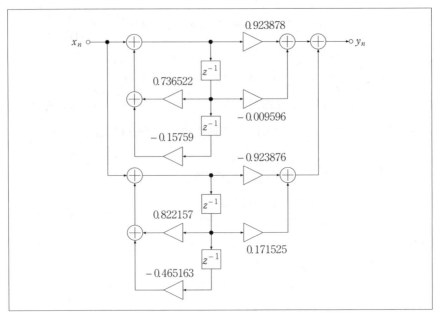

〔図 IV-2-9〕 N=4 のバタワースフィルタの回路構成

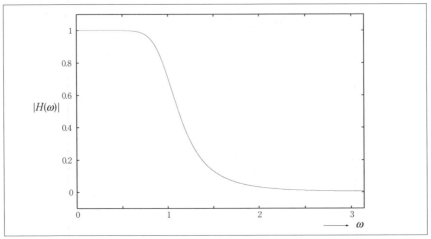

〔図 IV-2-10〕 N=5 のバタワースフィルタの設計例

と表すことができる。$H(s)$ の極は

$$p_1 = -1 \qquad\qquad \cdots\cdots\cdots\cdots\cdots\cdots\cdots \text{(IV-2-86)}$$

$$p_2 = -0.309017 + j0.951057 \qquad \cdots\cdots\cdots\cdots\cdots\cdots \text{(IV-2-87)}$$

$$p_3 = p_2^* = -0.309017 - j0.951057 \quad \cdots\cdots\cdots\cdots\cdots \text{(IV-2-88)}$$

$$p_4 = -0.809017 + j0.587785 \qquad \cdots\cdots\cdots\cdots\cdots\cdots \text{(IV-2-89)}$$

$$p_5 = p_4^* = -0.809017 + j0.587785 \quad \cdots\cdots\cdots\cdots\cdots \text{(IV-2-90)}$$

である。$H(s)$ を部分分数分解し、

$$H(s) = \frac{c_1}{s-p_1} + \frac{c_2}{s-p_2} + \frac{c_2^*}{s-p_2^*} + \frac{c_4}{s-p_4} + \frac{c_4^*}{s-p_4^*} \quad \cdots\cdots \text{(IV-2-91)}$$

と表すと、c_1、c_2、c_4 は次式となる。

$$c_1 = \lim_{s \to -1} H(s)(s+1)$$
$$= 1.89443 \qquad\qquad\qquad \text{(IV-2-92)}$$

$$c_2 = \lim_{s \to -0.309017+j0.951057} H(s)(s+0.309017-j0.951057)$$
$$= -0.138196 + j0.425325 \qquad\qquad \text{(IV-2-93)}$$

$$c_3 = \lim_{s \to -0.809017+j0.587785} H(s)(s+0.809017-j0.587785)$$
$$= -0.809018 + j1.11352 \qquad\qquad \text{(IV-2-94)}$$

N が奇数であるため、(IV-2-62) 式を適用すると $H(z)$ は次式となる。

$$H(z) = \frac{1.89443}{1-0.367879z^{-1}} \cdot \frac{-1.61804 + 1.14949z^{-1}}{1-0.741124z^{-1}+0.198288z^{-2}}$$
$$+ \frac{-0.276392 + 0.390518z^{-1}}{1-0.852844z^{-1}+0.539003z^{-2}} \qquad \text{(IV-2-95)}$$

図 IV-2-10 に設計した IIR フィルタの振幅特性、図 IV-2-11 に回路構成を示す。

IV－2－3－5　N=10のバタワースフィルタ

N=10 のバタワースフィルタの伝達関数 $H(s)$ は (IV-1-71) 式より

IV. IIRフィルタの設計

$$H(s) = \frac{1}{s^2 + 0.31286893s + 1} \cdot \frac{1}{s^2 + 0.90798100s + 1} \cdot$$
$$\frac{1}{s^2 + 1.41421356s + 1} \cdot \frac{1}{s^2 + 1.78201305s + 1} \cdot$$
$$\frac{1}{s^2 + 1.97537668s + 1} \qquad \cdots (\text{IV-2-96})$$

と表すことができる。$H(s)$ の極は

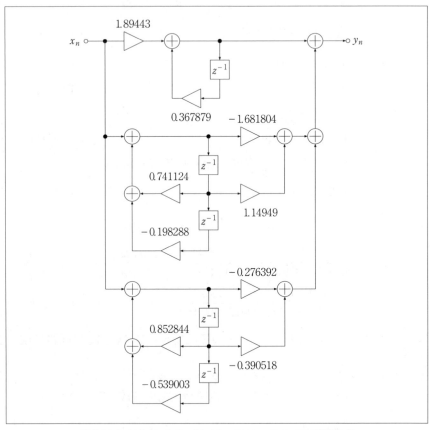

〔図 IV-2-11〕 $N=5$ のバタワースフィルタの回路構成

$$p_1 = -0.156434 + j0.987688 \qquad \cdots\cdots\cdots\cdots\cdots\cdots \text{(IV-2-97)}$$

$$p_2 = p_1^* = -0.156434 - j0.987688 \qquad \cdots\cdots\cdots\cdots\cdots \text{(IV-2-98)}$$

$$p_3 = -0.453991 + j0.891007 \qquad \cdots\cdots\cdots\cdots\cdots \text{(IV-2-99)}$$

$$p_4 = p_3^* = -0.453991 - j0.891007 \qquad \cdots\cdots\cdots\cdots \text{(IV-2-100)}$$

$$p_5 = -0.707107 + j0.707107 \qquad \cdots\cdots\cdots\cdots\cdots \text{(IV-2-101)}$$

$$p_6 = p_5^* = -0.707107 - j0.707107 \qquad \cdots\cdots\cdots\cdots \text{(IV-2-102)}$$

$$p_7 = -0.891007 + j0.45399 \qquad \cdots\cdots\cdots\cdots\cdots \text{(IV-2-103)}$$

$$p_8 = p_7^* = -0.891007 - j0.45399 \qquad \cdots\cdots\cdots\cdots \text{(IV-2-104)}$$

$$p_9 = -0.987688 + j0.156434 \qquad \cdots\cdots\cdots\cdots\cdots \text{(IV-2-105)}$$

$$p_{10} = p_9^* = -0.987688 - j0.156434 \qquad \cdots\cdots\cdots\cdots \text{(IV-2-106)}$$

である。$H(s)$ を部分分数分解し、

$$H(s) = \frac{c_1}{s-p_1} + \frac{c_1^*}{s-p_1^*} + \frac{c_3}{s-p_3} + \frac{c_3^*}{s-p_3^*} + \frac{c_5}{s-p_5} + \frac{c_5^*}{s-p_5^*}$$

$$= \frac{c_7}{s-p_7} + \frac{c_7^*}{s-p_7^*} + \frac{c_9}{s-p_9} + \frac{c_9^*}{s-p_9^*} \qquad \cdots \text{(IV-2-107)}$$

と表すと、c_1、c_3、c_5、c_7、c_9 は次式となる。

$$c_1 = \lim_{s \to -0.156434+j0.987688} H(s)(s+0.156434 - j0.987688)$$

$$= -0.185873 - j0.255834 \qquad \text{(IV-2-108)}$$

$$c_3 = \lim_{s \to -0.453991+j0.891007} H(s)(s+0.453991 - j0.891007)$$

$$= 1.89886 - j0.616984 \qquad \text{(IV-2-109)}$$

$$c_5 = \lim_{s \to -0.707107+j0.707107} H(s)(s+0.707107 - j0.707107)$$

$$= j6.14484 \qquad \text{(IV-2-110)}$$

$$c_7 = \lim_{s \to -0.891007+j0.45399} H(s)(s+0.891007 - j0.45399)$$

$$= -11.4697 - j3.7267 \qquad \text{(IV-2-111)}$$

$$c_9 = \lim_{s \to -0.987688+j0.156434} H(s)(s+0.987688 - j0.156434)$$

$$= 9.7567 - j13.429 \qquad \text{(IV-2-112)}$$

N が偶数であるため、(IV-2-61) 式を適用すると $H(z)$ は次式となる。

$$H(z) = \frac{19.5134 + 5.62034z^{-1}}{1 - 0.735778z^{-1} + 0.138709z^{-2}}$$
$$+ \frac{-22.9394 + 9.79843z^{-1}}{1 - 0.737373z^{-1} + 0.168299z^{-2}}$$
$$+ \frac{-3.93658z^{-1}}{1 - 0.749705z^{-1} + 0.243117z^{-2}}$$
$$+ \frac{3.79771 - 0.90671z^{-1}}{1 - 0.79847z^{-1} + 0.403337z^{-2}}$$
$$+ \frac{-0.371745 + 0.540315z^{-1}}{1 - 0.941769z^{-1} + 0.731346z^{-2}} \quad \cdots\cdots\cdots\cdots \quad \text{(IV-2-113)}$$

図 IV-2-12 に設計した IIR フィルタの振幅特性、図 IV-2-13 に回路構成を示す。

IV-2-3-6　N=2、ε=0.5 のチェビシェフフィルタ

N=2、ε=0.5 のチェビシェフフィルタの伝達関数 $H(s)$ は (IV-1-127) 式より

$$H(s) = \frac{1}{s^2 + 1.11178594s + 1.11803399} \quad \cdots\cdots\cdots\cdots \quad \text{(IV-2-114)}$$

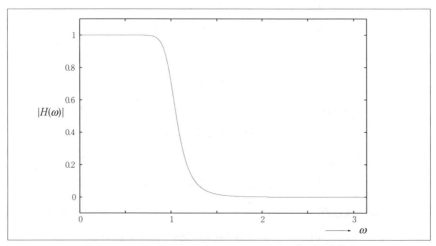

〔図 IV-2-12〕N=10 のバタワースフィルタの設計例

と表すことができる。$H(s)$ の極は

$$p_1 = -0.555893 + j0.899454 \quad \cdots\cdots\cdots\cdots\cdots \text{(IV-2-115)}$$
$$p_2 = p_1^* = -0.555893 - j0.899454 \quad \cdots\cdots\cdots\cdots\cdots \text{(IV-2-116)}$$

である。$N=2$ であるため、(IV-2-40) 式をそのまま適用可能であり、$H(z)$ は次式となる。

$$H(z) = \frac{0.499292 z^{-1}}{1 - 0.713552 z^{-1} + 0.328971 z^{-2}} \quad \cdots\cdots\cdots\cdots \text{(IV-2-117)}$$

図 IV-2-14 に設計した IIR フィルタの振幅特性、図 IV-2-15 に回路構成を示す。

Ⅳ－2－3－7　$N=3$、$\varepsilon=0.5$ のチェビシェフフィルタ

$N=3$、$\varepsilon=0.5$ のチェビシェフフィルタの伝達関数 $H(s)$ は (IV-1-128) 式より

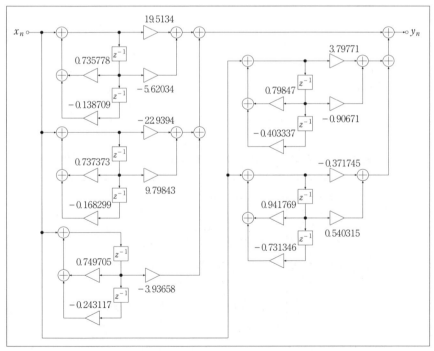

〔図 IV-2-13〕$N=10$ のバタワースフィルタの回路構成

- 325 -

Ⅳ. IIRフィルタの設計

$$H(s) = 0.5 \cdot \frac{1}{s+0.5} \cdot \frac{1}{s^2+0.5s+1} \quad \cdots\cdots\cdots\cdots\cdots \text{(IV-2-118)}$$

と表すことができる。$H(s)$ の極は

$$p_1 = -0.5 \quad\quad\quad\quad\quad\quad\quad\quad \cdots\cdots\cdots\cdots\cdots \text{(IV-2-119)}$$
$$p_2 = -0.25 + j0.968246 \quad\quad \cdots\cdots\cdots\cdots\cdots \text{(IV-2-120)}$$
$$p_3 = p_2^* = -0.25 - j0.968246 \quad \cdots\cdots\cdots\cdots\cdots \text{(IV-2-121)}$$

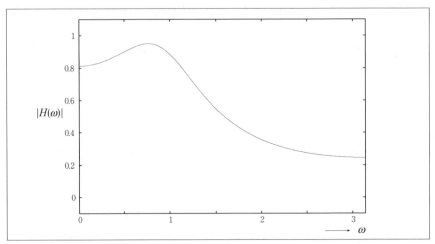

〔図 IV-2-14〕$N=2$、$\varepsilon=0.5$ のチェビシェフフィルタの設計例

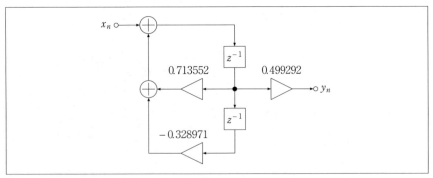

〔図 IV-2-15〕$N=2$、$\varepsilon=0.5$ のチェビシェフフィルタの回路構成

である。$H(s)$ を部分分数分解し、

$$H(s) = \frac{c_1}{s-p_1} + \frac{c_2}{s-p_2} + \frac{c_2^*}{s-p_2^*} \quad \cdots\cdots\cdots\cdots\cdots\cdots (\text{IV-2-122})$$

と表すと、c_1、c_2 は次式となる。

$$\begin{aligned}c_1 &= \lim_{s \to -0.5} H(s)(s+0.5) \\ &= 0.5 \quad\quad\quad\quad\quad\quad\quad\quad\quad\quad \cdots\cdots (\text{IV-2-123}) \\ c_2 &= \lim_{s \to -0.25+j0.968246} H(s)(s+0.25-j0.968246) \\ &= -0.25 - j0.0645497 \quad\quad\quad \cdots\cdots (\text{IV-2-124})\end{aligned}$$

N が奇数であるため、(IV-2-62) 式を適用すると $H(z)$ は次式となる。

$$\begin{aligned}H(z) = &\frac{0.5}{1-0.606531z^{-1}} \\ &+ \frac{-0.5+0.303527z^{-1}}{1-0.882764z^{-1}+0.606531z^{-2}} \quad \cdots\cdots\cdots (\text{IV-2-125})\end{aligned}$$

図 IV-2-16 に設計した IIR フィルタの振幅特性、図 IV-2-17 に回路構成を示す。

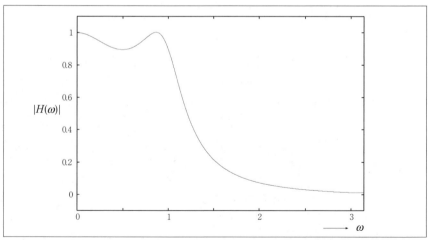

〔図 IV-2-16〕N=3、ε=0.5 のチェビシェフフィルタの設計例

Ⅳ－2－3－8　N=4、ε=0.5のチェビシェフフィルタ

N=4、ε=0.5 のチェビシェフフィルタの伝達関数 $H(s)$ は（Ⅳ-1-129）式より

$$H(s) = 0.25 \cdot \frac{1}{s^2 + 0.28226355s + 0.98956322} \cdot$$
$$= \frac{1}{s^2 + 0.68144449s + 0.28245643} \qquad \cdots\cdots\cdots \text{(Ⅳ-2-126)}$$

と表すことができる。$H(s)$ の極は

$$p_1 = -0.141132 + j0.984706 \qquad \cdots\cdots\cdots\cdots\cdots \text{(Ⅳ-2-127)}$$
$$p_2 = p_1^* = -0.141132 - j0.984706 \qquad \cdots\cdots\cdots\cdots\cdots \text{(Ⅳ-2-128)}$$
$$p_3 = -0.340722 + j0.407878 \qquad \cdots\cdots\cdots\cdots\cdots \text{(Ⅳ-2-129)}$$
$$p_4 = p_3^* = -0.340722 - j0.407878 \qquad \cdots\cdots\cdots\cdots\cdots \text{(Ⅳ-2-130)}$$

である。$H(s)$ を部分分数分解し、

$$H(s) = \frac{c_1}{s-p_1} + \frac{c_1^*}{s-p_1^*} + \frac{c_3}{s-p_3} + \frac{c_4^*}{s-p_4^*} \qquad \cdots\cdots\cdots\cdots \text{(Ⅳ-2-131)}$$

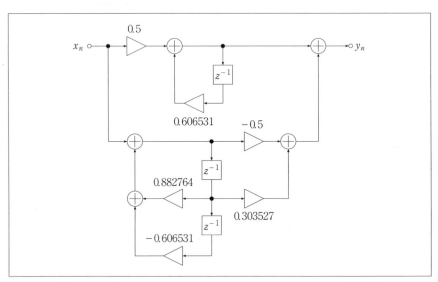

〔図 Ⅳ-2-17〕N=3、ε=0.5 のチェビシェフフィルタの回路構成

と表すと、c_1、c_3 は次式となる。

$$c_1 = \lim_{s \to -0.141132+j0.984706} H(s)(s+0.141132-j0.984706)$$
$$= -0.067671 + j0.131433 \qquad \text{(IV-2-132)}$$

$$c_3 = \lim_{s \to -0.340722+j0.407878} H(s)(s+0.340722-j0.407878)$$
$$= -0.067671 - j0.350421 \qquad \text{(IV-2-133)}$$

N が偶数であるため、(IV-2-61) 式を適用すると $H(z)$ は次式となる。

$$H(z) = \frac{0.135342 - 0.109362z^{-1}}{1 - 1.30582z^{-1} + 0.505886z^{-2}}$$
$$+ \frac{-0.135342 + 0.125165z^{-1}}{1 - 0.96061z^{-1} + 0.754075z^{-2}} \quad \cdots\cdots\cdots\cdots \text{(IV-2-134)}$$

図 IV-2-18 に設計した IIR フィルタの振幅特性、図 IV-2-19 に回路構成を示す。

Ⅳ－2－3－9　N=5、ε=0.5 のチェビシェフフィルタ

N=5、ε=0.5 のチェビシェフフィルタの伝達関数 $H(s)$ は (IV-1-130) 式より

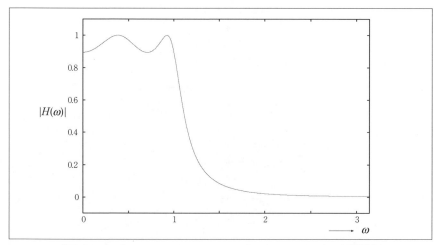

〔図 IV-2-18〕N=4、ε=0.5 のチェビシェフフィルタの設計例

■ IV. IIRフィルタの設計

$$H(s) = 0.125 \cdot \frac{1}{s+0.29275539} \cdot \frac{1}{s^2+0.18093278s+0.99021422} \cdot$$
$$= \frac{1}{s^2+0.47368817s+0.43119722} \quad \cdots \quad (\text{IV-2-135})$$

と表すことができる。$H(s)$ の極は

$$p_1 = -0.292755 \quad \cdots\cdots\cdots\cdots\cdots \quad (\text{IV-2-136})$$
$$p_2 = -0.0904664 + j0.990974 \quad \cdots\cdots\cdots\cdots\cdots \quad (\text{IV-2-137})$$
$$p_3 = p_2^* = -0.0904664 - j0.990974 \quad \cdots\cdots\cdots\cdots\cdots \quad (\text{IV-2-138})$$
$$p_4 = -0.236844 + j0.612456 \quad \cdots\cdots\cdots\cdots\cdots \quad (\text{IV-2-139})$$
$$p_5 = p_4^* = -0.236844 - j0.612456 \quad \cdots\cdots\cdots\cdots\cdots \quad (\text{IV-2-140})$$

である。$H(s)$ を部分分数分解し、

$$H(s) = \frac{c_1}{s-p_1} + \frac{c_2}{s-p_2} + \frac{c_2^*}{s-p_2^*} + \frac{c_4}{s-p_4} + \frac{c_4^*}{s-p_4^*} \quad \cdots \quad (\text{IV-2-141})$$

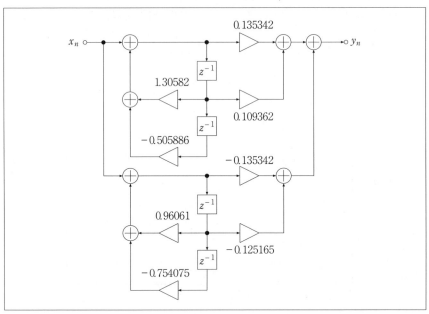

〔図 IV-2-19〕$N=4$、$\varepsilon=0.5$ のチェビシェフフィルタの回路構成

と表すと、c_1、c_2、c_4 は次式となる。

$$c_1 = \lim_{s \to -0.292755} H(s)(s+0.292755)$$
$$= 0.323074 \qquad \text{(IV-2-142)}$$

$$c_2 = \lim_{s \to -0.0904664+j0.990974} H(s)(s+0.0904664-j0.990974)$$
$$= -0.075307 + j0.058616 \qquad \text{(IV-2-143)}$$

$$c_4 = \lim_{s \to -0.236844+j0.612456} H(s)(s+0.236844-j0.612456)$$
$$= -0.23684 - j0.091591 \qquad \text{(IV-2-144)}$$

N が奇数であるため、(IV-2-62) 式を適用すると $H(z)$ は次式となる。

$$H(z) = \frac{0.323074}{1-0.746205z^{-1}}$$
$$+ \frac{-0.473688+0.388952z^{-1}}{1-1.29137z^{-1}+0.622702z^{-2}}$$
$$+ \frac{0.150615-0.164969z^{-1}}{1-1.00097z^{-1}+0.834491z^{-2}} \quad \cdots\cdots\cdots\cdots \text{(IV-2-145)}$$

図 IV-2-20 に設計した IIR フィルタの振幅特性、図 IV-2-21 に回路構成を示す。

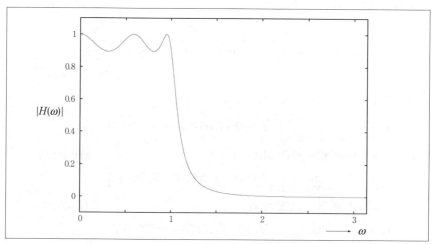

〔図 IV-2-20〕N=5、ε=0.5 のチェビシェフフィルタの設計例

■ Ⅳ. IIRフィルタの設計

Ⅳ−2−3−10　$N=6$、$\varepsilon=0.5$のチェビシェフフィルタ

$N=6$、$\varepsilon=0.5$ のチェビシェフフィルタの伝達関数 $H(s)$ は（Ⅳ-1-131）式より

$$H(s) = 0.0625 \cdot \frac{1}{s^2 + 0.12575196s + 0.9920297} \cdot$$

$$\frac{1}{s^2 + 0.46931271s + 0.12600429} \cdot$$

$$\frac{1}{s^2 + 0.34356075s + 0.55901699} \qquad \cdots\cdots \text{(Ⅳ-2-146)}$$

と表すことができる。$H(s)$ の極は

$$p_1 = -0.062876 + j0.99402 \qquad \cdots\cdots\cdots\cdots\cdots \text{(Ⅳ-2-147)}$$

$$p_2 = p_1^* = -0.062876 - j0.99402 \qquad \cdots\cdots\cdots\cdots\cdots \text{(Ⅳ-2-148)}$$

$$p_3 = -0.234656 + j0.266347 \qquad \cdots\cdots\cdots\cdots\cdots \text{(Ⅳ-2-149)}$$

$$p_4 = p_3^* = -0.234656 - j0.266347 \qquad \cdots\cdots\cdots\cdots\cdots \text{(Ⅳ-2-150)}$$

$$p_5 = -0.17178 + j0.727673 \qquad \cdots\cdots\cdots\cdots\cdots \text{(Ⅳ-2-151)}$$

$$p_6 = p_5^* = -0.17178 - j0.727673 \qquad \cdots\cdots\cdots\cdots\cdots \text{(Ⅳ-2-152)}$$

である。$H(s)$ を部分分数分解し、

$$H(s) = \frac{c_1}{s - p_1} + \frac{c_1^*}{s - p_1^*} + \frac{c_3}{s - p_3} + \frac{c_4^*}{s - p_4^*} + \frac{c_5}{s - p_5} + \frac{c_5^*}{s - p_5^*}$$

$$\cdots \text{(Ⅳ-2-153)}$$

と表すと、c_1、c_3 は次式となる。

$$c_1 = \lim_{s \to -0.062876 + j0.99402} H(s)(s + 0.062876 - j0.99402)$$

$$= 0.048632 - j0.045498 \qquad \text{(Ⅳ-2-154)}$$

$$c_3 = \lim_{s \to -0.234656 + j0.266347} H(s)(s + 0.234656 - j0.266347)$$

$$= 0.044654 - j0.262254 \qquad \text{(Ⅳ-2-155)}$$

$$c_5 = \lim_{s \to -0.17178 + j0.727673} H(s)(s + 0.17178 - j0.727673)$$

$$= -0.093277 - j0.161561 \qquad \text{(Ⅳ-2-156)}$$

N が偶数であるため、(IV-2-61) 式を適用すると $H(z)$ は次式となる。

$$H(z) = \frac{0.0893084 + 0.0410416z^{-1}}{1 - 1.52591z^{-1} + 0.625432z^{-2}}$$
$$+ \frac{-0.186555 - 0.06368z^{-1}}{1 - 1.25773z^{-1} + 0.709241z^{-2}}$$
$$+ \frac{-0.097246 + 0.0218272z^{-1}}{1 - 1.02418z^{-1} + 0.881834z^{-2}} \quad \cdots\cdots\cdots\cdots \quad \text{(IV-2-157)}$$

図 IV-2-22 に設計した IIR フィルタの振幅特性、図 IV-2-23 に回路構成を示す。

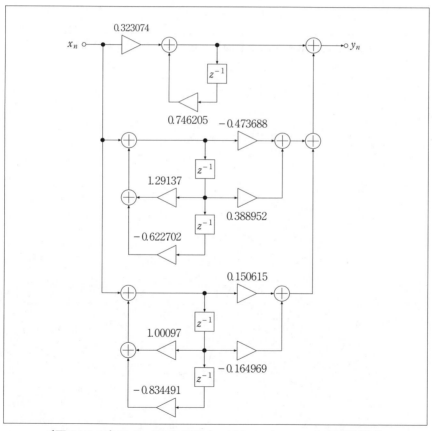

〔図 IV-2-21〕 N=5、ε=0.5 のチェビシェフフィルタの回路構成

Ⅳ. IIRフィルタの設計

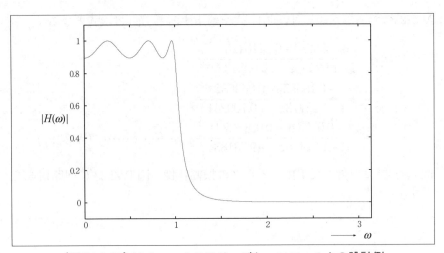

〔図 Ⅳ-2-22〕 $N=6$、$\varepsilon=0.5$ のチェビシェフフィルタの設計例

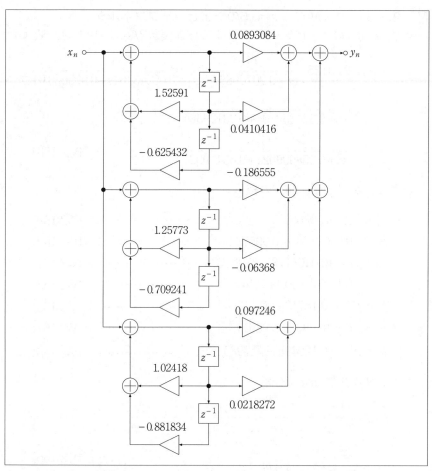

〔図 IV-2-23〕 $N=6$、$\varepsilon=0.5$ のチェビシェフフィルタの回路構成

■ Ⅳ. IIRフィルタの設計

Ⅳ-2-3-11　N=7、ε=0.5のチェビシェフフィルタ

$N=7$、$\varepsilon=0.5$ のチェビシェフフィルタの伝達関数 $H(s)$ は (IV-1-132) 式より

$$H(s) = 0.03125 \cdot \frac{1}{s+0.20769868} \cdot \frac{1}{s^2+0.09243461s+0.99362318} \cdot$$

$$\frac{1}{s^2+0.37426010s+0.23139384} \cdot$$

$$\frac{1}{s^2+0.25899602s+0.65439921} \qquad \cdots \text{(IV-2-158)}$$

と表すことができる。$H(s)$ の極は

$$p_1 = -0.20769868 \qquad\qquad \cdots\cdots\cdots\cdots\cdots \text{(IV-2-159)}$$

$$p_2 = -0.0462173 + j0.995734 \qquad \cdots\cdots\cdots\cdots\cdots \text{(IV-2-160)}$$

$$p_3 = p_2^* = -0.0462173 - j0.995734 \quad \cdots\cdots\cdots\cdots\cdots \text{(IV-2-161)}$$

$$p_4 = -0.18713 + j0.443144 \qquad \cdots\cdots\cdots\cdots\cdots \text{(IV-2-162)}$$

$$p_5 = p_4^* = -0.18713 - j0.443144 \quad \cdots\cdots\cdots\cdots\cdots \text{(IV-2-163)}$$

$$p_6 = -0.129498 + j0.798517 \qquad \cdots\cdots\cdots\cdots\cdots \text{(IV-2-164)}$$

$$p_7 = p_6^* = -0.129498 - j0.798517 \quad \cdots\cdots\cdots\cdots\cdots \text{(IV-2-165)}$$

である。$H(s)$ を部分分数分解し、

$$H(s) = \frac{c_1}{s-p_1} + \frac{c_2}{s-p_2} + \frac{c_2^*}{s-p_2^*} + \frac{c_4}{s-p_4} + \frac{c_4^*}{s-p_4^*}$$

$$= \frac{c_6}{s-p_6} + \frac{c_6^*}{s-p_6^*} \qquad\qquad \cdots \text{(IV-2-166)}$$

と表すと、c_1、c_2、c_4、c_6 は次式となる。

- 336 -

$$c_1 = \lim_{s \to -0.20769868} H(s)(s+0.20769868)$$
$$= 0.24241 \tag{IV-2-167}$$

$$c_2 = \lim_{s \to -0.0462173 + j0.995734} H(s)(s+0.0462173 - j0.995734)$$
$$= -0.028381 + j0.040026 \tag{IV-2-168}$$

$$c_4 = \lim_{s \to -0.18713 + j0.443144} H(s)(s+0.18713 - j0.443144)$$
$$= -0.204967 + j0.066298 \tag{IV-2-169}$$

$$c_6 = \lim_{s \to -0.129498 + j0.798517} H(s)(s+0.129498 - j0.798517)$$
$$= 0.112142 + j0.086668 \tag{IV-2-170}$$

N が奇数であるため、(IV-2-62) 式を適用すると $H(z)$ は次式となる。

$$H(z) = \frac{0.24241}{1 - 0.812452z^{-1}}$$
$$+ \frac{-0.409933 + 0.354285z^{-1}}{1 - 1.49846z^{-1} + 0.687798z^{-2}}$$
$$+ \frac{0.224284 - 0.246572z^{-1}}{1 - 1.22603z^{-1} + 0.771826z^{-2}}$$
$$+ \frac{-0.0567613 + 0.0936202z^{-1}}{1 - 1.03864z^{-1} + 0.911709z^{-2}} \tag{IV-2-171}$$

図 IV-2-24 に設計した IIR フィルタの振幅特性、図 IV-2-25 に回路構成を示す。

Ⅳ－２－３－12　インパルス不変変換法の問題点

　インパルス不変変換法を用いた設計例において、図 IV-2-4、図 IV-2-14 に示す $N=2$ の場合の設計例が元のアナログフィルタの特性と比べ大きく劣化していることがわかる。インパルス不変変換法では、カットオフ周波数を $\omega_c=1$ に正規化したフィルタを元に、そのインパルス応答をサンプリング周期１でサンプリングした。その際、アナログ周波数とディジタル周波数を１対１に対応づけるため、変換された IIR フィルタのカットオフ周波数も $\omega_c=1$ となるように変換される。問題は ω_c 以外の周波数の特性である。

－ 337 －

■ IV. IIRフィルタの設計

　アナログ系とディジタル系の橋渡し役を担うサンプリング定理を思い出すと、情報損失なくサンプリングを行なうためにはアナログ信号に含まれる最高周波数の2倍以上のサンプリング周波数が必要である。また、離散時間信号が時間領域でとびとびの時刻でのみ値を有するという事実から、その周波数スペクトルが周波数領域で周期関数となることが容易に導ける。

　もしアナログフィルタの周波数帯域が、図 IV-2-26 (a) に示すように帯域制限されていれば、周波数特性は ω 軸上で重畳することはない。しかし、アナログフィルタの周波数特性の帯域は一般に∞におよぶ。そのため、図 IV-2-26 (b) に示すように、周波数特性は ω 軸上で重畳し、インパルス不変変換法により求めた IIR フィルタは元のアナログフィルタの周波数特性を維持できない。このようにサンプリング定理を満たさないサンプリング周波数の使用によって ω 軸上でスペクトルが重畳することをエイリアシング (aliang) という。これは、$N=2$ のように阻止域減衰量が小さい場合は顕著に現れる。

　本書では、正規化サンプリング周波数に限定して議論を進めるため、サンプリング周期1と正規化カットオフ周波数に拘ったが、アナログフィルタを正規化なしの周波数軸上で設計し、十分に大きい減衰量が得られる周波数にサンプリング周波数を設定すれば、エイリアシングによる

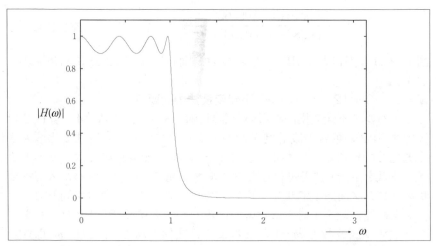

〔図 IV-2-24〕$N=7$、$\varepsilon=0.5$ のチェビシェフフィルタの設計例

特性劣化を抑えることが可能である。

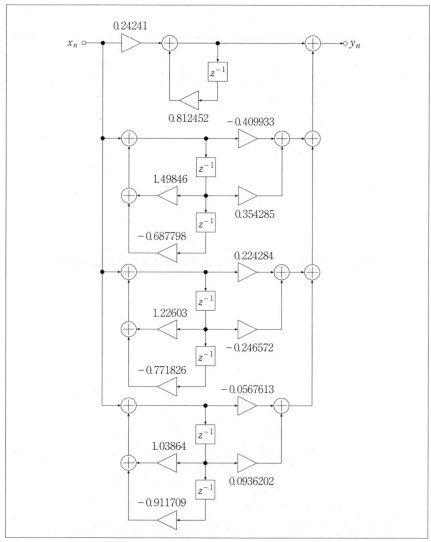

〔図 IV-2-25〕$N=7$、$\varepsilon=0.5$ のチェビシェフフィルタの回路構成

■ IV. IIRフィルタの設計

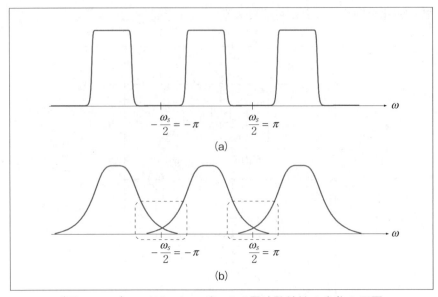

〔図 IV-2-26〕エイリアシングによる周波数特性の劣化の原因

Ⅳ-3 双一次 z 変換法
Ⅳ-3-1 双一次 z 変換法の概要

インパルス不変変換法では、アナログ周波数 ω_a とディジタル周波数 ω_d を 1 対 1 に対応づけるため、サンプリング定理が満たされず、変換された IIR フィルタの周波数特性がエイリアシングにより周波数軸上で重畳し、特性劣化する場合があった。

図 Ⅳ-3-1 に示すように、$\omega_a:[-\infty,\infty]$ を $\omega_d:[-\pi,\pi]$ に対応づけることができれば、エイリアシングによる重畳を避けることができる。このような周波数変換は非線形変換となるが、双一次 z 変換（bilinear z-transform）はカットオフ周波数付近までの線形性を近似的に維持可能な変換である。

双一次 z 変換は s 変数と z 変数を対応づける変換であり、次式で定義される。

$$s = 2\frac{1-z^{-1}}{1+z^{-1}} \quad \cdots\cdots\cdots\cdots\cdots\cdots\cdots\cdots\cdots\cdots\cdots \text{(Ⅳ-3-1)}$$

上式の関係を明らかにするために、$s=j\omega_a$、$z=e^{j\omega_d}$ を代入すると、

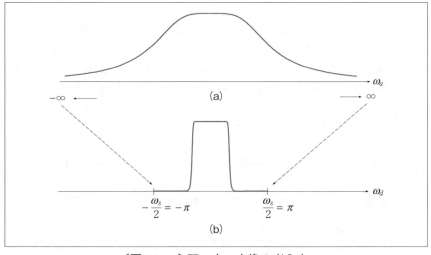

〔図 Ⅳ-3-1〕双一次 z 変換の考え方

IV. IIRフィルタの設計

$$j\omega_a = 2\frac{1-e^{-j\omega_d}}{1+e^{-j\omega_d}} \qquad \cdots\cdots\cdots\cdots\cdots\cdots\cdots\cdots\cdots \text{(IV-3-2)}$$

$$= 2\frac{e^{-j\omega_d/2}(e^{j\omega_d/2}-e^{-j\omega_d/2})}{e^{-j\omega_d/2}(e^{j\omega_d/2}+e^{-j\omega_d/2})} \qquad \cdots\cdots\cdots\cdots \text{(IV-3-3)}$$

$$= 2\frac{j2\sin\omega_d/2}{2\cos\omega_d/2} \qquad \cdots\cdots\cdots\cdots\cdots\cdots\cdots\cdots \text{(IV-3-4)}$$

$$= j2\tan\frac{\omega_d}{2} \qquad \cdots\cdots\cdots\cdots\cdots\cdots\cdots\cdots\cdots \text{(IV-3-5)}$$

となる。これより、

$$\omega_a = 2\tan\frac{\omega_d}{2} \qquad \cdots\cdots\cdots\cdots\cdots\cdots\cdots\cdots\cdots \text{(IV-3-6)}$$

の関係が得られる。ここで、$|x| \ll 1$ に対して、

$$\tan x \approx x \qquad \cdots\cdots\cdots\cdots\cdots\cdots\cdots\cdots\cdots\cdots\cdots \text{(IV-3-7)}$$

の関係に注目すると、

$$\omega_a \approx 2\times\frac{\omega_d}{2} = \omega_d \qquad \cdots\cdots\cdots\cdots\cdots\cdots\cdots\cdots \text{(IV-3-8)}$$

が成立する。ここで、$|\omega_d| \ll 1$ である周波数帯域は通過域であるため、(IV-3-6) 式の周波数変換を施しても、通過域の周波数特性は近似的に維持できる。図 IV-3-2 に (IV-3-6) 式による周波数変換の対応関係を示す。図中点線で囲んだ領域のように、$\omega<1$ では $\omega_d \approx \omega_a$ が成立することが確認できる。

(IV-3-1) 式を変形すると、

$$z = \frac{2+s}{2-s} \qquad \cdots\cdots\cdots\cdots\cdots\cdots\cdots\cdots\cdots\cdots \text{(IV-3-9)}$$

が得られる。ここで、$s = \sigma + j\omega$ を代入すると、

$$z = \frac{2+\sigma+j\omega}{2-\sigma-j\omega} \qquad \cdots\cdots\cdots\cdots\cdots\cdots\cdots\cdots\cdots \text{(IV-3-10)}$$

$- 342 -$

となり、$|z|$ を求めると、

$$|z| = \frac{(2+\sigma)^2 + \omega^2}{(2-\sigma)^2 + \omega^2} \quad \cdots\cdots\cdots\cdots\cdots\cdots\cdots\cdots\cdots\cdots (\text{IV-3-11})$$

となる。一方、$\angle z$ は

$$\angle z = \tan^{-1}\frac{\omega}{2+\sigma} + \tan^{-1}\frac{\omega}{2-\sigma} \quad \cdots\cdots\cdots\cdots\cdots\cdots (\text{IV-3-12})$$

となる。ここで、$\sigma=0$ のとき、$|z|=1$ であり、

$$\angle z = 2\tan^{-1}\frac{\omega}{2} \quad \cdots\cdots\cdots\cdots\cdots\cdots\cdots\cdots\cdots\cdots\cdots (\text{IV-3-13})$$

となる。すなわち、$\sigma=0$ のとき、双一次 z 変換により s 平面上の虚軸は z 平面上の単位円に写像される。そのとき、s 平面上で ω を 0 から ∞ まで動かすと z 平面上の単位円を 0 から π まで移動する。一方、ω を 0 から $-\infty$ まで動かすと z 平面上の単位円を 0 から $-\pi$ まで移動する。

　$\sigma>0$ のときは ω に関係なく、

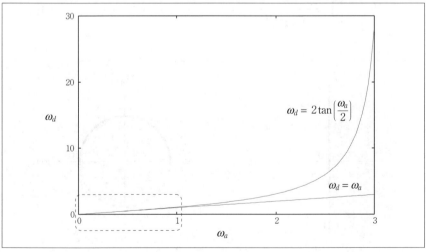

〔図 IV-3-2〕双一次 z 変換によるアナログ周波数とディジタル周波数の対応関係

$$|z| = \frac{(2+\sigma)^2 + \omega^2}{(2-\sigma)^2 + \omega^2} > 1 \quad \cdots\cdots\cdots\cdots\cdots\cdots\cdots\cdots\cdots\cdots\cdots \text{(IV-3-14)}$$

となるため、s 平面の右半平面は z 平面の単位円外部へ写像される。一方、$\sigma<0$ のときは ω に関係なく、

$$|z| = \frac{(2+\sigma)^2 + \omega^2}{(2-\sigma)^2 + \omega^2} < 1 \quad \cdots\cdots\cdots\cdots\cdots\cdots\cdots\cdots\cdots\cdots\cdots \text{(IV-3-15)}$$

となるため、s 平面の左半平面は z 平面の単位円内部へ写像される。

図 IV-3-3 に双一次 z 変換による周波数変換の対応関係を示す。このように、周波数変換は以下の通り行なわれる。

1. $\sigma>0$ のとき単位円外部
2. $\sigma=0$ のとき単位円上
3. $\sigma<0$ のとき単位円内部

これより、安定なアナログフィルタに対して双一次 z 変換法を適用した場合、必ず安定な IIR フィルタが設計できるという重要な事実が導かれる。

Ⅳ－3－2　双一次 z 変換法による IIR フィルタ設計

一般に次数 N のアナログフィルタの伝達関数 $H(s)$ は、N が偶数の場合、

$$H(s) = \prod_{n=1}^{N/2} \frac{1}{s^2 + \alpha_n s + \beta_n} \quad \cdots\cdots\cdots\cdots\cdots\cdots\cdots\cdots\cdots\cdots \text{(IV-3-16)}$$

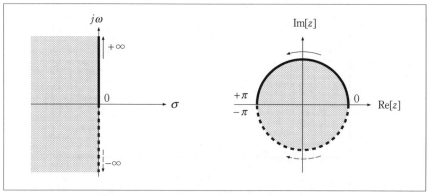

〔図 IV-3-3〕双一次 z 変換による周波数変換

N が奇数の場合、

$$H(s) = \frac{1}{s+\alpha_0} \prod_{n=1}^{(N-1)/2} \frac{1}{s^2+\alpha_n s+\beta_n} \quad \cdots\cdots\cdots\cdots\cdots\cdots\cdots \text{(IV-3-17)}$$

と表すことができる。$H(s)$ は1次フィルタと2次フィルタの縦続接続であるが、双一次 z 変換は s の置き換えのみであるため、縦続構造を維持したまま変換可能である。これは、インパルス不変変換法で最初に部分分数分解が必要であったのと異なる点である。まず、1次区間に双一次 z 変換を施すと

$$\begin{aligned}\frac{1}{s+\alpha_0} &= \frac{1}{2\dfrac{1-z^{-1}}{1+z^{-1}}+\alpha_0} \\ &= \frac{1+z^{-1}}{2(1-z^{-1})+\alpha_0(1+z^{-1})} \\ &= \frac{1+z^{-1}}{(\alpha_0+2)+(\alpha_0-2)z^{-1}} \\ &= \frac{1}{\alpha_0+2} \cdot \frac{1+z^{-1}}{1+\dfrac{\alpha_0-2}{\alpha_0+2}z^{-1}} \quad \cdots\cdots\cdots\cdots\cdots\cdots \text{(IV-3-18)}\end{aligned}$$

となる。つぎに2次区間に双一次 z 変換を施すと

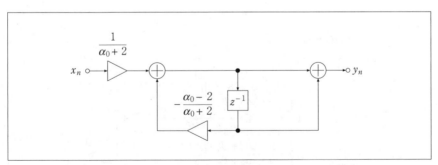

〔図 IV-3-4〕双一次 z 変換による1次区間の変換回路

Ⅳ. IIRフィルタの設計

$$\frac{1}{s^2+\alpha_n s+\beta_n} = \frac{1}{4\left(\frac{1-z^{-1}}{1+z^{-1}}\right)^2 + 2\alpha_n\left(\frac{1-z^{-1}}{1+z^{-1}}\right)+\beta_n}$$

$$= \frac{1+2z^{-1}+z^{-2}}{4+2\alpha_n+\beta_n+(2\beta_n-8)z^{-1}+(4-2\alpha_n+\beta_n)z^{-2}}$$

$$= \frac{1}{4+2\alpha_n+\beta_n} \cdot \frac{1+2z^{-1}+z^{-2}}{1+\frac{2\beta_n-8}{4+2\alpha_n+\beta_n}z^{-1}+\frac{4-2\alpha_n+\beta_n}{4+2\alpha_n+\beta_n}z^{-2}} \quad \cdots \text{(Ⅳ-3-19)}$$

となる。

Ⅳ－3－2－1　双一次z変換法によるIIRフィルタの設計手順

双一次z変換法による設計手順は以下の通りである。

Step1　アナログフィルタの伝達関数 $H(s)$ を設計する。
Step2　$H(s)$ の s に（Ⅳ-3-1）式を代入し、$H(z)$ を求める。

Ⅳ－3－3　双一次z変換法による設計例

Ⅳ-1-3節で紹介したアナログフィルタの例に基づいて、インパルス不変変換法を用いたIIRフィルタの設計例を示す。

Ⅳ－3－3－1　N=2のバタワースフィルタ

$N=2$ のバタワースフィルタの伝達関数 $H(s)$ は（Ⅳ-1-64）式より

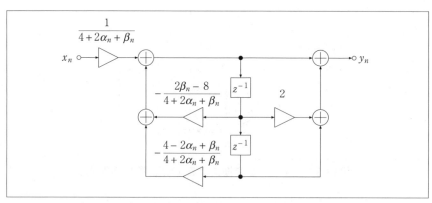

〔図Ⅳ-3-5〕双一次z変換による2次区間の変換回路

$$H(s) = \frac{1}{s+\sqrt{2}s+1} \quad \cdots\cdots\cdots\cdots\cdots\cdots\cdots\cdots \text{(IV-3-20)}$$

と表すことができる。$H(s)$ に双一次 z 変換を適用し、$H(z)$ を求めると次式となる。

$$H(z) = \frac{0.12773958(1+2z^{-1}+z^{-2})}{1-0.76643749z^{-1}+0.27739581z^{-2}} \quad \cdots\cdots\cdots \text{(IV-3-21)}$$

図 IV-3-6 に $H(s)$ と $H(z)$ の振幅特性、図 IV-3-7 に $H(z)$ の回路図を示す。

Ⅳ－3－3－2　N=3のバタワースフィルタ

$N=3$ のバタワースフィルタの伝達関数 $H(s)$ は (IV-1-68) 式より

$$H(s) = \frac{1}{s+1} \cdot \frac{1}{s^2+s+1} \quad \cdots\cdots\cdots\cdots\cdots\cdots\cdots\cdots \text{(IV-3-22)}$$

と表すことができる。$H(s)$ に双一次 z 変換を適用し、$H(z)$ を求めると次式となる。

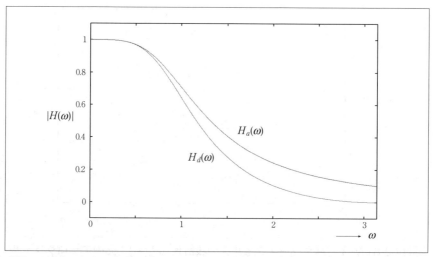

〔図 IV-3-6〕 $N=2$ のバタワースフィルタの設計例（$H_a(\omega)$：元のアナログフィルタの特性、$H_d(\omega)$：双一次 z 変換法による設計特性）

$$H(z) = \frac{0.33333333(1+z^{-1})}{1-0.33333333z^{-1}}$$
$$\cdot \frac{0.14285714(1+2z^{-1}+z^{-2})}{1-0.85714286z^{-1}+0.42857143z^{-2}} \quad \cdots\cdots\cdots\cdots (\text{IV-3-23})$$

図 IV-3-8 に $H(s)$ と $H(z)$ の振幅特性、図 IV-3-9 に $H(z)$ の回路図を示す。

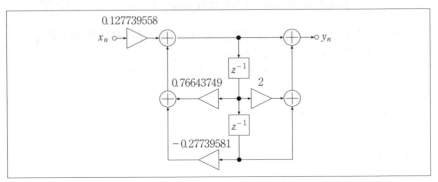

〔図 IV-3-7〕 $N=2$ のバタワースフィルタの回路構成

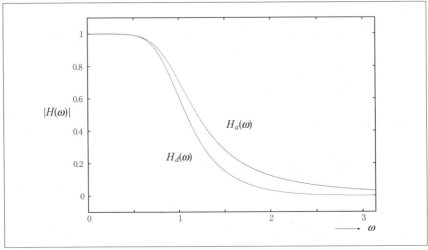

〔図 IV-3-8〕 $N=3$ のバタワースフィルタの設計例（$H_a(\omega)$：元のアナログフィルタの特性、$H_d(\omega)$：双一次 z 変換法による設計特性）

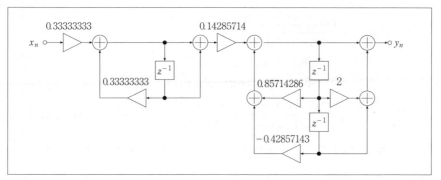

〔図IV-3-9〕 N=3のバタワースフィルタの回路構成

IV－3－3－3　N=4のバタワースフィルタ

N=4のバタワースフィルタの伝達関数 H(s) は（IV-1-69）式より

$$H(s) = \frac{1}{s^2 + 0.76536686s + 1} \cdot \frac{1}{s^2 + 1.84775907s + 1} \quad \cdots \text{(IV-3-24)}$$

と表すことができる。H(s) に双一次 z 変換を適用し、H(z) を求めると次式となる。

$$H(z) = \frac{0.15312215(1 + 2z^{-1} + z^{-2})}{1 - 0.91873291z^{-1} + 0.53122152z^{-2}}$$
$$\cdot \frac{0.11500177(1 + 2z^{-1} + z^{-2})}{1 - 0.69001064z^{-1} + 0.15001773z^{-2}} \quad \cdots\cdots\cdots \text{(IV-3-25)}$$

図 IV-3-10 に H(s) と H(z) の振幅特性、図 IV-3-11 に H(z) の回路図を示す。

IV－3－3－4　N=5のバタワースフィルタ

N=5のバタワースフィルタの伝達関数 H(s) は（IV-1-70）式より

$$H(s) = \frac{1}{s+1} \cdot \frac{1}{s^2 + 0.61803399s + 1} \cdot$$
$$\frac{1}{s^2 + 1.61803399s + 1} \quad \cdots\cdots\cdots\cdots\cdots \text{(IV-3-26)}$$

と表すことができる。H(s) に双一次 z 変換を適用し、H(z) を求めると次式となる。

■ IV. IIRフィルタの設計

$$H(z) = \frac{0.33333333(1+z^{-1})}{1-0.33333333z^{-1}}$$
$$\cdot \frac{0.16035746(1+2z^{-1}+z^{-2})}{1-0.96214474z^{-1}+0.60357457z^{-2}}$$
$$\cdot \frac{0.12141716(1+2z^{-1}+z^{-2})}{1-0.72850297z^{-1}+0.21417162z^{-2}} \quad \cdots\cdots\cdots\cdots (\text{IV-3-27})$$

図 IV-3-12 に $H(s)$ と $H(z)$ の振幅特性、図 IV-3-13 に $H(z)$ の回路図を示す。

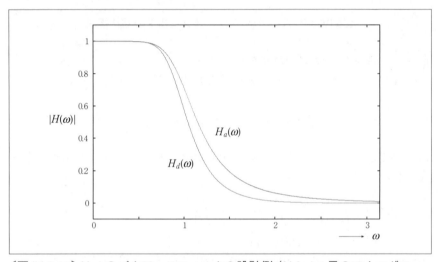

〔図 IV-3-10〕$N=4$ のバタワースフィルタの設計例 ($H_a(\omega)$：元のアナログフィルタの特性、$H_d(\omega)$：双一次 z 変換法による設計特性)

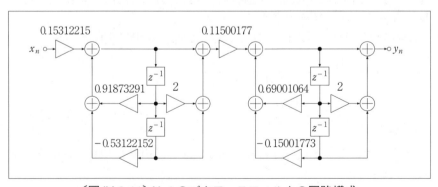

〔図 IV-3-11〕$N=4$ のバタワースフィルタの回路構成

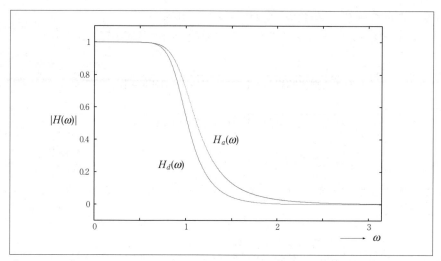

〔図 IV-3-12〕 N=5 のバタワースフィルタの設計例（$H_a(\omega)$：元のアナログフィルタの特性、$H_d(\omega)$：双一次 z 変換法による設計特性）

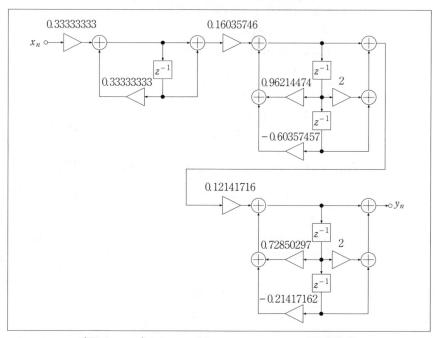

〔図 IV-3-13〕 N=5 のバタワースフィルタの回路構成

■ IV. IIRフィルタの設計

IV−3−3−5　*N*=10のバタワースフィルタ

N=10 のバタワースフィルタの伝達関数 $H(s)$ は（IV-1-71）式より

$$H(s) = \frac{1}{s^2 + 0.31286893s + 1} \cdot \frac{1}{s^2 + 0.90798100s + 1} \cdot$$
$$\frac{1}{s^2 + 1.41421356s + 1} \cdot \frac{1}{s^2 + 1.78201305s + 1} \cdot$$
$$\frac{1}{s^2 + 1.97537668s + 1} \qquad \cdots \text{(IV-3-28)}$$

と表すことができる。$H(s)$ に双一次 z 変換を適用し、$H(z)$ を求めると次式となる。

$$H(z) = \frac{0.17775446(1 + 2z^{-1} + z^{-2})}{1 - 1.06652676z^{-1} + 0.77754461z^{-2}}$$
$$\cdot \frac{0.14671443(1 + 2z^{-1} + z^{-2})}{1 - 0.88028660z^{-1} + 0.46714433z^{-2}}$$
$$\cdot \frac{0.12773958(1 + 2z^{-1} + z^{-2})}{1 - 0.76643749z^{-1} + 0.27739581z^{-2}}$$
$$\cdot \frac{0.11676751(1 + 2z^{-1} + z^{-2})}{1 - 0.70060506z^{-1} + 0.16767510z^{-2}}$$
$$\cdot \frac{0.11172244(1 + 2z^{-1} + z^{-2})}{1 - 0.67033464z^{-1} + 0.11722439z^{-2}} \qquad \cdots\cdots\cdots \text{(IV-3-29)}$$

図 IV-3-14 に $H(s)$ と $H(z)$ の振幅特性、図 IV-3-15 に $H(z)$ の回路図を示す。

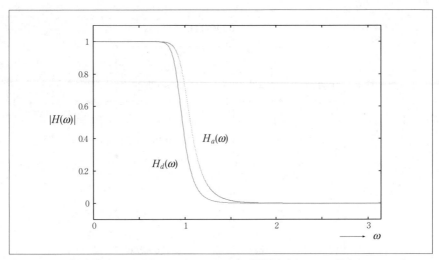

〔図 IV-3-14〕 $N=10$ のバタワースフィルタの設計例（$H_a(\omega)$：元のアナログフィルタの特性、$H_d(\omega)$：双一次 z 変換法による設計特性）

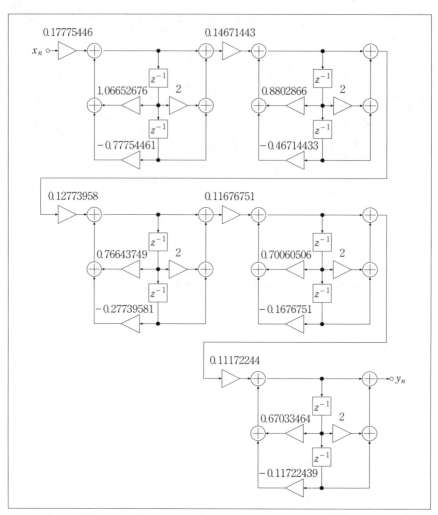

〔図 IV-3-15〕 N=10 のバタワースフィルタの回路構成

Ⅳ-3-3-6　N=2、ε=0.5のチェビシェフフィルタ

$N=2$、$\varepsilon=0.5$ のチェビシェフフィルタの伝達関数 $H(s)$ は（Ⅳ-1-127）式より

$$H(s) = \frac{1}{s^2 + 1.11178594s + 1.11803399} \quad \cdots\cdots\cdots\cdots\cdots\cdots \text{(Ⅳ-3-30)}$$

と表すことができる。$H(s)$ に双一次 z 変換を適用し、$H(z)$ を求めると次式となる。

$$H(z) = \frac{0.13620998(1+2z^{-1}+z^{-2})}{1-0.78510507z^{-1}+0.39425463z^{-2}} \quad \cdots\cdots\cdots\cdots \text{(Ⅳ-3-31)}$$

図 Ⅳ-3-16 に $H(s)$ と $H(z)$ の振幅特性、図 Ⅳ-3-17 に $H(z)$ の回路図を示す。

Ⅳ-3-3-7　N=3、ε=0.5のチェビシェフフィルタ

$N=3$、$\varepsilon=0.5$ のチェビシェフフィルタの伝達関数 $H(s)$ は（Ⅳ-1-128）式より

$$H(s) = 0.5 \cdot \frac{1}{s+0.5} \cdot \frac{1}{s^2+0.5s+1} \quad \cdots\cdots\cdots\cdots\cdots\cdots\cdots \text{(Ⅳ-3-32)}$$

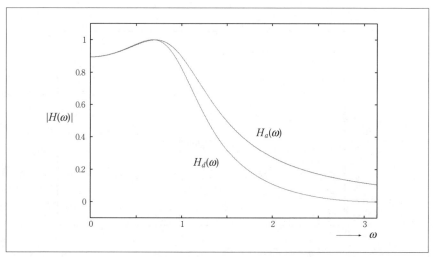

〔図 Ⅳ-3-16〕$N=2$、$\varepsilon=0.5$ のチェビシェフフィルタの設計例（$H_a(\omega)$：元のアナログフィルタの特性、$H_d(\omega)$：双一次 z 変換法による設計特性）

Ⅳ. IIRフィルタの設計

と表すことができる。$H(s)$ に双一次 z 変換を適用し、$H(z)$ を求めると次式となる。

$$H(z) = 0.5 \cdot \frac{0.4(1+z^{-1})}{1-0.6z^{-1}}$$
$$\cdot \frac{0.16666667(1+2z^{-1}+z^{-2})}{1-z^{-1}+0.66666667z^{-2}} \quad \cdots\cdots\cdots\cdots\cdots\cdots \text{(Ⅳ-3-33)}$$

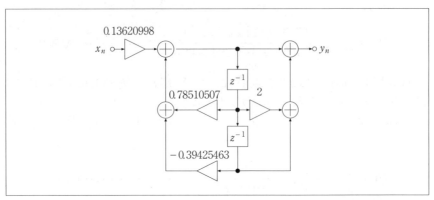

〔図 Ⅳ-3-17〕 $N=2$、$\varepsilon=0.5$ のチェビシェフフィルタの回路構成

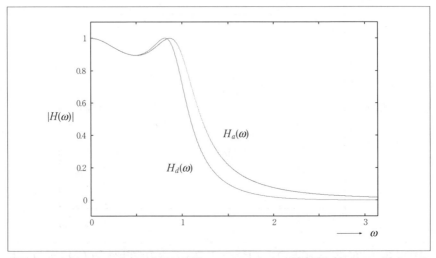

〔図 Ⅳ-3-18〕 $N=3$、$\varepsilon=0.5$ のチェビシェフフィルタの設計例（$H_a(\omega)$：元のアナログフィルタの特性、$H_d(\omega)$：双一次 z 変換法による設計特性）

図 IV-3-18 に H(s) と H(z) の振幅特性、図 IV-3-19 に H(z) の回路図を示す。
IV－3－3－8　N=4、ε=0.5のチェビシェフフィルタ
　N=4、ε=0.5 のチェビシェフフィルタの伝達関数 H(s) は（IV-1-129）式より

$$H(s) = 0.25 \cdot \frac{1}{s^2 + 0.28226355s + 0.98956322} \cdot \frac{1}{s^2 + 0.68144449s + 0.28245643} \quad \cdots\cdots\cdots (\text{IV-3-34})$$

と表すことができる。H(s) に双一次 z 変換を適用し、H(z) を求めると次式となる。

$$H(z) = 0.25 \cdot \frac{0.18004749(1 + 2z^{-1} + z^{-2})}{1 - 1.08404315z^{-1} + 0.79671663z^{-2}} \cdot \frac{0.17713708(1 + 2z^{-1} + z^{-2})}{1 - 1.31702962z^{-1} + 0.51716365z^{-2}} \quad \cdots\cdots (\text{IV-3-35})$$

図 IV-3-20 に H(s) と H(z) の振幅特性、図 IV-3-21 に H(z) の回路図を示す。
IV－3－3－9　N=5、ε=0.5のチェビシェフフィルタ
　N=5、ε=0.5 のチェビシェフフィルタの伝達関数 H(s) は（IV-1-130）式より

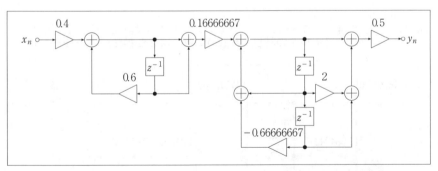

〔図 IV-3-19〕N=3、ε=0.5 のチェビシェフフィルタの回路構成

■ IV. IIRフィルタの設計

$$H(s) = 0.125 \cdot \frac{1}{s + 0.29275539} \cdot$$

$$\frac{1}{s^2 + 0.18093278s + 0.99021422} \cdot$$

$$\frac{1}{s^2 + 0.47368817s + 0.43119722} \quad \cdots\cdots\cdots\cdots\cdots \text{(IV-3-36)}$$

と表すことができる。$H(s)$ に双一次z変換を適用し、$H(z)$ を求めると次

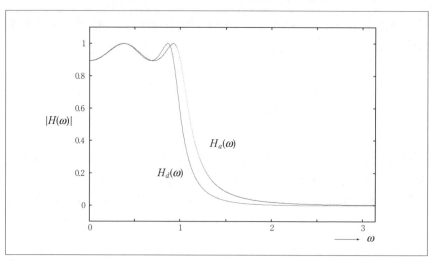

〔図 IV-3-20〕N=4、ε=0.5 のチェビシェフフィルタの設計例($H_a(\omega)$:元のアナログフィルタの特性、$H_d(\omega)$:双一次z変換法による設計特性)

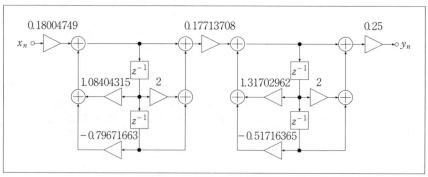

〔図 IV-3-21〕N=4、ε=0.5 のチェビシェフフィルタの回路構成

式となる。

$$H(z)=0.125 \cdot \frac{0.43615643(1+z^{-1})}{1-0.74462571z^{-1}}$$

$$\cdot \frac{0.18684325(1+2z^{-1}+z^{-2})}{1-1.12471634z^{-1}+0.86477572z^{-2}}$$

$$\cdot \frac{0.18592290(1+2z^{-1}+z^{-2})}{1-1.32704433z^{-1}+0.64772208z^{-2}} \quad \cdots\cdots\cdots\cdots \text{(IV-3-37)}$$

図 IV-3-22 に $H(s)$ と $H(z)$ の振幅特性、図 IV-3-23 に $H(z)$ の回路図を示す。

IV-3-3-10　$N=6$、$\varepsilon=0.5$のチェビシェフフィルタ

$N=6$、$\varepsilon=0.5$ のチェビシェフフィルタの伝達関数 $H(s)$ は（IV-1-131）式より

$$H(s)=0.0625 \cdot \frac{1}{s^2+0.12575196s+0.9920297} \cdot$$

$$\frac{1}{s^2+0.46931271s+0.12600429} \cdot$$

$$\frac{1}{s^2+0.34356075s+0.55901699} \quad \cdots\cdots\cdots\cdots \text{(IV-3-38)}$$

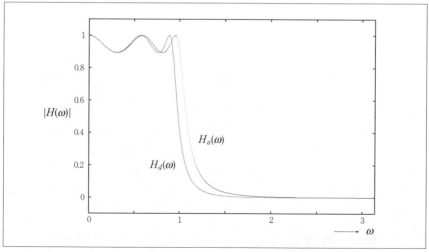

〔図 IV-3-22〕$N=5$、$\varepsilon=0.5$ のチェビシェフフィルタの設計例（$H_a(\omega)$：元のアナログフィルタの特性、$H_d(\omega)$：双一次 z 変換法による設計特性）

と表すことができる。$H(s)$ に双一次 z 変換を適用し、$H(z)$ を求めると次式となる。

$$H(z) = 0.0625 \cdot \frac{0.19071109(1+2z^{-1}+z^{-2})}{1-1.14730658z^{-1}+0.90407083z^{-2}}$$
$$\cdot \frac{0.19744780(1+2z^{-1}+z^{-2})}{1-1.52982387z^{-1}+0.62934095z^{-2}}$$
$$\cdot \frac{0.19061639(1+2z^{-1}+z^{-2})}{1-1.31181554z^{-1}+0.73804676z^{-2}} \quad \cdots \text{(IV-3-39)}$$

図 IV-3-24 に $H(s)$ と $H(z)$ の振幅特性、図 IV-3-25 に $H(z)$ の回路図を示す。

Ⅳ－3－3－11　N=7、ε=0.5のチェビシェフフィルタ

$N=7$、$\varepsilon=0.5$ のチェビシェフフィルタの伝達関数 $H(s)$ は（IV-1-132）式より

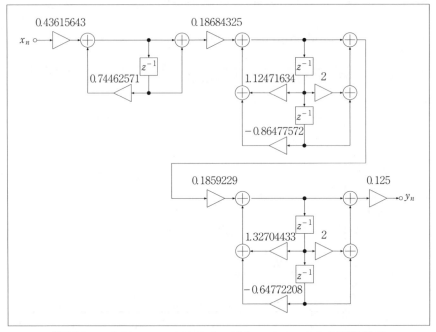

〔図 IV-3-23〕$N=5$、$\varepsilon=0.5$ のチェビシェフフィルタの回路構成

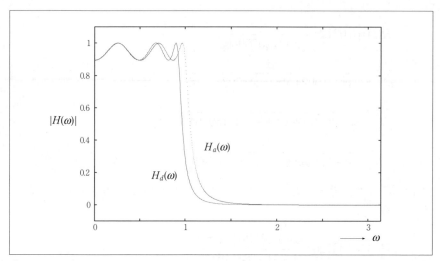

〔図 IV-3-24〕N=6、ε=0.5 のチェビシェフフィルタの設計例（$H_a(\omega)$：元のアナログフィルタの特性、$H_d(\omega)$：双一次 z 変換法による設計特性）

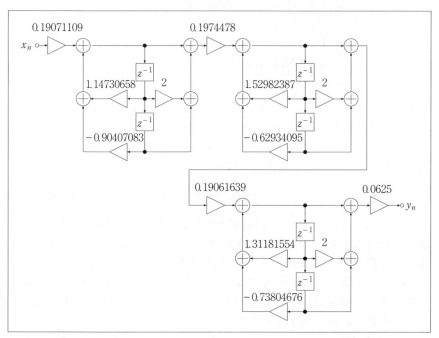

〔図 IV-3-25〕N=6、ε=0.5 のチェビシェフフィルタの回路構成

■ IV. IIRフィルタの設計

$$H(s) = 0.03125 \cdot \frac{1}{s + 0.20769868} \cdot$$

$$\frac{1}{s^2 + 0.09243461s + 0.99362318} \cdot$$

$$\frac{1}{s^2 + 0.37426010s + 0.23139384}$$

$$\frac{1}{s^2 + 0.25899602s + 0.65439921} \quad \cdots\cdots\cdots\cdots (\text{IV-3-40})$$

と表すことができる。$H(s)$ に双一次 z 変換を適用し、$H(z)$ を求めると次式となる。

$$H(z) = 0.03125 \cdot \frac{0.45296036(1+z^{-1})}{1 - 0.81184146z^{-1}}$$

$$\cdot \frac{0.19310640(1+2z^{-1}+z^{-2})}{1 - 1.16110118z^{-1} + 0.92860114z^{-2}}$$

$$\cdot \frac{0.20080668(1+2z^{-1}+z^{-2})}{1 - 1.51352258z^{-1} + 0.69938429z^{-2}}$$

$$\cdot \frac{0.19333418(1+2z^{-1}+z^{-2})}{1 - 1.29363794z^{-1} + 0.79970887z^{-2}} \quad \cdots\cdots\cdots\cdots (\text{IV-3-41})$$

図 IV-3-26 に $H(s)$ と $H(z)$ の振幅特性、図 IV-3-27 に $H(z)$ の回路図を示す。

IV－3－3－12　双一次z変換法の問題点

　双一次 z 変換はアナログ周波数 ω_a とディジタル周波数 ω_d の非線形変換である。ただし、$|\omega_a| < 1$ では

$$\omega_a \approx \omega_d \quad \cdots\cdots\cdots\cdots\cdots\cdots\cdots\cdots\cdots\cdots\cdots\cdots\cdots\cdots\cdots\cdots (\text{IV-3-42})$$

が成立した。設計例で示した振幅特性を見ると、全ての設計例において $\omega_d = 1$ 付近で設計特性が低域周波数側にシフトし、歪みが発生していることが確認できる。これは非線形変換による影響である。したがって、双一次 z 変換法を適用する場合は、元のアナログフィルタの設計の時点でカットオフ周波数のずれを予め考慮し、通過域をやや太らせて設計する必要がある。双一次 z 変換において ω_a は

－ 362 －

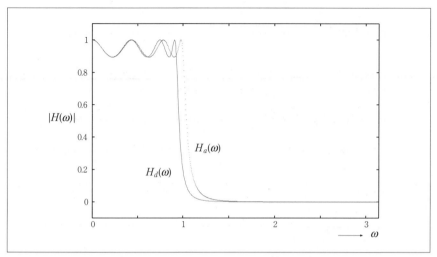

〔図 IV-3-26〕 $N=7$、$\varepsilon=0.5$ のチェビシェフフィルタの設計例（$H_a(\omega)$：元のアナログフィルタの特性、$H_d(\omega)$：双一次 z 変換法による設計特性）

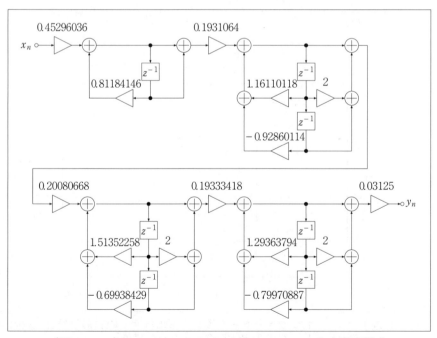

〔図 IV-3-27〕 $N=7$、$\varepsilon=0.5$ のチェビシェフフィルタの回路構成

■ IV. IIRフィルタの設計

$$\omega_a = 2\tan\frac{\omega_d}{2} \quad \cdots\cdots\cdots\cdots\cdots\cdots \text{(IV-3-43)}$$

と変換されるため,変換後のカットオフ周波数を $\omega_d=1$ にしたい場合,元のアナログフィルタのカットオフ周波数 ω_{pw} が

$$\omega_{pw} = 2\tan 0.5 \approx 1.0926 \quad \cdots\cdots\cdots\cdots\cdots\cdots \text{(IV-3-44)}$$

となるように設計すればよい。これをプリワーピング (pre-warpping) という。

例えば,$N=2$ のバタワースフィルタについて考えよう。伝達関数 $H(s)$ は

$$H(s) = \frac{1}{s+\sqrt{2}s+1} \quad \cdots\cdots\cdots\cdots\cdots\cdots \text{(IV-3-45)}$$

と書けた。プリワーピングを行なうためには,

$$s \to \frac{s}{\omega_{pw}} \quad \cdots\cdots\cdots\cdots\cdots\cdots \text{(IV-3-46)}$$

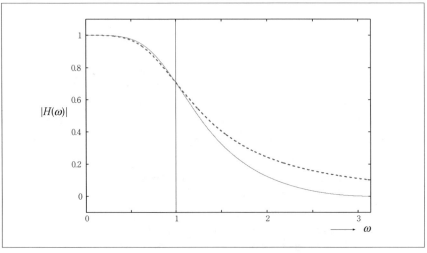

〔図 IV-3-28〕プリワーピングを行なった場合の振幅特性 (実線:設計特性,波線:プリワーピング前のアナログフィルタの特性)

と置き換えればよい。したがって、設計すべきアナログフィルタは

$$H_{pw}(s) = \frac{\omega_{pw}^2}{s^2 + \sqrt{2}\omega_{pw} + \omega_{pw}^2} \quad\cdots\cdots\cdots\cdots\text{(IV-3-47)}$$

$$= \frac{1.19377476}{s^2 + 1.54516974s + 1.19377476} \quad\cdots\cdots\cdots\cdots\text{(IV-3-48)}$$

となる。$H_{pw}(s)$ に対して双一次 z 変換法を適用すると、

$$H_{pw}(z) = 1.19377476 \cdot \frac{0.12071260(1 + 2z^{-1} + z^{-2})}{1 - 0.67749087z^{-1} + 0.25391076z^{-2}} \quad\text{(IV-3-49)}$$

が求まる。図 IV-3-28 に実線で $|H_{pw}(\omega)|$、波線でプリワーピング前のアナログフィルタの振幅特性を示す。双一次 z 変換は非線形変換であるため、設計特性に歪みが生じるが、プリワーピングの結果カットオフ周波数（$\omega=1$）では両者が一致していることが確認できる。

■ Ⅳ. IIRフィルタの設計

Ⅳ－4　線形計画法による IIR フィルタの直接設計

Ⅳ－4－1　IIR フィルタの直接設計の概要

　インパルス不変変換法や双一次 z 変換法は、アナログ周波数領域で設計したアナログフィルタの伝達関数 $H(s)$ をベースにして、ディジタル周波数領域の伝達関数 $H(z)$ に変換する間接設計法であった。すなわち、近似目標が $H(s)$ の設計法であるといえる。

　一方、ディジタル周波数領域で近似目標を与え、ディジタル周波数領域で何らかの最適化手法を用いて $H(z)$ を算出する設計法を直接設計法という。IIR フィルタの直接設計問題は非線形最適化問題として定式化されるため、用いる最適化手法も非線形最適化法（nonlinear optimization method）となる。非線形最適化問題の評価関数は非凸関数であるため、複数の局所解を有する。したがって、ニュートン法のような勾配に基づく数値解法では解の更新が局所解に陥る場合がある。本章では、そのような問題を回避するアプローチとして、局所的に線形な最適化問題、すなわち線形計画問題を考え、少しずつ大域解に近づける手法を紹介する。

Ⅳ－4－2　IIR フィルタ設計問題の線形計画問題への定式化

　IIR フィルタの伝達関数 $H(z)$ は

$$H(z) = \frac{\displaystyle\sum_{k=0}^{N} a_k z^{-k}}{1 + \displaystyle\sum_{k=1}^{M} b_k z^{-k}} \quad\cdots\cdots\cdots\cdots\cdots\cdots\cdots\cdots\cdots\cdots\cdots\quad \text{(IV-4-1)}$$

と書けた。$z = e^{j\omega}$ とおくと、周波数特性 $H(\omega)$ は

$$H(\omega) = \frac{\displaystyle\sum_{k=0}^{N} a_k e^{-jk\omega}}{1 + \displaystyle\sum_{k=1}^{M} b_k e^{-jk\omega}} \quad\cdots\cdots\cdots\cdots\cdots\cdots\cdots\cdots\cdots\quad \text{(IV-4-2)}$$

$$= \frac{A(\omega)}{B(\omega)} \quad\cdots\cdots\cdots\cdots\cdots\cdots\cdots\cdots\cdots\cdots\cdots\cdots\quad \text{(IV-4-3)}$$

となる。ここで、

$$A(\omega) = \sum_{k=0}^{N} a_k e^{-jk\omega} \quad\cdots\cdots\cdots\cdots\cdots\cdots\cdots\cdots\cdots\cdots\quad \text{(IV-4-4)}$$

－ 366 －

$$B(\omega) = 1 + \sum_{k=1}^{M} b_k e^{-jk\omega} \quad \cdots\cdots\cdots\cdots\cdots\cdots\cdots\cdots\cdots \text{(IV-4-5)}$$

とおいた。近似帯域 Ω 上で、$H(\omega)$ に対して所望特性 $H_d(\omega)$ を与えると、最大誤差 $\delta_{\max}$ は

$$\delta_{\max} = \max_{\omega \in \Omega} W(\omega) |H_d(\omega) - H(\omega)| \quad \cdots\cdots\cdots\cdots\cdots\cdots \text{(IV-4-6)}$$

$$= \max_{\omega \in \Omega} W(\omega) \left| H_d(\omega) - \frac{A(\omega)}{B(\omega)} \right| \quad \cdots\cdots\cdots\cdots\cdots\cdots \text{(IV-4-7)}$$

と求められる。したがって、最大誤差最小化基準に基づく IIR フィルタの設計問題は $\delta_{\max}$ を最小化する a_k、b_k を求める問題として、次式のように定式化できる。

$$\max_{a_k, b_k} \max_{\omega \in \Omega} W(\omega) \left| H_d(\omega) - \frac{A(\omega)}{B(\omega)} \right| \quad \cdots\cdots\cdots\cdots\cdots\cdots \text{(IV-4-8)}$$

この問題は次式のように書き換えることができる。

$$\max_{a_k, b_k} \max_{\omega \in \Omega} \frac{W(\omega)}{|B(\omega)|} |H_d(\omega) B(\omega) - A(\omega)| \quad \cdots\cdots\cdots\cdots\cdots \text{(IV-4-9)}$$

(IV-4-9) 式を制約付最小化問題として書き直すと次式となる。

$$\min \quad \delta$$
$$\text{sub.to} \quad \frac{W(\omega)}{|B(\omega)|} |H_d(\omega) B(\omega) - A(\omega)| \le \delta \quad \cdots\cdots\cdots\cdots\cdots \text{(IV-4-10)}$$
$$\omega \in \Omega$$

ここで、複素数 x の大きさ $|x|$ が実回転定理を用いて

$$|x| = \max_{t \in [0,1)} \text{Re}[xe^{j2\pi t}] \quad \cdots\cdots\cdots\cdots\cdots\cdots\cdots\cdots\cdots \text{(IV-4-11)}$$

で求まることを思い出そう。$\theta_t = 2\pi t$ とおいて、(IV-4-10) 式の問題に実回転定理を適用すると、

$$\min \quad \delta$$
$$\text{sub.to} \quad \frac{W(\omega)}{|B(\omega)|} \text{Re}[\{H_d(\omega) B(\omega) - A(\omega)\} e^{j\theta_t}] \le \delta, \quad \cdots\cdots\cdots \text{(IV-4-12)}$$
$$\omega \in \Omega, t \in [0,1)$$

$-$ 367 $-$

■ Ⅳ. IIRフィルタの設計

と書ける。ω を ω_l, $l=0,2,\cdots,L-1$ と L 分割、t を t_j, $j=0,1,\cdots,J-1$ と J 分割すると、

$$\min \quad \delta$$
$$\text{sub.to} \quad \frac{W(\omega_l)}{|B(\omega_l)|}\,\text{Re}[\{H_d(\omega_l)\,B(\omega_l)-A(\omega_l)\}e^{j\theta_l}] \le \delta, \quad \cdots\cdots \quad \text{(IV-4-13)}$$
$$\omega_l \in \Omega,\, t_j \in [0,1)$$

となる。所望特性 $H_d(\omega_l)$ を

$$H_d(\omega_l) = d(\omega_l)\,e^{j\phi(\omega_l)} \quad \cdots\cdots\cdots\cdots\cdots\cdots\cdots\cdots\cdots \quad \text{(IV-4-14)}$$

とおくことにする。ここで、$\phi(\omega_l)$ は所望位相特性であり、$d(\omega_l)$ は理想低域通過フィルタの場合、

$$d(\omega_l) = \begin{cases} 1 & 0 \le \omega_l \le \omega_p \\ 0 & \omega_s \le \omega_l \le \pi \end{cases} \quad \cdots\cdots\cdots\cdots\cdots\cdots\cdots \quad \text{(IV-4-15)}$$

である。(IV-4-4) 式、(IV-4-5) 式、(IV-4-14) 式より、(IV-4-13) 式の制約条件の左辺は次式となる。

$$\frac{W(\omega_l)}{|B(\omega_l)|}\,\text{Re}[\{H_d(\omega_l)\,B(\omega_l)-A(\omega_l)\}e^{j\theta_l}]$$
$$=\frac{W(\omega_l)}{|B(\omega_l)|}\Bigg\{d(\omega_l)\cos(\phi(\omega_l)+\theta_{t_j})$$
$$+\sum_{m=1}^{M} b_m\, d(\omega_l)\cos(m\omega_l-\phi(\omega_l)-\theta_{t_j})$$
$$-\sum_{n=0}^{N} a_n\cos(n\omega_l-\theta_{t_j})\Bigg\} \qquad \cdots\cdots\cdots \quad \text{(IV-4-16)}$$

これより、(IV-4-13) 式の制約条件は次式となる。

$$\frac{|B(\omega_l)|}{W(\omega_l)}\,\delta + \sum_{n=0}^{N} a_n\cos(n\omega_l-\theta_{t_j})$$
$$-\sum_{m=1}^{M} b_m\, d(\omega_l)\cos(m\omega_l-\phi(\omega_l)-\theta_{t_j})$$
$$\ge d(\omega_l)\cos(\phi(\omega_l)+\theta_{t_j}) \qquad \cdots\cdots\cdots \quad \text{(IV-4-17)}$$

ここで、$|B(\omega_l)|$ が定数であれば、上式は設計変数 a_n、b_m、δ に対して線形な制約条件となる。そこで、$|B(\omega_l)|$ を固定して (IV-4-13) 式の問題を解き、b_m が求まるたびに $|B(\omega_l)|$ を更新する。

(IV-4-13) 式の問題を線形計画問題の主問題として定式化するために、$\boldsymbol{a}(\omega_l, t_j)$ を次式で定義する。

$$
\begin{aligned}
\boldsymbol{a}(\omega_l, t_j) = \Bigl[& \frac{W(\omega_l)}{|B(\omega_l)|}, \, \cos(-\theta_{t_j}), \, \cos(\omega_l - \theta_{t_j}), \, \cdots, \, \cos(N\omega_l - \theta_{t_j}), \\
& -d(\omega_l)\cos(\omega_l - \phi(\omega_l) - \theta_{t_j}), \, -d(\omega_l)\cos(2\omega_l - \phi(\omega_l) - \theta_{t_j}), \\
& \cdots, -d(\omega_l)\cos(M\omega_l - \phi(\omega_l) - \theta_{t_j}) \Bigr]^T \qquad \cdots \text{ (IV-4-18)}
\end{aligned}
$$

同様に $b(\omega_l, t_j)$ を次式で定義する。

$$
b(\omega_l, t_j) = d(\omega_l)\cos(\phi(\omega_l) + \theta_{t_j}) \quad \cdots\cdots\cdots\cdots\cdots\cdots \text{ (IV-4-19)}
$$

$\boldsymbol{a}(\omega_l, t_j)$、$b(\omega_l, t_j)$、$l=0, 1, \cdots, L-1$、$t=0, 1, \cdots, J-1$ に対して $\boldsymbol{A}$、$\boldsymbol{b}$ を次式で定義する。

$$
\boldsymbol{A} = \begin{bmatrix}
\boldsymbol{a}^T(\omega_0, t_0) \\
\boldsymbol{a}^T(\omega_0, t_1) \\
\vdots \\
\boldsymbol{a}^T(\omega_0, t_{J-1}) \\
\vdots \\
\boldsymbol{a}^T(\omega_{L-1}, t_0) \\
\boldsymbol{a}^T(\omega_{L-1}, t_1) \\
\vdots \\
\boldsymbol{a}^T(\omega_{L-1}, t_{J-1})
\end{bmatrix} \quad \cdots\cdots\cdots\cdots\cdots\cdots\cdots\cdots \text{ (IV-4-20)}
$$

$$
\boldsymbol{b} = \begin{bmatrix}
b(\omega_0, \theta_0) \\
b(\omega_0, t_1) \\
\vdots \\
b(\omega_0, \theta_{J-1}) \\
\vdots \\
b(\omega_{L-1}, \theta_0) \\
b(\omega_{L-1}, \theta_1) \\
\vdots \\
b(\omega_{L-1}, \theta_{J-1})
\end{bmatrix} \quad \cdots\cdots\cdots\cdots\cdots\cdots\cdots\cdots \text{ (IV-4-21)}
$$

■ Ⅳ. IIRフィルタの設計

A、b に対して、設計変数ベクトル x、費用ベクトル c を

$$x = [\delta, a_0, a_1, \cdots a_N, b_1, b_2, \cdots, b_M]^T \quad \cdots\cdots\cdots\cdots\cdots \text{(IV-4-22)}$$

$$c = [1, \underbrace{0, 0, \cdots, 0}_{N+M+1}]^T \quad \cdots\cdots\cdots\cdots\cdots \text{(IV-4-23)}$$

と定義すると、(IV-4-13) 式の問題は次式となる。

$$\begin{aligned}
\min \quad & c^T x \\
\text{sub.to} \quad & Ax \geq b, \\
& \omega_l \in \Omega, \, t_j \in [0, 1)
\end{aligned} \quad \cdots\cdots\cdots\cdots\cdots \text{(IV-4-24)}$$

(IV-4-25) 式の双対問題は次式となる。

$$\begin{aligned}
\max \quad & b^T y \\
\text{sub.to} \quad & A^T y = c, \quad \cdots\cdots\cdots\cdots\cdots \text{(IV-4-25)} \\
& y \geq 0, \quad \cdots\cdots\cdots\cdots\cdots \text{(IV-4-26)} \\
& \omega_l \in \Omega, \, t_j \in [0, 1)
\end{aligned}$$

Ⅳ−4−3　線形計画法による IIR フィルタ設計

Ⅳ−4−3−1　シンプレックス法の繰り返しによる設計

　シンプレックス法を用いて IIR フィルタを設計する場合、(IV-4-25) 式の双対問題を解き、相補スラック定理を用いて (IV-4-25) 式の解を求める。その際、(IV-4-13) 式の $|B(\omega_l)|$ を求める必要がある。そのため、$b_m, m = 1, 2, \cdots, M$ に適当な初期値（本書の設計例では $[0,100]$ の一様乱数）を与え、シンプレックス法で (IV-4-25) 式の問題を解き、相補スラック定理を用いて (IV-4-25) 式の解を導出する。b_m に一時的な値を設定し、シンプレックス法を適用する一連の流れを 1 回の繰り返しと考え、繰り返し回数を k と表記すると、k 回目の繰り返しにおける $|B_k(\omega_l)|$ は

$$|B^k(\omega_l)| = \left| 1 + \sum_{m=1}^{M} b_m^{k-1} e^{-jm\omega_l} \right| \quad \cdots\cdots\cdots\cdots\cdots \text{(IV-4-27)}$$

と求める。ここで、b_m^{k-1} は $k-1$ 回目の繰り返しで得られた b_m である。繰り返し回数 k はシンプレックス法適用時の繰り返し回数とは異なることに注意が必要である。

　収束判定は、b_m の変動の大きさで判断すればよい。本書では次式の ε を設定している。

$$\varepsilon = \frac{1}{M} \sum_{m=1}^{M} |b_m^k - b_m^{k-1}| \quad \cdots\cdots\cdots\cdots\cdots\cdots\cdots\cdots\cdots \text{(IV-4-28)}$$

ε に対して収束判定基準 ε_0 を与え、

$$\varepsilon < \varepsilon_0 \quad \cdots\cdots\cdots\cdots\cdots\cdots\cdots\cdots\cdots\cdots\cdots\cdots\cdots \text{(IV-4-29)}$$

のとき、収束したと判定する。

Ⅳ－4－3－2　線形計画法によるIIRフィルタの設計手順

線形計画法による IIR フィルタの設計手順は以下の通りである。

Step1　分子次数 N、分母次数 M、通過域端周波数 $f_p(\omega_p)$、阻止域端周波数 $f_s(\omega_s)$、周波数分割数 L、回転パラメータ分割数 J、収束判定定数 ε_0 を与える。

Step2　(IV-4-25) 式の双対問題の A、b、c を算出する。

Step3　繰り返し回数を $k=1$ と設定し、初期値 $b_m^0, m=1,2,\cdots,M$ を与える。

Step4　線形計画法を用いて、(IV-4-25) 式の双対問題を解き、$b_m^k, m=1,2,\cdots,M$ を求める。

Step5　$\varepsilon < \varepsilon_0$ ならば終了、そうでなければ $b_m^{k-1}=b_m^k, m=1,2,\cdots,M$ とおき、$k \leftarrow k+1$ として Step4 へ戻る。

Ⅳ－4－4　線形計画法による IIR フィルタの設計例

線形計画法による IIR フィルタの設計例を示す。線形計画法の解法には２段階シンプレックス法を用い、連立方程式の解法にはガウス・ジョルダン法を用い、全ての設計例において $\varepsilon_0=10^{-2}$、$L=200$、$T=50$、$W(\omega)=1$ と設定している。所望特性 $H_d(\omega)$ は

$$H_d(\omega) = \begin{cases} e^{-j\omega_l \tau_d} & 0 \le \omega_l \le \omega_p \\ 0 & \omega_s \le \omega_l \le \pi \end{cases} \quad \cdots\cdots\cdots\cdots\cdots\cdots \text{(IV-4-30)}$$

と設定した。ここで、τ_d は所望群遅延である。

Ⅳ－4－4－1　$N=8$、$M=4$、$f_p=0.2$、$f_s=0.3$のIIRフィルタ

所望群遅延 τ_d による設計性能の違いを示すため、$\tau_d=5,6,8,9,11$ の設計例を示す。表 IV-4.1、表 IV-4.2 に τ_d に対する設計結果の対応、表 IV-4.3 に τ_d に対する最大誤差、繰り返し回数、最大極半径を示す。

■ IV. IIRフィルタの設計

〔表 IV-4.1〕 τ_d と振幅特性、通過域振幅特性、通過域複素誤差、群遅延特性の対応

τ_d	振幅特性	通過域振幅特性	通過域複素誤差	群遅延特性
5	図 IV-4-1	図 IV-4-2	図 IV-4-3	図 IV-4-4
6	図 IV-4-8	図 IV-4-9	図 IV-4-10	図 IV-4-11
8	図 IV-4-15	図 IV-4-16	図 IV-4-17	図 IV-4-18
9	図 IV-4-22	図 IV-4-23	図 IV-4-24	図 IV-4-25
11	図 IV-4-29	図 IV-4-30	図 IV-4-31	図 IV-4-32

〔表 IV-4.2〕 τ_d と極配置、零点配置、回路構成の対応

τ_d	極配置	零点配置	回路構成
5	図 IV-4-5	図 IV-4-6	図 IV-4-7
6	図 IV-4-12	図 IV-4-13	図 IV-4-14
8	図 IV-4-19	図 IV-4-20	図 IV-4-21
9	図 IV-4-26	図 IV-4-27	図 IV-4-28
11	図 IV-4-33	図 IV-4-34	図 IV-4-35

〔表 IV-4.3〕 群遅延に対する最大誤差、繰り返し回数、最大極半径

所望群遅延 τ_d	最大誤差 δ_{max}	繰り返し回数	最大極半径
5	8.309973×10^{-3} (-41.061 [dB])	32	0.9248142
6	1.427274×10^{-2} (-36.910 [dB])	7	0.8612122
8	3.126015×10^{-2} (-30.100 [dB])	5	0.7470932
9	4.609547×10^{-2} (-26.727 [dB])	6	0.7526309
11	1.450204×10^{-1} (-16.771 [dB])	10	0.8213379

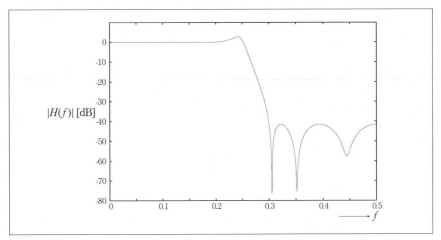

〔図 IV-4-1〕 $N=8$、$M=4$、$f_p=0.2$、$f_s=0.3$、$\tau_d=5$ の振幅特性

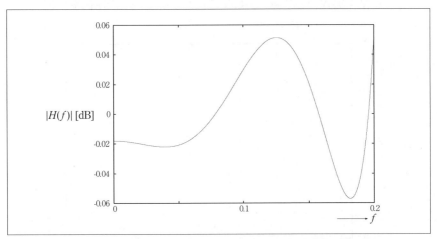

〔図 IV-4-2〕 $N=8$、$M=4$、$f_p=0.2$、$f_s=0.3$、$\tau_d=5$ の通過域振幅特性

■ IV. IIRフィルタの設計

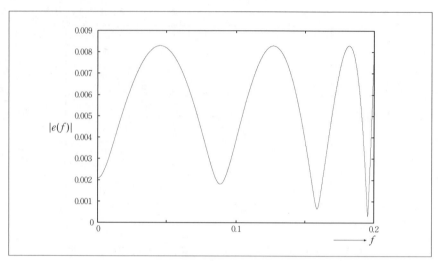

〔図 IV-4-3〕$N=8$、$M=4$、$f_p=0.2$、$f_s=0.3$、$\tau_d=5$ の通過域複素誤差

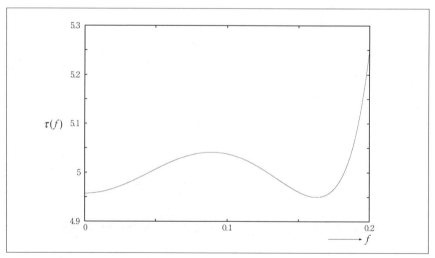

〔図 IV-4-4〕$N=8$、$M=4$、$f_p=0.2$、$f_s=0.3$、$\tau_d=5$ の群遅延特性

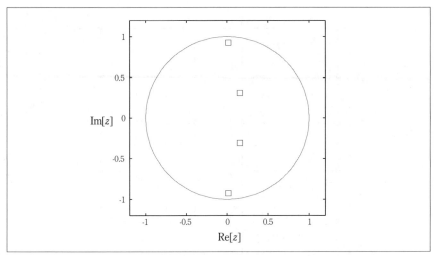

〔図 IV-4-5〕 $N=8$、$M=4$、$f_p=0.2$、$f_s=0.3$、$\tau_d=5$ の極配置

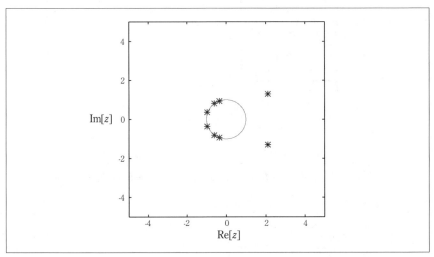

〔図 IV-4-6〕 $N=8$、$M=4$、$f_p=0.2$、$f_s=0.3$、$\tau_d=5$ の零点配置

■ IV. IIRフィルタの設計

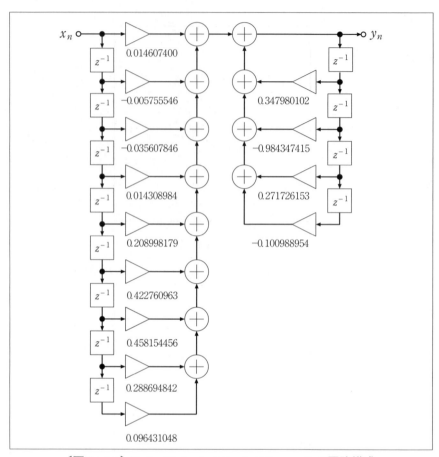

〔図 IV-4-7〕$N=8$、$M=4$、$f_p=0.2$、$f_s=0.3$、$\tau_d=5$ の回路構成

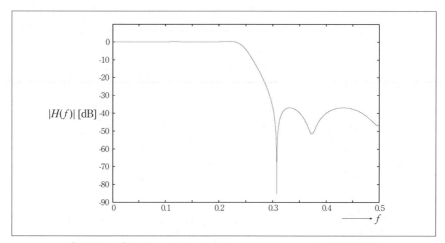

〔図 IV-4-8〕$N=8$、$M=4$、$f_p=0.2$、$f_s=0.3$、$\tau_d=6$ の振幅特性

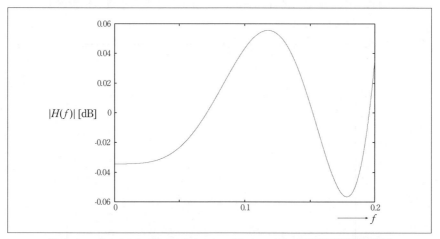

〔図 IV-4-9〕$N=8$、$M=4$、$f_p=0.2$、$f_s=0.3$、$\tau_d=6$ の通過域振幅特性

■ IV. IIRフィルタの設計

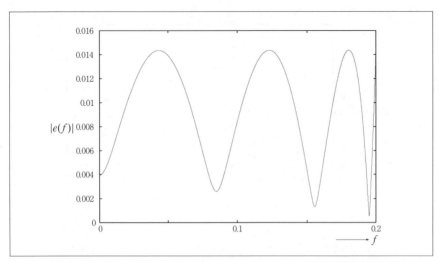

〔図 IV-4-10〕 $N=8$、$M=4$、$f_p=0.2$、$f_s=0.3$、$\tau_d=6$ の通過域複素誤差

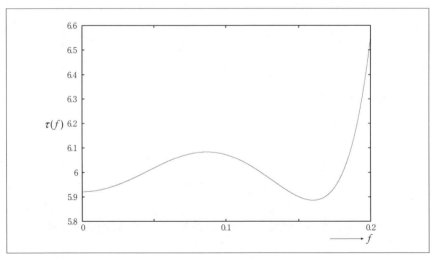

〔図 IV-4-11〕 $N=8$、$M=4$、$f_p=0.2$、$f_s=0.3$、$\tau_d=6$ の群遅延特性

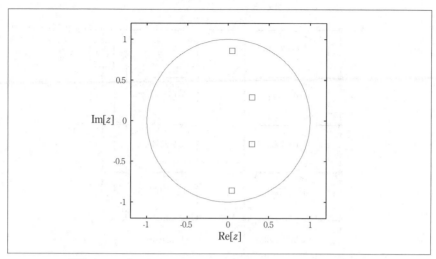

〔図 IV-4-12〕 $N=8$、$M=4$、$f_p=0.2$、$f_s=0.3$、$\tau_d=6$ の極配置

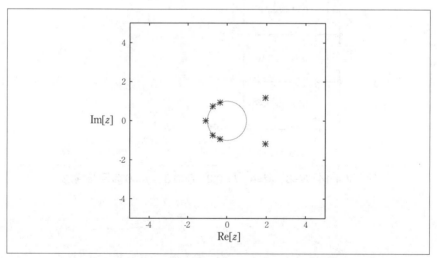

〔図 IV-4-13〕 $N=8$、$M=4$、$f_p=0.2$、$f_s=0.3$、$\tau_d=6$ の零点配置

■ Ⅳ. IIRフィルタの設計

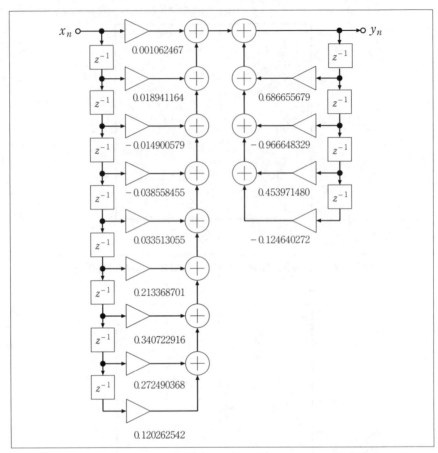

〔図 Ⅳ-4-14〕$N=8$、$M=4$、$f_p=0.2$、$f_s=0.3$、$\tau_d=6$ の回路構成

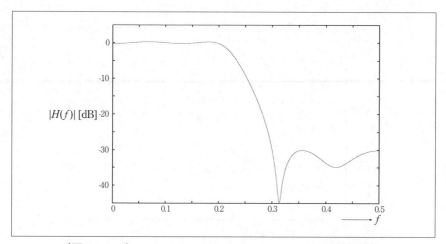

〔図 IV-4-15〕 $N=8$、$M=4$、$f_p=0.2$、$f_s=0.3$、$\tau_d=8$ の振幅特性

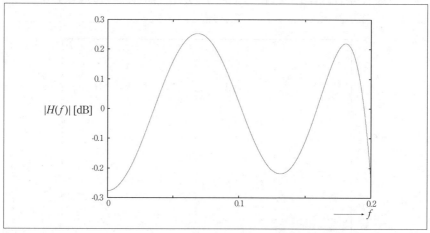

〔図 IV-4-16〕 $N=8$、$M=4$、$f_p=0.2$、$f_s=0.3$、$\tau_d=8$ の通過域振幅特性

■ IV. IIRフィルタの設計

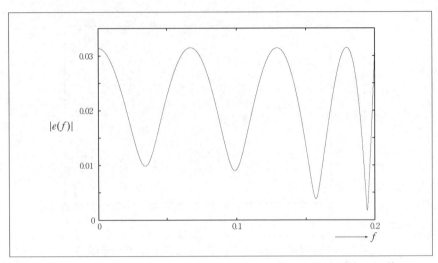

〔図 IV-4-17〕$N=8$、$M=4$、$f_p=0.2$、$f_s=0.3$、$\tau_d=8$ の通過域複素誤差

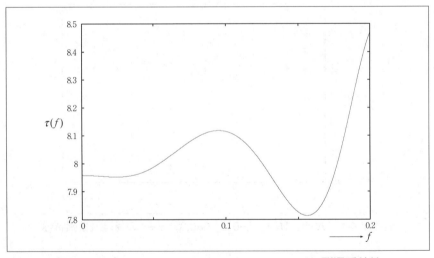

〔図 IV-4-18〕$N=8$、$M=4$、$f_p=0.2$、$f_s=0.3$、$\tau_d=8$ の群遅延特性

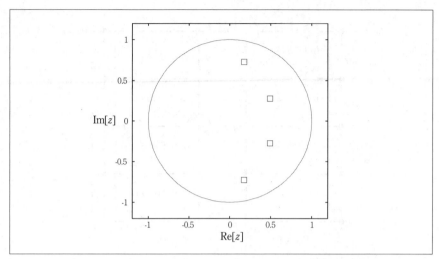

〔図 IV-4-19〕 $N=8$、$M=4$、$f_p=0.2$、$f_s=0.3$、$\tau_d=8$ の極配置

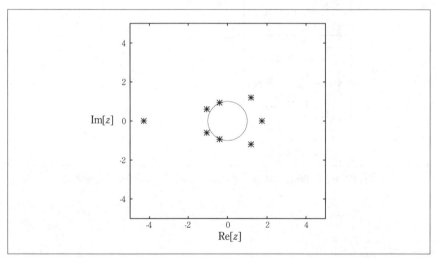

〔図 IV-4-20〕 $N=8$、$M=4$、$f_p=0.2$、$f_s=0.3$、$\tau_d=8$ の零点配置

■ IV. IIRフィルタの設計

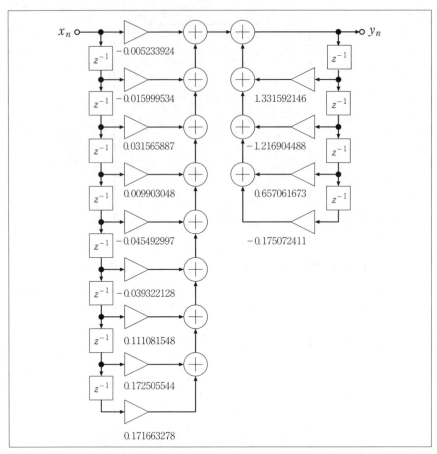

〔図 IV-4-21〕$N=8$、$M=4$、$f_p=0.2$、$f_s=0.3$、$\tau_d=8$ の回路構成

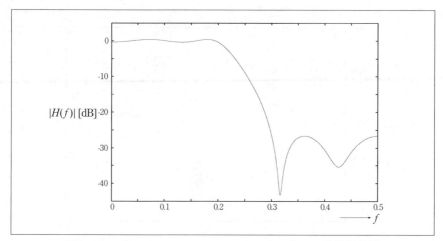

〔図 IV-4-22〕 $N=8$、$M=4$、$f_p=0.2$、$f_s=0.3$、$\tau_d=9$ の振幅特性

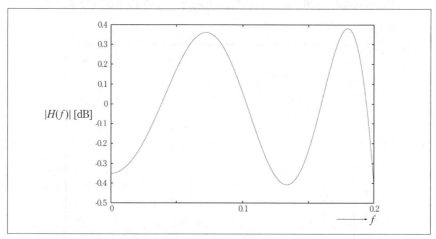

〔図 IV-4-23〕 $N=8$、$M=4$、$f_p=0.2$、$f_s=0.3$、$\tau_d=9$ の通過域振幅特性

■ IV. IIRフィルタの設計

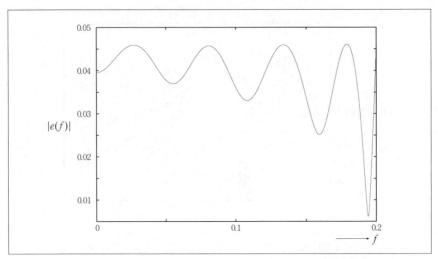

〔図 IV-4-24〕$N=8$、$M=4$、$f_p=0.2$、$f_s=0.3$、$\tau_d=9$ の通過域複素誤差

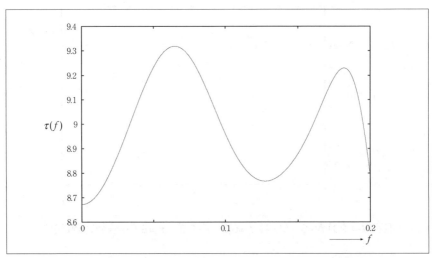

〔図 IV-4-25〕$N=8$、$M=4$、$f_p=0.2$、$f_s=0.3$、$\tau_d=9$ の群遅延特性

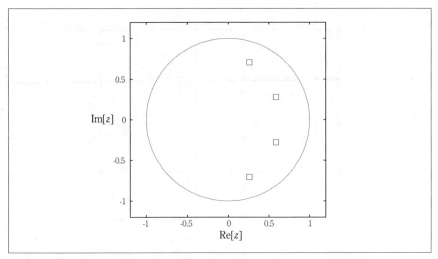

〔図 IV-4-26〕 $N=8$、$M=4$、$f_p=0.2$、$f_s=0.3$、$\tau_d=9$ の極配置

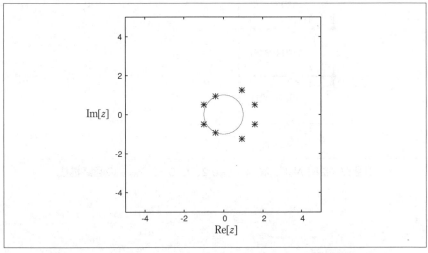

〔図 IV-4-27〕 $N=8$、$M=4$、$f_p=0.2$、$f_s=0.3$、$\tau_d=9$ の零点配置

■ IV. IIRフィルタの設計

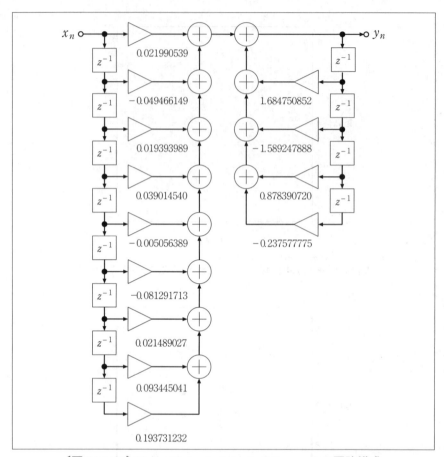

〔図 IV-4-28〕$N=8$、$M=4$、$f_p=0.2$、$f_s=0.3$、$\tau_d=9$ の回路構成

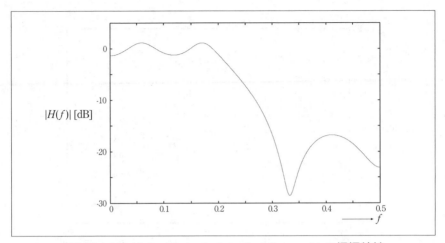

〔図 IV-4-29〕 $N=8$、$M=4$、$f_p=0.2$、$f_s=0.3$、$\tau_d=11$ の振幅特性

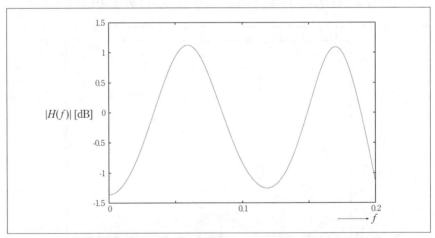

〔図 IV-4-30〕 $N=8$、$M=4$、$f_p=0.2$、$f_s=0.3$、$\tau_d=11$ の通過域振幅特性

■ Ⅳ. IIRフィルタの設計

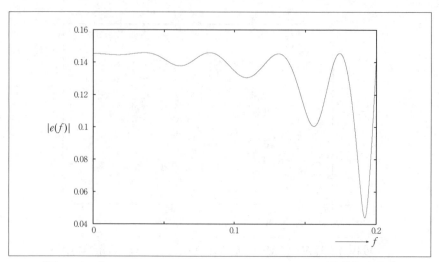

〔図 IV-4-31〕 $N=8$、$M=4$、$f_p=0.2$、$f_s=0.3$、$\tau_d=11$ の通過域複素誤差

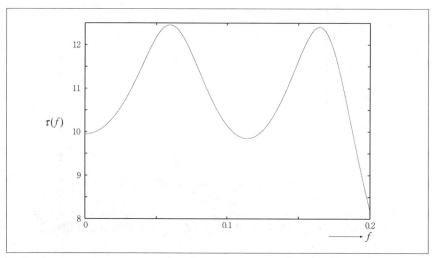

〔図 IV-4-32〕 $N=8$、$M=4$、$f_p=0.2$、$f_s=0.3$、$\tau_d=11$ の群遅延特性

― 390 ―

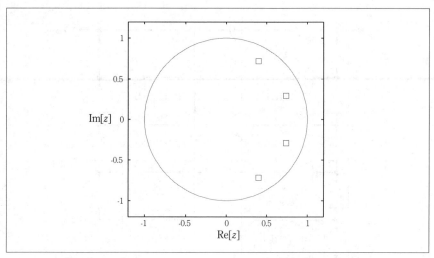

〔図 IV-4-33〕N=8、M=4、f_p=0.2、f_s=0.3、τ_d=11 の極配置

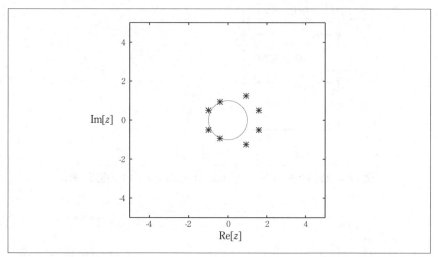

〔図 IV-4-34〕N=8、M=4、f_p=0.2、f_s=0.3、τ_d=11 の零点配置

IV. IIRフィルタの設計

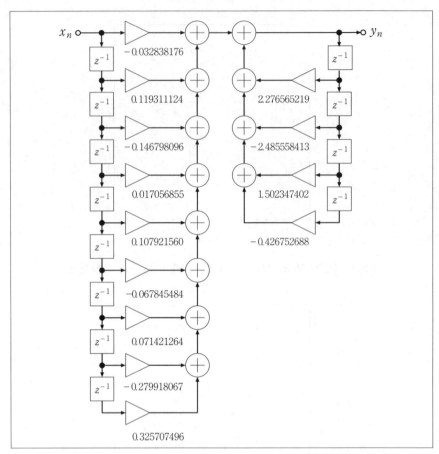

〔図 IV-4-35〕$N=8$、$M=4$、$f_p=0.2$、$f_s=0.3$、$\tau_d=11$ の回路構成

このフィルタの通過域端角周波数は $\omega_p=2\pi \times 0.2=0.4\pi$（$=72°$）、阻止域端角周波数は $\omega_s=2\pi \times 0.3=0.6\pi$（$=108°$）である。したがって、$z$ 平面上で $0°\sim 72°$ が通過域、$72°\sim 108°$ が遷移域、$108°\sim 180°$ が阻止域に対応する。表IV-4.3 より、τ_d が小さいほど最大誤差が小さいことがわかる。しかし、最大誤差は近似帯域 Ω 内でのみ評価されることに注意が必要である。図IV-4-1、図IV-4-2、図IV-4-3 に示すように $\tau_d=5$ の場合、近似帯域内での誤差は小さいが、$f:(0.2, 0.3)$ の遷移域では過剰な振幅が発生している。これを振幅隆起という。

II-5-5 節で述べた通り、極配置と群遅延特性は密接に関係しており、極が単位円に接近するほど群遅延が大きくなる。したがって、図IV-4-5 に示すように τ_d が小さい場合は極は単位円から離れるように配置される。しかし、図IV-4-36（a）に示すように、極が単位円付近に配置されると急峻な振幅特性が得られやすいのに対し、図IV-4-36（b）に示すように、極が単位円から離れると緩い振幅特性となり、鋭い遮断特性の実現が難しい。

そのため、τ_d が小さい場合は通過域に極を配置せず、図IV-4-5 の $70°\sim 90°$ の遷移域に極を配置して振幅隆起を生成し、振幅特性を全体的につり上げて通過域誤差の低減を図っている。同様に、図IV-4-6 の $90°\sim 120°$ 付近に零点を配置して急峻な遮断特性を形成している。その結果として遷移域に振幅隆起が発生している。遷移域は本来 Don't care な帯域であるため、近似論点立場からはどんな値を取ろうが、近似帯域内の最大誤差の最小化という意味では問題ない。しかし、ディジタルフィルタ

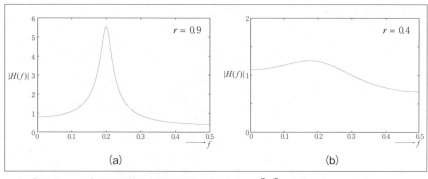

〔図IV-4-36〕極配置と振幅特性：極は $\pm re^{j2\pi/5}$、(a) $r=0.9$、(b) $r=0.4$

■ IV. IIRフィルタの設計

の実用性の立場からは、遷移域という限られた帯域内のみ信号成分が存在しないという状況は想定しづらいため、その帯域内で過剰な振幅（ゲイン）を有することは好ましくない。したがって、$\tau_d=5$ は実用上不適である。$\tau_d=6,8,9$ では図 IV-4-12、図 IV-4-19、図 IV-4-26 の 90°付近の極はそのままであり、遷移域に極が配置されたままであるが、他方の極は τ_d の増加とともに 0°～70°の通過域に配置されている。これは、通過域において所望群遅延を満たすために極が単位円付近に配置される必要があり、その極の影響で振幅特性が鋭くなり、遷移域に過剰な振幅隆起を形成する必要がなくなったためである。その結果、図 IV-4-8、図 IV-4-15、図 IV-4-22 のように振幅隆起のない特性が得られている。

一方、$\tau_d=11$ の場合、通過域において分子次数以上の群遅延を必要とするため、図 IV-4-12 のように、通過域内に全ての極が配置されている。これらの極は単位円付近であるため、急峻な遮断特性の形成に貢献できるが、遷移域への極配置ほど威力をもっていないため、結果的に近似帯域内の誤差が大きくなる。また、最大誤差最小化基準では複素誤差を最小化するため、最大誤差の増加は群遅延誤差の増加にも直結し、図 IV-4-32 のように大きな群遅延誤差発生を招いている。

このように、フィルタ次数と群遅延は密接に関わっており、少なくとも分子次数が所望群遅延を超える程度に設定する必要がある。

IV－4－4－2　$N=12$、$M=6$、$f_p=0.25$、$f_s=0.3$のIIRフィルタ

高次数フィルタ設計における所望群遅延 τ_d による設計性能の違いを示すため、$\tau_d=6,7,8,9,13$ の設計例を示す。表 IV-4.4、表 IV-4.5 に τ_d に対する設計結果の対応、表 IV-4.6 に τ_d に対する最大誤差、繰り返し回数、最大極半径を示す。

〔表 IV-4.4〕 τ_d と振幅特性、通過域振幅特性、通過域複素誤差、群遅延特性の対応

τ_d	振幅特性	通過域振幅特性	通過域複素誤差	群遅延特性
6	図 IV-4-37	図 IV-4-38	図 IV-4-39	図 IV-4-40
7	図 IV-4-44	図 IV-4-45	図 IV-4-46	図 IV-4-47
8	図 IV-4-51	図 IV-4-52	図 IV-4-53	図 IV-4-54
9	図 IV-4-58	図 IV-4-59	図 IV-4-60	図 IV-4-61
13	図 IV-4-65	図 IV-4-66	図 IV-4-67	図 IV-4-68

〔表 IV-4.5〕 τ_d と極配置、零点配置、回路構成の対応

τ_d	極配置	零点配置	回路構成
6	図 IV-4-41	図 IV-4-42	図 IV-4-43
7	図 IV-4-48	図 IV-4-49	図 IV-4-50
8	図 IV-4-55	図 IV-4-56	図 IV-4-57
9	図 IV-4-62	図 IV-4-63	図 IV-4-64
13	図 IV-4-69	図 IV-4-70	図 IV-4-71

〔表 IV-4.6〕 群遅延に対する最大誤差、繰り返し回数、最大極半径

所望群遅延 τ_d	最大誤差 δ_{max}	繰り返し回数	最大極半径
6	$3.324041 \times 10^{-3} (-49.567 \, [\text{dB}])$	18	1.123044
7	$4.937534 \times 10^{-3} (-46.130 \, [\text{dB}])$	7	1.079349
8	$6.157157 \times 10^{-3} (-44.212 \, [\text{dB}])$	15	1.028521
9	$9.893348 \times 10^{-3} (-40.093 \, [\text{dB}])$	6	0.996784
13	$5.328191 \times 10^{-2} (-25.468 \, [\text{dB}])$	5	0.849377

■ Ⅳ. IIRフィルタの設計

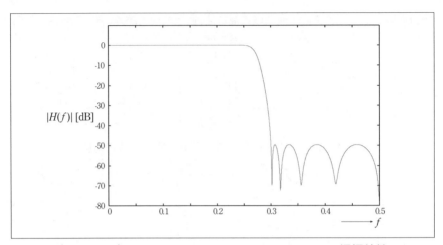

〔図 Ⅳ-4-37〕 $N=12$、$M=6$、$f_p=0.25$、$f_s=0.3$、$\tau_d=6$ の振幅特性

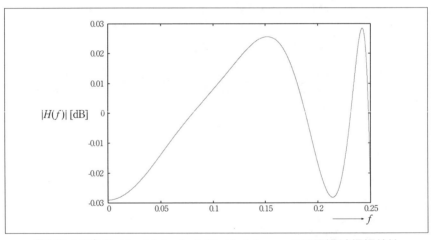

〔図 Ⅳ-4-38〕 $N=12$、$M=6$、$f_p=0.25$、$f_s=0.3$、$\tau_d=6$ の通過域振幅特性

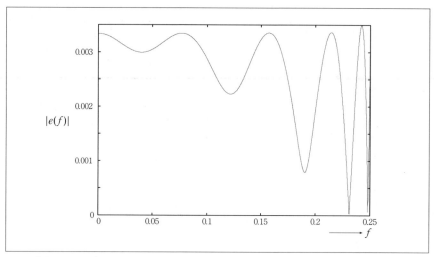

〔図 IV-4-39〕N=12、M=6、f_p=0.25、f_s=0.3、τ_d=6 の通過域複素誤差

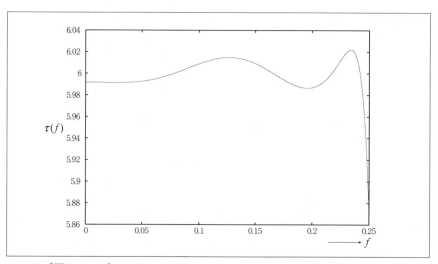

〔図 IV-4-40〕N=12、M=6、f_p=0.25、f_s=0.3、τ_d=6 の群遅延特性

■ IV. IIRフィルタの設計

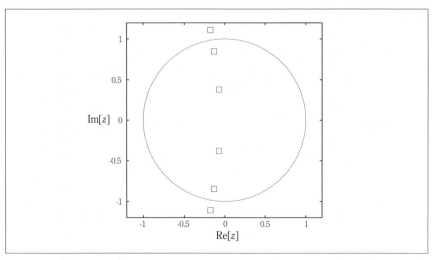

〔図 IV-4-41〕 $N=12$、$M=6$、$f_p=0.25$、$f_s=0.3$、$\tau_d=6$ の極配置

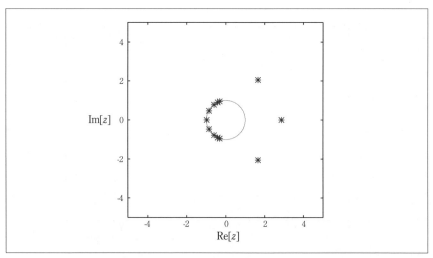

〔図 IV-4-42〕 $N=12$、$M=6$、$f_p=0.25$、$f_s=0.3$、$\tau_d=6$ の零点配置

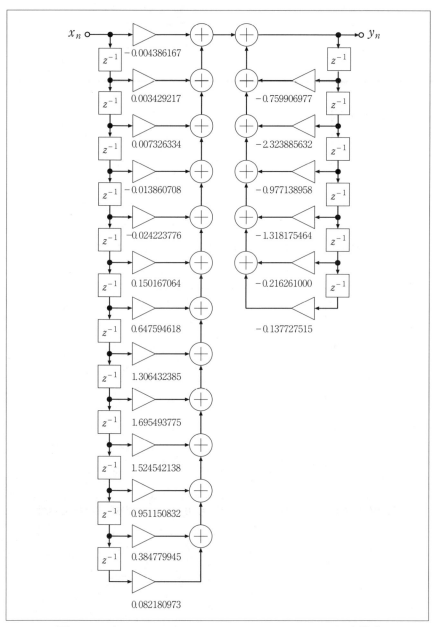

〔図 IV-4-43〕 N=12、M=6、f_p=0.25、f_s=0.3、τ_d=6 の回路構成

■ IV. IIRフィルタの設計

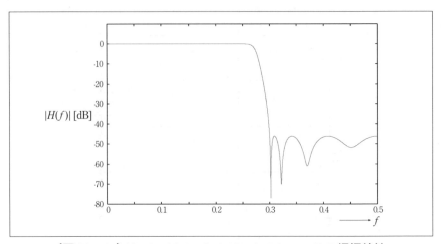

〔図 IV-4-44〕$N=12$、$M=6$、$f_p=0.25$、$f_s=0.3$、$\tau_d=7$ の振幅特性

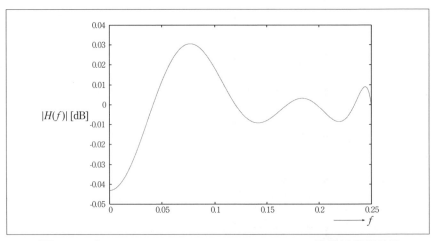

〔図 IV-4-45〕$N=12$、$M=6$、$f_p=0.25$、$f_s=0.3$、$\tau_d=7$ の通過域振幅特性

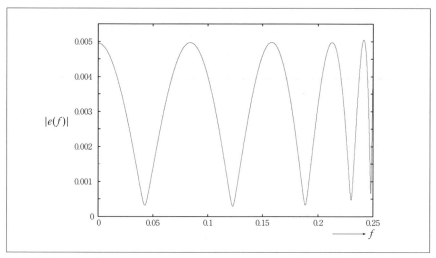

〔図 IV-4-46〕$N=12$、$M=6$、$f_p=0.25$、$f_s=0.3$、$\tau_d=7$ の通過域複素誤差

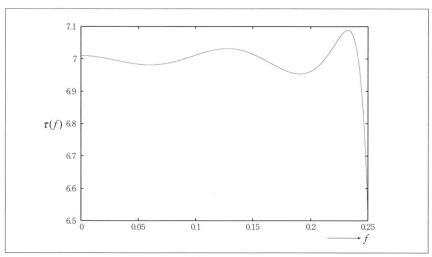

〔図 IV-4-47〕$N=12$、$M=6$、$f_p=0.25$、$f_s=0.3$、$\tau_d=7$ の群遅延特性

Ⅳ. IIRフィルタの設計

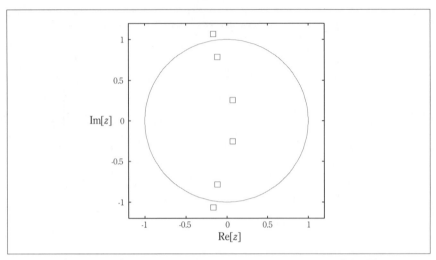

〔図 IV-4-48〕N=12、M=6、f_p=0.25、f_s=0.3、τ_d=7 の極配置

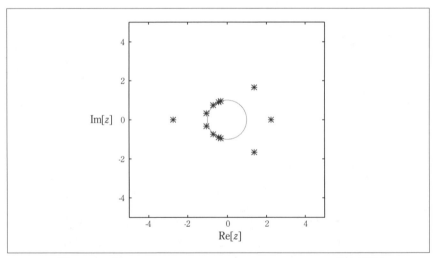

〔図 IV-4-49〕N=12、M=6、f_p=0.25、f_s=0.3、τ_d=7 の零点配置

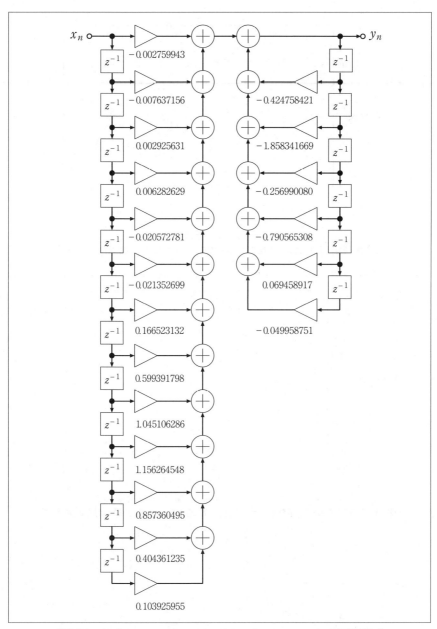

〔図 IV-4-50〕 N=12、M=6、f_p=0.25、f_s=0.3、τ_d=7 の回路構成

■ Ⅳ. IIRフィルタの設計

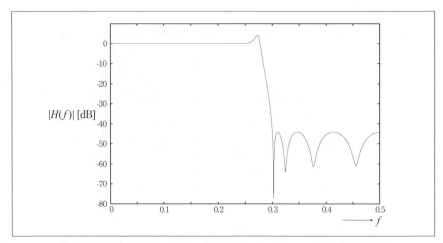

〔図 Ⅳ-4-51〕$N=12$、$M=6$、$f_p=0.25$、$f_s=0.3$、$\tau_d=8$ の振幅特性

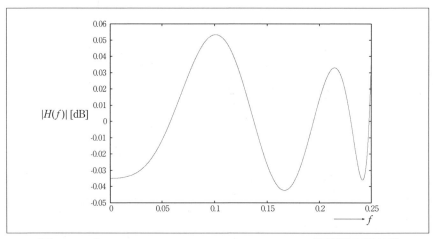

〔図 Ⅳ-4-52〕$N=12$、$M=6$、$f_p=0.25$、$f_s=0.3$、$\tau_d=8$ の通過域振幅特性

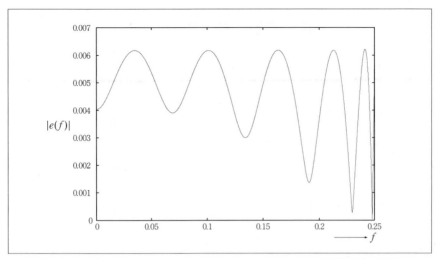

〔図 IV-4-53〕$N=12$、$M=6$、$f_p=0.25$、$f_s=0.3$、$\tau_d=8$ の通過域複素誤差

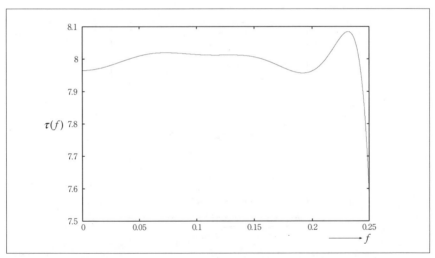

〔図 IV-4-54〕$N=12$、$M=6$、$f_p=0.25$、$f_s=0.3$、$\tau_d=8$ の群遅延特性

■ IV. IIRフィルタの設計

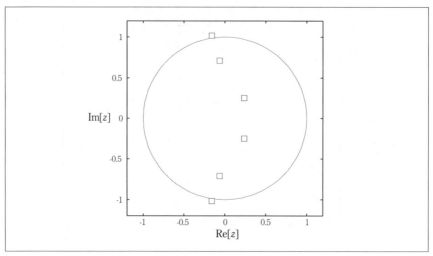

〔図 IV-4-55〕N=12、M=6、f_p=0.25、f_s=0.3、τ_d=8 の極配置

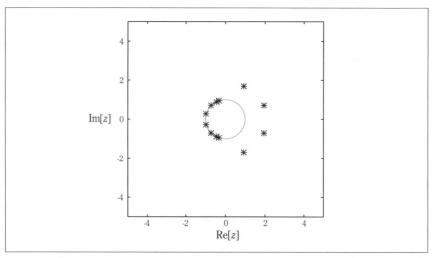

〔図 IV-4-56〕N=12、M=6、f_p=0.25、f_s=0.3、τ_d=8 の零点配置

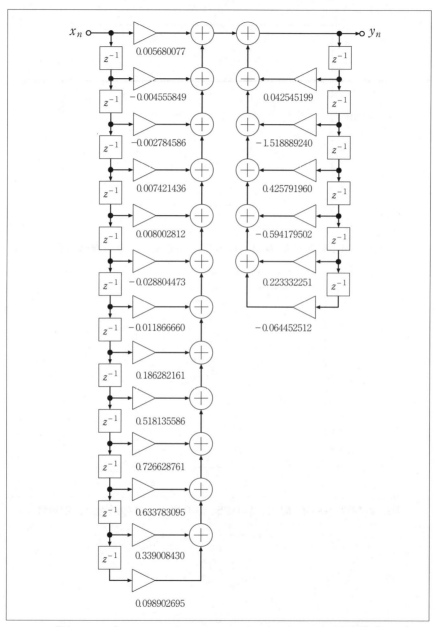

〔図 IV-4-57〕 N=12、M=6、f_p=0.25、f_s=0.3、τ_d=8 の回路構成

■ IV. IIRフィルタの設計

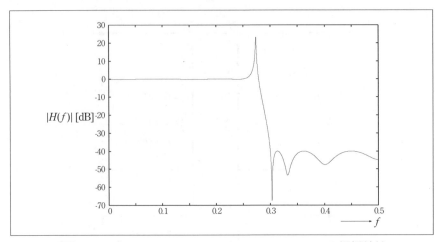

〔図 IV-4-58〕N=12、M=6、f_p=0.25、f_s=0.3、τ_d=9 の振幅特性

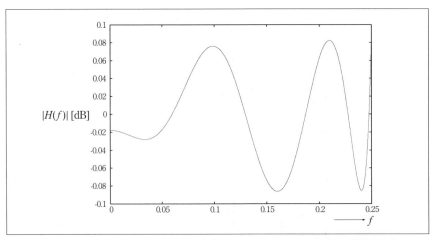

〔図 IV-4-59〕N=12、M=6、f_p=0.25、f_s=0.3、τ_d=9 の通過域振幅特性

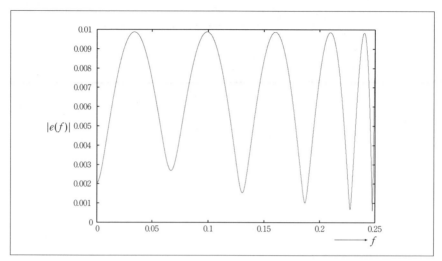

〔図 IV-4-60〕$N=12$、$M=6$、$f_p=0.25$、$f_s=0.3$、$\tau_d=9$ の通過域複素誤差

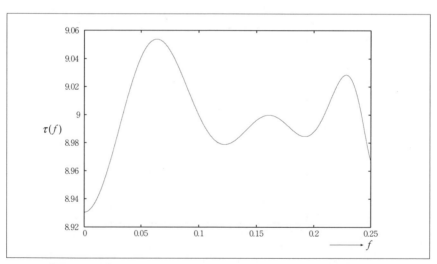

〔図 IV-4-61〕$N=12$、$M=6$、$f_p=0.25$、$f_s=0.3$、$\tau_d=9$ の群遅延特性

■ IV. IIRフィルタの設計

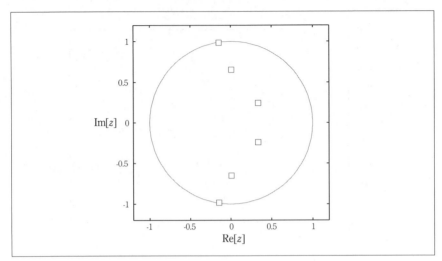

〔図 IV-4-62〕 $N=12$、$M=6$、$f_p=0.25$、$f_s=0.3$、$\tau_d=9$ の極配置

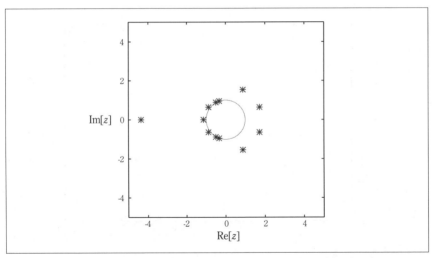

〔図 IV-4-63〕 $N=12$、$M=6$、$f_p=0.25$、$f_s=0.3$、$\tau_d=9$ の零点配置

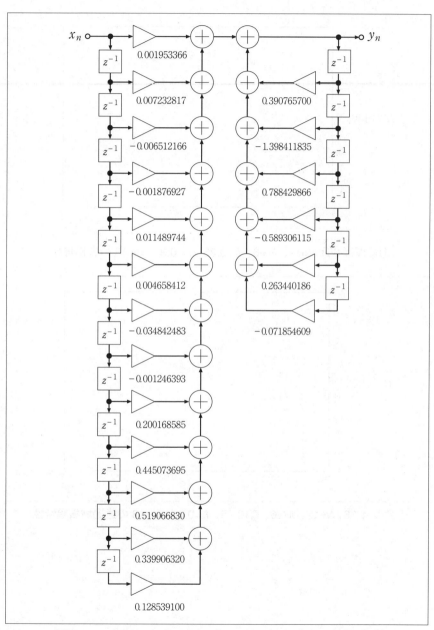

〔図 IV-4-64〕 N=12、M=6、f_p=0.25、f_s=0.3、τ_d=9 の回路構成

■ IV. IIRフィルタの設計

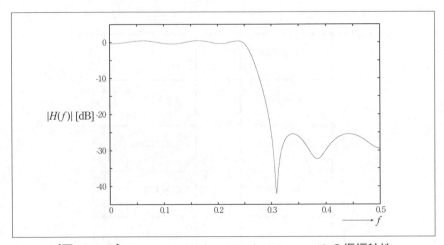

〔図 IV-4-65〕N=12、M=6、f_p=0.25、f_s=0.3、τ_d=13 の振幅特性

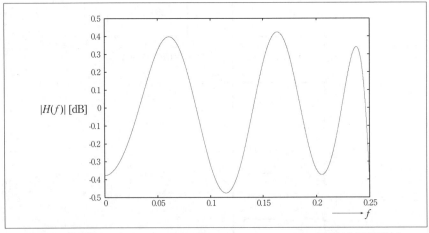

〔図 IV-4-66〕N=12、M=6、f_p=0.25、f_s=0.3、τ_d=13 の通過域振幅特性

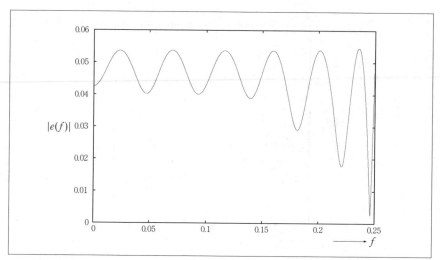

〔図 IV-4-67〕 N=12、M=6、f_p=0.25、f_s=0.3、τ_d=13 の通過域複素誤差

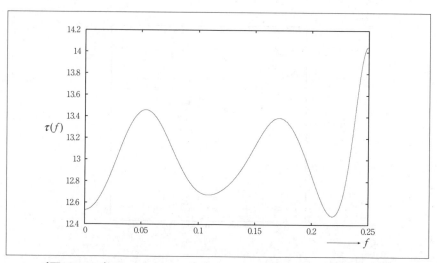

〔図 IV-4-68〕 N=12、M=6、f_p=0.25、f_s=0.3、τ_d=13 の群遅延特性

■ IV. IIRフィルタの設計

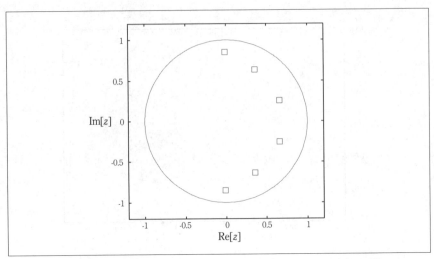

〔図 IV-4-69〕 $N=12$、$M=6$、$f_p=0.25$、$f_s=0.3$、$\tau_d=13$ の極配置

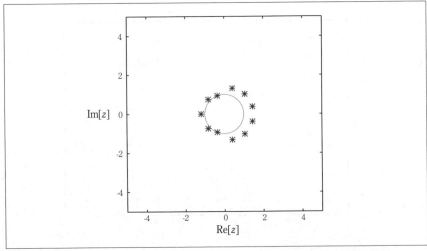

〔図 IV-4-70〕 $N=12$、$M=6$、$f_p=0.25$、$f_s=0.3$、$\tau_d=13$ の零点配置

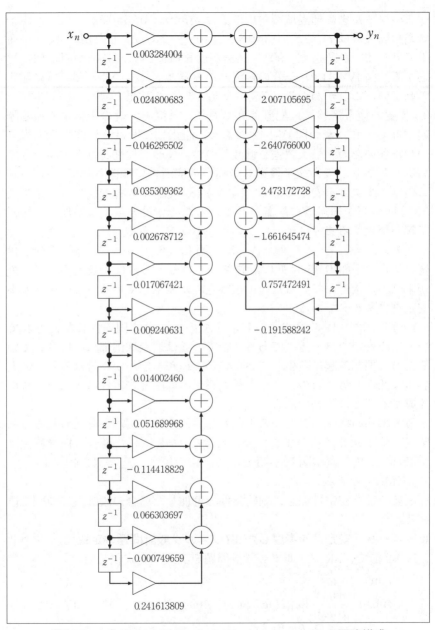

〔図 IV-4-71〕 N=12、M=6、f_p=0.25、f_s=0.3、τ_d=13 の回路構成

■ IV. IIRフィルタの設計

　このフィルタの通過域端角周波数は $\omega_p=2\pi\times0.25=0.5\pi$（=90°）、阻止域端角周波数は $\omega_s=2\pi\times0.3=0.6\pi$（=108°）である。したがって、$z$ 平面上で 0°～90°が通過域、90°～108°が遷移域、108°～180°が阻止域に対応する。図 IV-4-41 の $\tau_d=6$ の極配置をみると、全ての極が遷移域に配置されていることがわかる。前節（$N=6, M=4$）の結果と異なり、極半径が0.4 程度の極も遷移域に配置されており、単位円付近の極による振幅隆起が抑えられ、かつ図 IV-4-42 のように阻止域における単位円上の零点の数が多いため、最大誤差を低減しつつ、急峻な遮断特性が実現できている。しかし、最大極半径をもつ極が単位円外に配置されているため、このフィルタは不安定である。図 IV-4-48 の $\tau_d=7$ の極配置では、極半径0.3 程度の極が通過域に配置されているため、最大誤差は増加し、振幅隆起が発生するまでは至ってないが、不安定である。

　一方、$\tau_d=8$、$\tau_d=9$ では図 IV-4-55、図 IV-4-62 のように、極半径 0.4 程度の極が z 平面の 45°付近に配置されているとともに、最大極半径の極が単位円に接近しているため、振幅隆起が発生している。この場合も不安定なフィルタである。

　$\tau_d=13$ では図 IV-4-69 のように、全ての極が単位円内部に配置されているため安定なフィルタである。全ての極は通過域内部に配置されているため、振幅隆起は発生していないが、極が単位円から離れるため最大誤差は低下する。このように、最大誤差の抑圧と安定性の確保を同時に達成することは困難である。

　最大誤差の抑圧のひとつの手段として、極数の増加が考えられる。例えば、分子次数はそのままで分母次数を $M=8$ にした場合、振幅特性は図 IV-4-72、極配置は図 IV-4-73 となる。この場合、$\delta_{\max}=2.22021\times10^{-2}$（-33.072[dB]）である。

　次節では、安定性保証の制約条件を付加した場合の設計法について述べる。

IV－4－5　安定性を考慮した IIR フィルタ設計問題の定式化

　IV-4-2 節で、IIR フィルタの設計問題を次式で定式化した。

$$\min \quad \delta$$
$$\text{sub.to} \quad \frac{W(\omega_l)}{|B(\omega_l)|}\,\mathrm{Re}[\{H_d(\omega_l)B(\omega_l)-A(\omega_l)\}e^{j\theta_l}]\le\delta,\quad \cdots\cdots\cdots\text{(IV-4-31)}$$
$$\omega_l\in\Omega,\,\theta_j\in[0,2\pi)$$

－ 416 －

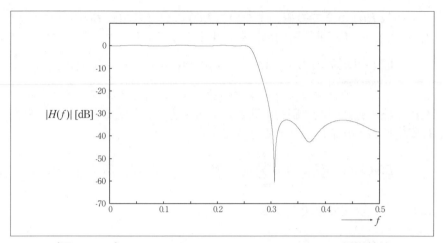

〔図 IV-4-72〕 N=12、M=8、f_p=0.25、f_s=0.3、τ_d=13 の振幅特性

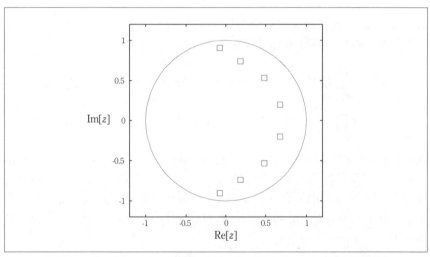

〔図 IV-4-73〕 N=12、M=8、f_p=0.25、f_s=0.3、τ_d=13 の極配置

この問題は、フィルタの安定性を考慮しておらず、特に低遅延フィルタの設計において不安定なフィルタとなった。本節では、(IV-4-31) 式の制約条件にフィルタの安定性を保証する正実性 (positive realness) を付加した設計問題を与える。

II-5-6 節で述べた通り、システムが安定であるための必要十分条件は

■ Ⅳ. IIRフィルタの設計

伝達関数 $H(z)$ の全ての極、すなわち $H(z)$ の分母多項式 $B(z)$ の全ての根 $d_m, m=1,2,\cdots,M$ が単位円内部に存在することであり、

$$|d_m| < 1, \ m = 1, 2, \cdots, M \quad\cdots\cdots\cdots\cdots\cdots\cdots (\text{IV-4-32})$$

と書けた。この条件は、フィルタ係数 a_n, b_m に対して非線形条件であるため、線形計画問題の制約条件として組み込むことができない。正実性は安定性の十分条件を与える性質であり、

$$B(\omega) = B(z)\,|_{z=e^{j\omega}} = 1 + \sum_{m=1}^{M} b_m e^{-jm\omega} \quad\cdots\cdots\cdots\cdots\cdots (\text{IV-4-33})$$

に対して、次式で定義される。

$$\text{Re}[B(\omega)] = 1 + \sum_{m=0}^{M} b_m \cos m\omega > 0, \, \omega \in \Omega' \quad\cdots\cdots\cdots\cdots (\text{IV-4-34})$$

ここで、Ω' は遷移域を含む全帯域 $\Omega'=[0,\pi]$ である。この条件を導くために、$B(z)$ の複素共役 $B^*(z)$ を考える。

$$B(z) = \sum_{m=0}^{M} b_m z^m \quad\cdots\cdots\cdots\cdots\cdots\cdots\cdots\cdots (\text{IV-4-35})$$

$$= \prod_{m=1}^{M} (1 - d_m z) \quad\cdots\cdots\cdots\cdots\cdots\cdots\cdots (\text{IV-4-36})$$

$B(z)$ と $B^*(z)$ の根は単位円に対して鏡像の関係にある。したがって、$B^*(z)$ の根が全て単位円外に存在すれば、フィルタは安定となる。すなわち、$B^*(z)$ の根が単位円内に存在しないことが示せれば、$H(z)$ の安定性が示される。$z=z_0$ を単位円 $|z|=1$ 内の任意の点とするとき、コーシーの積分公式より

$$B^*(z_0) = \frac{1}{2\pi j} \int_{|z|=1} \frac{B^*(z)}{z - z_0}\, dz \quad\cdots\cdots\cdots\cdots\cdots (\text{IV-4-37})$$

が成り立つ。$z=e^{j\omega}$, $z_0=re^{j\phi}$, $r<1$ とすると、

$$- 418 -$$

$$B^*(re^{j\phi}) = \frac{1}{2\pi j}\int_0^{2\pi}\frac{B^*(e^{j\omega})}{e^{j\omega}-re^{j\phi}}\times je^{j\omega}d\omega \qquad \cdots\cdots\cdots\cdots \text{(IV-4-38)}$$

$$= \frac{1}{2\pi}\int_0^{2\pi}\frac{B^*(e^{j\omega})}{1-re^{j(\phi-\omega)}}d\omega \qquad \cdots\cdots\cdots\cdots \text{(IV-4-39)}$$

$$= \frac{1}{2\pi}\int_0^{2\pi}B^*(e^{j\omega})\sum_{n=0}^{\infty}\{re^{j(\phi-\omega)}\}^n\,d\omega \quad \cdots\cdots\cdots\cdots \text{(IV-4-40)}$$

となる。ここで、初項1、公比 $x(|x|<1)$ の無限等比級数の和が

$$\sum_{n=0}^{\infty}x^n = \frac{1}{1-x} \qquad \cdots\cdots\cdots\cdots\cdots\cdots\cdots\cdots\cdots\cdots \text{(IV-4-41)}$$

となることを用いた。(IV-4-40) 式に対して次式を考えよう。

$$\frac{1}{2\pi}\int_0^{2\pi}B^*(e^{j\omega})\sum_{n=-\infty}^{-1}\{r^{-1}e^{j(\phi-\omega)}\}^n$$

$$= \frac{1}{2\pi}\int_0^{2\pi}\sum_{m=0}^{M}b_m e^{jm\omega}\sum_{n=-\infty}^{-1}\{r^{-1}e^{j(\phi-\omega)}\}^n d\omega \qquad \cdots\cdots \text{(IV-4-42)}$$

$$= \frac{1}{2\pi}\sum_{m=0}^{M}\sum_{n=1}^{\infty}b_m(r^{-1}e^{j\phi})^{-n}\int_0^{2\pi}e^{j(m+n)\omega}d\omega \qquad \cdots\cdots \text{(IV-4-43)}$$

$$= 0 \qquad\qquad\qquad\qquad\qquad\qquad\qquad\qquad \cdots\cdots \text{(IV-4-44)}$$

(IV-4-44) 式と (IV-4-40) 式を加えると次式が得られる。

$$B^*(re^{j\phi}) = \frac{1}{2\pi}\int_0^{2\pi}B^*(e^{j\omega})\sum_{n=-\infty}^{\infty}r^{|n|}e^{j(\phi-\omega)n}d\omega \quad \cdots\cdots\cdots\cdots \text{(IV-4-45)}$$

$$= \frac{1}{2\pi}\int_0^{2\pi}B^*(e^{j\omega})P(\phi-\omega)d\omega \qquad \cdots\cdots\cdots\cdots \text{(IV-4-46)}$$

ここで、$P(\phi-\omega)$ はポアソン核と呼ばれ、$r<1$ に対して正の実数をとる。ここまでの導出のもと、正実性条件について考えよう。(IV-4-34) 式が成り立つならば、$B^*(z)$ の実部は単位円周上で正値をとり、$r<1$ に対して(IV-4-46) 式の定積分の実部も正値をとる。したがって、$B^*(z)$ の根は単位円上および単位円内部に存在しないことを示している。したがって、(IV-4-34) 式が成り立つならば、フィルタは安定である。そこで、(IV-4-34)

■ Ⅳ. IIRフィルタの設計

式を

$$\sum_{m=1}^{M} b_m \cos m\omega \geq -1 + \varepsilon \quad \cdots\cdots\cdots\cdots\cdots\cdots\cdots\cdots\cdots \text{(IV-4-47)}$$

と書き換え、線形計画問題の制約条件として付加する。ここで、ε は等号付不等式制約にするための微小な正値である。

正実性は、$H(z)$ の極が単位円内部に存在することを保証する条件である。しかし、Ⅳ-4-4-1 節の設計例のように全ての極が単位円内部に存在しても振幅隆起が発生する場合がある。これは最大誤差を下げるために遷移域付近の極が単位円に接近した結果生じる。これを避ける１つの手段として、制約条件を厳しく設定し、実行可能領域、つまり z 平面上で極が配置されうる領域を狭めることが考えられる。そこで、$0 < \beta < 1$ に対して、(IV-4-47) 式を次式で置き換える。

$$\sum_{m=1}^{M} b_m \cos m\omega \geq -\beta \quad \cdots\cdots\cdots\cdots\cdots\cdots\cdots\cdots\cdots \text{(IV-4-48)}$$

この条件は

$$1 + \sum_{m=1}^{M} b_m \cos m\omega \geq 1 - \beta > 0 \quad \cdots\cdots\cdots\cdots\cdots\cdots\cdots \text{(IV-4-49)}$$

と書けるため、(IV-4-34) 式が単位円周上での正値を要求しているのに対し、(IV-4-48) 式はある正値以上を要求しており、正実性でカバーされる領域が単位円内部に狭められることがわかる。

(IV-4-47) 式の正実性条件は、(IV-4-48) 式で $\beta = 1 - \varepsilon$ とおいた場合に相当するため、以降は (IV-4-48) 式を正実性条件として扱うことにする。

なお、最大極半径と振幅隆起の関係を一意に定めることは困難であり、かつ β と最大極半径の大きさも一意に対応付けられないため、β の設定に関しては試行錯誤が必要である。

Ⅳ-4-6　線形計画法による安定な IIR フィルタの設計

(IV-4-25) 式の IIR フィルタ設計問題の主問題を次式のように書き換える。

$$\begin{aligned}
&\min && \boldsymbol{c}^T\boldsymbol{x} \\
&\text{sub.to} && \boldsymbol{A}_1\boldsymbol{x} \geq \boldsymbol{b}, && \cdots\cdots\cdots\cdots\cdots\cdots\cdots\cdots \text{(IV-4-50)}\\
&&& \omega_l \in \Omega,\, \theta_l \in [0, 2\pi)
\end{aligned}$$

書き換えた箇所は、$\boldsymbol{A} \to \boldsymbol{A}_1$ のみである。この問題に対し、(IV-4-48) 式の正実性条件を線形計画問題の制約条件として付加するために、まず ω を次式のように Q 分割して離散化する。

$$\sum_{m=1}^{M} b_m \cos m\omega_q \geq -\beta,\, q = 0, 1, \cdots,\ Q-1,\, \omega_q \in \Omega' \quad\cdots\cdots \text{(IV-4-51)}$$

(IV-4-51) 式の問題の変数ベクトル $\boldsymbol{x}$ は

$$\boldsymbol{x} = [\underbrace{\delta, a_0, a_1, \cdots a_N}_{N+2}, b_1, b_2, \cdots, b_M]^T$$

であるため、(IV-4-51) 式の条件を $\boldsymbol{x}$ ベクトルとの積として書く場合は、最初の $N+2$ 個の要素は 0 となる。そこで、ベクトル $\boldsymbol{a}_2(\omega_q)$ を次式で定義する。

$$\boldsymbol{a}_2(\omega_q) = [\underbrace{0, 0, 0, \cdots, 0}_{N+2},\, \cos \omega_q,\, \cos 2\omega_q,\, \cdots,\, \cos M\omega_q]^T \quad \text{(IV-4-52)}$$

$\boldsymbol{a}_2(\omega_q)$ を用いて、ω_q における正実性条件は

$$\boldsymbol{a}_2^T(\omega_q)\boldsymbol{x} \geq -\beta \quad \cdots\cdots\cdots\cdots\cdots\cdots\cdots\cdots\cdots\cdots \text{(IV-4-53)}$$

と表すことができる。行列 $\boldsymbol{A}_2$ を

$$\boldsymbol{A}_2 = \begin{bmatrix} \boldsymbol{a}_2^T(\omega_1) \\ \boldsymbol{a}_2^T(\omega_2) \\ \vdots \\ \boldsymbol{a}_2^T(\omega_Q) \end{bmatrix} \quad \cdots\cdots\cdots\cdots\cdots\cdots\cdots\cdots\cdots \text{(IV-4-54)}$$

と定義すると、安定性を考慮した IIR フィルタ設計問題の主問題は次式で定式化できる。

$-$ 421 $-$

■ IV. IIRフィルタの設計

$$
\begin{aligned}
\min \quad & \mathbf{c}^T \mathbf{x} \\
\text{sub.to} \quad & A_1 \mathbf{x} \geq \mathbf{b}, \\
& A_2 \mathbf{x} \geq -\boldsymbol{\beta}, \\
& \omega_l \in \Omega,\, t_j \in [0,1),\, \omega_q \in \Omega'
\end{aligned}
$$
$\cdots\cdots\cdots\cdots\cdots\cdots\cdots$ (IV-4-55)

(IV-4-55) 式の双対問題は次式となる。

$$
\begin{aligned}
\max \quad & \mathbf{b}^T \mathbf{y}_1 - \boldsymbol{\beta} \mathbf{y}_2 \\
\text{sub.to} \quad & A_1^T \mathbf{y}_1 + A_2^T \mathbf{y}_2 = \mathbf{c}, \\
& \mathbf{y}_1 \geq \mathbf{0},\, \mathbf{y}_2 \geq \mathbf{0}, \\
& \omega_l \in \Omega,\, t_j \in [0,1),\, \omega_q \in \Omega'
\end{aligned}
$$
$\cdots\cdots\cdots\cdots\cdots\cdots\cdots$ (IV-4-56)

設計手順は、最初に β を与えることを除いて、IV-4-3-2 節の手順と同様である。

IV－4－7　線形計画法による安定な IIR フィルタの設計例

正実性条件を制約条件として付加し、安定性を考慮した設計例を示す。

IV－4－7－1　N=12、M=6、f_p=0.25、f_s=0.3のIIRフィルタ

正実性の効果を示すために、IV-4-4-2 節で不安定となった N=12、M=6、f_p=0.25、f_s=0.3 の設計例のうち、τ_d=6 と τ_d=8 の設計例を示す。

全ての設計例において ε_0=10^{-2}、L=200、Q=250、T=50 と設定している。ここで、ω_q, q=1,2,$\cdots$,Q のうち、L 個は通過域と阻止域の周波数点 ω_l, l=1,2,$\cdots$,L と同一の周波数に割り当てている。(IV-4-51) 式の β として、β=1,0.95,0.85,0.8,0.7 に設定している。

表 IV-4.7 に τ_d=6 の場合の β に対する振幅特性、通過域振幅特性、通過域複素誤差、群遅延特性、表 IV-4.8 に極配置、零点配置、回路構成の対応を示す。同様に、表 IV-4.9 に τ_d=8 の場合の β に対する振幅特性、通過域振幅特性、通過域複素誤差、群遅延特性、表 IV-4.10 に極配置、零点配置、回路構成の対応を示す。

表 IV-4.11 に τ_d=6 の場合の β に対する最大誤差、繰り返し回数、最大極半径、表 IV-4.12 に τ_d=8 の場合の β に対する最大誤差、繰り返し回数、最大極半径を示す。

〔表 IV-4.7〕 β と振幅特性、通過域振幅特性、複素誤差、群遅延特性（τ_d=6）

β	振幅特性	通過域振幅特性	通過域複素誤差	群遅延特性
1	図 IV-4-74	図 IV-4-75	図 IV-4-76	図 IV-4-77
0.95	図 IV-4-81	図 IV-4-82	図 IV-4-83	図 IV-4-84
0.85	図 IV-4-88	図 IV-4-89	図 IV-4-90	図 IV-4-91
0.8	図 IV-4-95	図 IV-4-96	図 IV-4-97	図 IV-4-98
0.7	図 IV-4-102	図 IV-4-103	図 IV-4-104	図 IV-4-105

〔表 IV-4.8〕 β と極配置，零点配置，回路構成（τ_d=6）

β	極配置	零点配置	回路構成
1	図 IV-4-78	図 IV-4-79	図 IV-4-80
0.95	図 IV-4-85	図 IV-4-86	図 IV-4-87
0.85	図 IV-4-92	図 IV-4-93	図 IV-4-94
0.8	図 IV-4-99	図 IV-4-100	図 IV-4-101
0.7	図 IV-4-106	図 IV-4-107	図 IV-4-108

〔表 IV-4.9〕 β と振幅特性、通過域振幅特性、複素誤差、群遅延特性（τ_d=8）

β	振幅特性	通過域振幅特性	通過域複素誤差	群遅延特性
1	図 IV-4-109	図 IV-4-110	図 IV-4-111	図 IV-4-112
0.95	図 IV-4-116	図 IV-4-117	図 IV-4-118	図 IV-4-119
0.85	図 IV-4-123	図 IV-4-124	図 IV-4-125	図 IV-4-126
0.8	図 IV-4-130	図 IV-4-131	図 IV-4-132	図 IV-4-133
0.7	図 IV-4-137	図 IV-4-138	図 IV-4-139	図 IV-4-140

〔表 IV-4.10〕 β と極配置，零点配置，回路構成（τ_d=8）

β	極配置	零点配置	回路構成
1	図 IV-4-113	図 IV-4-114	図 IV-4-115
0.95	図 IV-4-120	図 IV-4-121	図 IV-4-122
0.85	図 IV-4-127	図 IV-4-128	図 IV-4-129
0.8	図 IV-4-134	図 IV-4-135	図 IV-4-136
0.7	図 IV-4-141	図 IV-4-142	図 IV-4-143

■ Ⅳ. IIRフィルタの設計

〔表 IV-4.11〕 β 対する最大誤差、繰り返し回数、最大極半径（ τ_d=6）

β	最大誤差 δ_{max}	繰り返し回数	最大極半径
1	1.300539×10^{-2} $(-37.718\,[\text{dB}])$	6	0.9948236
0.95	1.988847×10^{-2} $(-34.028\,[\text{dB}])$	16	0.9610908
0.85	3.436579×10^{-2} $(-29.278\,[\text{dB}])$	36	0.9090544
0.8	3.831547×10^{-2} $(-28.333\,[\text{dB}])$	4	0.8979227
0.7	3.680231×10^{-2} $(-28.683\,[\text{dB}])$	6	0.9225608

〔表 IV-4.12〕 β 対する最大誤差、繰り返し回数、最大極半径（ τ_d=8）

β	最大誤差 δ_{max}	繰り返し回数	最大極半径
1	9.381793×10^{-3} $(-40.554\,[\text{dB}])$	5	0.9915578
0.95	1.199008×10^{-2} $(-38.424\,[\text{dB}])$	9	0.9619473
0.85	2.097371×10^{-2} $(-33.567\,[\text{dB}])$	38	0.9158220
0.8	2.494303×10^{-2} $(-32.061\,[\text{dB}])$	5	0.9027416
0.7	3.120296×10^{-2} $(-30.116\,[\text{dB}])$	10	0.9865932

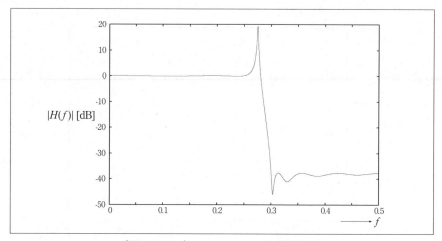

〔図 IV-4-74〕 τ_d=6、 β=1 の振幅特性

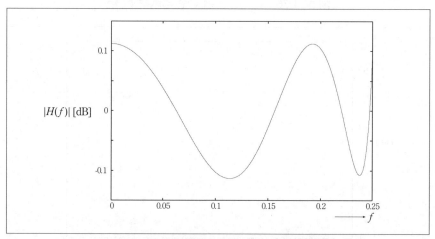

〔図 IV-4-75〕 τ_d=6、 β=1 の通過域振幅特性

■ Ⅳ. IIRフィルタの設計

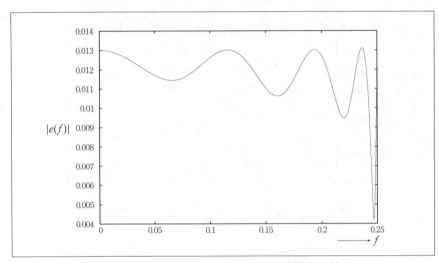

〔図 Ⅳ-4-76〕 $\tau_d=6$、$\beta=1$ の通過域複素誤差

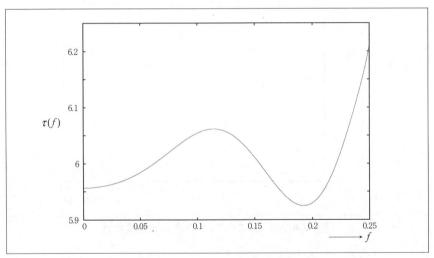

〔図 Ⅳ-4-77〕 $\tau_d=6$、$\beta=1$ の群遅延特性

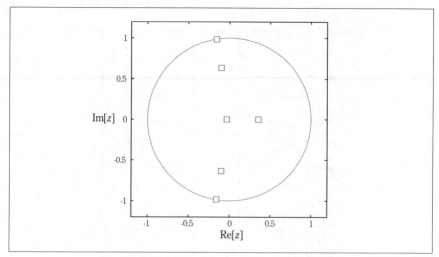

〔図 IV-4-78〕 $\tau_d=6$、$\beta=1$ の極配置

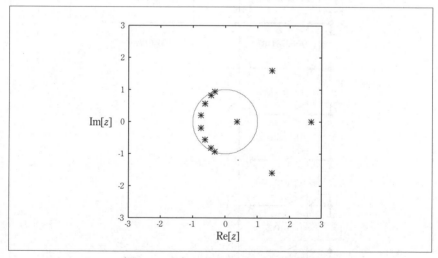

〔図 IV-4-79〕 $\tau_d=6$、$\beta=1$ の零点配置

■ IV. IIRフィルタの設計

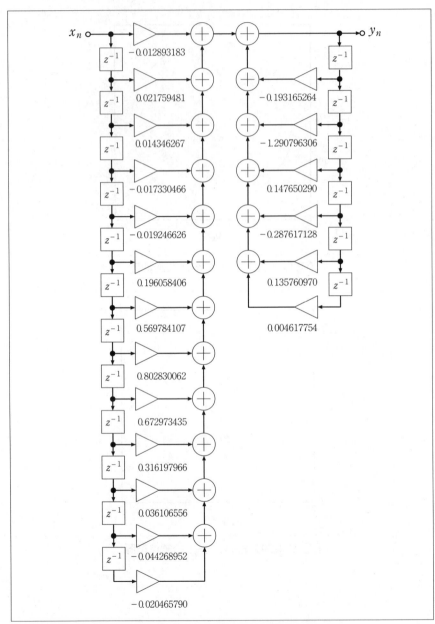

〔図 IV-4-80〕 $\tau_d=6$、 $\beta=1$ の回路構成

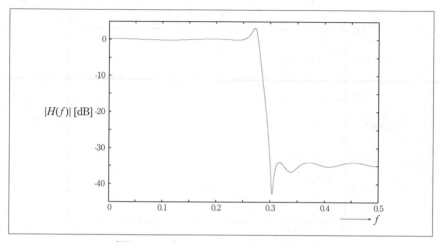

〔図 IV-4-81〕 τ_d=6、β=0.95 の振幅特性

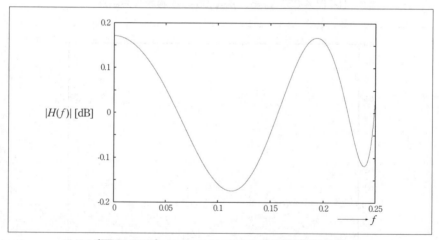

〔図 IV-4-82〕 τ_d=6、β=0.95 の通過域振幅特性

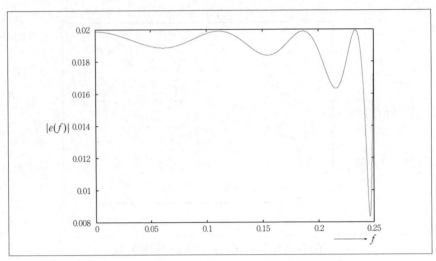

〔図 IV-4-83〕 $\tau_d=6$、$\beta=0.95$ の通過域複素誤差

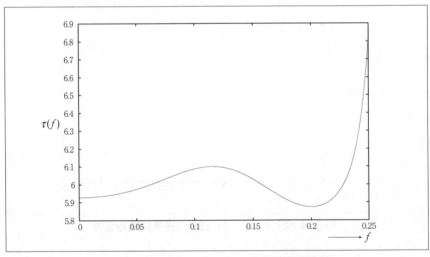

〔図 IV-4-84〕 $\tau_d=6$、$\beta=0.95$ の群遅延特性

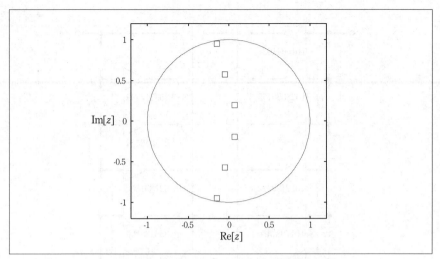

〔図 IV-4-85〕 $\tau_d=6$、$\beta=0.95$ の極配置

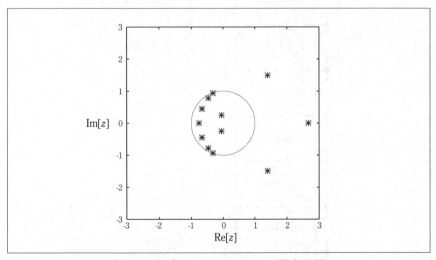

〔図 IV-4-86〕 $\tau_d=6$、$\beta=0.95$ の零点配置

− 431 −

■ IV. IIRフィルタの設計

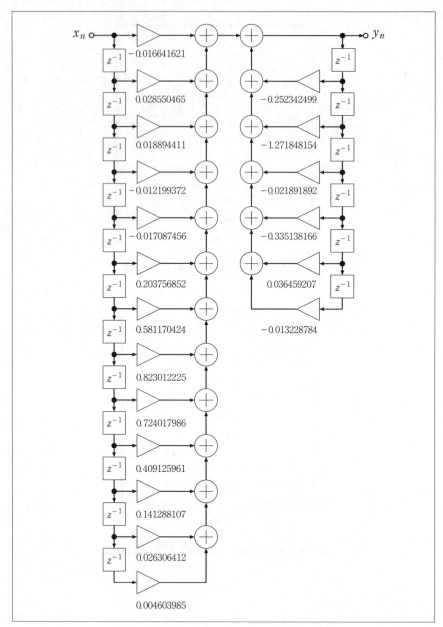

〔図 IV-4-87〕 $\tau_d=6$、$\beta=0.95$ の回路構成

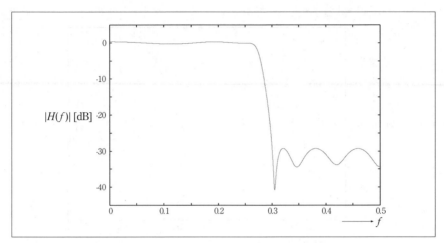

〔図 IV-4-88〕 τ_d=6、 β=0.85 の振幅特性

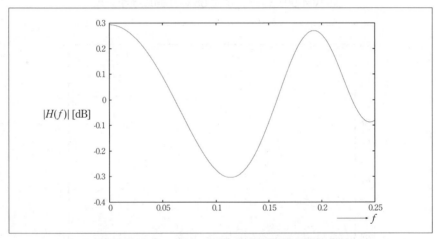

〔図 IV-4-89〕 τ_d=6、 β=0.85 の通過域振幅特性

■ IV. IIRフィルタの設計

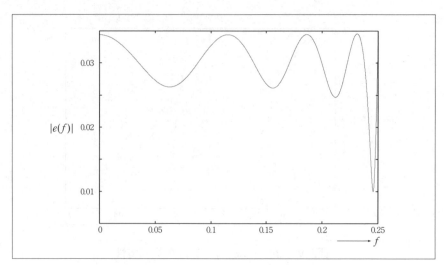

〔図 IV-4-90〕 τ_d=6、 β=0.85 の通過域複素誤差

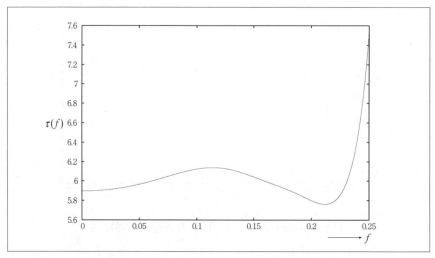

〔図 IV-4-91〕 τ_d=6、 β=0.85 の群遅延特性

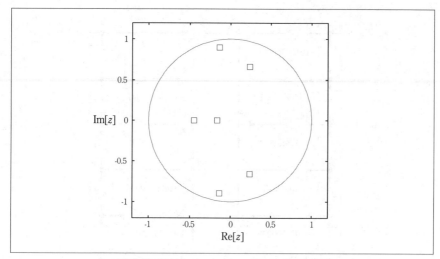

〔図 IV-4-92〕 τ_d=6、β=0.85 の極配置

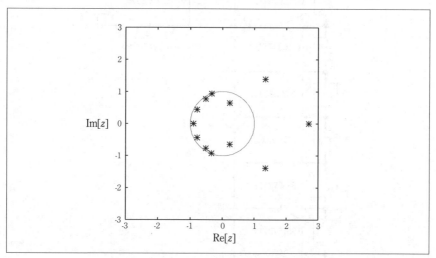

〔図 IV-4-93〕 τ_d=6、β=0.85 の零点配置

■ Ⅳ. IIRフィルタの設計

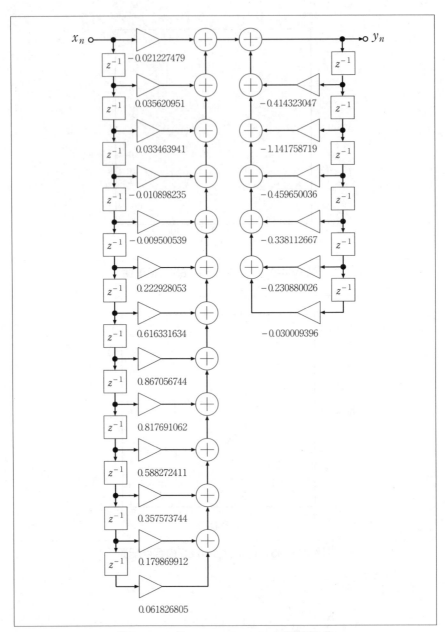

〔図 Ⅳ-4-94〕 $\tau_d=6$、 $\beta=0.85$ の回路構成

− 436 −

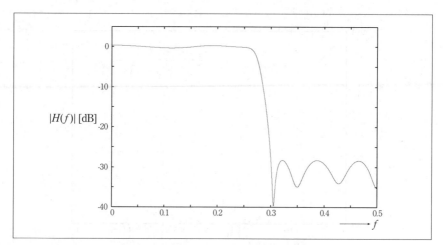

〔図 IV-4-95〕 τ_d=6、 β=0.8 の振幅特性

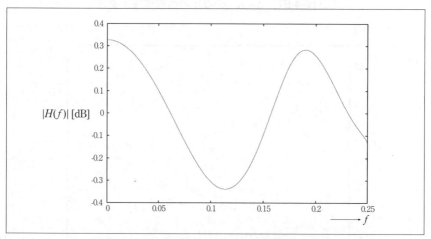

〔図 IV-4-96〕 τ_d=6、 β=0.8 の通過域振幅特性

■ IV. IIRフィルタの設計

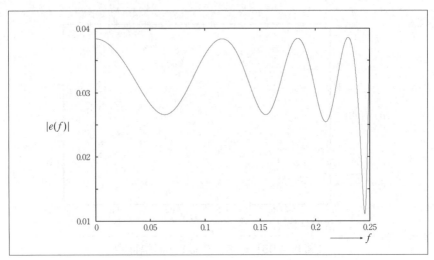

〔図 IV-4-97〕 $\tau_d=6$、$\beta=0.8$ の通過域複素誤差

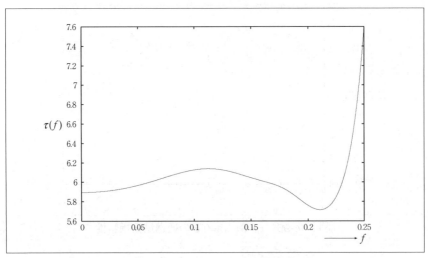

〔図 IV-4-98〕 $\tau_d=6$、$\beta=0.8$ の群遅延特性

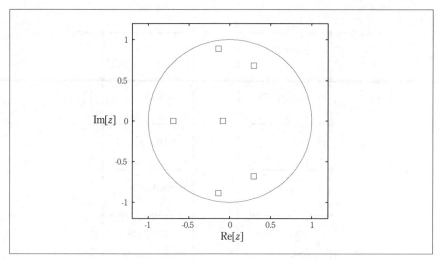

〔図 IV-4-99〕 $\tau_d=6$、$\beta=0.8$ の極配置

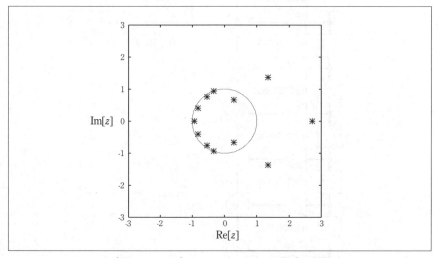

〔図 IV-4-100〕 $\tau_d=6$、$\beta=0.8$ の零点配置

■ IV. IIRフィルタの設計

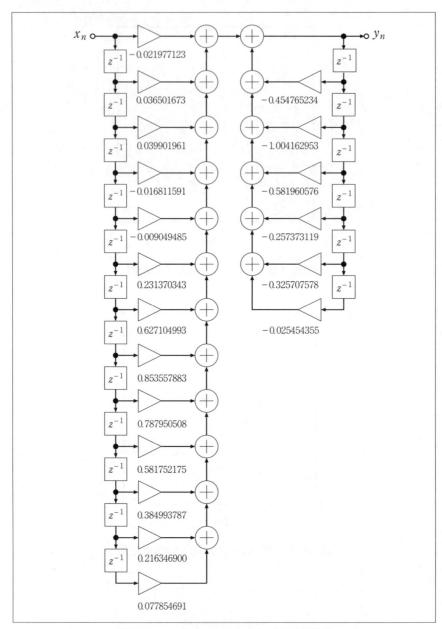

〔図 IV-4-101〕 $\tau_d=6$、 $\beta=0.8$ の回路構成

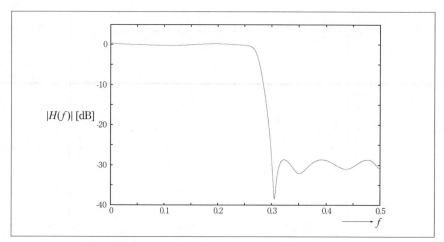

〔図 IV-4-102〕 τ_d=6、 β=0.7 の振幅特性

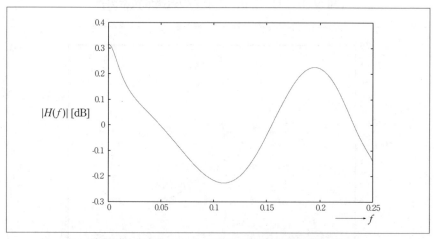

〔図 IV-4-103〕 τ_d=6、 β=0.7 の通過域振幅特性

■ IV. IIRフィルタの設計

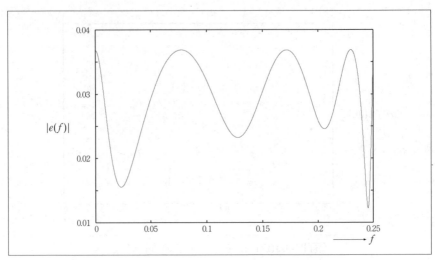

〔図 IV-4-104〕$\tau_d=6$、$\beta=0.7$ の通過域複素誤差

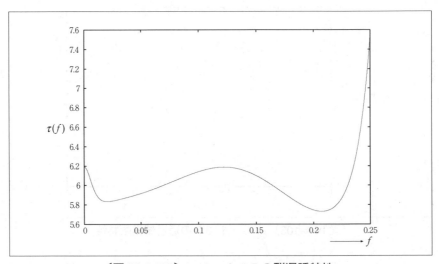

〔図 IV-4-105〕$\tau_d=6$、$\beta=0.7$ の群遅延特性

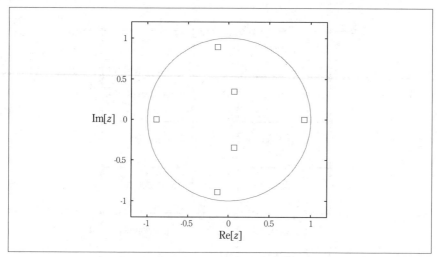

〔図 IV-4-106〕 τ_d=6、β=0.7 の極配置

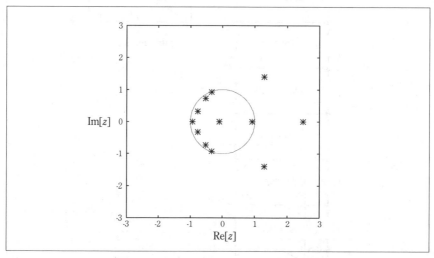

〔図 IV-4-107〕 τ_d=6、β=0.7 の零点配置

■ IV. IIRフィルタの設計

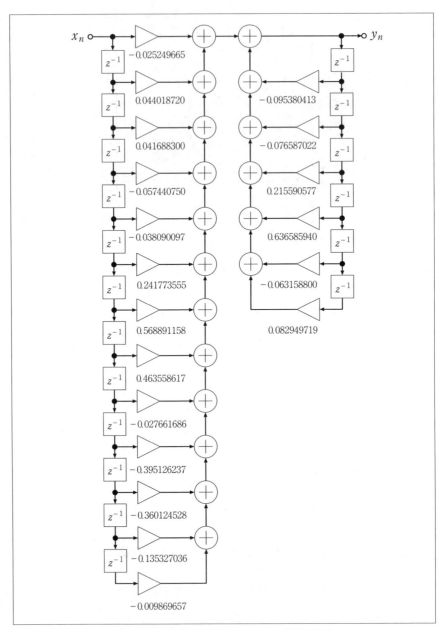

〔図 IV-4-108〕 τ_d=6、β=0.7 の回路構成

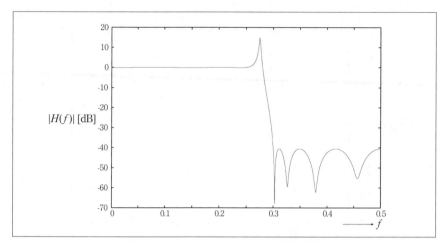

〔図 IV-4-109〕 $\tau_d=8$、$\beta=1$ の振幅特性

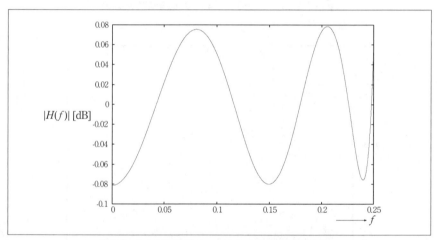

〔図 IV-4-110〕 $\tau_d=8$、$\beta=1$ の通過域振幅特性

■ Ⅳ. IIRフィルタの設計

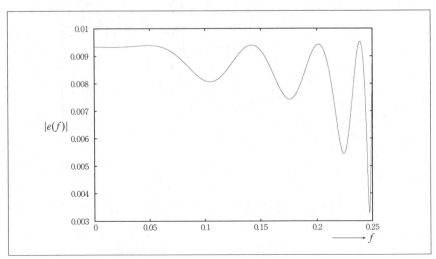

〔図 Ⅳ-4-111〕 $\tau_d=8$、$\beta=1$ の通過域複素誤差

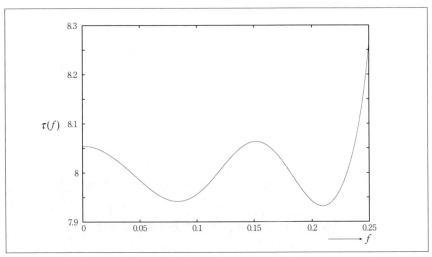

〔図 Ⅳ-4-112〕 $\tau_d=8$、$\beta=1$ の群遅延特性

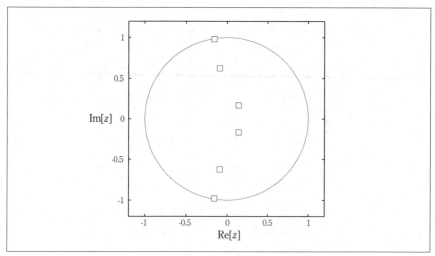

〔図 IV-4-113〕 τ_d=8、 β=1 の極配置

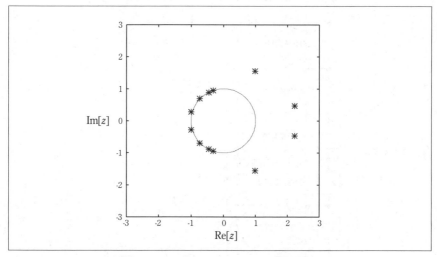

〔図 IV-4-114〕 τ_d=8、 β=1 の零点配置

IV. IIRフィルタの設計

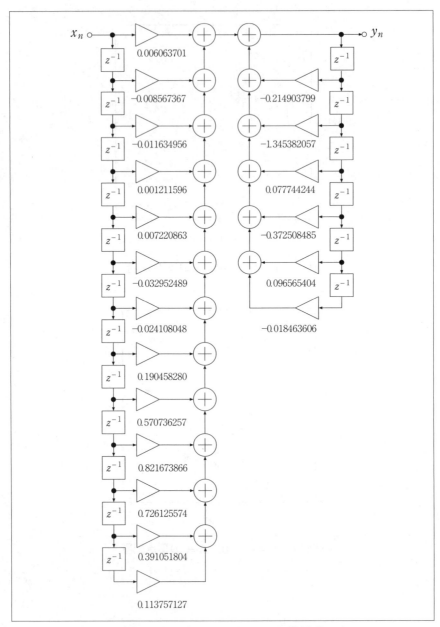

〔図 IV-4-115〕 $\tau_d=8$、$\beta=1$ の回路構成

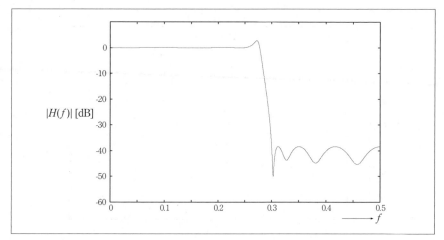

〔図 IV-4-116〕 τ_d=8、β=0.95 の振幅特性

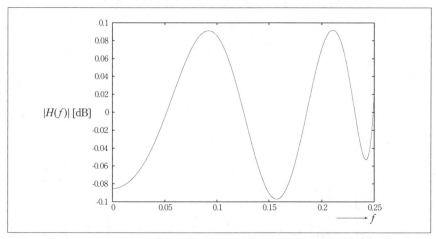

〔図 IV-4-117〕 τ_d=8、β=0.95 の通過域振幅特性

■ IV. IIRフィルタの設計

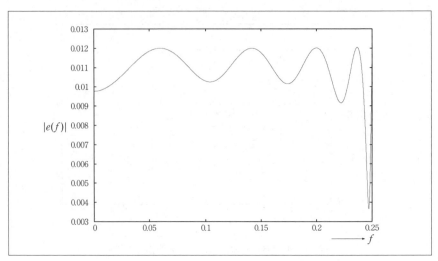

〔図 IV-4-118〕 $\tau_d=8$、$\beta=0.95$ の通過域複素誤差

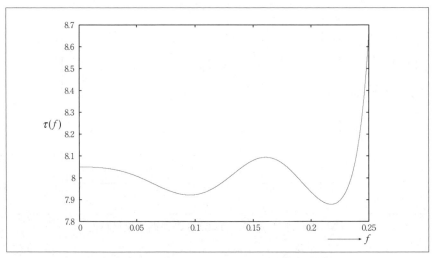

〔図 IV-4-119〕 $\tau_d=8$、$\beta=0.95$ の群遅延特性

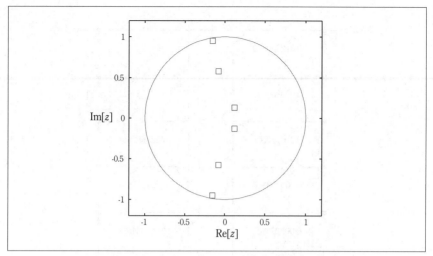

〔図 IV-4-120〕 τ_σ=8、 β=0.95 の極配置

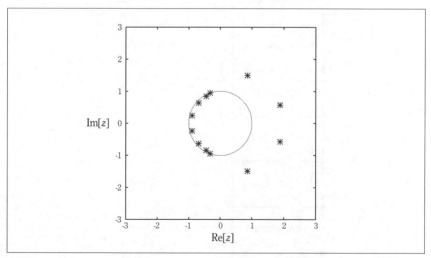

〔図 IV-4-121〕 τ_σ=8、 β=0.95 の零点配置

IV. IIRフィルタの設計

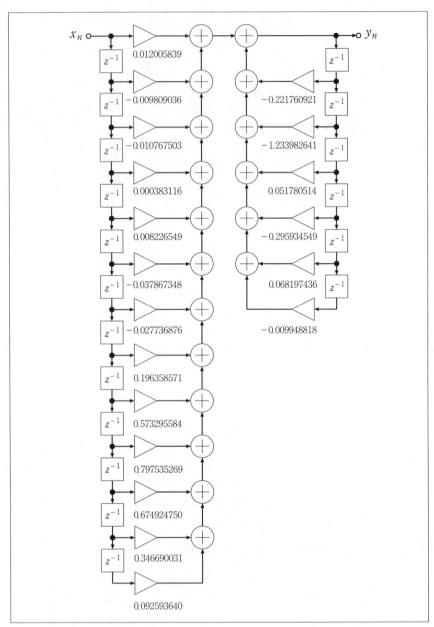

〔図 IV-4-122〕 τ_d=8、β=0.95 の回路構成

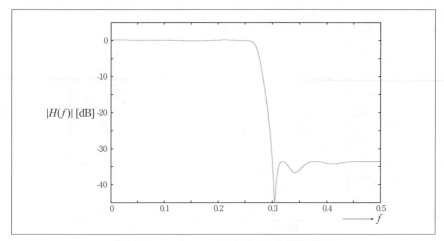

〔図 IV-4-123〕 τ_d=8、β=0.85 の振幅特性

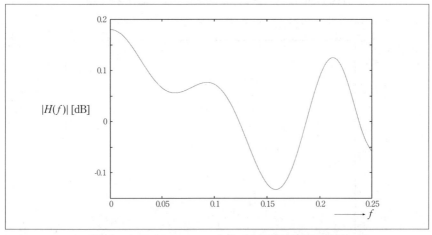

〔図 IV-4-124〕 τ_d=8、β=0.85 の通過域振幅特性

■ IV. IIRフィルタの設計

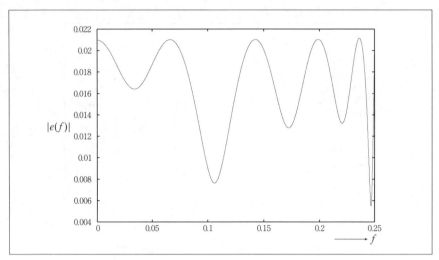

〔図 IV-4-125〕$\tau_d=8$、$\beta=0.85$ の通過域複素誤差

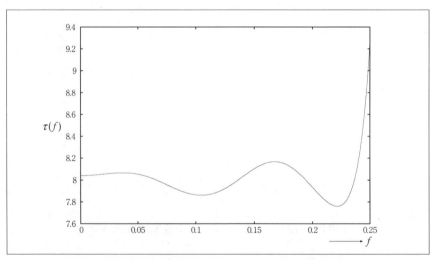

〔図 IV-4-126〕$\tau_d=8$、$\beta=0.85$ の群遅延特性

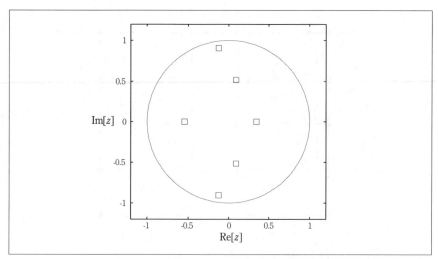

〔図 IV-4-127〕 τ_d=8、β=0.85 の極配置

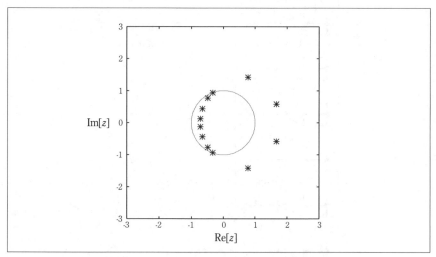

〔図 IV-4-128〕 τ_d=8、β=0.85 の零点配置

■ Ⅳ. IIRフィルタの設計

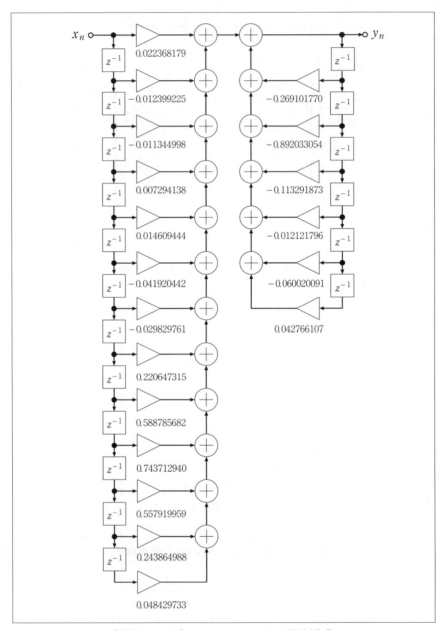

〔図 Ⅳ-4-129〕 $\tau_d=8$、$\beta=0.85$ の回路構成

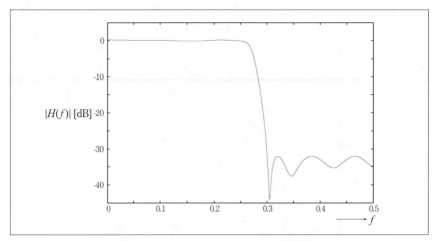

〔図 IV-4-130〕 τ_d=8、 β=0.8 の振幅特性

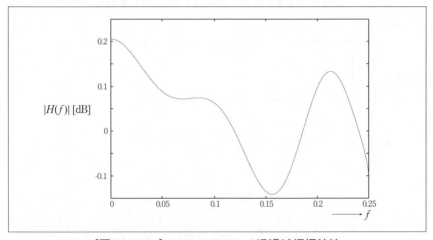

〔図 IV-4-131〕 τ_d=8、 β=0.8 の通過域振幅特性

■ Ⅳ. IIRフィルタの設計

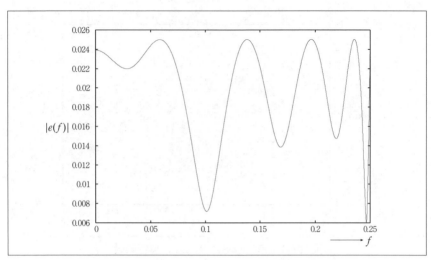

〔図Ⅳ-4-132〕$\tau_d=8$、$\beta=0.8$ の通過域複素誤差

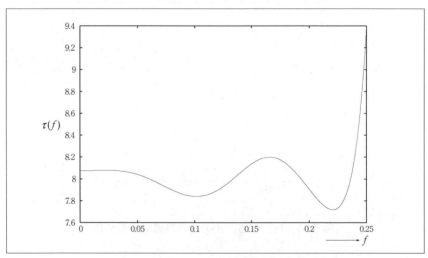

〔図Ⅳ-4-133〕$\tau_d=8$、$\beta=0.8$ の群遅延特性

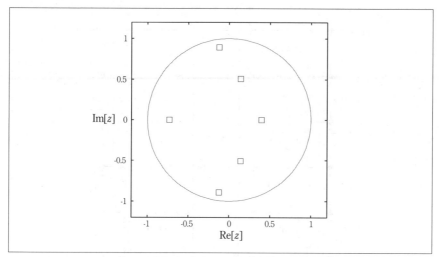

〔図 IV-4-134〕 τ_d=8、β=0.8 の極配置

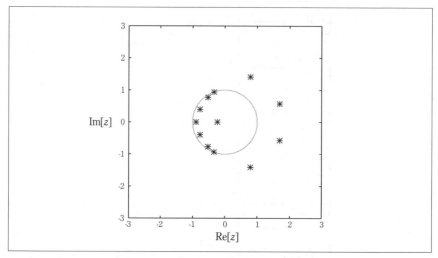

〔図 IV-4-135〕 τ_d=8、β=0.8 の零点配置

Ⅳ. IIRフィルタの設計

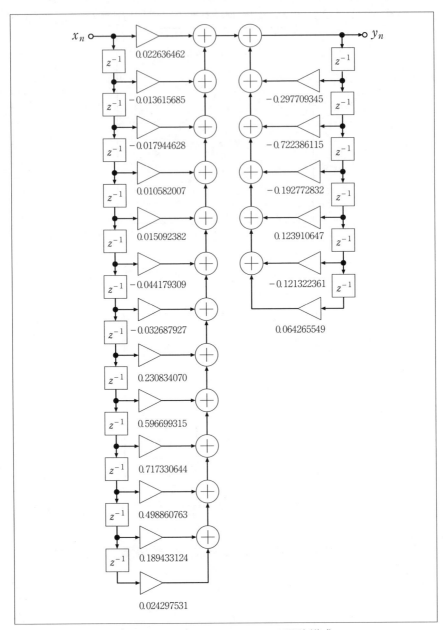

〔図 IV-4-136〕 $\tau_d=8$、 $\beta=0.8$ の回路構成

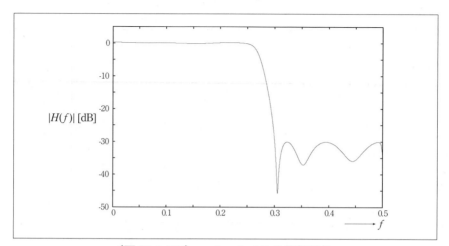

〔図 IV-4-137〕 τ_d=8、β=0.7 の振幅特性

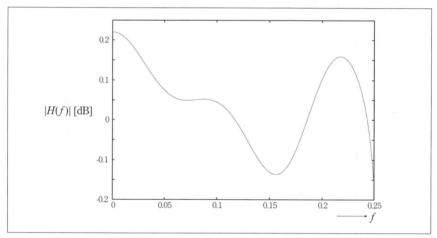

〔図 IV-4-138〕 τ_d=8、β=0.7 の通過域振幅特性

IV. IIRフィルタの設計

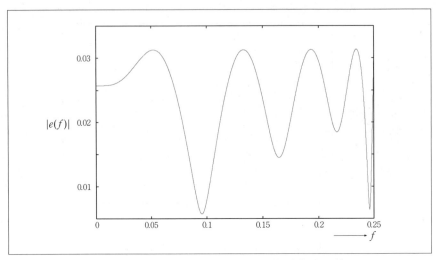

〔図 IV-4-139〕 $\tau_d=8$、$\beta=0.7$ の通過域複素誤差

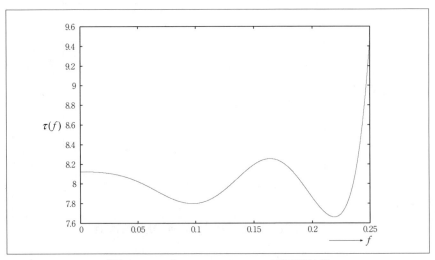

〔図 IV-4-140〕 $\tau_d=8$、$\beta=0.7$ の群遅延特性

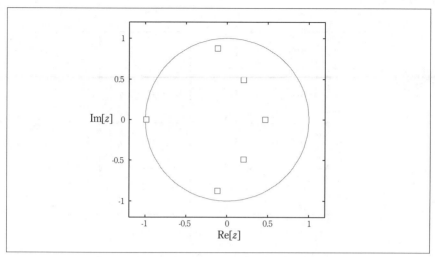

〔図 IV-4-141〕 τ_d=8、β=0.7 の極配置

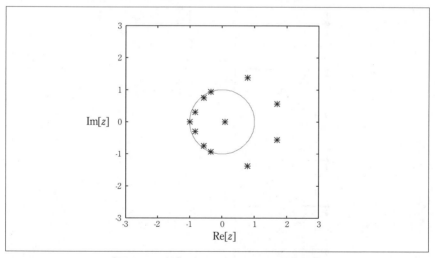

〔図 IV-4-142〕 τ_d=8、β=0.7 の零点配置

■ IV. IIRフィルタの設計

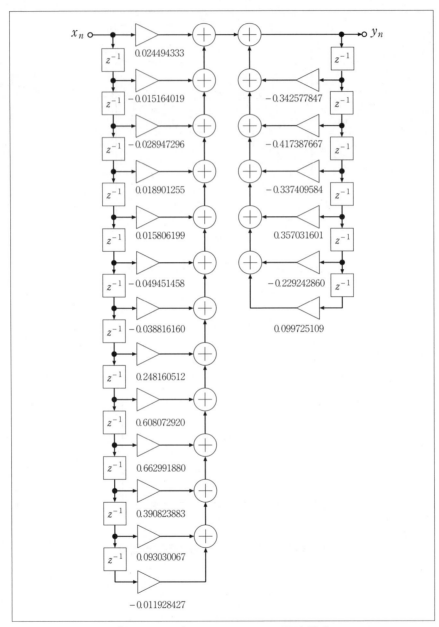

〔図 IV-4-143〕$\tau_d=8$、$\beta=0.7$ の回路構成

τ_d=6 に注目すると、図 IV-4-41 では最大極半径が 1.1 程度であるのに対し、β=1 と設定して正実性条件を付加した場合、図 IV-4-78 のように最大極半径が 1 未満をとるため、安定なフィルタとなる。しかし、最大極半径がほぼ 1 であり、単位円に接近したため、図 IV-4-74 のように遷移域に振幅隆起が発生している。これに対し、β=0.95 に設定した場合は、図 IV-4-85 のように最大極半径をもつ極が単位円の内側に移動し、図 IV-4-81 のように振幅隆起の大きさが抑圧されているのが確認できる。

ここで注目すべきは、β が大きい場合は全ての極が遷移域付近に配置され、阻止域に配置された零点とともに遮断特性を形成しており、全ての極と零点が設計に寄与している点である。

β=0.85 に設定すると図 IV-4-92 のように、さらに単位円の内側に移動し、図 IV-4-88 のように振幅隆起が消えていることがわかる。β=0.7 の場合は、図 IV-4-106 のように z 平面の実軸上の単位円付近に 2 つの極が配置されているが、図 IV-4-107 のように同じ位置に零点も配置されており、互いにキャンセルされ、実質的な次数を下げて安定性を維持している。図 IV-4-92 の β=0.85、図 IV-4-99 の β=0.8 においても同様の極配置が確認できる。すなわち、β が小さい場合は、厳しい制約条件のため自由度が下がり、全ての極と零点が設計に寄与しないと考えられる。

τ_d=8 の場合についても同様の結果が現れている。その結果、表 IV-4.11、表 IV-4.12 に示すように β の減少とともに最大誤差が大きくなる。したがって、β の値によっては制約条件が厳しく、実行可能解が存在しない場合があることに注意が必要である。

IV－4－7－2　N=Mの設計例

$N=M$ の設計例を示す。設計例 1 として N=5、M=5、f_p=0.2、f_s=0.3、τ_d=3 の IIR フィルタを設計した。β=0.8 と設定し、その他の条件は IV-4-7-1 節と同様に設定している。図 IV-4-144 に振幅特性、図 IV-4-145 に通過域振幅特性、図 IV-4-146 に通過域複素誤差、図 IV-4-147 に群遅延特性、図 IV-4-148 に極配置、図 IV-4-149 に零点配置、図 IV-4-150 に回路構成を示す。最大誤差は δ_{max}=2.913708×10^{-2}（-30.711[dB]）、繰り返し回数は 5、最大極半径は 0.8557093 である。

設計例 2 として N=7、M=7、f_p=0.25、f_s=0.3、τ_d=5 の IIR フィルタを設計した。β=0.9 と設定し、その他の条件は IV-4-7-1 節と同様に設定している。図 IV-4-151 に振幅特性、図 IV-4-152 に通過域振幅特性、図

■ Ⅳ. IIRフィルタの設計

IV-4-153 に通過域複素誤差、図 IV-4-154 に群遅延特性、図 IV-4-155 に極配置、図 IV-4-156 に零点配置、図 IV-4-157 に回路構成を示す。最大誤差は $\delta_{\max}$=4.510479×10^{-2}（-26.916[dB]）、繰り返し回数は 6、最大極半径は 0.9158782 である。

Ⅳ－4－7－3　$N<M$の設計例

　$N<M$ の設計例を示す。設計例 1 として N=4、M=6、f_p=0.2、f_s=0.3、τ_d=2.6 の IIR フィルタを設計した。β=0.88 と設定し、その他の条件は IV-4-7-1 節と同様に設定している。図 IV-4-158 に振幅特性、図 IV-4-159 に通過域振幅特性、図 IV-4-160 に通過域複素誤差、図 IV-4-161 に群遅延特性、図 IV-4-162 に極配置、図 IV-4-163 に零点配置、図 IV-4-164 に回路構成を示す。最大誤差は $\delta_{\max}$=4.880216×10^{-2}（-26.231[dB]）、繰り返し回数は 5、最大極半径は 0.844998 である。

　設計例 2 として N=6、M=7、f_p=0.2、f_s=0.3、τ_d=4 の IIR フィルタを設計した。β=0.8 と設定し、その他の条件は IV-4-7-1 節と同様に設定している。図 IV-4-165 に振幅特性、図 IV-4-166 に通過域振幅特性、図 IV-4-167 に通過域複素誤差、図 IV-4-168 に群遅延特性、図 IV-4-169 に極配置、図 IV-4-170 に零点配置、図 IV-4-171 に回路構成を示す。最大誤差は $\delta_{\max}$=2.833308×10^{-2}（-30.954[dB]）、繰り返し回数は 4、最大極半径は 0.8641876 である。

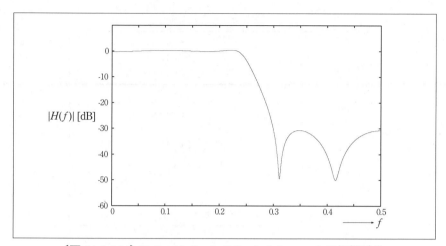

〔図 IV-4-144〕 $N=5$、$M=5$、$f_p=0.2$、$f_s=0.3$、$\tau_d=3$ の振幅特性

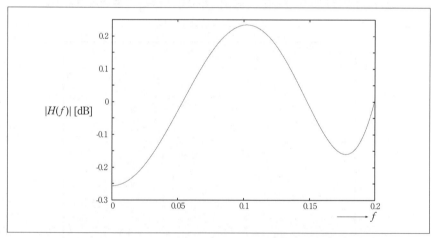

〔図 IV-4-145〕 $N=5$、$M=5$、$f_p=0.2$、$f_s=0.3$、$\tau_d=3$ の通過域振幅特性

■ IV. IIRフィルタの設計

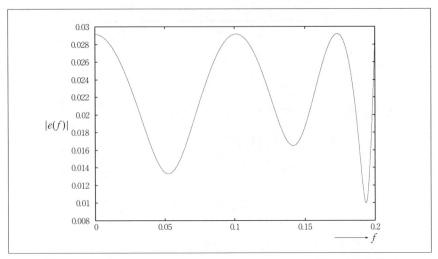

〔図 IV-4-146〕 N=5、M=5、f_p=0.2、f_s=0.3、τ_d=3 の通過域複素誤差

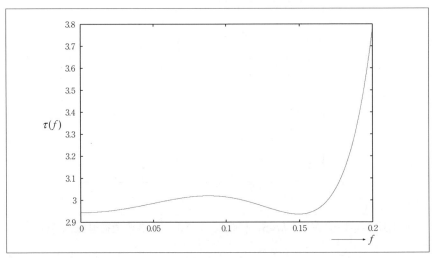

〔図 IV-4-147〕 N=5、M=5、f_p=0.2、f_s=0.3、τ_d=3 の群遅延特性

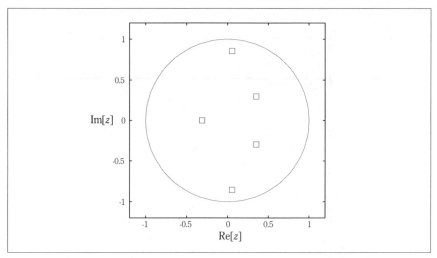

〔図 IV-4-148〕 $N=5$、$M=5$、$f_p=0.2$、$f_s=0.3$、$\tau_d=3$ の極配置

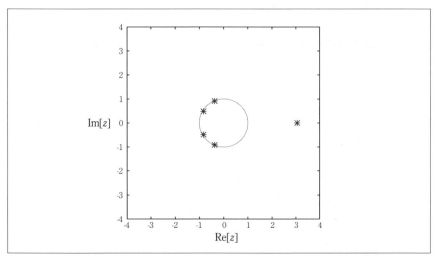

〔図 IV-4-149〕 $N=5$、$M=5$、$f_p=0.2$、$f_s=0.3$、$\tau_d=3$ の零点配置

IV. IIRフィルタの設計

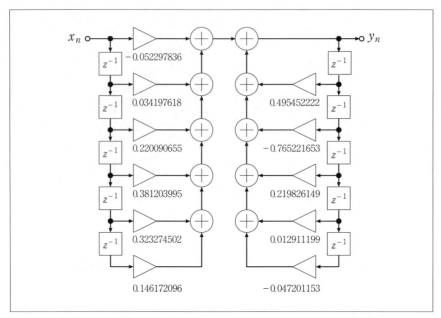

〔図 IV-4-150〕$N=5$、$M=5$、$f_p=0.2$、$f_s=0.3$、$\tau_d=3$ の回路構成

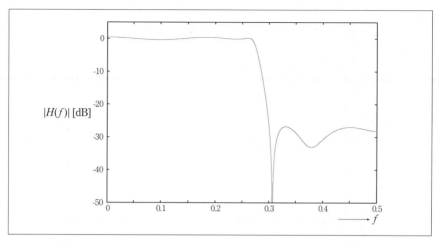

〔図 IV-4-151〕 $N=7$、$M=7$、$f_p=0.25$、$f_s=0.3$、$\tau_d=5$ の振幅特性

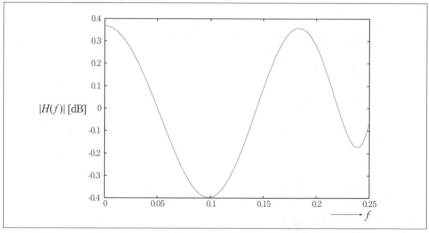

〔図 IV-4-152〕 $N=7$、$M=7$、$f_p=0.25$、$f_s=0.3$、$\tau_d=5$ の通過域振幅特性

■ Ⅳ. IIRフィルタの設計

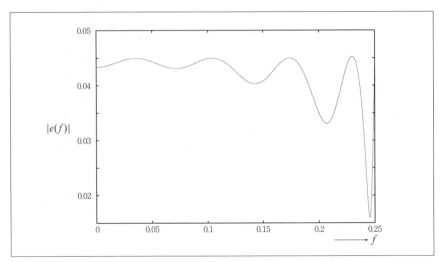

〔図 Ⅳ-4-153〕 $N=7$、$M=7$、$f_p=0.25$、$f_s=0.3$、$\tau_d=5$ の通過域複素誤差

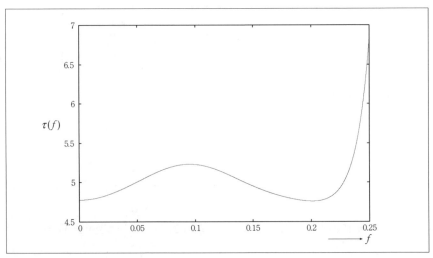

〔図 Ⅳ-4-154〕 $N=7$、$M=7$、$f_p=0.25$、$f_s=0.3$、$\tau_d=5$ の群遅延特性

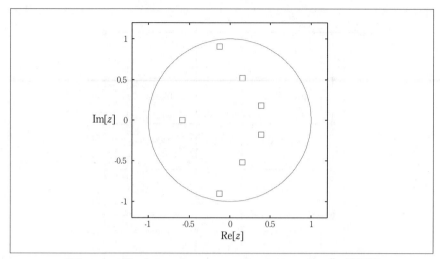

〔図 IV-4-155〕 $N=7$、$M=7$、$f_p=0.25$、$f_s=0.3$、$\tau_d=5$ の極配置

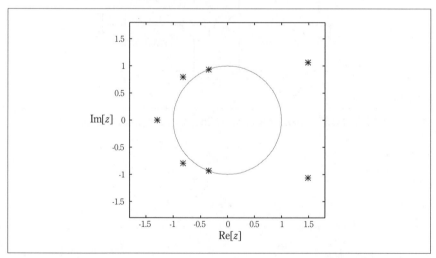

〔図 IV-4-156〕 $N=7$、$M=7$、$f_p=0.25$、$f_s=0.3$、$\tau_d=5$ の零点配置

Ⅳ. IIRフィルタの設計

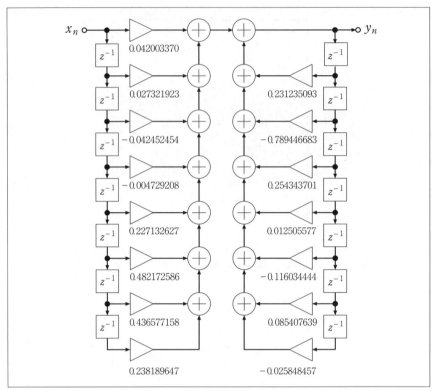

〔図 Ⅳ-4-157〕 $N=7$、$M=7$、$f_p=0.25$、$f_s=0.3$、$\tau_d=5$ の回路構成

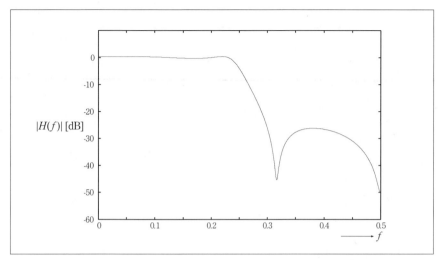

〔図 IV-4-158〕 $N=4$、$M=6$、$f_p=0.2$、$f_s=0.3$、$\tau_d=2.6$ の振幅特性

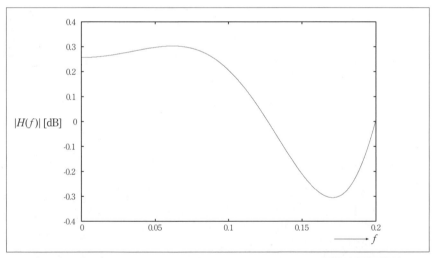

〔図 IV-4-159〕 $N=4$、$M=6$、$f_p=0.2$、$f_s=0.3$、$\tau_d=2.6$ の通過域振幅特性

■ IV. IIRフィルタの設計

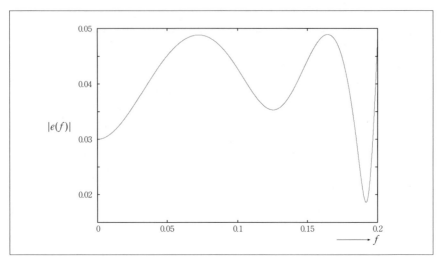

〔図 IV-4-160〕$N=4$、$M=6$、$f_p=0.2$、$f_s=0.3$、$\tau_d=2.6$ の通過域複素誤差

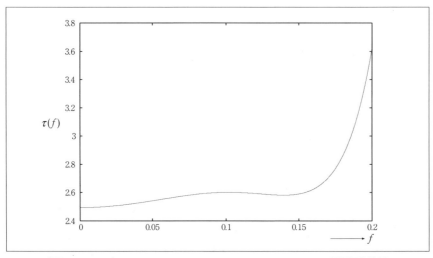

〔図 IV-4-161〕$N=4$、$M=6$、$f_p=0.2$、$f_s=0.3$、$\tau_d=2.6$ の群遅延特性

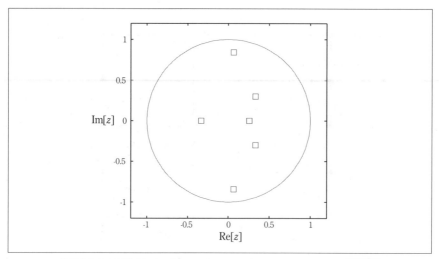

〔図 IV-4-162〕 $N=4$、$M=6$、$f_p=0.2$、$f_s=0.3$、$\tau_d=2.6$ の極配置

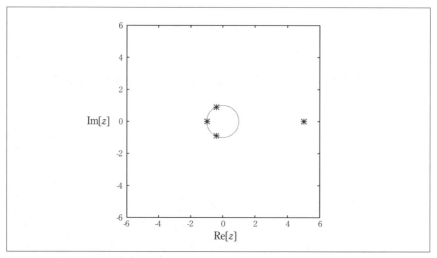

〔図 IV-4-163〕 $N=4$、$M=6$、$f_p=0.2$、$f_s=0.3$、$\tau_d=2.6$ の零点配置

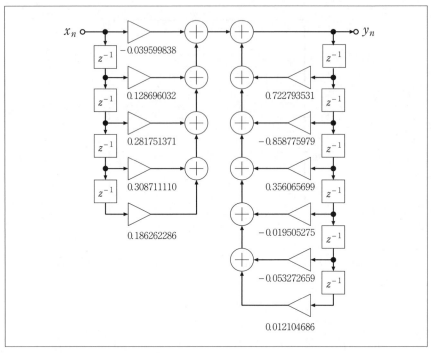

〔図 IV-4-164〕N=4、M=6、f_p=0.2、f_s=0.3、τ_d=2.6 の回路構成

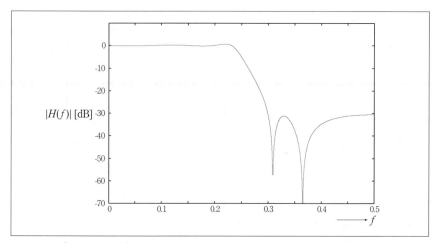

〔図 IV-4-165〕 $N=6$、$M=7$、$f_p=0.2$、$f_s=0.3$、$\tau_d=4$ の振幅特性

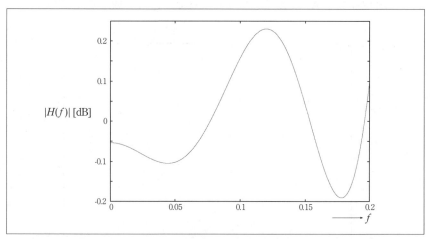

〔図 IV-4-166〕 $N=6$、$M=7$、$f_p=0.2$、$f_s=0.3$、$\tau_d=4$ の通過域振幅特性

■ Ⅳ. IIRフィルタの設計

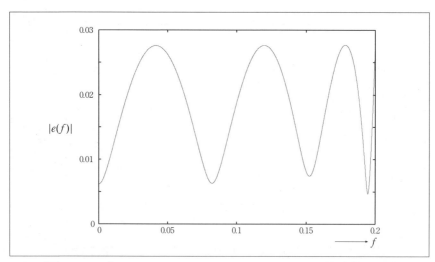

〔図 Ⅳ-4-167〕$N=6$、$M=7$、$f_p=0.2$、$f_s=0.3$、$\tau_d=4$ の通過域複素誤差

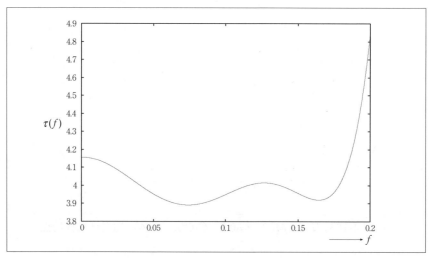

〔図 Ⅳ-4-168〕$N=6$、$M=7$、$f_p=0.2$、$f_s=0.3$、$\tau_d=4$ の群遅延特性

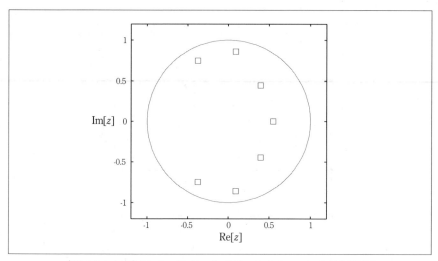

〔図 IV-4-169〕N=6、M=7、f_p=0.2、f_s=0.3、τ_d=4 の極配置

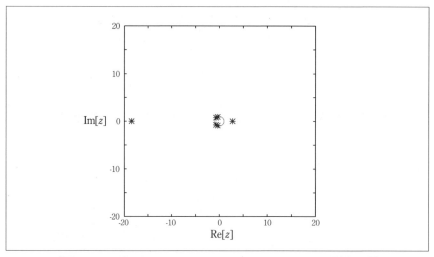

〔図 IV-4-170〕N=6、M=7、f_p=0.2、f_s=0.3、τ_d=4 の零点配置

■ Ⅳ. IIRフィルタの設計

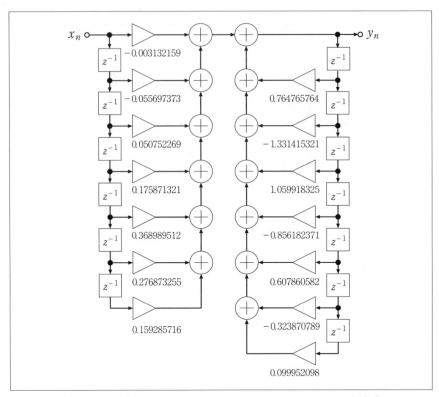

〔図 Ⅳ-4-171〕 N=6、M=7、f_p=0.2、f_s=0.3、 τ_d=4 の回路構成

索引

記号／数字
2 段階シンプレックス法 · · · · · · · · · · · · · · · ·242

アルファベット
FIR フィルタ · 81, 91
IIR フィルタ · · · · · · · · · · · · · · · · · · · 82, 121
Remez アルゴリズム · · · · · · · · · · · · · · · · ·223
z 平面 ·53
z 変換 ·53

あ行
安定三角 · 85, 273
安定性 · 43, 273, 416
位相特性 · 48
因果性 · 45, 146
インパルス応答 · 37
インパルス信号 · 8, 54
インパルス不変変換法 · · · · · · · · · · · · 274, 307
エイリアシング ·338
重み関数 ·175

か行
解析信号 ·116
回転パラメータ ·255
間接設計法 ·273
ギブス現象 ·151
逆 z 変換 · 58
極 · 64
極値周波数 ·215
近似誤差 ·174
くし型フィルタ ·108
群遅延特性 · 72, 200
交番定理 ·219
構成素子 · 85

さ行
最小 2 乗法 ·173
最大極半径 · 80
最大誤差最小化基準 · · · · · · · · · · · · · · · · · ·214
サイドローブ ·170
サンプリング · 6
サンプリング周期 · 6

サンプリング周波数 · · · · · · · · · · · · · · · · · · · 6
サンプリング定理 · · · · · · · · · · · · · · · · 25, 338
指数信号 · 10, 55
時不変性 · 35
実回転定理 · 256, 367
実行可能解 ·234
実行可能領域 ·234
主問題 · 234, 369, 420
収束領域 · 53
周波数特性 · 47, 62
縦続型構成 · 92, 124
巡回たたみ込み ·167
所望特性 ·173
振幅特性 · 48
振幅隆起 ·393
シンプレックス法 · · · · · · · · · · · · · · · · · · ·237
ステップ信号 · 9, 54
正規化周波数 · 28
正弦波信号 · 10
正実性 ·417
正実性条件 ·420
ゼロ位相特性 ·148
線形計画法 · 232, 366
線形計画問題 ·234
線形時不変システム · · · · · · · · · · · · · · · · · · 33
線形時不変離散時間システム · · · · · · · · · · · 36
線形性 · 33
全域通過フィルタ · · · · · · · · · · · · · · · · · · ·126
全域通過特性 ·126
阻止域 ·173
阻止域端周波数 ·173
双一次 z 変換 · · · · · · · · · · · · · · · · · · · 274, 341
双対問題 · 235, 370, 422
窓関数法 ·155

た行
たたみ込み演算 · 38
チェビシェフフィルタ · · · · · · · · · · · · · · · ·292
チェビシェフ近似基準 · · · · · · · · · · · · · · · ·214
直交性 · 14
直接型構成 · 91, 121
直接設計法 ·273
直線位相フィルタ · · · · · · · · · · · · · · · · · · · 93
直線位相特性 · 74, 93
通過域 ·173
通過域振幅特性 ·200

通過域端周波数 ···························· 173
通過域複素誤差 ···························· 200
転置型構成 ···························· 91, 124
伝達関数 ···························· 60
等リプル近似設計 ···························· 214
等リプル近似問題 ···························· 217
等リプル特性 ···························· 217

な行
ノッチフィルタ ···························· 133

は行
ハニング窓 ···························· 156
ハミング窓 ···························· 158
バタワースフィルタ ···························· 282
ヒルベルト変換 ···························· 116
ヒルベルト変換器 ···························· 114
フーリエ級数 ···························· 16
フーリエ変換 ···························· 17
フーリエ変換法 ···························· 146
フィルタ次数 ···························· 82
フィルタ長 ···························· 82
複素近似設計 ···························· 196, 254
複素正弦波信号 ···························· 12
ブラックマン窓 ···························· 158
プリワーピング ···························· 364
平均化フィルタ ···························· 102

ま行
ミニマックス近似基準 ···························· 214
メインローブ ···························· 170

ら行
理想低域通過フィルタ ···························· 86, 146
離散フーリエ変換 ···························· 21
離散時間フーリエ変換 ···························· 19
離散時間信号 ···························· 6
零点 ···························· 64

■ 著者紹介 ■

陶山 健仁（すやま けんじ）

東京電機大学工学部電気電子工学科教授。1998年電気通信大学大学院博士課程修了。同年、電気通信大学助手。1999年東京理科大学助手。2002年東京電機大学講師。2012年より現職。ディジタル信号処理、特にディジタルフィルタの設計、マイクロホンアレーによる音響信号処理の研究に従事。

●ISBN 978-4-904774-63-2　　前 東京大学／前 宇宙航空研究開発機構　里 誠　著

設計技術シリーズ

PWM DCDC 電源の設計

本体 4,600 円＋税

1．PWM DCDCコンバータ
- 1.1　DC-AC-DCコンバータ
- 1.2　方形波の採用とPWM
- 1.3　PWM DCDC コンバータの構成

2．整流
- 2.1　平均化
- 2.2　平均化の条件
- 2.3　平均化の条件を満たす整流回路
- 2.4　整流回路の時定数とスイッチング周期
- 2.5　キャパシタの追加
- 2.6　サージの吸収
- 2.7　整流回路の設計
- 2.8　おさらい

3．二次系
- 3.1　整流回路
- 3.2　ダイオード回路
- 3.3　ロード・レギュレーション
- 3.4　トランス
- 3.5　負荷

4．一次系
- 4.1　スイッチング回路
- 4.2　PWM IC
- 4.3　補助電源
- 4.4　電圧検出
- 4.5　EMIフィルタ

5．三次系
- 5.1　スパイク対策
- 5.2　コモン・モード・ノイズ対策
- 5.3　電磁干渉対策
- 5.4　実装

Appendix ベタ・パターン考

発行／科学情報出版（株）

●ISBN 978-4-904774-61-8

静岡大学　浅井 秀樹　監修

設計技術シリーズ

新/回路レベルのEMC設計
― ノ イ ズ 対 策 を 実 践 ―

本体 4,600 円＋税

第1章　伝送系、システム系、CADから見た
　　　　回路レベルEMC設計
　1．概説／2．伝送系から見た回路レベルEMC設計／
　3．システム系から見た回路レベルEMC設計／4．CAD
　からみた回路レベルのEMC設計

第2章　分布定数回路の基礎
　1．進行波／2．反射係数／3．1対1伝送における反射
　／4．クロストーク／5．まとめ

第3章　回路基板設計での信号波形解析と
　　　　製造後の測定検証
　1．はじめに／2．信号速度と基本周波数／3．波形解析
　におけるパッケージモデル／4．波形測定／5．解析波形
　と測定波形の一致の条件／6．まとめ

第4章　幾何学的に非対称な等長配線差動伝送線路
　　　　の不平衡と電磁放射解析
　1．はじめに／2．検討モデル／3．伝送特性とモード変
　換の周波数特性の評価／4．放射特性の評価と等価回路モデ
　ルによる支配的要因の識別／5．おわりに

第5章　チップ・パッケージ・ボードの
　　　　統合設計による電源変動抑制
　1．はじめに／2．統合電源インピーダンスと臨界制動条
　件／3．評価チップの概要／4．パッケージ、ボードの構
　成／5．チップ・パッケージ・ボードの統合解析／6．電
　源ノイズの測定と解析結果／7．電源インピーダンスの測
　定と解析結果／8．まとめ

第6章　EMIシミュレーションと
　　　　ノイズ波源としてのLSIモデルの検証
　1．はじめに／2．EMCシミュレーションの活用／
　3．EMIシミュレーション精度検証／4．考察／5．まとめ

第7章　電磁界シミュレータを使用した
　　　　EMC現象の可視化
　1．はじめに／2．EMC対策でシミュレータが活用され
　ている背景／3．電磁界シミュレータが使用するマクス
　ウェルの方程式／4．部品の等価回路／5．Zパラメータ
　／6．Zパラメータと電磁界／7．電磁界シミュレータの
　効果／8．まとめ

第8章　ツールを用いた設計現場でのEMC・PI・SI設計
　1．はじめに／2．パワーインテグリティとEMI設計／
　3．SIとEMI設計／4．まとめ

第9章　3次元構造を加味したパワーインテグリティ評価
　1．はじめに／2．PI設計指標／3．システムの3次元構
　造における寄生容量／4．3次元PI解析モデル／5．解析
　結果および考察／6．まとめ

第10章　システム機器におけるEMI対策設計のポイント
　1．シミュレーション基本モデル／2．筐体へケーブル・
　基板を挿入したモデル／3．筐体内部の構造の違い／4．
　筐体の開口部について／5．EMI対策設計のポイント

第11章　設計上流での解析を活用した
　　　　EMC/SI/PI協調設計の取り組み
　1．はじめに／2．電気シミュレーション環境の構築／
　3．EMC-DRCシステム／4．大規模電磁界シミュレー
　ションシステム／5．シグナルインテグリティ(SI)解析シ
　ステム／6．パワーインテグリティ(PI)解析システム／
　7．EMC/SI/PI協調設計の実践事例／8．まとめ

第12章　エミッション・フリーの電気自動車をめざして
　1．はじめに／2．プロジェクトのミッション／3．新
　たなパワー部品への課題／4．電気自動車の部品／5．
　EMCシミュレーション技術／6．EMR試験および測定
　／7．プロジェクト実行計画／8．標準化への取り組み
　／9．主なプロジェクト成果／10．結論および今後の展望

第13章　半導体モジュールの
　　　　電源供給系(PDN)特性チューニング
　1．はじめに／2．半導体モジュールにおける電源供給系
　／3．PDN特性チューニング／4．プロトタイプによる評
　価／5．まとめ

第14章　電力変換装置の
　　　　EMI対策技術ソフトスイッチングの基礎
　1．はじめに／2．ソフトスイッチングの歴史／3．部分
　共振定番方式／4．ソフトスイッチングの得意分野と不得
　意分野／5．むすび

第15章　ワイドバンドギャップ半導体パワーデバイスを
　　　　用いたパワーエレクトロニクスにおけるEMC
　1．はじめに／2．セルフターンオン現象と発生メカニズ
　ム／3．ドレイン電圧印加に対するゲート電圧変化の検証
　／4．おわりに

第16章　IEC 61000-4-2間接放電イミュニティ試験と
　　　　多重放電
　1．はじめに／2．測定／3．考察／4．むすび

第17章　モード変換の表現可能な等価回路モデルを
　　　　用いたノイズ解析
　1．はじめに／2．不連続のある多線条線路のモード等価
　回路／3．モード等価回路を用いた実測結果の評価／
　4．その他の場合の検討／5．まとめ

第18章　自動車システムにおける
　　　　電磁界インターフェース設計技術
　1．はじめに／2．アンテナ技術／3．ワイヤレス電力伝
　送技術／4．人体通信技術／5．まとめ

第19章　車車間・路車間通信
　1．はじめに／2．ITSと関連する無線通信技術の略史／
　3．700MHz帯高度道路交通システム(ARIB STD-T109)
　／4．未来のITSとそれを支える無線通信技術／まとめ

第20章　私のEMC対処法学問的アプローチの
　　　　弱点を突く、その対極にある解決方法
　1．はじめに／2．設計できるかどうか／3．なぜ「EMI/
　EMS対策設計」が困難なのか／4．「EMI/EMS対策設計」
　ができないとすると、どうするか／5．EMI/EMSのトラ
　ブル対策(効率アップの方法)／6．対策における注意事項
　／7．EMC技術・技能の学習方法／8．おわりに

発行／科学情報出版（株）

設計技術シリーズ
ディジタルフィルタ原理と設計法

2018年2月26日　初版発行

著　者	陶山　健仁	©2018
発行者	松塚　晃医	
発行所	科学情報出版株式会社	
	〒300-2622　茨城県つくば市要443-14 研究学園	
	電話　029-877-0022	
	http://www.it-book.co.jp/	

ISBN 978-4-904774-62-5　C2055
※転写・転載・電子化は厳禁